高等院校“十二五”精品课程建设成果

模具零件工艺设计项目教程

主　编　熊建武　吴林峰　龙　华
副主编　蔡志强　李　刚　刘国刚　张腾达
　　　　王端阳　卢辉强　胡彦辉
参　编　于海玲　唐新兴　王宏峰　易　杰
　　　　王　韧　彭小红　张立安　简忠武
　　　　孙忠刚　李晓红
主　审　尹韶辉

北京理工大学出版社
BEIJING INSTITUTE OF TECHNOLOGY PRESS

内容提要

本书以真实模具及模具零件为载体，采用通俗易懂的文字和丰富的图表，首先介绍了常用模具结构组成、模具零件的结构特点和分类，系统地介绍了轴类、套类、板类、型腔类模具零件的工艺分析、加工方法及加工工艺路线、工艺方案比较、机械加工工艺规程编制等内容，最后介绍了《模具零件机械加工工艺规程编制》综合实训的具体要求和模具零件机械加工工艺规程编制实例，并提供各种类型模具零件供教师安排综合实训或学生自行训练时选用。建议安排约 80～100 课时。

本书适合于高等院校和成人教育院校模具设计与制造、机械设计与制造、数控技术应用等机械制造类相关专业使用，也可供高等职业学校模具设计与制造专业使用，还可供从事模具设计与制造的工程技术人员、教师参考。

图书在版编目（CIP）数据

模具零件工艺设计项目教程／熊建武，吴林峰，龙华主编．—北京：北京理工大学出版社，2011.12

ISBN 978－7－5640－5411－3

Ⅰ.①模…　Ⅱ.①熊…　②吴…　③龙…　Ⅲ.①模具－零部件－工艺设计－高等学校－教材　Ⅳ.①TG760.2

中国版本图书馆 CIP 数据核字（2011）第 265094 号

出版发行／北京理工大学出版社
社　　址／北京市海淀区中关村南大街 5 号
邮　　编／100081
电　　话／(010)68914775(办公室)　68944990(批销中心)　68911084(读者服务部)
网　　址／http：// www. bitpress. com. cn
经　　销／全国各地新华书店
印　　刷／保定市中画美凯印刷有限公司
开　　本／787 毫米×1092 毫米　1/16
印　　张／19.25
字　　数／447 千字
版　　次／2011 年 12 月第 1 版　2011 年 12 月第 1 次印刷　　责任编辑／张慧峰
印　　数／1～2 000 册　　责任校对／陈玉梅
定　　价／43.00 元　　责任印制／吴皓云

前　言

本书是根据教育部关于高等教育教学改革的意见、高等教育的特点和模具技术的发展以及对高等院校学生的培养要求，在总结近几年各院校模具设计与制造专业教学改革经验的基础上，由专业教师联合编写。

本书以培养学生从事模具设计与制造的基本技能为目标，按照基于工作过程导向的原则，在行业企业、同类院校进行调研的基础上，重构课程体系，拟定典型工作任务，重新制定课程标准，选择具有代表性的几个项目，按照由简到难的顺序，以便学生一边学习专业知识，一边进行模具零件的工艺设计，以充分调动学生的学习积极性，使学生学有所成。

本书以真实模具及模具零件为载体，采用通俗易懂的文字和丰富的图表，首先介绍了常用模具结构组成、模具零件的结构特点和分类，系统地介绍了轴类、套类、板类、型腔类模具零件的工艺分析、加工方法及加工工艺路线、工艺方案比较、机械加工工艺规程编制等内容，最后介绍了《模具零件机械加工工艺规程编制》综合实训的具体要求和模具零件机械加工工艺规程编制实例，并提供各种类型模具零件供教师安排综合实训或学生自行训练时选用。建议安排约 80 ~ 100 课时。

本书由熊建武教授、华北水利水电学院吴林峰副教授、龙华副教授任主编，蔡志强、李刚、刘国刚、张腾达、王端阳、卢辉强、胡彦辉任副主编，于海玲、唐新兴、王宏峰、易杰、王韧、彭小红、张立安、简忠武、孙忠刚、李晓红参编。项目一、项目二由熊建武、吴林峰编写，项目三由龙华编写，项目四由蔡志强、吴林峰编写，项目五由熊建武、于海玲、唐新兴编写，项目六由李刚、熊建武编写。熊建武负责全书的统稿和修改。尹韶辉（日本宇都宫大学博士、湖南大学教授、博士研究生导师、湖南大学国家高效磨削工程技术研究中心微纳制造研究所所长）任主审。在本书编写过程中，湖南省模具设计与制造学会理事长叶久新教授、湖南省模具设计与制造学会副理事长贾庆雷高级工程师、湖南维德科技发展有限公司陈国平总经理对本书提出了许多宝贵意见和建议，湖南工业职业技术学院汽车工程学院和机械工程系领导给予了大力支持，在此表示感谢。

本书适合高等院校和成人高校模具设计与制造、机械设计与制造、数控技术应用等机械制造类相关专业使用，也可供高等职业学校模具设计与制造专业使用，还可供从事模具设计与制造的工程技术人员和相关学校教师参考。

目　录

项目一　模具的基本结构组成与模具零件的分类

项目内容

- 模具的基本结构组成与模具零件的分类

学习目标

- 了解模具的基本结构组成与模具零件的分类

主要知识点

- 冷冲压模具零件的类型
- 注射成型、压缩成型、压注成型模具零件的类型
- 压铸模、热锻模、热挤压模、热冲裁模、玻璃模具的基本结构组成
- 国家标准对模具零件的规定
- 模具零件的分类

1.1　冷冲压模具零件的类型

1.1.1　冷冲压模具零件的一般分类

根据冲压件的形状、大小、精度和不同的工艺要求，以及生产量、经济性等不同要求，模具的结构形式和复杂程度各不相同，但其结构组成是很有规律性的。对功能齐全的手工送料模具来说，根据模具的作用情况，所有的零件可以分为工艺零件、传动零件和辅助结构零件三大类。

1. 工艺零件

这类零件直接参与完成冲压工序及与材料和冲压件相互接触，它们对完成工艺过程起主要作用，直接使板料金属产生流动、造成塑性变形或引起材料分离。工艺零件包括：

（1）工作零件

直接完成工作要求的一定变形或造成材料分离的零件，如凸模、凹模、凸凹模等。

（2）定位零件

用以确定加工中材料和毛坯正确位置的零件，如挡料销、定位板、定距侧刃等。

（3）卸料、推料及压料零件

用于夹持毛坯或在冲压完成后进行推件及卸料的零件。在某些情况下，也能起到限位、校正和帮助提高冲压件精度的作用，如卸料板、压边圈、顶件器、废料切刀以及与模具安装在一起的送料、送件装置等。

2. 传动零件

使板料进给送料或使模具工作部分产生某种特定的运动方向，使压力机的垂直上下运动变成工艺过程中所需运动方向的零件，如凸轮、斜楔、滑板、铰链接头等。

3. 辅助结构零件

这类零件不直接参与完成工艺过程，也不和坯料直接发生作用。只是在模具结构中有安装夹持及装配的作用，对模具完成工艺过程起保证作用或对模具功能起完善与辅助的作用。辅助结构零件包括：

（1）导向零件

作为上模在工作时的运动定向，保证模具上、下部分正确的相对位置的零件。

（2）夹持及支持零件

用以安装工艺零件及传递工作压力，并将模具安装固定到压力机上的零件。

（3）紧固及其他零件

连接紧固工艺零件与辅助零件，及将模具固定到压力机台面上的零件。

模具零件的分类又可细分，如图1－1所示。

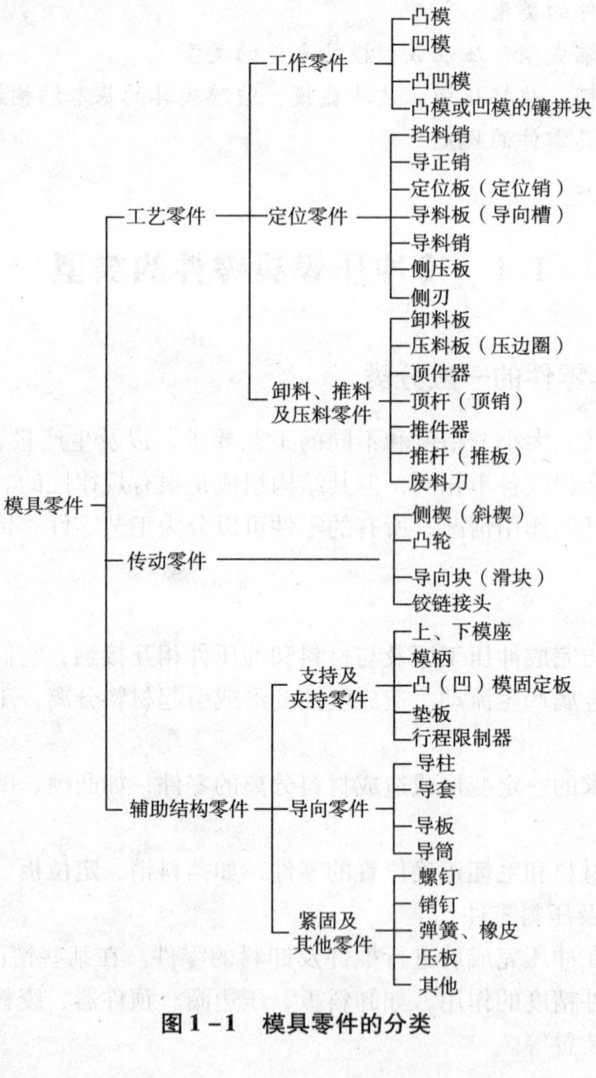

图1－1　模具零件的分类

1.1.2　国家标准对冷冲模零部件的分类

根据《冲模术语》（GB/T 8845—2006）规定，冲模零件分为以下 9 大类：

（1）上模。上模（upper die）是安装在压力机滑块上的模具部分。

（2）下模。下模（lower die）是安装在压力机工作台面上的模具部分。

（3）模架。模架（die set）是上、下模座与导向件的组合体。模架包括：

1）通用模架（universal die set）。通用模架，通常指应用量大面广，已形成标准化的模架。

2）快换模架（quick change die set）。快换模架是通过快速更换凸、凹模和定位零件，以完成不同冲压工序和冲制多种制件，并对需求作出快速响应的模架。

3）后侧导柱模架（back－pillar die set）。后侧导柱模架是导向件安装于上、下模座后侧的模架。

4）对角导柱模架（diagonal－pillar die set）。导向件安装于上、下模座对角点上的模架。

5）中间导柱模架（center－pillar die set）。导向件安装于上、下模座左右对称点上的模架。

6）精冲模架（fineb lanking die set）。适用于精冲，刚性好、导向精度高的模架。

7）滚动导向模架（ball－bearing die set）。上、下模采用滚动导向件导向的模架。

8）弹压导板模架（die set with spring guide plate）。上、下模采用带有弹压装置导板导向的模架。

（4）工作零件。工作零件（orking component）是直接对板料进行冲压加工的零件。工作零件包括：

1）凸模（punch）。凸模，一般是冲压加工制件内孔或内表面的工作零件。

2）定距侧刃（pitch punch）。级进模中，为确定板料的送进步距，在其侧边冲切出一定形状缺口的工作零件。

3）凹模（die）。凹模，一般是冲压加工制件外形或外表面的工作零件。

4）凸凹模（main punch）。凸凹模是同时具有凸模和凹模作用的工作零件。

5）镶件（insert）。镶件是分离制造并镶嵌在主体上的局部工作零件。

6）拼块（section）。拼块是分离制造并镶拼成凹模或凸模的工作零件。

7）软模（soft die）。软模是由液体、气体、橡胶等柔性物质构成的凸模或凹模。

（5）定位零件。定位零件（locating component）是确定板料、制件或模具零件在冲模中正确位置的零件。定位零件包括：

1）定位销（locating pin）。确定板料或制件正确位置的圆柱形零件。

2）定位板（locating plate）。确定板料或制件正确位置的板状零件。

3）挡料销（stop pin）。确定板料送进距离的圆柱形零件。

4）始用挡料销（fingers top pin）。确定板料进给起始位置的圆柱形零件。

5）导正销（pilot pin）。与导正孔配合，确定制件正确位置和消除送料误差的圆柱形零件。

6）抬料销（lifter pin）。具有抬料作用，有时兼具板料送进导向作用的圆柱形零件。

7）导料板（stock guide rail）。确定板料送进方向的板状零件。

8）侧刃挡块（stop block for pitch punch）。承受板料对定距侧刃的侧压力，并起挡料作用的板块状零件。

9）止退键（stop key）。支撑受侧向力的凸、凹模的块状零件。

10）侧压板（side - push plate）。消除板料与导料板侧面间隙的板状零件。

11）限位块（limit block）。限制冲压行程的块状零件。

12）限位柱（limit post）。限制冲压行程的柱状零件。

（6）压料、卸料、送料零件。压料、卸料、送料零件（components for clamping, stripping and feeding）是压住板料和卸下或推出制件与废料的零件。压料、卸料、送料零件包括：

1）卸料板（stripper plate）。卸料板是从凸模或凸凹模上卸下制件与废料的板状零件。包括固定卸料板（fixeds tripper plate，固定在冲模上位置不动，有时兼具凸模导向作用的卸料板）和弹性卸料板（springs tripper plate，借助弹性零件起卸料、压料作用，有时兼具保护凸模并对凸模起导向作用的卸料板）。

2）推件块（ejector block）。从上凹模中推出制件或废料的块状零件。

3）顶件块（kicker block）。从下凹模中顶出制件或废料的块状零件。

4）顶杆（kicker pin）。直接或间接向上顶出制件或废料的杆状零件。

5）推板（ejector plate）。在打杆与连接推杆间传递推力的板状零件。

6）推杆（ejector pin）。向下推出制件或废料的杆状零件。

7）连接推杆（ejector tie rod）。连接推板与推件块并传递推力的杆状零件。

8）打杆（knock - outp in）。穿过模柄孔，把压力机滑块上打杆横梁的力传给推板的杆状零件。

9）卸料螺钉（stripper bolt）。连接卸料板并调节卸料板卸料行程的杆状零件。

10）拉杆（tie rod）。固定于上模座并向托板传递卸料力的杆状零件。

11）托杆（cushion pin）。连接托板并向压料板、压边圈或卸料板传递力的杆状零件。

12）托板（support plate）。装于下模座并将弹顶器或拉杆的力传递给顶杆和托杆的板状零件。

13）废料切断刀（scrap cutter）。冲压过程中切断废料的零件。

14）弹顶器（cushion）。向压边圈或顶件块传递顶出力的装置。

15）承料板（stock - supporting plate）。对进入模具之前的板料起支承作用的板状零件。

16）压料板（pressure plate）。把板料压贴在凸模或凹模上的板状零件。

17）压边圈（blank holder）。拉深模或成型模中，为调节材料流动阻力，防止起皱而压紧板料边缘的零件。

18）齿圈压板（vee - ring plate）。精冲模中，为形成很强的三向压应力状态，防止板料自冲切层滑动和冲裁表面出现撕裂现象而采用的齿形强力压圈零件。

19）推件板（slide feed plate）。将制件推入下一工位的板状零件。

20）自动送料装置（automatic feeder）。将板料连续定距送进的装置。

（7）导向零件（guide component）。保证运动导向和确定上、下模相对位置的零件。

1）导柱（guide pillar）。与导套配合，保证运动导向和确定上、下模相对位置的圆柱形零件。

2）导套（guide bush）。与导柱配合，保证运动导向和确定上、下模相对位置的圆套形零件。

3）滚珠导套（ball - bearing guide bush）。与滚珠导柱配合，保证运动导向和确定上、下模相对位置的圆套形零件。

4）钢球保持圈（cage）。保持钢球均匀排列，实现滚珠导柱与导套滚动配合的圆套形组件。

5）止动件（retainer）。将钢球保持圈限制在导柱上或导套内的限位零件。

6）导板（guide plate）。为导正上、下模各零部件间相对位置而采用的淬硬或嵌有润滑材料的板状零件。

7）滑块（slide block）。在斜楔的作用下沿变换后的运动方向作往复滑动的零件。

8）耐磨板（wear plate）。镶嵌在某些运动零件导滑面上的淬硬或嵌有润滑材料的板状零件。

9）凸模保护套（punch - protecting bushing）。小孔冲裁时，用于保护细长凸模的衬套零件。

(8) 固定零件（retainingc omponent）。将凸模 、凹模固定于上、下模，以及将上、下模固定在压力机上的零件。

1）上模座（punch holder）。用于装配与支承上模所有零部件的模架零件。

2）下模座（die holder）。用于装配与支承下模所有零部件的模架零件。

3）凸模固定板（punch plate）。用于安装和固定凸模的板状零件。

4）凹模固定板（die plate）。用于安装和固定凹模的板状零件。

5）预应力圈（shrinking ring）。为提高凹模强度，在其外部与之过盈配合的圆套形零件。

6）垫板（bolster plate）。设在凸、凹模与模座间，承受和分散冲压负荷的板状零件。

7）模柄（die shank）。使模具与压力机的中心线重合，并把上模固定在压力机滑块上的连接零件。

8）浮动模柄（self - centering shank）。可自动定心的模柄。

9）斜楔（cam driver）。通过斜面变换运动方向的零件。

1.2　塑料成型模具零件的类型

1.2.1　注射成型模具的基本结构组成

注射模具的结构是根据塑料件所用塑料品种的性质、成型工艺性能、塑料件自身的形状结构及尺寸精度、一次成型塑料件的数量和选用塑料注射机的种类等因素所决定的。注射模的结构形式很多，但其基本结构都是由动模部分和定模部分所组成，模具的动模部分安装在注射机的动模固定板（也称为移动模板）上，定模部分安装固定在注射机的定模固定板（也叫做固定模板）上。一般的塑料注射模是由以下几个主要部分所组成。

1. 型腔

注射模的型腔通常由凹模（成型塑料件的外形）、凸模或型芯（成型塑料件的内形）以及螺纹型芯、螺纹型环及镶件等所组成。

2. 浇注系统

模具的浇注系统是注射机将塑料熔体注入（各个）型腔的通道。而浇注系统通常是由主流道、分流道、浇口（进料口）及冷料穴 4 个部分所组成，其功能是起到一个输送物料的管道作用。

3. 导向机构

导向机构是由导柱和导套（或导向孔）所构成的，主要是对动模部分和定模部分实现导向和定位。除此之外，对于多型腔和较为大型的注射模具，其推出机构中也设置有导向零件，目的是避免推出装置工作时发生歪斜偏移，造成推杆的弯曲、阻滞或是断裂，影响塑料件的推出脱模甚至是顶坏塑料件而成为废品。

4. 推出机构

在开模过程中，将塑料件（及浇注系统中的凝料）推出（或拉出）的装置叫做推出机构。

5. 分型抽芯机构

当塑料件上具有侧孔或侧凹时，在开模推出制品之前，必须先进行侧向分型，将侧向型芯从塑料件中先抽拔出来，然后才能使塑料件进行脱模，这个动作过程是由分型抽芯机构来完成的。

6. 模具工作温度的调控系统

为了满足塑料件注射成型工艺对模具工作温度的要求，模具上需要配置加热、冷却和测试温度的装置。通常，对模具进行加热时，是在模具内部或周围安装加热元件；冷却时，则在模具型腔或型芯相应位置开设冷却通道。

7. 排气系统

在注射过程中，为保障塑料件的成型质量，需将模具型腔中的空气和塑料在成型过程中受热和冷凝时所产生的挥发性气体排出模腔之外而布局开设的气流通道，称作为排气槽。排气系统通常是在分型面处开设排气槽，有的模具利用活动零件的配合间隙来排气，有的利用分型面的间隙来排气，还有的安装排气块来进行排气。

8. 支承件与紧固零件

支承件与紧固零件的作用主要是装配、定位和连接。包括定模座板、型芯、动模固定板、垫块、支承板、定位环、销钉和螺钉等。

1.2.2 国家标准对塑料成型模具零件的分类

按国家标准，塑料成型模由浇注、排溢和分型、模具部件或成型零件、支承固定零件、抽芯零件、导向零件、定位和限位零件、推出零件、冷却和加热零件和模架等几大部分组成，具体模具零件名称、定义等，见表 1－1。

表 1-1 塑料成型模结构要素与零部件（摘自 GB/T 8846—2005）

标准条目编号	术语（英文）	定义
3.1	浇注、排溢和分型	
3.1.1	浇注系统（feed system）	注射机喷嘴或压注模加料腔到型腔之间的进料通道，其中包括主流道、分流道、浇口和冷料穴
3.1.1.1	主流道（sprue）	a）注射模中，使注射机喷嘴与型腔（单型腔模）或分流道连接的一段进料通道 b）压注模中，使加料腔与型腔（单型腔模）或分流道连接的一段进料通道
3.1.1.2	分流道（runner）	连接主流道和浇口的进料通道
3.1.1.3	浇口（gate）	熔融塑料经分流道注入型腔的进料口
a)	直浇口（direct gate）	熔融塑料经主流道直接注入型腔的浇口
b)	环形浇口（ring gate）	熔融塑料沿塑件的整个外圆周而扩展进料的浇口
c)	盘形浇口（disk gate）	熔融塑料沿塑件的内圆周而扩展进料的浇口
d)	轮辐浇口（spoke gate）	分流道呈轮辐状分布在同一平面或圆锥面内，熔融塑料沿塑件的部分圆周而扩展进料的浇口
e)	点浇口（Pin - point gate）	截面形状如针点的浇口
f)	侧浇口（egde gate）	设置在模具的分型面处，从塑件的内或外侧进料，截面为矩形的浇口
g)	潜伏浇口（submarine gate）	分流道的一部分呈倾斜状潜伏在分型面下方或上方，进料口设置于塑件内外侧面，脱模时便于分流道凝料与塑件自动切断的点状浇口
h)	扇形浇口（fan gate）	宽度从分流道往型腔方向逐渐增加呈扇形的侧浇口
i)	护耳浇口（tab gate）	为避免在浇口附近的应力集中而影响塑件质量，在浇口和型腔之间增设护耳式的小凹槽，使凹槽进入型腔处的槽口截面充分大于浇口截面，从而改变流向、均匀进料的浇口
3.1.1.4	冷料穴（cold - slug well）	浇注系统中，用以在注射过程中贮存熔融塑料的前端冷料，直接对着主流道的孔或分流道延伸段的槽
3.1.1.5	浇口套（sprue bush）	直接与注塑机喷嘴或压注模加料腔接触，带有主流道通道的衬套零件

续表

标准条目编号	术语（英文）	定　义
3.1.1.6	浇口镶块（gate insert）	为提高使用寿命，而对浇口采用的可更换的耐磨金属镶块
3.1.1.7	分流锥（spreader）	设在主流道内使塑料分流并平缓改变流向，一般带有圆锥头的圆柱形零件
3.1.1.8	流道板（runner plate）	为开设分流道而专门设置的板件
3.1.1.9	热流道板（hot - runner plate）	热流道模中，开设分流道并设置加热与控温元件，以使流道内的热塑性塑料始终保持熔融状态的板状或柱状零件
3.1.1.10	温流道板（warm - runner plate）	温流道模中，开设分流道并通过适当的温度控制，以使流道内热固性塑料始终保持熔融状态的板状或柱状零件
3.1.1.11	二级喷嘴（secondary nozzle）	为热流道板（柱）向型腔直接或间接提供进料通道的喷嘴
3.1.1.12	鱼雷形分流梭（torpedo）	设置在热流道模浇口套或二级喷嘴内，起分流和加热作用的鱼雷形状的组合体。包括鱼雷头、鱼雷体和管式加热器
3.1.1.13	管式加热器（cartridge heater）	设置在热流道板或鱼雷体的管形加热元件
3.1.1.14	热管（heat tube）	缩小热流道和浇口之间温差的高效导热元件。也可以用于模具的冷却系统
3.1.1.15	阀式浇口（valve gate）	设置在热流道二级喷嘴内，利用阀门控制进料口开启与关闭的浇口形式
3.1.1.16	加料腔（loading chamber）	a）压缩模中，指型腔开口端用来装料的延续部分 b）压注模中，指装料并使之加热的腔体零件
3.1.1.17	柱塞（force plunger）	压注模中，传递机床压力，使加料腔内的塑料通过浇注系统注入型腔的圆柱形零件
3.1.2	溢料槽（flash groove）	a）压缩模中，为排除过量的塑料而在适当位置开设的排溢沟槽 b）注射模中，为避免在塑件上产生熔接痕而在相应位置开设的排溢沟槽
3.1.3	排气槽（air vent）	为排出型腔内的气体而在适当位置开设的气流通槽
3.1.4	分型面（parting line）	从模具中取出塑件和浇注系统凝料的可分离的接触表面

续表

标准条目编号	术语（英文）	定　义
3.1.4.1	水平分型面（horizontal parting line）	与压机或注射机工作台面平行的模具的分型面
3.1.4.2	垂直分型面（ vertical parting line ）	与压机或注射机工作台面垂直的模具的分型面
3.2	模具部件和成型零件	
3.2.1	定模（fixed half of a mould）	安装在注射机固定工作台面上的模具部分
3.2.2	动模（moving half of a mould）	安装在注射机移动工作台面上的模具部分
3.2.3	上模（upper half of a mould）	压缩模和压注模中，安装在压力机上工作台面的模具部分
3.2.4	下模（lower half of a mould）	压缩模和压注模中，安装在压力机下工作台面的模具部分
3.2.5	型腔（cavity）	合模时，用来填充塑料，以成型塑件的空间
3.2.6	凹模（cavity plate）	成型塑件外表面的凹状零件
3.2.7	镶件（insert）	当成型零件有易损或难以整体加工的部位时，与主体件分离制造并镶嵌在主体件上的局部成型零件
3.2.8	活动镶块（movable insert）	根据工艺和结构要求，需随塑件一起脱模后从塑件上分离取出的局部成型零件
3.2.9	拼块（split）	按设计和工艺要求，用以拼合成凹模或型芯的若干分离制造的零件
3.2.9.1	凹模拼块（cavity split）	用以拼合成凹模的分离制造的成型零件
3.2.9.2	型芯拼块（core split）	用以拼合型芯的分离制造的成型零件
3.2.10	型芯（core）	成型塑件内表面的凸状零件
3.2.11	侧型芯（side core）	成型塑件的侧孔、侧凹或侧台，可手动或随滑块在模内作抽拔、复位运动的型芯
3.2.12	螺纹型芯（threaded core）	成型塑件内螺纹的零件
3.2.13	螺纹型环（threaded ring cavity）	成型塑件外螺纹的零件
3.2.14	凸模（punch）	半溢式压缩模与不溢式压缩模中，承受与传递压力机压力，与凹模有配合段，直接接触塑料，成型塑件内表面或上、下端面的零件
3.2.15	嵌件（inlay）	成型过程中，埋入塑件中的金属或其他材质的零件
3.3	支承固定零件	

续表

标准条目编号	术语（英文）	定　义
3.3.1	定模座板（clarnping plate of the fixed half）	使定模固定在注射机固定工作台面上的板件
3.3.2	动模座板（clamping plate of the moving half）	使动模固定在注射机移动工作台面上的板件
3.3.3	上模座板（upper clamping plate）	使上模固定在压机上工作台面上的板件
3.3.4	下模座板（lower clamping plate）	使下模固定在压机下工作台面上的板件
3.3.5	凹模固定板（cavity – retainer plate）	用于固定凹模的板件零件
3.3.6	型芯固定板（coreretainer plate）	用与固定型芯的板状零件
3.3.7	凸模固定板（punch – retainer plate）	用于固定凸模的板状零件
3.3.8	模套（chase bolster）	使成型零件定位并紧固在一起的框套形零件
3.3.9	支承板（support plate）	防止成型零件和导向零件轴向移动并承受成型压力的板件
3.3.10	垫块（spacer）	调节模具闭合高度，形成推出机构所需空间的块状零件
3.3.11	支架（mould base leg）	使动模能固定在压机或注射机上的 L 形垫块
3.3.12	支承柱（support pillar）	为增强动模的刚度而设置的支承板和动模座板之间，起支承作用的柱形零件
3.3.13	模板（mould plate）	组成模具的板类零件的统称
3.4	抽芯零件	
3.4.1	斜导柱（angle pin）	倾斜于分型面装配，随着模具的开闭，驱动滑块产生往复移动的圆柱形零件
3.4.2	滑块（slide）	沿导向结构滑动，带动侧型芯完成抽芯和复位动作的零件
3.4.3	侧型芯滑块（side core – slide）	侧型芯与滑块由整体材料制成一体的滑动零件
3.4.4	滑块导板（slide guide Strip）	与滑块的导滑面配合，起导轨作用的板件
3.4.5	楔紧块（wedge block）	带有楔角，用于合模时楔紧滑块的零件
3.4.6	斜槽导板（finger guide plate）	具有斜导槽，用以使滑块随槽作抽芯和复位运动的板状零件
3.4.7	弯销（angular cam）	随着模具的开闭，使滑块作抽芯、复位动作的矩形截面的弯桁零件
3.4.8	斜滑块（angled sliding split）	与斜面配合滑动，往往兼有成型、推出和抽芯作用的拼块

续表

标准条目编号	术语（英文）	定　义
3.5	导向零件	
3.5.1	导柱（guide pillar）	与导套（或孔）滑动配合，保证模具合模导向和确定动模、定模相对位置的圆柱形零件
3.5.1.1	带头导柱（headed guide pillar）	带有轴向定位台阶，固定段与导向段具有同一基本尺寸、不同公差带的导柱
3.5.1.2	带肩导柱（shouldered guide pillar）	带有轴向定位台阶，固定段基本尺寸大于导向段的导柱
3.5.2	推板导柱（ejector guide pillar）	与推板导套滑动配合，用于推出机构导向的圆柱形零件
3.5.3	拉杆导柱（limit guide pillar）	开模分型时，导向并限制某一模板仅在规定的距离内移动的导柱
3.5.4	导套（guide bush）	与导柱滑块配合，保证模具合模导向和确定动模、定模相对位置的圆套形零件
3.5.4.1	直导套 straight guide bush）	不带轴向定位台阶的导套
3.5.4.2	带头导套（headed guide bush）	带有轴向定位台阶的导套
3.5.5	推板导套（ejector guide bush）	与推板导柱滑动配合，用于推出机构导向的圆套形零件
3.6	定位和限位零件	
3.6.1	定位圈（locatin 只 ring）	确定模具在注射机上的安装位置，保证注射机喷嘴与模具浇口套对中的定位零件
3.6.2	定位元件（locatingelernent）	利用相互配合的锥面或直面，使动模、定模精确合模定位的组件
3.6.3	复位杆（return pin）	借助模具的闭合动作，使推出机构复位的杆件
3.6.4	限位钉（stop pin）	对推出机构起支承和调整作用并防止其在复位时受异物障碍的零件
3.6.5	限位块（stop block）	a）起承压作用并调整、限制凸模行程的块状零件 b）限制滑块抽芯后最终位置的块状零件
3.6.6	定距拉杆（limit bolt）	开模分型时，限制某一模板仅在规定的距离内移动的杆件
3.6.7	定距拉板（limit plate）	开模分型时，限制某一模板仅在规定的距离内移动的板件
3.7	推出零件	
3.7.1	推杆（ejector pin）	用于推出塑件或浇注系统凝料的杆件

续表

标准条目编号	术语（英文）	定　　义
3.7.1.1	圆柱头推杆（ejector pin with a cylindrical head）	头部带有圆柱形轴向定位台阶的推杆
3.7.1.2	带肩推杆（shouldered ejector pin）	带有圆柱形轴向定位台阶，固定段直径大于工作段直径的推杆
3.7.1.3	扁推杆（flat ejector pin）	工作截面为矩形的推杆
3.7.2	推管（ejector Sleeve）	用于推出塑件的管状零件
3.7.3	推块（elector pad）	型腔的组成部分并在开模时把塑件从型腔内推出的块状零件
3.7.4	推件板（stripper plate）	用于推出塑件的板状零件
3.7.5	推件环（stripper ring）	起局部或整体推出塑件作用的环形或盘形零件
3.7.6	推杆固定板（ejector retainer plate）	用以固定推出和复位零件以及推板导套的板件
3.7.7	推板（ejector plate）	支承推出和复位零件，直接传递机床推出力的板件
3.7.8	连接推杆（ejector tie rod）	连接推件板与推杆固定板，传递推出力的杆件
3.7.9	拉料杆（sprue puller pin）	开模分型时，拉住浇注系统凝料，头部带有侧凹形状的杆件
3.7.9.1	钩形拉料杆（z – shapedsprue puller）	头部形状为钩形的拉料杆
3.7.9.2	球头拉料杆（sprue puller with a ball head）	头部形状为球形的拉料杆
3.7.9.3	圆锥头拉料（sprue puller with a conical head）	头部形状为倒圆锥形的拉料杆
3.7.10	分流道拉料杆（runner puller）	将埋入分流道的一端制成某种侧凹形状，用以保证开模时拉住分流道凝料的杆件
3.7.11	推料板（runner stripper plate）	随开模分型，推出浇注系统凝料的推板
3.8	冷却和加热零件	
3.8.1	冷却通道（cooling channel）	为控制模具温度而设置的通过冷却循环介质的通道
3.8.2	隔板（plug baffle ）	为改变循环介质的流向而在模具冷却通道内设置的板件
3.8.3	加热板（haeater plate）	为保证塑件成型温度而设置有加热机构的板件
3.8.4	隔热板（thermal insulating sheet）	防止热量散失的板件
3.9	模架	

续表

标准条目编号	术语（英文）	定　义
3.9.1	注射模模架（ingjection mould base）	注射模中，由模板和导向件等基础零件组成，但未加工型腔的组合体
3.9.2	标准模架（standard mould base）	结构、形式和尺寸都标准化、系列化并具有一定互换性的零件成套组合而成的模架

1.2.3　压缩成型模具零件的类型

压缩成型模具简称压缩模，与注射模一样，分类方法很多，可按模具在压机上的连接方式进行分类；也可按模具的加料室形式进行分类；还可以按模具分型面形式、型腔数目、制件推出方式等进行分类。按模具在压机上的连接方式或固定形式，压缩模可分为移动式、半固定式、固定式等三种。按压缩模加料室的形式，压缩模可分为敞开式（溢式）压缩模、封闭式（不溢式）压缩模、半敞开式（半溢式）压缩模、带加料板的压缩模、半封闭式压缩模。按分型面形式，压缩模可分为水平分型面压缩模、垂直分型面压缩模、复合分型面压缩模。按成型型腔数目，压缩模可分为单型腔压缩模和多型腔压缩模。典型的压缩模具结构如图 1－2 所示。

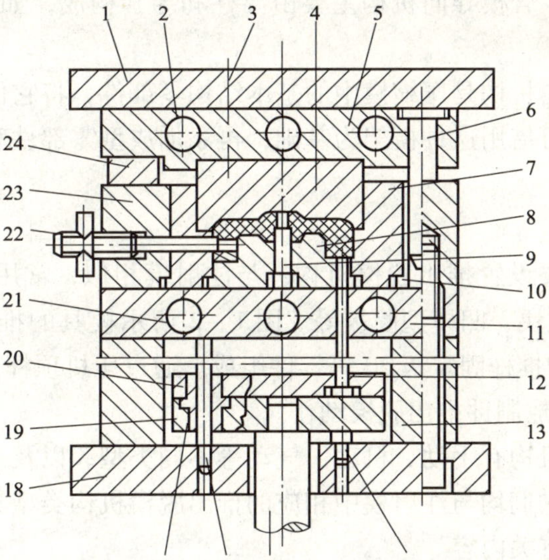

图 1－2　典型的压缩模具结构

1—上模板；2，21—加热器安装孔；3—螺钉；4—上凸模；
5，11—加热板；6—导柱；7—凹模；8—下凸模；9—型芯；
10—导套；12—推杆；13—支承块；14—挡钉；15—压机顶杆；
16—推出脱模机构导柱；17—推出脱机构导套；18—下模板；19—推杆推板；20—固定板
21—推杆固定板；22—侧向型芯；23—凹模固定板；24—承压板

图 1－2 所示模具属于倒装结构，即凸模安装在下模部分。压缩模具可分为装于压机上模板的上模和装于下模板的下模两大部件。上下模闭合使装于加料室和型腔中的塑料受热受

压，成为熔融状态充满整个型腔。当制件固化成型后，上下模打开，利用推出装置推出制件。若按零部件的功能作用划分，压缩模具可像注射模一样分为以下几大部分：

1. 成型零部件

成型零部件是直接成型塑料制件的零件。它们在模具闭合后形成与制件形状一致的型腔，并直接与塑料接触，负责成型出制件的几何形状和尺寸。在所有的成型零部件中，凸模和型芯等决定制件的内形和孔形；凹模和型环等决定制件的外形；活动成型镶块可以用来决定制件的局部形状；瓣合模块则可以用来对模具侧向分型。图 1－2 中的成型零部件有上凸模 4、凹模 7、型芯 9、下凸模 8、侧向型芯 22 等。

2. 加料室

加料室是指凹模 7 的上半部分所构成的空腔，图 1－2 中为凹模断面尺寸的扩大部分。利用加料室可以较多地容纳密度小的松散状成型物料，从而可通过较大的压缩比压制成密度大的塑料制件。

3. 支承零部件与合模导向机构

压缩模中的各种固定板、垫板、垫块以及上、下模板等，用来固定和支承压缩模中其他各种功能的零部件，并将压机的力能传递给成型零部件和成型塑料。图 1－2 中的上模板 1、凹模固定板（加热板）11、支承块 13、下模板 18、承压板 24 等均属于支承零件。

与注射模相似，压缩模一般有合模导向机构，以保证上模和下模两大部分或模具内部其他零部件之间准确对合。合模导向机构主要由导柱和导套构成，如图 1－2 中的导柱 6、导套 10。

支承部件与合模导向机构是压缩模中的基本结构零部件，将它们组装起来，可以构成压缩模架。任何压缩模都可借用这种模架为基础，再添加成型零部件和其他一些必要的功能结构来形成。

4. 推出脱模机构

压缩模一般也都需要设置推出脱模机构，与注射模相似，常用的推出零件有推杆、推管、推板（脱模板）、推块、凹模型腔板等。图 1－2 所示模具的推出机构由推杆 12、推杆推板 19、压机顶杆 15 和推杆固定板 20 等零件组成。通过压机顶杆 15 顶动推杆推板 19、带动推杆 12 向上运动，完成制件推出脱模动作。

压缩模的推出脱模机构有手动、机动、气动等不同类型，以及一次推出、二次推出和双脱模等不同机构形式。它们均与注射模中相应的推出脱模机构类型具有相似的运动形式，设计时可参考注射模中的有关内容。

5. 侧向分型抽芯机构

与注射模一样，当塑件带有侧孔、侧凹时，模具必须设置侧向分型抽芯机构，才能使制件脱出，图 1－2 中的零件 22 就是一个利用手动操作的侧向抽芯机构。设计时可参照注射模中有关内容，但应注意注射模成型是先合模后注射塑料，而压缩模成型是先加料后合模，故注射模的某些侧向分型抽芯机构不能应用于压缩模。

6. 排气机构

压缩成型过程中，必须进行排气。排气方法有利用模内的排气结构自然排气、通过压机短暂卸压排放等两种，可参照注射模排气结构进行设计。

7. 加热系统

热固性塑料压所成型需要在较高的温度下进行，必须高于塑料的固化交联温度，因此模具必须加热。常见的加热方式有电加热、蒸汽加热、煤气或天然气加热等。一般不使用热油加热，以免渗出的压力油与空气接触产生爆炸性混合物，造成意外事故。图 1－2 中加热板 5、11 内设有电热棒安装孔 2、21，在圆孔中插入电热棒，通过电热棒分别对凹模、凸模进行加热。

1.2.4　压注成型模具零件的类型

压注成型工艺吸收了注塑和压制工艺的特点，因此，压注模兼有压缩模和注射模的结构特点。例如，压注模有单独的外加料室，物料塑化是在加料室内进行，因此模具需设置加热装置，同时与压缩模和注射模一样，具有浇注系统。物料在加料室内预热熔融，在压柱的作用下经过浇注系统，以高速挤入型腔，在型腔内既受热又受压，最后交联硬化成型。

压注成型模具简称压注模，可按固定方式分为移动式压注模和固定式压注模，目前国内移动式压注模占绝大多数。按型腔数目可分为单腔模和多腔模。按分型面特征可分为一个或两个水平分型面压注模和带垂直分型面的压注模。后者用于生产线轴型制件或其他带有侧孔或侧凹的制件。

图 1－3 所示为典型的移动式压注模，它在开模时分为下模、与上模连在一起的加料室和压柱三部分。打开上分型面 I－I，拔出主流道废料并清理加料室。打开下分型面 Ⅱ－Ⅱ，取制件和分流道废料。

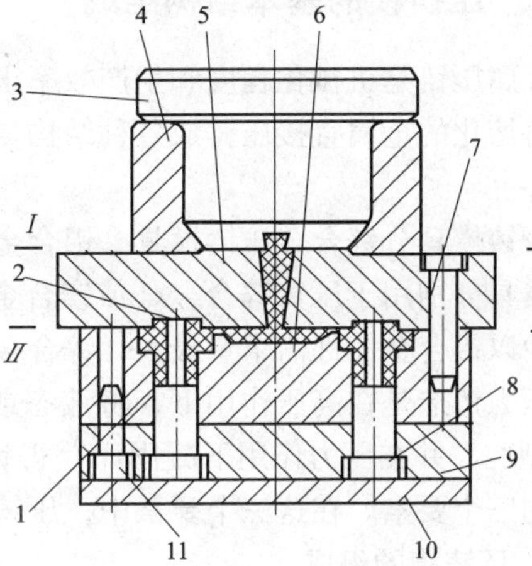

图 1－3　移动式压注模

1—制件；2—浇注系统；3—压柱；4—加料室；5—浇口板；6—凹模；7—上导柱；8—凸模；9—凸模固定板；10—下模板；11—下导柱

与压缩模具相仿，压注模可分为以下几大部分：

1. 成型零部件

成型零部件指直接成型塑件的部位，它由凸模、凹模、型芯和侧向型芯等组成，如图 1－3 中型腔由零件 5、6、8 等组成。分型面配合形式与敞开式压缩模相仿，此模为多型腔压注模。

2. 加料室

图 1－3 中加料室由压柱 3 和加料室 4 构成。移动式压注模的加料室和模具本身是可分离的，开模前先敲下加料室，然后开模取出制件并将压柱从加料室内取出。固定式压注模的加料室与上模连接在一起。

3. 浇注系统

多型腔压注模的浇注系统与注射模相似，同样可分为主流道、分流道和浇口，如图 1－3 中所示由零件 5、6 等组成。单型腔压注模一般只有主流道。与注射模不同的是加料室底部可开设几个流道同时进入型腔。

4. 导向机构

导向机构一般由导柱和导套组成，有时也可省去导套，直接由导柱和模板上的导向孔导向。在压柱和加料室之间，在型腔和各部分型面之间及推出机构中，均应设导向机构。图 1-3 中的导向机构由零件 7、11 等组成。

5. 加热系统

在固定式压注模中，对压柱、加料室和上下模部分应分别加热，加热方式通常有电加热、蒸汽加热等。

除上述几部分外，压注模也有与注射模、压缩模类似的脱模机构和侧向分型抽芯机构等。

1.3 其他模具的基本结构组成

1.3.1 压铸模的基本结构组成

金属压铸是机械化程度和生产效率很高的生产方法，是先进的少无切削工艺。压铸生产可以将熔化的金属直接压铸成各种结构复杂、尺寸精确、表面光洁、组织致密以及镶衬组合等零件。

压铸模具分锌合金压铸模具、铝合金压铸模具、铜合金压铸模具、黑色金属压铸模具。各类模具分别用于压铸锌合金（或镁合金）、铝合金、铜合金或黑色金属（钢铁）铸件。压铸件中以铝合金铸件需求量最大，锌合金及铜合金次之。

压力铸造是在高压作用下，将液态或半液态金属以极高的速度充填入金属铸型（压铸模）型腔，并在压力作用下凝固而获得铸件的方法。压铸模、压铸设备和压铸工艺是压铸生产的三个要素。在这三个要素中，压铸模最为关键。

1. 压铸模的组成

压铸模是由定模和动模两个主要部分组成的。定模固定在压铸机压室一方的定模座板上，是金属液开始进入压铸模型腔的部分，也是压铸模型腔的所在部分之一。定模上有直浇道直接与压铸机的喷嘴或压室连接。动模固定在压铸机的动模座板上，随动模座板向左、向右移动与定模分开和合拢，一般抽芯和铸件顶出机构设在其内。压铸模的基本结构，如图 1-4 所示。

通常，压铸模包括以下结构单元：

（1）成型部分

在定模与动模合拢后，形成一个构成铸件形状的空腔（成型空腔），通常称为型腔，而构成型腔的零件即为成型零件。成型零件包括固定的和活动的镶块与型芯。有时，又可以同时成为构成浇注系统和排溢系统的零件，如局部的横浇道、内浇口、溢流槽和排气槽等部分。

（2）模架

包括各种模板、座架等构架零件，其作用是将模具各部分按一定的规律和位置加以组合和固定，并使模具能够安装到压铸机上。如图 1-4 中件 4、9、10 等属于这类零件。

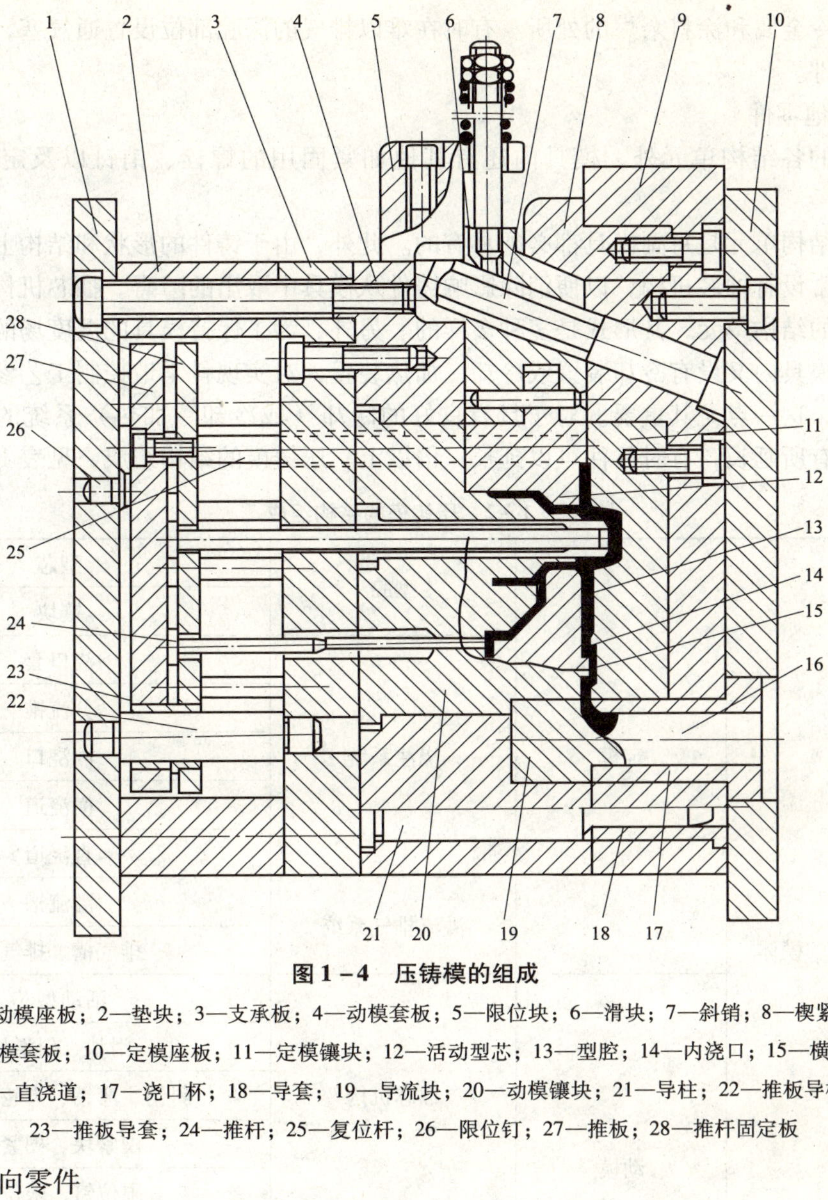

图 1-4　压铸模的组成

1—动模座板；2—垫块；3—支承板；4—动模套板；5—限位块；6—滑块；7—斜销；8—楔紧块；9—定模套板；10—定模座板；11—定模镶块；12—活动型芯；13—型腔；14—内浇口；15—横浇道；16—直浇道；17—浇口杯；18—导套；19—导流块；20—动模镶块；21—导柱；22—推板导柱；23—推板导套；24—推杆；25—复位杆；26—限位钉；27—推板；28—推杆固定板

(3) 导向零件

图 1-4 中件 18、21 为导向零件。其作用是准确地引导动模和定模合拢或分离。

(4) 顶出机构

它是将铸件从模具上脱出的机构，包括顶出和复位零件，还包括这个机构自身的导向和定位零件，如图 1-4 中件 22、23、24、25、27、28。对于在重要部位和易损部分（如浇道、浇口处）的推杆，应采用与成型零件相同的材料来制造。

(5) 浇注系统

与成型部分及压室连接，引导金属液按一定的方向进入铸型的成型部分，它直接影响金属液进入成型部分的速度和压力，由直浇道、横浇道和内浇口等组成，如图 1-4 中件 14、15、16、17、19。

(6) 排溢系统

排溢系统是排除压室、浇道和型腔中的气体的通道，一般包括排气槽和溢流槽。而溢流槽又是储存冷金属和涂料余烬的处所。有时在难以排气的深腔部位设置通气塞，借以改善该处的排气条件。

（7）其他零件

除前述的各结构单元外，模具内还有其他如紧固用的螺栓、销钉以及定位用的定位件等。

上述的结构单元是每副模具都必须具有的。此外，由于铸件的形状和结构上的需要，在模具上还常常设有抽芯机构，以便消除影响铸件从模具中取出的障碍。抽芯机构也是压铸模中十分重要的结构单元，其形式是多种多样的。另外，为了保持模具的温度场的分布符合工艺的需要，模具内又设有冷却装置或冷却－加热装置，对实现科学地控制工艺参数和确保铸件质量来说，这一点尤其重要。对于具有良好的冷却（或冷却－加热）系统的模具，还能使模具寿命有所延长，有时往往可以延长一倍以上。压铸模的结构组成，见表1－2。

表1－2　压铸模的结构组成

压铸模	模体	定模	型腔	型芯
				镶块
			浇注系统	浇口套
				分流锥
				内浇口
				横浇道
				直浇道
			溢流排气系统	溢流槽
				排气槽、排气塞
		动模	抽芯机构	活动型芯
				滑块、斜滑块
				斜销、弯销、齿轮、齿条
				楔紧块、楔紧销
				限位钉、限位块
			导向部分	导柱、导套
			模体部分	套板、座板、支承板
			加热冷却系统	加热及冷却通道
	模架	推出机构		推杆、推管、卸料板
				推板、推杆、固定板
				复位杆、导柱、导套、限位钉
		预复位机构		摆轮、摆轮架
				预复位推杆
		模架		模脚垫块、座板

1.3.2　热锻模的基本结构组成

热锻模是在高温下通过冲击力或压力对金属坯料进行热加工成型的模具，热锻模包括锤锻模、压力机锻模、热锻模、精锻模和高速锻模等，其中锤锻模最有代表性。热锻模用钢主要用于各种尺寸的锤锻模、平锻机锻模、大型压力机锻模等。

锤锻模是在模锻锤上使用的热作模具，锤锻模工作时受到很大的压应力和冲击载荷的作用，而且冲击频率很高。金属坯料的温度一般为850 ℃～1 150 ℃，模具型腔表面接受炽热金属的不断加热，可使模具升温到300 ℃～400 ℃，局部温度达到500 ℃～700 ℃。因此，锻完一个零件毛坯之后，必须用水或油冷却模具，从而对模具产生急冷急热的作用。同时，坯料对模具型腔还产生强烈的摩擦。面对如此的高温会造成模具材料的塑性变形抗力和耐磨性的下降，也会造成模具型腔腔壁的塌陷及加剧磨损等。

锤锻模模块尾部呈燕尾状，易形成应力集中，会在燕尾的凹槽底部形成裂纹而造成开裂现象。在锤锻模的工作过程中，由于在热载荷的循环和反复加热和冷却的交替作用下，将会产生热疲劳裂纹，导致模具失效。锤锻模在机械载荷与热载荷的共同作用下，会在其型腔表面形成复杂的磨损过程，其中包括粘着磨损、热疲劳磨损、氧化磨损等。另外，当锻件的氧化皮未清除或未很好清除时，也会产生磨粒磨损。因此，锤锻模的主要失效形式为磨损失效、断裂失效、热疲劳开裂失效及塑性变形失效等。从模具的失效部位来看，型腔中的水平面和台阶易产生塑性变形失效，侧面易产生磨损失效，型腔深处和燕尾的凹角半径处因易萌生裂纹而产生断裂失效。

锤锻模的性能要求主要是：较高强度和良好的韧性，良好的耐磨性和耐冷热疲劳性，由于模具尺寸比较大，应具有高的淬透性。

1.3.3　热挤压模的基本结构组成

热挤压模是使被加热的金属坯料在高温压应力下成型的一种模具。很多有色金属和钢的型材、管材和异型材是采用热挤压工艺成型的。

锤锻模是在模锻锤上使用的热作热挤压模具，是在高温、高压、磨损和热疲劳等恶劣条件下服役的。热挤压模具的工作特点是加载速度较慢，因此，模具所承受的冲击载荷比热锻模小，对冲击韧度与淬透性的要求没有热锻模具高。但其工作时与炽热金属接触的时间比热锻模长，受热温度比热锻模高。在挤压铜合金和结构钢时，模具的型腔温度可达到600 ℃～800 ℃；若挤压不锈钢或耐热钢坯料，则模具的型腔温度会更高。为防止模具的温度升高，影响加工质量和模具寿命，需要对模具（特别是凸模）进行冷却，工件脱模后，每次用润滑剂和冷却介质涂抹模具的工作表面。

由于挤压模具经常受到急冷、急热的交替作用，导致的热疲劳损坏更为严重，因此要求挤压模具材料具有很高的室温及高温硬度和热稳定性，有较高的抗氧化能力，以减缓模具磨损失效的发生。热挤压模工作时，模具既要承受较高压应力和弯曲应力，脱模时还承受一定的拉应力，其受力极为复杂，又由于热挤压变形时的变形率较大，金属坯料塑性变形时的金属流动，对模具型腔表面产生的摩擦比锤锻模剧烈得多，且由于硬颗粒（如氧化皮）的存在将导致摩擦的进一步加剧。所以热挤压模的主要失效形式是模腔过量塑性变形、开裂、冷热疲劳、热磨损以及模具型腔表面的氧化腐蚀等。为提高热挤压模具的耐磨性，常用的化学热处理方法有渗碳、渗硼、离子氮化、氮碳共渗、渗金属及复合渗等方法。

热挤压模具主要由挤压筒、冲头、凹模和心棒（用于挤压管材）等主要部件组成。挤压模具的寿命与所挤压的材料、挤压比密切相关，当加工变形拉力大的金属材料或在高挤压比的情况下，凹模和心棒的寿命大为缩短，模具的润滑条件和冷却条件对模具寿命有很大的影响。热挤压模的尺寸一般比锤锻模小。因此，对热挤压模的性能要求主要是：高的热稳定性，良好的冷热疲劳抗力和高耐磨性，较高的高温强度和足够的韧性。

1.3.4 热冲裁模的基本结构组成

热冲裁模是用于冲切模锻件的飞边和连皮的模具。热冲裁模具主要由凸模和凹模组成，工作时，凸模压住锻件，由凹模切去锻坯的飞边。

热冲裁模的工作特点是，凸模磨损并不严重，故要求硬度不必过高，有 35 ~ 40 HRC 即可；凹模则要求硬度较高，应为 43 ~ 45 HRC，以保证其耐磨性。凹模有整体式及组合式两种。整体式凹模适用于中、小型或简单的切边模；组合式凹模由两块或多块镶块组成，制造工艺简单易行，热处理变形小，不易淬火开裂，也便于调整、更换及修复使用，特别适用于大型及形状复杂的切边模。

切边模在工作过程中要承受一定的冲击载荷，在剪切过程中，凹模刃口与毛坯相摩擦，易使刃口磨损变钝，同时还因为金属坯料上的传热而升温，但由于所使用的锻压设备不同，所加工的金属坯料的尺寸不同，使各类热冲裁模的刃口部位所承受的热载荷与机械载荷有很大的区别，其失效形式主要有刃口磨损、崩刃、卷边和断裂等。这就要求热切边模材料应具有高的耐磨性、硬度及热硬性，一定的强韧性以及良好的工艺性能。

1.3.5 玻璃模具的基本结构组成

1. 玻璃模具的类型

玻璃是一种透明或半透明的无定形非晶体物质，其主要成分一般为硅酸盐，但有时也由硼硅酸盐或磷酸盐等混合物组成。玻璃制品的生产工艺流程为：配料→熔制→成型→退火→加工→检验。在成型工序模具是不可缺少的下艺装备，玻璃制品的质量与产量，均与模具直接相关。

用于玻璃制品成型的工艺装置，称为玻璃成型模具，简称玻璃模。玻璃模的工作过程，如图 1－5 所示。

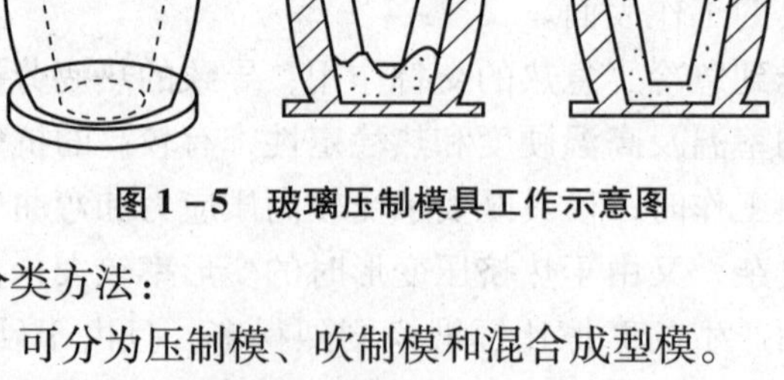

图 1－5 玻璃压制模具工作示意图

玻璃模有以下几种分类方法：

（1）按成型方法分，可分为压制模、吹制模和混合成型模。

（2）按成型过程分为初型模、成型模。

（3）按润滑方式分为敷模（冷模）、热模。

（4）按模具结构类别分为不可拆模、可拆模。

（5）按模具支承方法分为铰链支承模、夹钳式支承模。

2. 玻璃模具的工作条件与失效形式

玻璃模具的工作条件为：

（1）模具在玻璃制品成型过程中既限制制品的形状，又是玻璃料热的交换介质，它与高温的玻璃周期性直接接触，玻璃的入模温度为 900 ℃ ~1 100 ℃，出模温度为 500 ℃ ~600 ℃，玻璃在模具中的停留时间一般为 5 ~60 s。

（2）模具在使用时受到循环交替的加热和冷却，造成很大的温差，模具材料内部造成很大的内应力，严重时会导致模具开裂。

（3）玻璃模具还承受玻璃介质的腐蚀。

（4）玻璃模具在成型过程中，玻璃料、碎玻璃会对模具内壁不断磨损，使模具内壁变粗糙，合缝线扩大，影响制品质量。可见，玻璃模具的工作条件十分恶劣。

玻璃模具的失效形式有：模具工作表面脱皮、起鳞、热疲劳开裂，模具内壁磨损变粗糙，合缝线扩大、热熔蚀等。

3. 玻璃模具材料的性能要求

用于制造玻璃模具的材料必须具备下列条件：

（1）材质致密，易于加工，能获得优良的表面粗糙度。只有材质致密才能加工出高精度的模具。模具的制造要经过车、铣、刨、钻、钳等加工过程，有时还要焊接，所用制模材料必须具备优良的加工性能，加工后要求模壁无杂质和针孔，能获得优良的表面粗糙度。

（2）化学稳定性好。模具材料要具有一定的抗玻璃腐蚀和在高温工作条件下的抗氧化能力。

（3）具有良好的耐热性和热稳定性。

（4）应有良好的导热性和高的比热容。玻璃在模具内的冷却过程与模具的导热性有着直接的关系，因为玻璃的热量通常都是由模具的内层来接受，然后传导到模具外层，再由外表层扩散和辐射到周围空气中，因此，如果材料的导热性好，模具的导热就进行得快，玻璃的冷却速度也快。此外，由于用比热容低的材料做模具，会引起模具过热，而用比热容高的材料做模具，周期性温度波动的幅度小，玻璃成型温度稳定。

（5）要求制模材料的热膨胀系数小，抗热裂性好。当制模材料的膨胀性能变化显著时，不仅会造成成型与脱模等系列困难，而且使制品在接合处有粗大的接合缝，造成在脱模过程中制品在该区域容易发生炸裂，模具也容易损坏。小的膨胀系数能保证模具在工作温度下，开闭灵活。

（6）应具有较高的粘合温度。所谓粘合温度是指模具与玻璃开始发生粘贴而使成型条件显著恶化的温度。各种材料的粘合温度是不一样的。模具与玻璃接触时的温度很高，如用粘合温度较低的材料做模具时，为了避免粘合，维持模具的正常连续工作，势必延长模具的冷却时间或加强对模具的人工冷却，才能使模具的温度降低。但是如果模具由粘合温度高的材料制成，模具在工作过程中的温度就可以很高，这不仅能减少模具的冷却时间，提高生产效率，而且模具在工作过程中温度越高则所得的制品就越光滑。

（7）具有高的耐磨性能，足够的工作硬度。

1.4 模具零件的分类

根据以上介绍的各种模具的结构组成和模具零件类型可知，除了模具成型（型）零件的结构必须与成型（型）产品相对应外，按模具零件外形结构特征，可将模具零件分为轴类、套类、板类和型腔类等四大类。轴类模具零件包括模具的模柄、圆形凸模（型芯）、圆形凸凹模、推杆、导柱、销、支承柱等。套类模具零件包括模具的导套、浇口套等。板类模具零件包括模具的各种模板。型腔类模具零件包括模具的型腔、凹模等。本书主要介绍该四大类模具零件制造工艺规程的编制。

复习与思考题

1－1　图 1－6 所示为用导正销定距的冲孔落料连续模具（材料 08 钢，板材厚度 0.5 mm，生产批量为 50 万件），请确定各模具零件所属类型并填写在表 1－3 中。

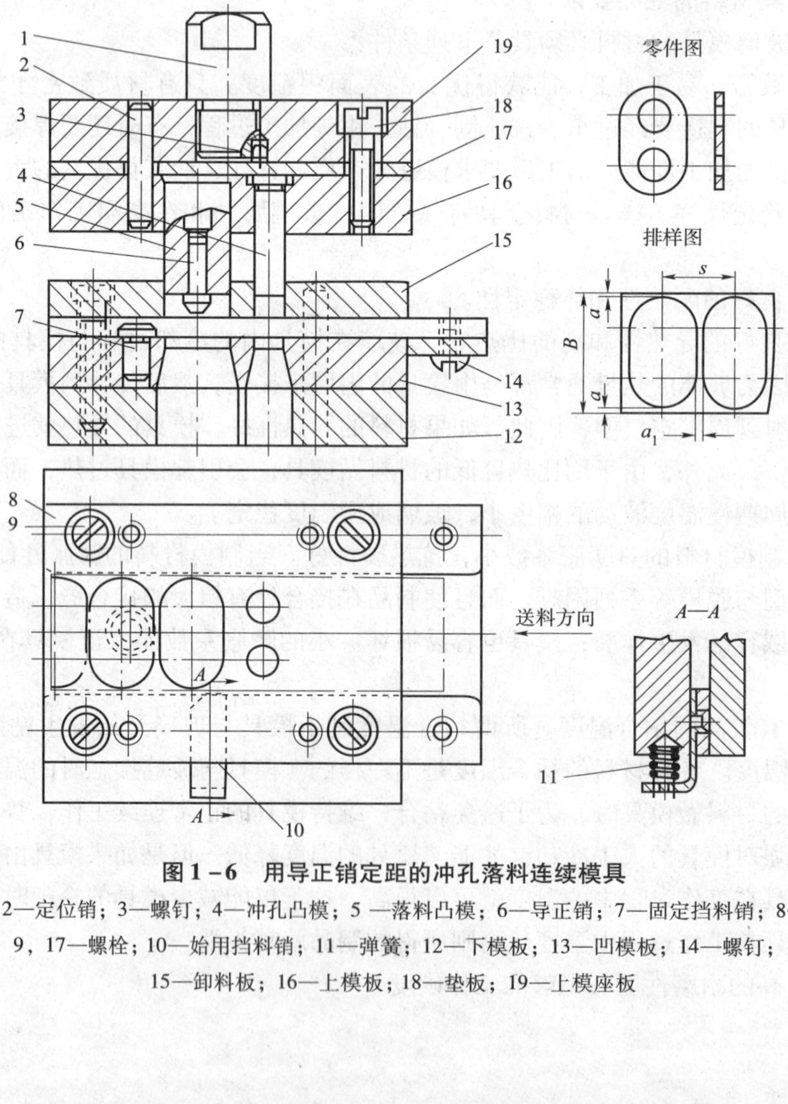

图 1－6　用导正销定距的冲孔落料连续模具

1—模柄；2—定位销；3—螺钉；4—冲孔凸模；5 —落料凸模；6—导正销；7—固定挡料销；8—挡料板；9，17—螺栓；10—始用挡料销；11—弹簧；12—下模板；13—凹模板；14—螺钉；15—卸料板；16—上模板；18—垫板；19—上模座板

表 1－3　冲孔落料连续模具零件明细表

序号	名称	数量	模具零件所属大类	备注
1	模柄			
2	定位销			
4	冲孔凸模			
5	落料凸模			
6	导正销			
7	固定挡料销			
8	挡料板			
10	始用挡料销			
12	下模板			
13	凹模板			
15	卸料板			
16	上模板			
18	垫板			
19	上模座板			

1－2　图 1－7 所示为胀管注射成型模具，请确定各模具零件所属类型并填写在表 1－4中。

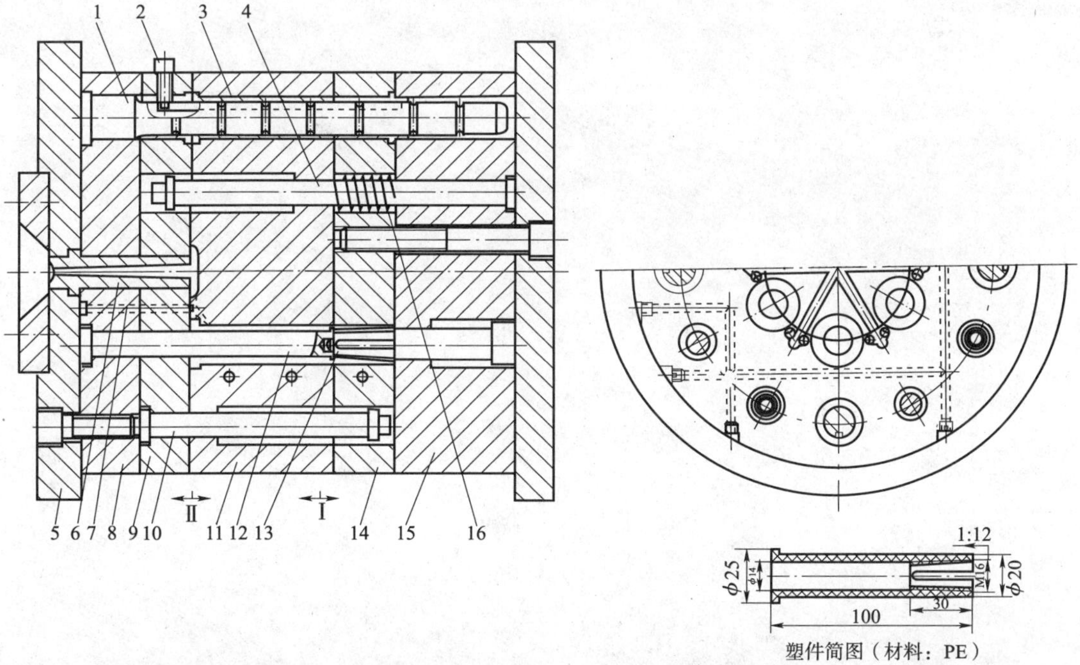

图 1－7　胀管注射模装配图

表 1-4 胀管注射模零件明细表

序号	名称	数量	模具零件所属大类	备注
1	导柱	4		
2	限位钉	4		
3	导套	4		
4	动模拉杆	4		
5	定模座板	1		
6	浇口套（喷嘴）	1		
7	拉料杆	6		
8	定模板	1		
9	推板	1		
10	定模拉杆	4		
11	前型腔板	1		
12	芯杆	6		
13	螺纹型芯	6		
14	后型腔板	1		
15	动模板	1		

项目二　轴类模具零件机械加工工艺规程的编制

项目内容

- 轴类模具零件机械加工工艺规程的编制。

学习目标

- 具备编制圆形凸模机械加工工艺规程的能力。

主要知识点

- 生产过程、工艺过程及其组成
- 模具零件的工艺分析
- 毛坯的选择
- 基准的概念及其选择
- 轴类模具零件的加工方法
- 机械加工工艺路线的拟定
- 加工余量的确定
- 工序尺寸及其公差的确定
- 机床与工艺设备的选择
- 切削用量的确定
- 圆形凸模机械加工工艺规程的编制

2.1　概　　述

2.1.1　生产过程、工艺过程及其组成

1. 生产过程及其组成

机械产品制造一般都是从其他企业或者本企业其他车间获得制造机械产品所需要的原材料或半成品，再经加工、检验、装配、调试等制造过程而获得合格的成品。从原材料或半成品进入一直到把成品制造出来的全过程的总和称为生产过程，包括五方面的内容：

（1）产品投产前的生产技术准备工作，这个过程主要是完成产品投入生产前的各项技术和生产的准备工作，如产品设计、工艺设计、各种生产资料的准备以及生产组织等方面的准备工作。

（2）毛坯制造，如铸造、锻造、焊接等。

（3）零件的加工过程，如机械加工、热处理和表面处理等。

（4）产品的装配过程，如装配、调试、油漆等。

（5）各种生产服务活动。

机械产品的生产过程是相当复杂的，为了便于组织生产，现代机械工业的发展趋势是组织专业化生产，模具产业就是专业化生产的产物。专业化生产有利于零部件的标准化、通用化和产品的系列化，从而能在保证质量的前提下，提高劳动生产率和降低成本。

2. 工艺过程及其组成

（1）概念

在生产过程中凡直接改变生产对象（即原材料或半成品）的尺寸、形状、性能（包括物理性能、化学性能、机械性能等）以及相对位置关系，使其成为产品或半成品的过程，统称为工艺过程。工艺过程又可分为铸造、锻造、冲压、焊接、机械加工、装配等工艺过程，本门课程只讲授机械加工工艺过程及工艺规程编制；铸造、锻造、冲压、焊接、热处理等工艺过程在《材料成型技术》等课程中讲授，是生产过程的主要部分。

（2）组成

工艺过程是由若干个按一定顺序排列的工序组成，毛坯依次经过这些工序的加工就成为产品或半成品。

3. 工序、工步、工位、安装、进给的概念及其区别

（1）工序

工序是一个或一组工人，在一个工作地点对同一个或同时对几个工件进行加工所连续完成的那一部分工艺过程。工序是组成工艺过程的基本单元，又是生产计划和经济核算的基本单元。

工作地点是否改变、工件（即工作对象）是否改变、加工过程是否连续完成是划分工序的原则。划分工序的依据是工作地（设备）、加工对象（工件）是否改变以及加工过程是否连续完成，如果设备和工件之一有改变或者加工过程不是连续完成的，则应划分为另外一道工序。工作地点是否改变、工件（即工作对象）是否改变，都比较容易判断，难点是加工过程是否连续完成的判断。

如何判断一个工件在一个工作地点对加工对象的加工过程是否连续呢？现以一批工件上某个孔的钻、铰加工为例说明：如果每一个工件在同一台机床上钻孔后就接着铰孔，则该孔的钻、铰加工过程是连续的，应算作一道工序；若在该机床上将这批工件都钻完孔后再逐个铰孔，对一个工件的钻、铰加工过程就不连续了，钻、铰加工应该划分成两道工序。

例如，图 2－1 所示压入式模柄的机械加工工艺过程，可划分为表 2－1 所示的三道工序。

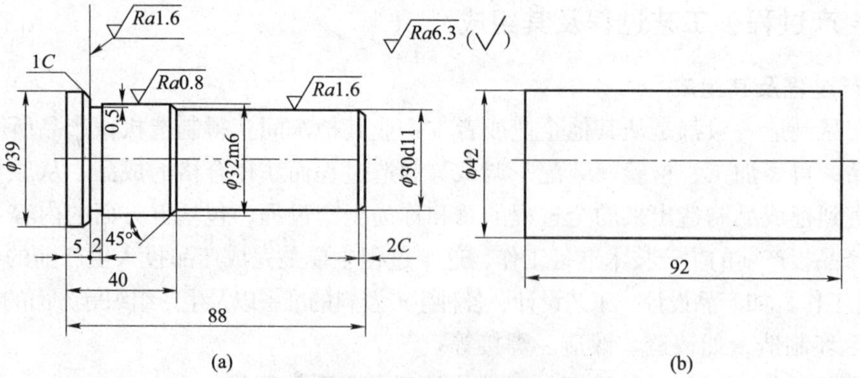

图 2－1　压入式模柄

（a）零件图；（b）毛坯图

表 2-1　压入式模柄的机械加工工艺过程

工序号	工序内容	设　备
1	下料	锯床
2	车两端面、钻中心孔	车床
3	粗车、精车外圆（ϕ32 留磨削余量）车槽并倒角	车床
4	磨 ϕ32 外圆	外圆磨床
5	检验、入库	

为什么表 2-1 中压入式模柄的“车两端面、钻中心孔”是一个工序呢？判断过程如下：首先，“车两端面钻中心孔”过程中均在同一台车床上完成，没有改变加工地点；其次，“车两端面钻中心孔”过程中均是针对同一工件进行加工，没有改变加工对象；第三，“车两端面钻中心孔”加工过程的完成顺序是将毛坯装夹在车床上→车第一端面→钻中心孔→掉头装夹在车床上→车另一端面→钻中心孔，操作工人是连续完成全部加工过程，也就是说加工过程是连续的，因此，压入式模柄的“车两端面钻中心孔”是一个工序。

（2）安装

工件在加工之前，应使其在机床上（或夹具中）处于一个正确的位置并将其夹紧。确定工件在机床上或夹具上占有正确位置的过程称为定位。工件占有正确位置及夹紧的过程称为装夹。工件经一次装夹后所完成的那一部分工序称为安装。

在一道工序中，有时工件需要进行多次装夹，如表 2-1 中的工序 2，当车削第一端面、钻中心孔时要进行一次装夹，调头车另一端面、钻中心孔时又需要重新装夹工件，所以完成该工序，工件要进行两次装夹。多一次装夹，不单增加了装卸工件的辅助时间，同时还会产生装夹误差，如表 2-1 的工序 2 有两次装夹，会造成两端面中心孔的轴线偏差。因此，在工序中应尽量减少装夹次数。

（3）工位

为了完成一定的工序部分，一次装夹工件后，工件与夹具或设备的可动部分一起，相对于刀具或设备的固定部分所占据的每一个位置称为工位。在加工过程中，为了减少工件的装夹次数，常采用一些不需要重新装卸工件就能改变工件位置的夹具或其他机构来实现工件加工位置的改变，以完成对工件不同部位或不同零件的加工。

例如，图 2-2 所示是利用万能分度头使工件依次处于工位Ⅰ、工位Ⅱ、工位Ⅲ、工位Ⅳ，以连续完成对凸模上 4 个槽的铣削加工。

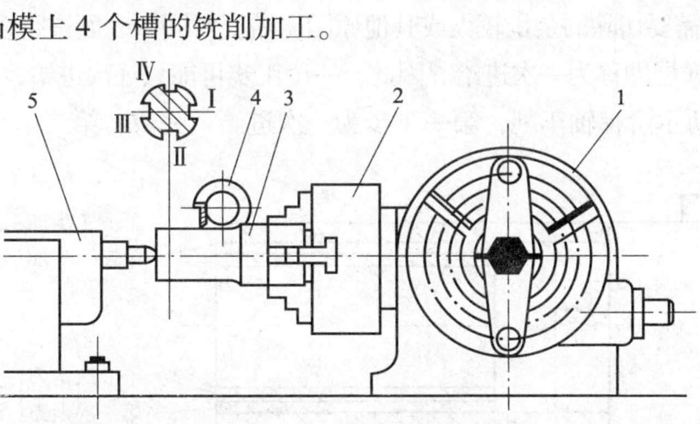

图 2-2　多工位加工

1—分度头；2—三爪自定心卡盘；3—工件；4—铣刀；5—尾座

(4) 工步

在加工表面（或装配时的连接表面）和加工（或装配）工具不变的情况下，连续完成的那一部分工序称为工步。

决定工步的两个因素（加工表面、加工工具）之一发生变化，或者这两个因素虽然没有变化，但加工过程不是连续完成，一般应划分为另一工步。

①一个工序可以包含几个工步，也可能只有一个工步。如表 2－1 中工序 2 可划分成四个工步（车端面、钻中心孔、车另一端面、钻中心孔）。

②相同工步。当工件在一次装夹后连续进行若干个相同的工步时，为了简化工序内容的叙述，在工艺文件上常将其填写为一个工步。例如，图 2－3 所示零件，对四个 $\phi10$ mm 的孔连续进行钻削加工，在工序中可以写成一个工步——钻 $4\times\phi10$ mm 孔。

③复合工步。为了提高生产率，用几把刀具或者用复合刀具，同时加工同一工件上的几个表面，称为复合工步。在工艺文件上，复合工步应视为一个工步。例如，图 2－4 所示是用钻头和车刀同时加工内孔和外圆的复合工步。例如，图 2－5 所示是用复合中心钻钻孔、锪锥面的复合工步。

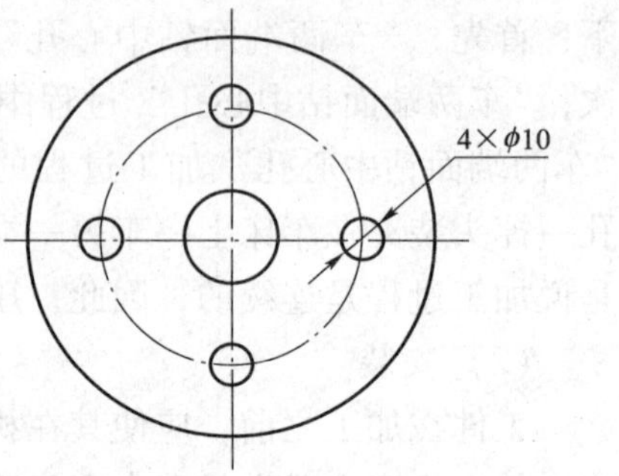

图 2－3　具有四个相同孔的工件

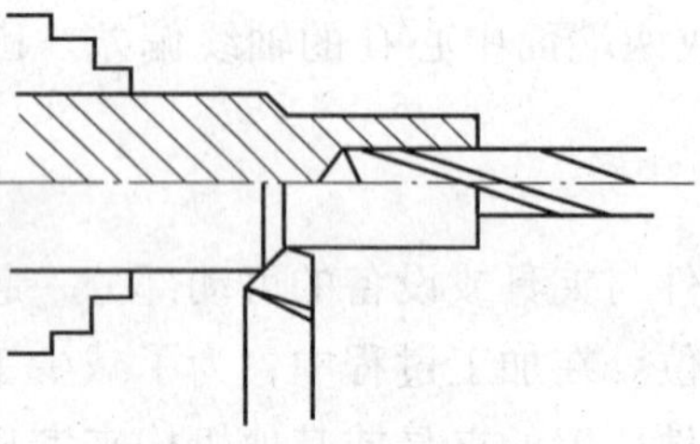

图 2－4　多刀加工

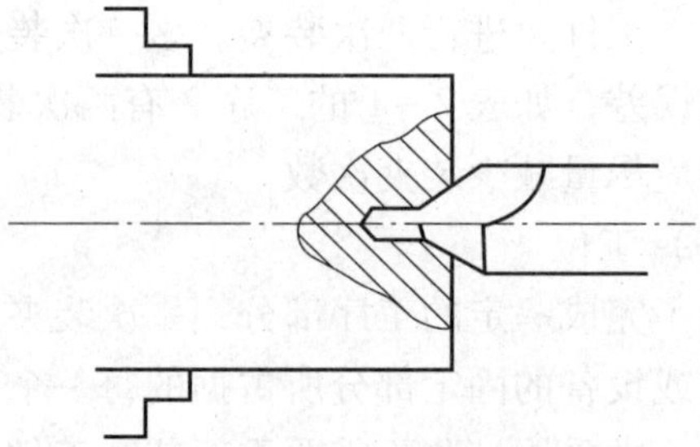

图 2－5　钻孔、锪锥面复合工步

(5) 进给

有些工步，由于需要切除的余量较大或其他原因，需要对同一表面进行多次切削，刀具从被加工表面每切下一层金属层即称为一次进给。因此，一个工步可能只一次进给，也可能需要几次进给。

例如，图 2－6 所示阶梯轴车削，第一工步为一次进给就完成，第二工步为二次进给才完成。

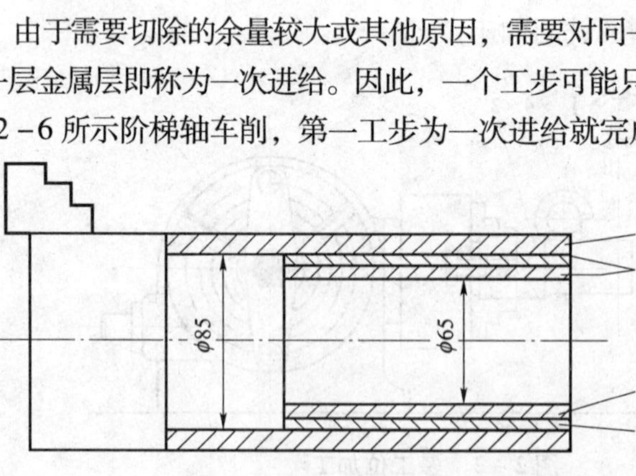

图 2－6　阶梯轴的车削进给

（6）工序、工步、工位、安装、进给之间的区别

工序是工艺过程的组成部分。一个工序之中，可能需要对工件进行多次安装，每次安装后可能需要多个工步才能完成，或者每次安装后可能需要使工件处于多个工位上才能完成，工件处于某个工位时可能需要多个工步才能完成，某个工步可能需要多次进给才能完成。一个工序可以包含几个工步，也可能只包含一个工步。工序、工步、工位、安装、进给之间的联系与区别，如图2－7所示。

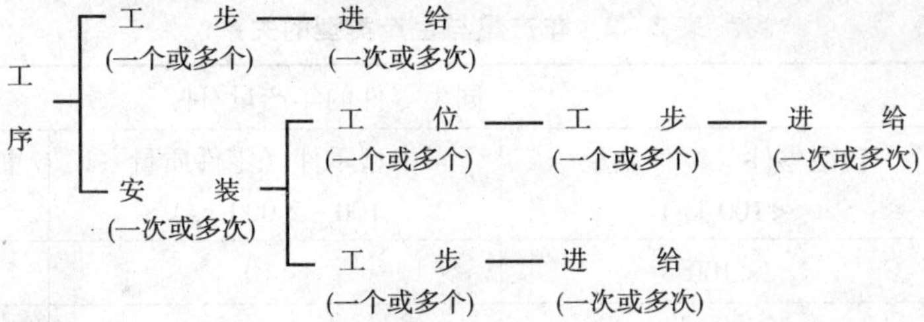

图2－7　工序的组成

2.1.2　生产纲领和生产类型

1. 生产纲领

企业在计划期内应生产的产品量（年产量）和进度计划称为生产纲领。某种零件的年产量可用以下公式计算：

$$N = Qn\ (1 + \alpha\% + \beta\%)$$

式中　N——零件的年产量（件/年）；

Q——产品的年产量（台/年）；

n——每台产品中该零件的数量（件/台）；

$\alpha\%$——零件的备品率；

$\beta\%$——零件的平均废品率。

2. 生产类型的确定

企业（或车间、工段、班组、工作地）生产专业化程度的分类称为生产类型。一般按年产量划分为以下三种类型：

（1）单件生产

单件生产的基本特点是产品品种繁多，每种产品仅生产一件或数件，各个工作地的加工对象经常改变，而且很少重复生产。例如：重型机械产品的制造、新产品的试制等多属于这种生产类型。一般企业的工具车间所进行的专用模具、模具成型零件、夹具、刀具、量具的生产也多属于单件或小批生产。

（2）成批生产

成批生产的基本特点是产品品种多，同一产品有一定的数量，能够成批进行生产，或者在一段时间之后又重复某种产品的生产。例如机床制造、机车制造、模架标准件制造等多属于成批生产。一次投入或生产的同一产品（或零件）的数量称为生产批量。按照批量的大小，成批生产又分为小批生产、中批生产和大批生产。小批生产在工艺方面接近单件生产，二者常常相提并论。中批生产的工艺特点介于单件生产和大量生产之间。大批生产在工艺方

面接近大量生产。

（3）大量生产

大量生产的基本特点是产品品种单一而固定，同一产品产量很大，大多数工作地长期进行一个零件某道工序的加工，生产具有严格的节奏性。例如：汽车、自行车、轴承制造，常常是以大量生产的方式进行的。

表 2－2 所列是按产品年产量划分的生产类型，供确定生产类型时参考。

表 2－2　年产量与生产类型的关系

生产类型		同类零件的年产量/件		
		轻型零件（零件质量 <100 kg）	中型零件（零件质量 $100\sim2\ 000$ kg）	重型零件（零件质量 $>2\ 000$ kg）
单件生产		<100	<10	<5
成批生产	小批	$100\sim500$	$10\sim200$	$5\sim100$
	中批	$500\sim5\ 000$	$200\sim500$	$100\sim300$
	大批	$5\ 000\sim50\ 000$	$500\sim5\ 000$	$300\sim1\ 000$
大量生产		$>50\ 000$	$>5\ 000$	$>1\ 000$

3. 不同生产类型的工艺特征

生产类型对企业的生产过程和生产组织起决定性的作用。各种生产类型的工艺特征见表 2－3。

表 2－3　各种生产类型的工艺特征

工艺特征＼生产类型	单件生产	成批生产	大量生产
加工对象	经常改变	周期性改变	固定不变
毛坯的制造方法及加工余量	铸件用木模，手工造型；锻件用自由锻。毛坯精度低，加工余量大	部分铸件用金属模，部分锻件采用模锻。毛坯精度中等，加工余量中等	铸件广泛采用金属模机器造型。锻件广泛采用模锻以及其他高生产率的毛坯制造方法。毛坯精度高，加工余量小
机床设备及其布置形式	采用通用机床。机床按类别和规格大小，采用“机群式”排列布置	采用部分通用机床和部分高生产率的专用机床。机床设备按加工零件类别分“工段”排列布置	广泛采用高生产率的专用机床及自动机床，按流水线形式排列布置
工艺装备	多用标准夹具，很少采用专用夹具，靠划线及试切法达到尺寸精度，采用通用刀具与万能量具	广泛采用专用夹具，部分靠划线进行加工，较多采用专用刀具和专用量具	广泛采用先进高效夹具，靠夹具及调整法达到加工要求。广泛采用高生产率的刀具和量具

续表

生产类型 工艺特征	单件生产	成批生产	大量生产
对操作工人的要求	需要技术熟练的操作工人	操作工人需要一定的技术熟练程度	对操作工人的技术要求较低，对调整工人的技术要求较高
工艺文件	有简单的工艺过程卡片	有较详细的工艺规程，对重要零件需编制工序卡片	有详细编制的工艺文件
零件的互换性	广泛采用钳工修配	零件大部分有互换性，少数用钳工修配	零件全部有互换性，某些配合要求很高的零件采用分组互换
生产率	低	中等	高
单件加工成本	高	中等	低

生产类型是制定工艺规程的主要依据之一，应依据生产类型合理地选择零件加工的工艺方法、毛坯、加工设备、工艺装备以及生产的组织形式。

对模具零件来说，模具标准件属于成批生产，其他模具零件属于单件生产。

2.1.3　机械加工工艺规程的种类与作用

1. 工艺规程的概念

用以指导生产，规定产品或零部件制造工艺过程和操作方法等的工艺文件称为工艺规程，一般具体规定工件加工的工艺路线、工序的加工内容、检验方法、切削用量、时间定额以及所采用的设备和工艺装备等。不同的生产类型对工艺规程的要求也不相同，大批、大量生产的工艺规程比较详细，单件、小批生产则比较简单。编制工艺规程是生产准备工作的重要内容之一，合理的工艺规程对保证产品质量、提高劳动生产率、降低原材及动力消耗、改善工人的劳动条件等都有十分重要的意义。

2. 机械加工工艺规程的种类

工艺规程是生产中使用的重要工艺文件，如采用机械加工的方法，直接改变毛坯的形状、尺寸和表面质量等，使其成为零件的过程称为机械加工工艺过程，相应的书面工艺文件统称为机械加工工艺规程。说明并规定工艺过程的书面工艺文件主要是机械加工工艺过程卡、机械加工工艺卡和机械加工工序卡。

（1）机械加工工艺过程卡

机械加工工艺过程卡是以工序为单位说明一个零件全部加工过程的工艺卡片。这种卡片包括零件各个工序的名称、工序内容，经过的车间、工段、所用的机床、刀具、夹具、量具，工时定额等。主要用于单件小批生产以及生产管理中。

（2）机械加工工艺卡

机械加工工艺卡是以工序为单位，详细说明零件的机械加工工艺过程，其内容介于工艺过程卡片和工序卡片之间。它用来指导工人进行生产和帮助车间管理人员和技术人员掌握整个零件加工过程的一种主要工艺文件，广泛用于成批生产和单件小批生产中比较重要的零件或工序。

（3）机械加工工序卡

机械加工工序卡是根据工艺卡片的每一道工序制订的，主要用来具体指导操作工人进行生产的一种工艺文件。多用于大批大量生产或成批生产中比较重要的零件。该卡片中附有工序简图，并详细记载了该工序加工所需的资料，如定位基准选择、工序尺寸及公差以及机床、刀具、夹具、量具、切削用量和工时定额等。

为了便于科学管理和交流，其格式都有相应的标准（见 JB/Z 187.3—1988）。常用的是《机械加工工艺过程卡》《机械加工工序卡》两种，如表 2－4、表 2－5 所示。

表 2－4　机械加工工艺过程卡片

××××公司	机械加工工艺过程卡	产品型号		零（部）件图号		共　页
		产品名称		零（部）件名称		第　页

材料牌号		毛坯种类		毛坯外形尺寸		每毛坯件数		每台件数		每坯质量	

	工序号	工序名称	工序内容	车间	工段	设备	工艺装配	工时	
								准终	单件
描图									
描校									
底图号									
装订号									

										编制（日期）	审核（日期）	会签（日期）
标记	处数	更改文件号	签字	日期	标记	处数	更改文件号	签字	日期			

表 2－5　机械加工工序卡片

××××公司	机械加工工序卡	产品型号		零（部）件图号		共　页
		产品名称		零（部）件名称		第　页

	工序号	工序名称		
	车间	工段	材料牌号	
	毛坯种类	毛坯外形尺寸	每坯件数	每台件数
	设备名称	设备型号	设备编号	同时加工件数
	夹具编号		夹具名称	切削液
				工时定额
			准终	单件

	工序号	工序内容	工艺装配	主轴转速/（r·min^{-1}）	切削速度/（m·min^{-1}）	进给量/（mm·r^{-1}）	背吃刀量/mm	进给次数	工时定额 机动	工时定额 辅助
描图										
描校										
底图号										
装订号										

										编制（日期）	审核（日期）	会签（日期）	
	标记	处数	更改文件号	签字	日期	标记	处数	更改文件号	签字	日期			

3. 机械加工工艺规程的作用

（1）工艺规程是指导生产的重要技术文件。合理的工艺规程是在总结广大工人和技术人员长期实践经验的基础上，结合企业具体生产条件，根据工艺理论和必要的工艺试验而制定的，按照它进行生产，可以保证产品的质量、较高的生产效率和经济性。经批准生效的工艺规程在生产中应严格执行，否则，往往会使产品质量下降、生产效率降低。但是，工艺规程也不应是固定不变的，工艺人员应注意及时总结生产一线操作人员的革新创造经验，及时吸收国内外先进工艺技术，对现行工艺规程不断地改进和完善，使其能更好地指导生产。

（2）工艺规程是生产组织和生产管理工作的基本依据。有了工艺规程，在产品投产之前就可以根据它进行原材料、毛坯的准备和供应，机床设备的准备和负荷的调整，专用工艺装备的设计和制造，生产作业计划的编排，劳动力的组织以及生产成本的核算等，使整个生产有计划地进行。

（3）工艺规程是新建或扩建企业或车间的基本资料。在新建或扩建企业、车间的工作中，根据产品零件的工艺规程及其他资料，可以统计出企业或车间应配备机床设备的种类和数量，计算出车间所需面积和各类人员的数量，确定车间的平面布置和厂房基建等具体要求，从而提出有根据的筹建或扩建计划。

2.1.4 机械加工工艺规程的编制要求与步骤

1. 机械加工工艺规程的编制要求

（1）制定工艺规程的基本原则

制定工艺规程的基本原则是保证以最低的生产成本和最高的生产效率，可靠地加工出符合设计图样要求的产品或半成品。因此，在制定工艺规程时，应从企业的实际条件出发充分利用现有设备，尽可能采用国内外的先进技术和工艺。

（2）编制机械加工工艺规程的要求

合理的工艺规程，要体现出以下几方面的基本要求：

①产品质量的可靠性

工艺规程要充分考虑和采取一切确保产品质量的必要措施，以期能全面、可靠和稳定地达到设计图样上所要求的精度、表面质量和其他技术要求。

②工艺技术的先进性

工艺规程的先进性是指在企业现有条件下，除了采用本企业成熟的工艺方法外，尽可能地采用适合企业情况的国内外同行的先进工艺技术和工艺装备，以提高工艺技术水平。

③经济性

在一定的生产条件下，要采用劳动量、物资和能源消耗最少的工艺方案，从而使生产成本最低，使企业获得良好的经济效益。

2. 机械加工工艺规程的编制步骤

模具零件的工艺设计、机械加工工艺规程的编制是模具设计制造企业工艺工程师或工艺员需要完成的工作任务，完成该工作任务的过程为：

（1）研究模具装配图和模具零件图，进行工艺分析。分析模具装配图和模具零件图，熟悉产品用途、性能和工作条件。了解模具零件的装配关系及其作用，分析制定各项技术要求的依据，判断其要求是否合理、模具零件结构工艺性是否良好。通过分析，找出主要的技术要求和关键技术问题，以便在加工中采取相应的技术措施。如有问题，应立即与有关设计人员共同研究，按规定程序对图样进行修改和补充。

（2）确定生产类型。除模具的标准件（如导柱、导套、推杆等）外，其余模具零件基本是单件或者单件小批量生产。

（3）确定毛坯。在确定毛坯时，要熟悉本企业毛坯车间（或专业毛坯生产企业）的技术水平和生产能力、各种钢材、型材的品种规格。根据模具零件图和加工时的工艺要求

（如定位、夹紧、加工余量和结构工艺性），确定毛坯的种类、技术要求及制造方法。必要时，应和毛坯车间技术人员一起共同确定毛坯图。

（4）拟定工艺路线。工艺路线是指产品或零部件在生产过程中，由毛坯准备到成品包装入库，经过企业各有关部门或工序的先后顺序。拟定工艺路线是制定工艺规程十分关键的一步，需要提出几个不同的方案进行分析对比，寻求一个最佳的工艺路线。

（5）确定各工序的加工余量，计算工序尺寸及其公差。

（6）选择各工序使用的机床设备及刀具、夹具、量具和辅助工具。

（7）确定切削用量及时间定额。

（8）填写工艺文件。生产中常见的工艺文件有机械加工工艺过程卡、机械加工工艺卡和机械加工工序卡，分别适合于在不同生产的情况采用。对模具零件，一般要求填写机械加工工艺过程卡、重要工序的机械加工工序卡。

2.2 模具零件的工艺分析

制定零件的机械加工工艺规程，首先要对零件进行工艺分析，以便从加工制造的角度出发分析零件结构的工艺性是否良好，技术要求是否恰当。并从中找出主要的技术要求和关键技术问题，以便采取相应的工艺措施，为合理制定工艺规程作好必要的准备。

2.2.1 模具零件的结构工艺性分析

任何零件从形体上分析都是由一些基本表面和特殊表面组成的。基本表面主要有内、外圆柱表面、圆锥表面和平面等，特殊表面主要有螺旋面、渐开线齿形表面及其他一些成型表面。研究零件结构，首先就是分析该零件是由哪些表面所组成，因为表面形状是选择加工方法的基本因素之一。例如，对外圆柱面一般采用车削和外圆磨削进行加工；而内圆柱面（孔）则多通过钻、扩、铰、镗、内圆磨削和拉削等方法获得。除了表面形状外，表面尺寸大小对工艺也有重要影响，在工艺上都有各自的特点。例如，对直径很小的孔宜采用铰削加工，不宜采用磨削加工；深孔应采用深孔钻进行加工。

分析零件结构，不仅要注意零件各构成表面的形状尺寸，还要注意这些表面的不同组合。机械制造中通常按照零件结构和工艺过程的相似性，将各种零件大致分为轴类零件、套类零件、盘环类零件、叉架类零件以及箱体等。正是这些构成表面的不同组合形成了零件结构工艺上的特点，如圆柱套筒上的孔，可以采用钻、扩、铰、镗、拉、内圆磨削等方法进行加工。箱体零件上的孔则不宜采用拉削和内圆磨削加工。模具零件中的模柄、导柱等零件和一般机械零件的轴类零件在结构或工艺上有许多相同或相似之处。导套是一个典型的套类零件。整体结构的圆形凹模和一般机械零件的盘类零件相类似，但其上的型孔加工则比一般盘类零件要复杂得多，所以，圆盘形凹模又具有不同于一般盘类零件的工艺特点。

许多功能、作用完全相同而结构不同的两个零件，其加工方法与制造成本常常有很大的差别。零件结构的工艺性，是指所设计的零件在满足使用要求的前提下制造的可行性和经济性。零件结构的工艺性好是指零件的结构形状在满足使用要求的前提下，按现有的生产条件能用较经济的方法方便地加工出来。功能相同的零件，其结构工艺性可以有很大差异，良好的结构工艺性是指在现有工艺条件下既能方便制造，又有较低的制造成本。

零件结构工艺性的分析，包括零件尺寸和公差的标注、零件的组成要素和整体结构等方面的分析。结构工艺性的内容：

（1）在毛坯制造方面，

铸件：便于造型、拔模斜度；壁厚均匀、无尖边、尖角。

锻件：形状简单、无尖边、尖角、飞刺，便于出模。

（2）在加工方面，合理标注零件的技术要求；便于加工、减少加工；数控加工工艺性分析。

（3）在装配方面，便于装配、减少修配量。

提高零件结构工艺性的措施：

（1）在加工方面，减轻零件重量，保证加工的可行性、经济性；零件尺寸、规格、结构要素；标准化，正确标注图纸尺寸及加工技术要求。

（2）在装配方面，便于分解独立装配单元；便于平行、流水作业；调整方便、减轻装配工作量；便于达到装配精度。

表2－6列出了几种零件的结构并对零件结构的工艺性进行对比。

表2－6　零件结构的工艺性比较实例

序号	结构工艺性不好	结构工艺性好	说明
1	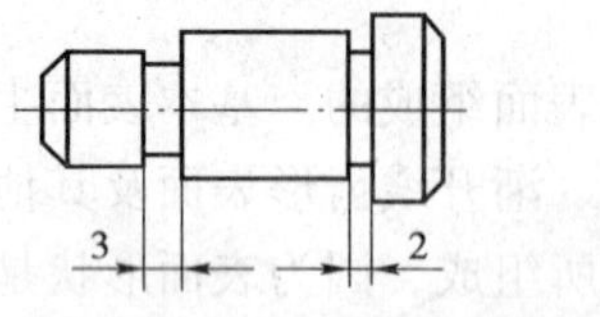	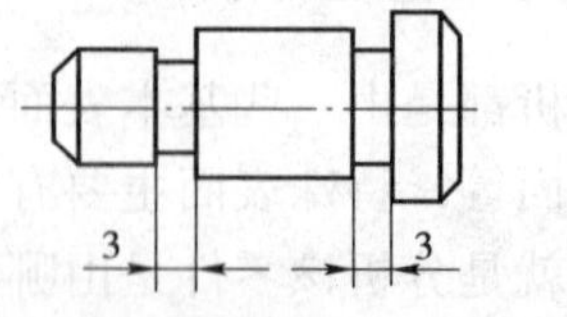	凸模退刀槽尺寸相同，可减少刀具种类，减少换刀时间
2	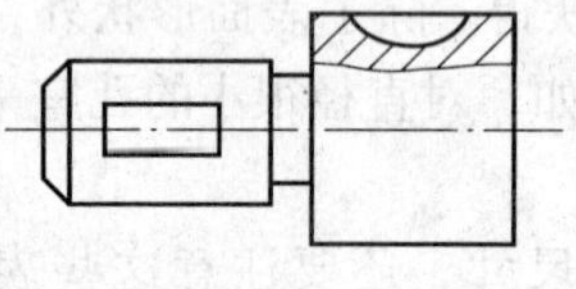	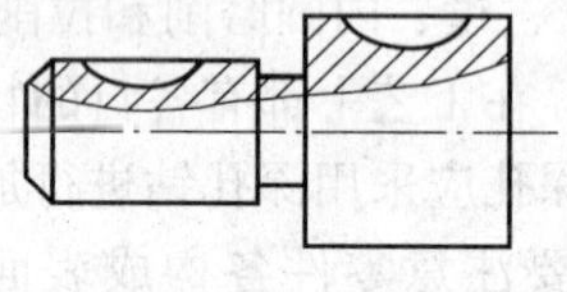	凸模键槽开设的方向和尺寸相同，可减少刀具种类，减少换刀时间
3	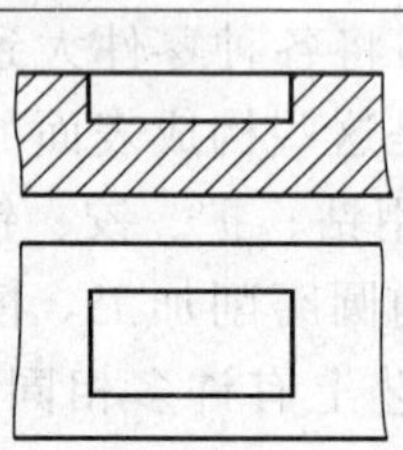	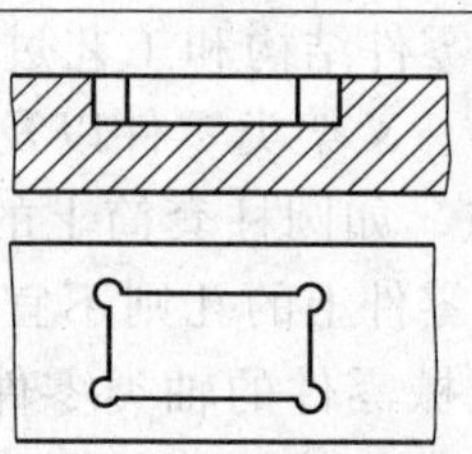	方形凹模型腔的四角加工时无法清角，影响配合
4	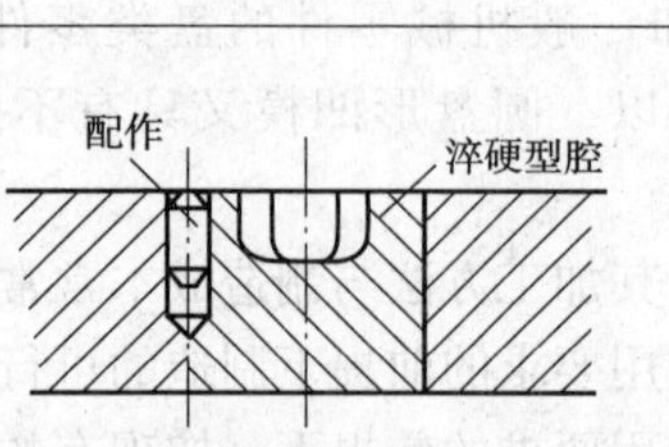	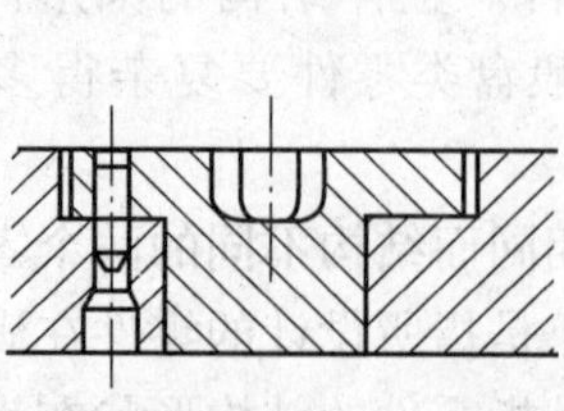	型腔淬硬后，骑缝销孔无法用钻铰方法配作

续表

序号	结构工艺性不好	结构工艺性好	说明
5	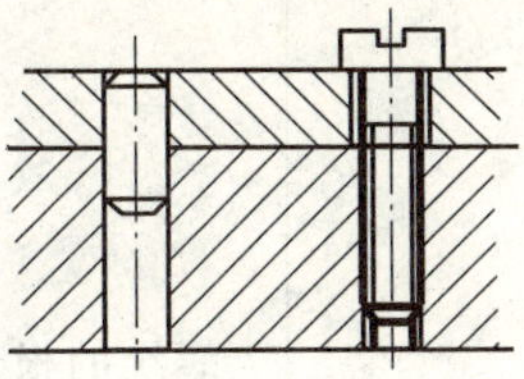	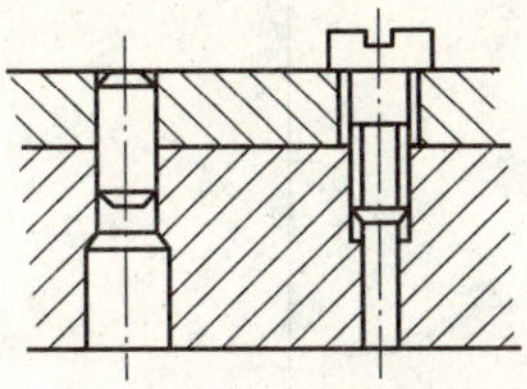	模板上的销孔太深，增加铰孔工作量，螺钉太长，没有必要
6	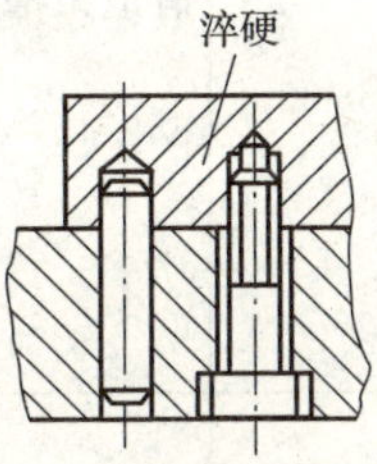	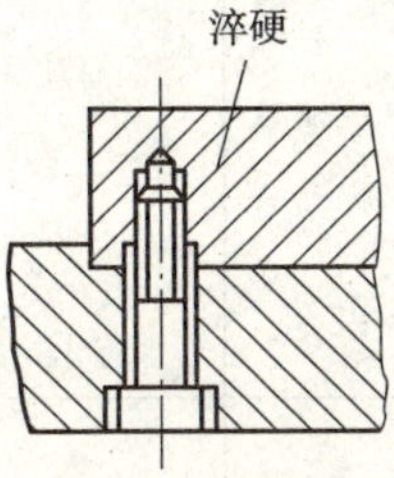	将淬硬型芯安装在模板上时，定位销孔无法用钻铰方法配作。改用浅凹定位使加工容易
7	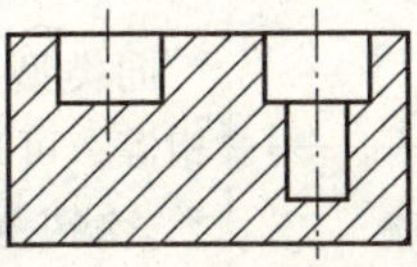	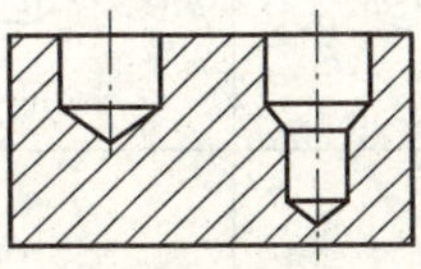	被加工的孔应具有标准孔径，不通孔的孔底和阶梯孔的过渡部分应设计成与钻头顶角相同的圆锥角
8	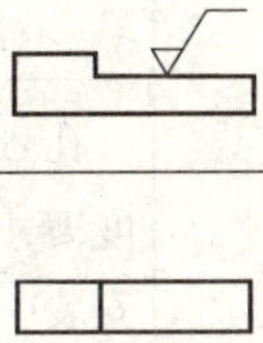	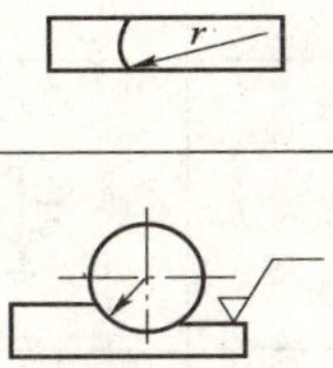	相连接平面凹槽的转角处，应具有标准刀具相适应的过渡表面
9	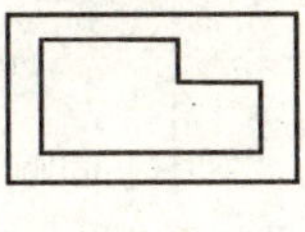	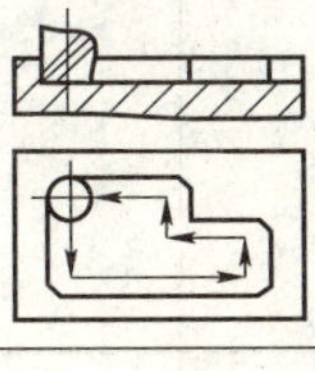	型腔的转角处，应具有标准刀具相适应的过渡表面
10	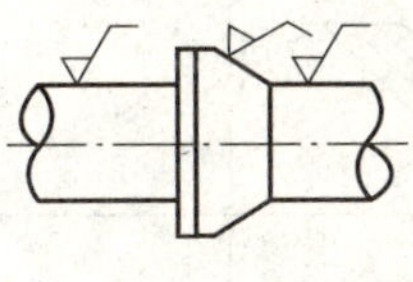	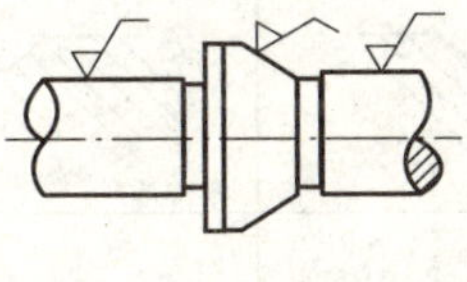	各连接表面应有退刀槽
11	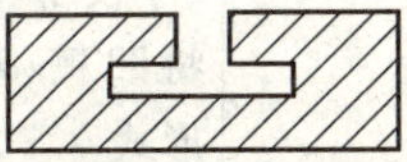	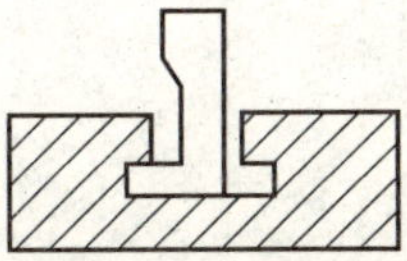	应有足够的槽宽，便于刀具的进出

续表

序号	结构工艺性不好	结构工艺性好	说明
12	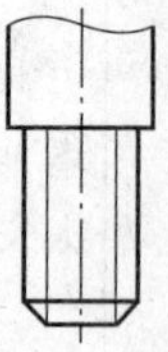	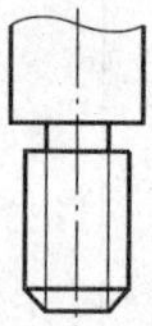	螺纹的根部，应设计有退刀槽或尾扣
	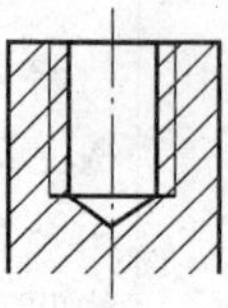	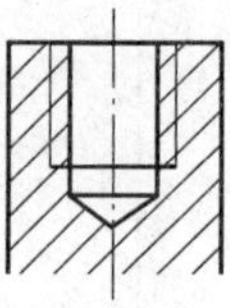	
13	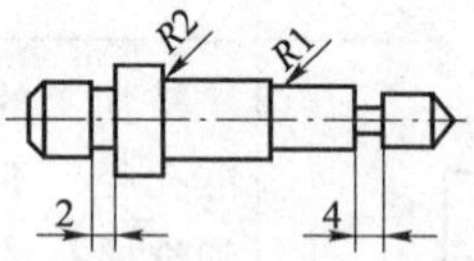	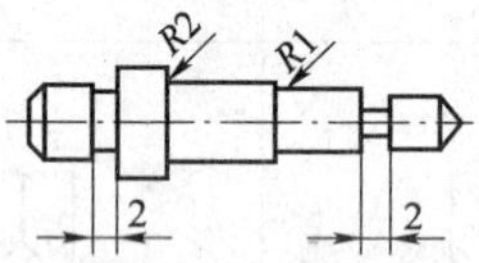	同类型的结构尺寸应相等，可以减少刀具种类，减少换刀时间
	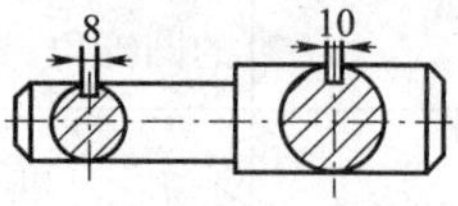	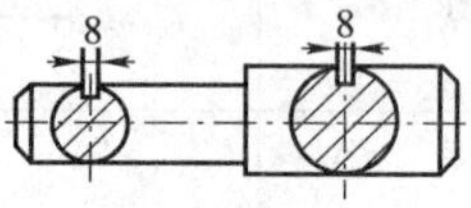	
14	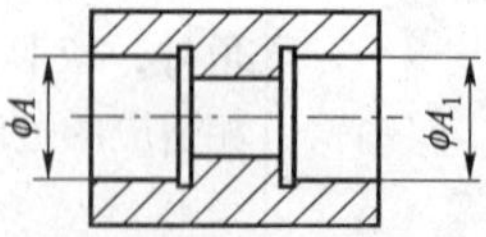	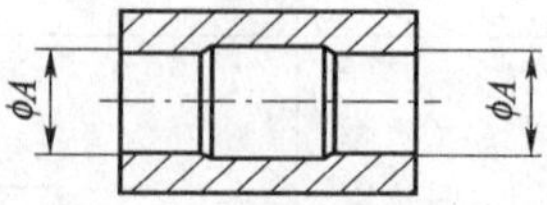	孔 ϕA 和孔 ϕA_l 有同轴度要求，应尽量在一次安装中加工
15	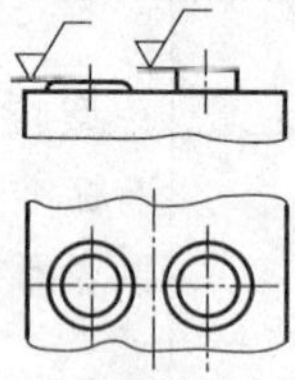	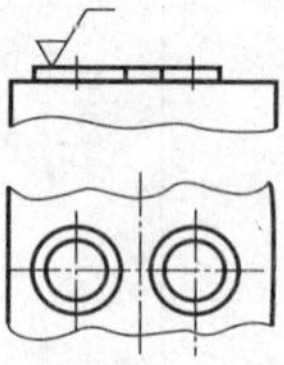	同侧各加工平面应尽量位于同一平面内
	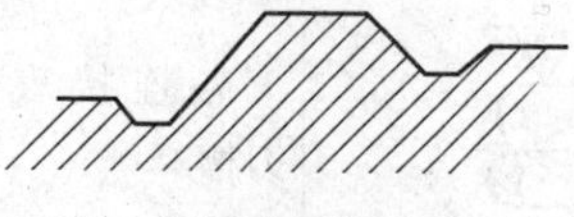	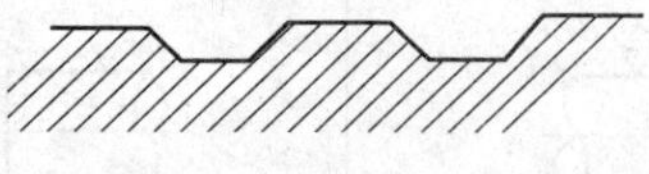	
16	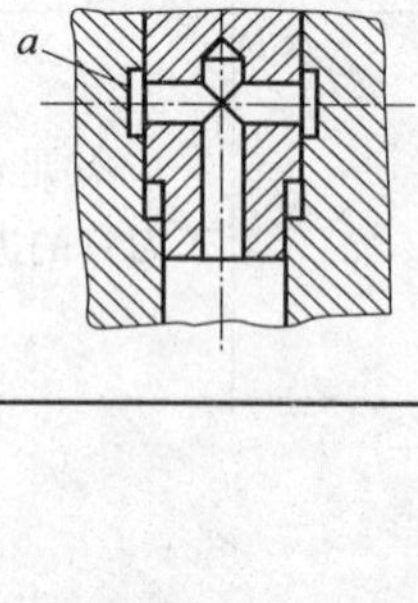	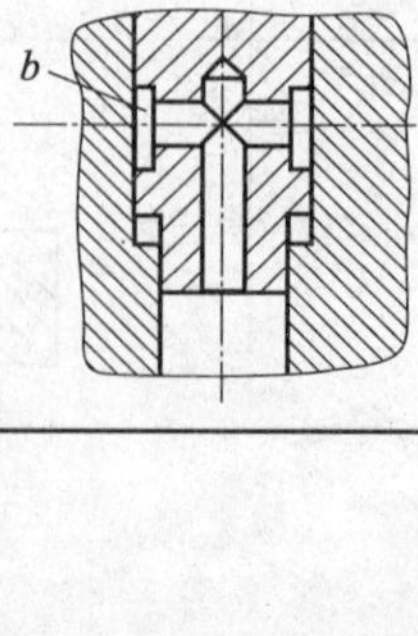	在左图结构中，槽"不便于加工和测量，宜将凹槽 a 改成右图的形式

2.2.2　模具零件的技术要求分析

零件的技术要求，包括被加工表面的尺寸精度、几何形状精度、各表面之间的相互位置精度、表面质量、零件材料、热处理及其他要求，这些要求对制定工艺方案往往有重要影响。例如，对尺寸相同的两个外圆柱面 ϕ32h10 及 ϕ32h7 的加工，前者只需经过车削加工即可达到精度要求，后者在车削后再进行外圆磨削加工则较为合理。通过分析，应明确有关技术要求的作用，判断其可行性和合理性。

综合上述分析结果，才能合理地选择零件的各种加工方法和工艺路线。

2.3　毛坯的选择

毛坯是根据零件（或产品）所要求的形状、工艺尺寸等而制成的供进一步加工用的生产对象。正确选择毛坯有重要的技术经济意义。它不仅影响毛坯制造的工艺、设备及费用，而且对零件材料的利用率、劳动量消耗、加工成本等都有重大影响。

2.3.1　毛坯的种类及其选择

模具零件常用的毛坯主要有锻件、铸件、焊接件、各种型材及板料等。选择毛坯要根据下列各影响因素综合考虑：

（1）零件材料的工艺性及组织和力学性能要求。零件材料的工艺性是指材料的铸造和锻造等性能。零件材料确定后其毛坯种类已大体确定。例如，当材料具有良好的铸造性能时，应采用铸件作毛坯。如模座、大型拉深模零件，其原材料常选用铸铁或铸钢，它们的毛坯制造方法也就相应的被确定了。对于采用高速工具钢、Cr12、Cr12MoV、6W6Mo5Cr4V 等高合金工具钢制造模具零件时，由于热轧原材料的碳化物分布不均匀，必须对这些钢材进行改锻。一般采用镦拔锻造，经过反复的镦粗与拔长，使钢中的共晶碳化物破碎，分布均匀，以提高钢的强度，特别是韧性，进而提高零件的使用寿命。

（2）零件的结构形状和尺寸。零件的形状尺寸对毛坯选择有重要影响，如阶梯轴，如果各台阶直径相差不大，可直接采用棒料作毛坯，简化毛坯准备工作。当阶梯轴各台阶直径相差较大，宜采用锻件作毛坯，以节省材料和减少机械加工的工作量。在这里锻造的目的在于获得一定形状和尺寸的毛坯。

（3）生产类型。选择毛坯应考虑零件的生产类型。大批、大量生产宜采用精度高的毛坯，并采用生产率比较高的毛坯制造工艺，如模锻、压铸等。用于毛坯制造的工装费用，可由毛坯材料消耗减少和机械加工费用降低来补偿。模具生产属于单件小批生产，可采用精度低的毛坯，如自由锻造和手工造型铸造的毛坯。

（4）企业生产条件。选择毛坯应考虑毛坯制造车间或者专业毛坯生产企业的工艺水平和设备情况，同时应考虑采用先进工艺制造毛坯的可行性和经济性，提高毛坯的制造水平。

2.3.2　毛坯的形状及其尺寸的确定

由于毛坯制造技术的限制，零件被加工表面的技术要求还不能由毛坯制造直接保证，所以，毛坯上某些表面需要有一定的加工余量，通过机械加工才能达到零件的质量要求。毛坯尺寸与零件的设计尺寸之差称为毛坯余量或加工总余量，毛坯尺寸的制造公差称为毛坯公差。毛坯余量和公差的大小与零件材料、零件尺寸及毛坯制造方法有关，可根据有关手册或资料确定，一般情况下将毛坯余量叠加在加工表面上即可求得毛坯尺寸。

毛坯的形状尺寸不仅和毛坯余量大小有关，在某些情况下还受工艺需要的影响。为了便于毛坯制造和机械加工，对某些形状比较特殊或小尺寸的模具零件，单独加工比较困难，可将两个或两个以上的零件制成一个毛坯，经加工后再切割成单个的零件。例如，图 2－8 所示，毛坯长度：

$$L = 20n + (n-1)B$$

式中　n——切割零件的个数；

B——切口宽度。

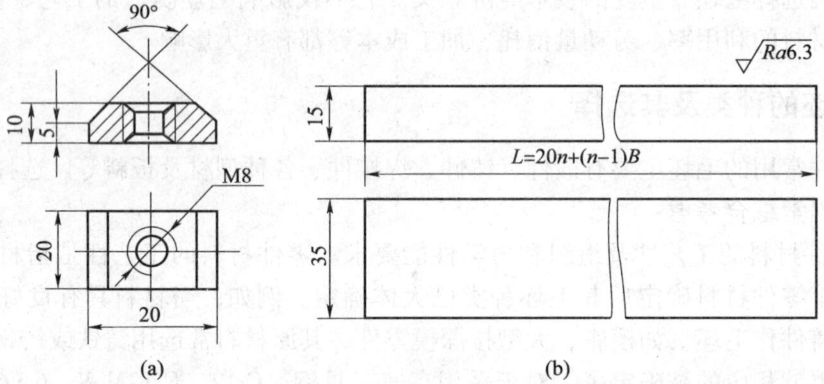

图 2－8　一坯多件的毛坯

（a）零件；（b）毛坯

2.4　基准的类型及其选择

2.4.1　基准的类型与工件的定位

基准是用来确定生产对象上几何要素间的几何关系所依据的那些点、线、面。根据基准的作用不同，可分为设计基准和工艺基准。

1. 设计基准

在设计图样上所采用的基准称为设计基准。例如，图 2－9 所示导套零件，其轴心线 $O-O$ 是外圆和内孔的设计基准。端面 A 是端面 B、C 的设计基准，内孔 ϕ20H8 的轴心线是 ϕ28K6 外圆柱面径向圆跳动的设计基准。设计基准是从零件使用性能和工作条件要求出发，适当考虑零件结构工艺性而选定的。

2. 工艺基准

在工艺过程中采用的基准称为工艺基准。工艺基准按用途不同又分为工序基准、定位基准、测量基准和装配基准。

（1）工序基准。在工序图上用来确定本工序被加工表面加工后的尺寸、形状、位置的基准称为工序基准。工序图是一种工艺附图，加工表面用粗实线表示，其余表面用细实线绘制，例如，图2－10所示，外圆柱面的最低母线 *B* 为工序基准。模具生产属单件小批生产，除特殊情况外一般不绘制工序图。

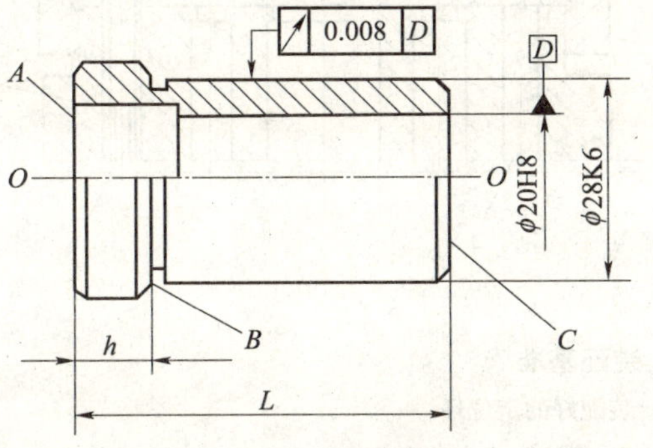

图2－9　设计基准

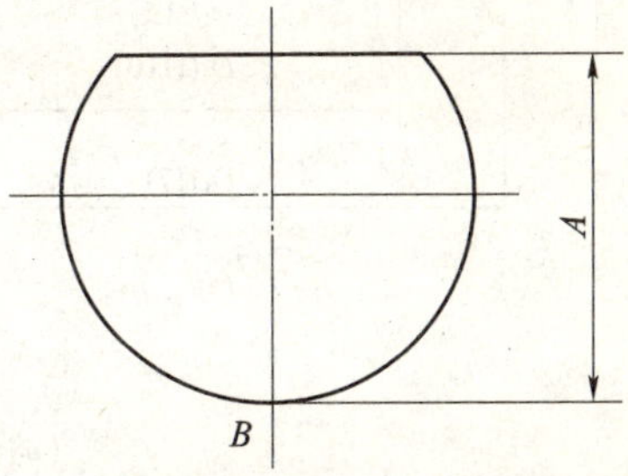

图2－10　工序基准

（2）定位基准。在加工时，为了保证工件相对于机床和刀具之间的正确位置（即将工件定位）所使用的基准称为定位基准。关于定位基准，将在后文中详细叙述。

（3）测量基准。测量时所采用的基准称为测量基准。例如，图2－11所示用深度游标尺测量槽深时，平面 *A* 为测量基准。

（4）装配基准。装配时用来确定零件或部件在产品中的相对位置所采用的基准称为装配基准。装配基准通常就是零件的主要设计基准。例如，图2－12所示，定位环孔 *D*（H7）的轴线是设计基准，在进行模具装配时又是模具的装配基准。

3. 工件定位的要求

在机械加工中，工件被加工表面的尺寸、形状和位置精度，取决于工件相对于刀具和机床的正确位置和运动。确定工件在机床上或夹具中占有正确位置的过程称为定位。为防止在加工过程中因受切削力、重力、惯性力等的作用破坏定位，工件定位后应将其固定，使工件在加工过程中保持正确位置不变的操作称为夹紧。将工件在机床上或夹具中定位、夹紧的过程称为装夹。制定零件的机械加工工艺规程时，必须选择工件上一组（或一个）几何要素（点、线、面）作为定位基准，将工件装夹在机床或夹具上以实现正确定位和夹紧。

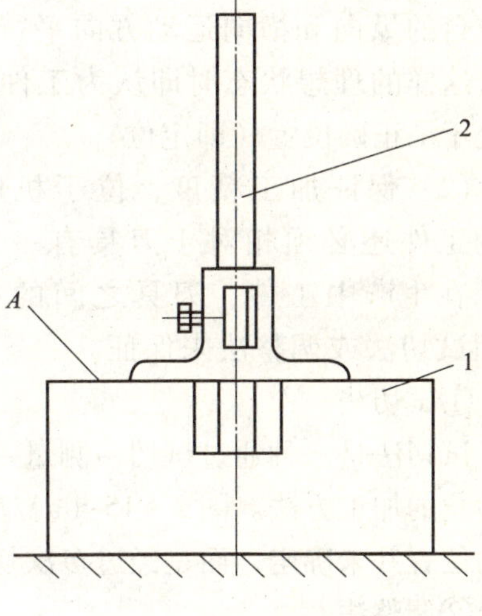

图2－11　测量基准

1—工件；2—深度游标尺

工件正确定位应满足以下要求：

（1）使工件相对于机床处于一个正确的位置。例如，加工图2－13所示零件，为了保证被加工外圆柱表面（ϕ45r6）相对于内圆柱面的同轴度要求，工件定位时必须使设计

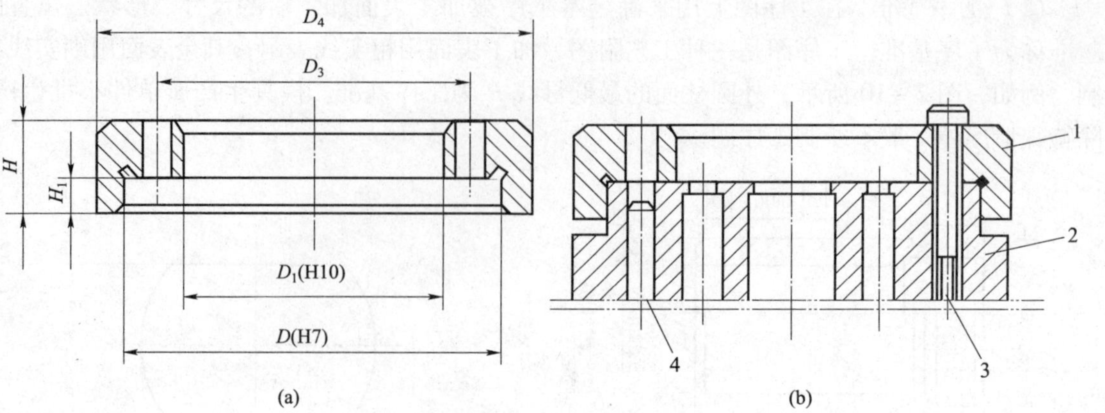

图 2－12　装配基准

（a）定位环；（b）装配好的定位环

1—定位环；2—凹模；3—螺钉；4—销钉

基准内圆柱面的轴心线 $O-O$ 与机床主轴的回转轴线重合，加工时内、外圆柱面的同轴度才能比较容易得到保证。

例如，图 2－14 所示凸模固定板，在加工凸模固定孔时为了保证各孔和Ⅰ面垂直，必须使Ⅰ面与机床的工作台面平行。为了保证尺寸 a、b、c，应使Ⅱ、Ⅲ侧面分别和机床工作台的纵向和横向运动方向平行。当工件处于这样的理想状态时即认为工件相对于机床处于了正确位置（即定位）。

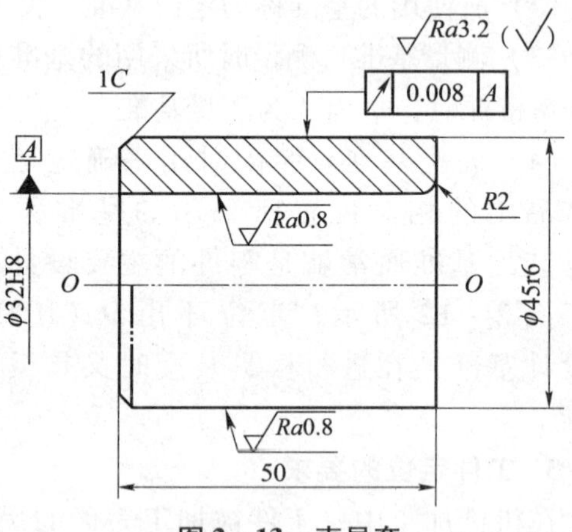

图 2－13　直导套

（2）保证加工精度，位于机床或夹具上的工件还必须相对于刀具有一个正确位置。在生产中工件、刀具之间的相对位置常用试切法或调整法来保证。

①试切法

试切法是一种通过试切→测量→调整→再试切，反复进行，直至被加工尺寸达到加工要求为止的加工方法。图 2－15（a）为试切法加工。要获得尺寸 L，加工之前工件和刀具的轴向位置并未确定，而是经过多次切削、测量、调整刀具位置来得到。

②调整法

调整法是先调整好刀具和工件在机床上的相对位置，并在一批零件的加工过程中保持这个位置不变，以保证工件被加工尺寸的方法。图 2－15（b）所示是用调整法加工一批工件获得工序尺寸 L。通过反装的三爪确定工件轴向位置，用挡铁调整好刀具与工件的相对位置，并保持挡铁位置不变，加工每一个工件时都使其具有相同的轴向位置，以保证尺寸 L。

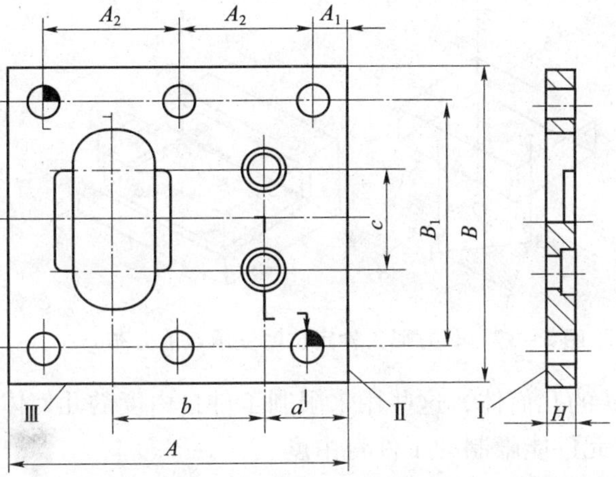

图 2－14　凸模固定板

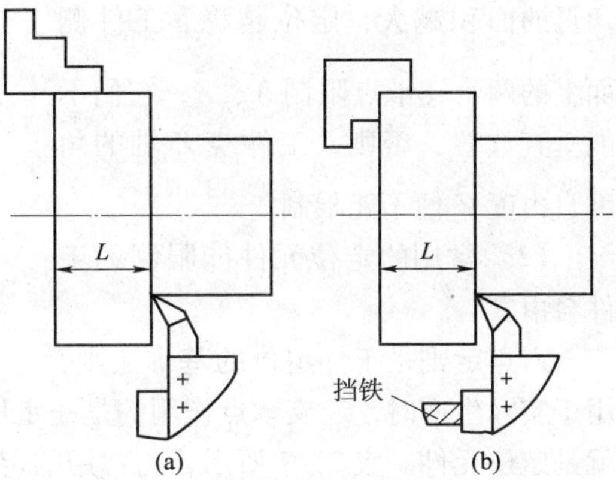

图 2－15　保证工件与刀具相对位置的方法

(a) 试切法；(b) 调整法

调整法多用于成批和大量生产。模具生产属于单件小批生产，一般用试切法来保证加工尺寸。

4. 工件定位的基本原理

(1) 六点定则

一个尚未定位的工件，其空间位置是不确定的。任何一个工件在未定位前都可以看成空间直角坐标系中的自由物体。如图 2－16 所示的工件，可以沿三个垂直坐标轴方向平移到任何位置，通常称工件沿三个垂直坐标轴 X、Y、Z 具有移动的自由度，分别以 $\vec{X}$、$\vec{Y}$、$\vec{Z}$ 表示。此外，工件还可以绕三个坐标轴 X、Y、Z 旋转，所以工件绕三坐标轴的转角位置也是不确定的，称工件绕三个坐标轴具有转动的自由度，分别以 $\overset{\curvearrowright}{X}$、$\overset{\curvearrowright}{Y}$、$\overset{\curvearrowright}{Z}$ 表示。任何工件在空间都具有以上六个自由度。要使工件在机床上或夹具中占据确定的位置，就必须限制这六个自由度。

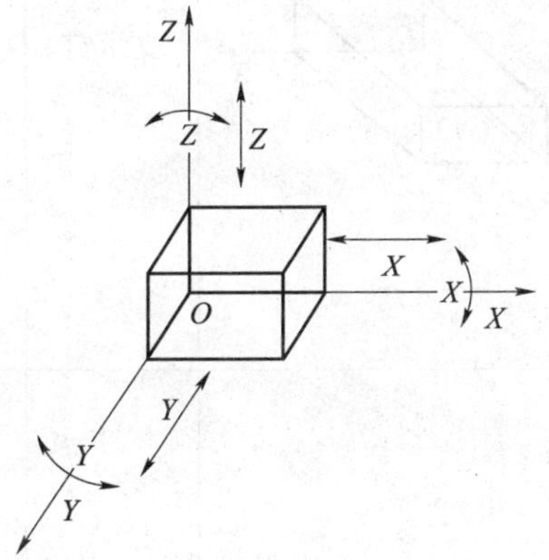

图 2－16　未定位工件的六个自由度

工件定位的实质，就是要限制对加工有不良影响的自由度。设空间有一固定点，工件的底面与该点保持接触，那么工件沿 Z 轴的移动自由度便被限制了。如果按图 2－17 左图所示设置六个固定点 1、2、3、4、5、6，工件的三个面分别与这些点保持接触，工件的六个自由度都被限制了。这些用来限制工件自由度的固定点，称为定位支承点，简称支承点。

无论工件的形状和结构怎么不同，它们的六个自由度都可以用合理分布的六个支承点限制，只是六个支承点的具体分布不同罢了。

用合理分布的六个支承点限制工件六个自由度的法则，称为六点定则。

但是，支承点的分布必须合理，否则六个支承点限制不了工件的六个自由度，或不能有效地限制工件的六个自由度。例如，图 2－17 右图中工件底面上的三个支承点限制了 $\vec{Z}$、$\overset{\curvearrowright}{X}$、

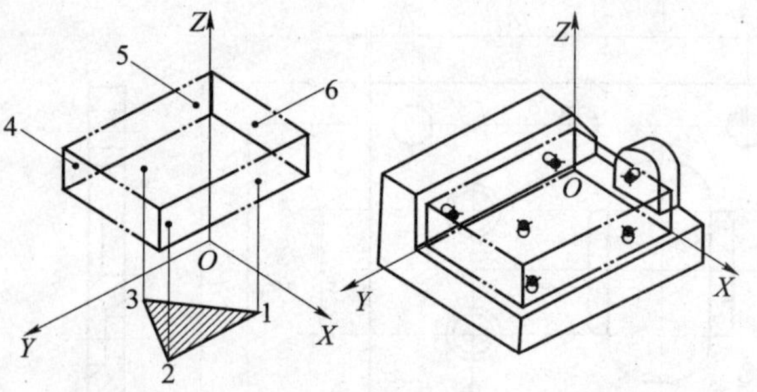

图 2－17　长方形工件定位时支承点的分布

$\overset{\curvearrowright}{Y}$，这三个支承点应成三角形分布，三角形的面积越大，定位越稳。工件侧面上的两个支承点限制 $\vec{X}$、$\overset{\curvearrowright}{Z}$，它们不能垂直放置，否则，工件绕 Z 轴的角度自由度 $\overset{\curvearrowright}{Z}$ 便不能限制。

（2）常用的定位元件能限制的工件自由度

六点定则是工件定位的基本法则，用于实际生产时，起支承点作用的是一定形状的几何体，这些用来限制工件自由度的几何体就是定位元件。表 2－7 所示，为常用的定位元件能限制的工件自由度。

表 2－7　常用的定位元件能限制的工件自由度

工件定位基面	定位元件	定位简图	定位元件特点	限制的自由度
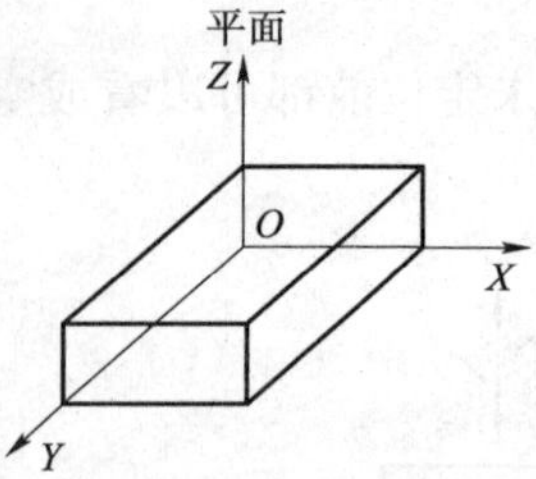	支承钉	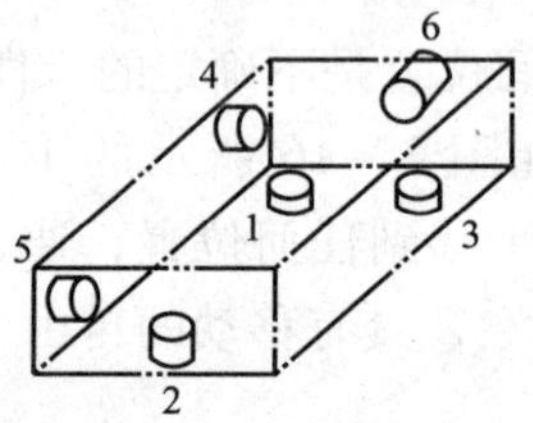		1、2、3—$\vec{Z}$、$\overset{\curvearrowright}{X}$、$\overset{\curvearrowright}{Y}$ 4、5—$\vec{X}$、$\overset{\curvearrowright}{Z}$ 6—$\vec{Y}$
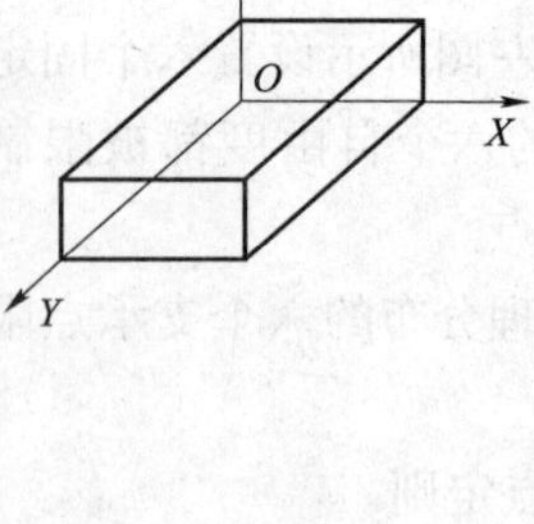	支承板	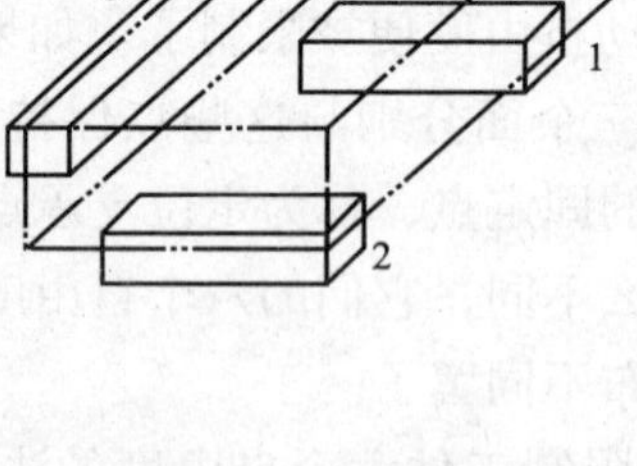		1、2—$\vec{Z}$、$\overset{\curvearrowright}{X}$、$\overset{\curvearrowright}{Y}$ 3—$\vec{X}$、$\overset{\curvearrowright}{Z}$

续表

工件定位基面	定位元件	定位简图	定位元件特点	限制的自由度
圆孔 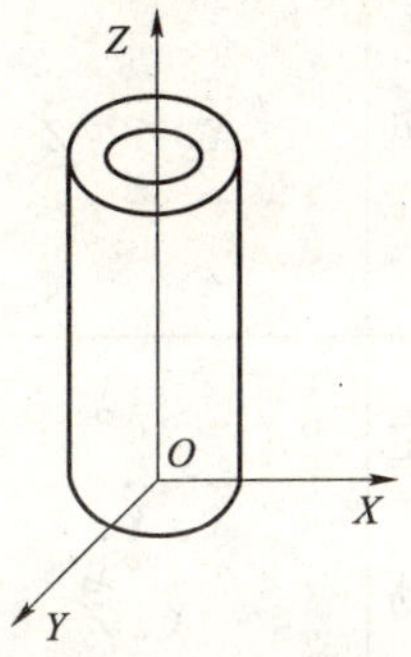	定位销（心轴）	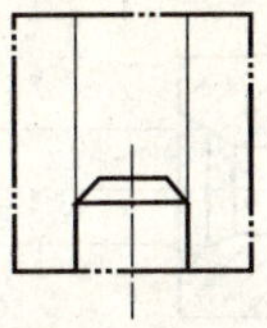	短销（短心轴）	$\vec{X}$、$\vec{Y}$
		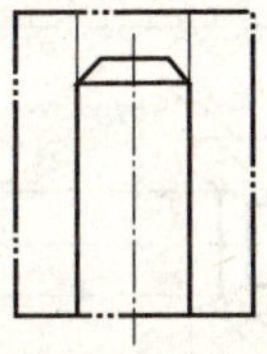	长销（长心轴）	$\vec{X}$、$\vec{Y}$ $\overset{\curvearrowright}{X}$、$\overset{\curvearrowright}{Y}$
外圆柱面 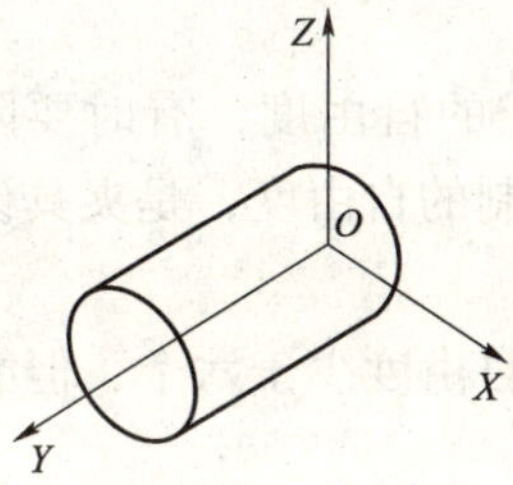	支承板或支承钉	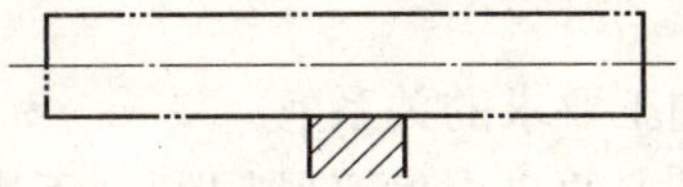	短支承板或支承钉	$\vec{Z}$
		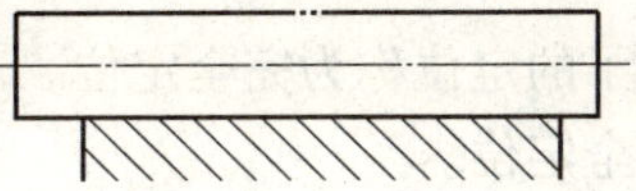	长支承板或两个支承钉	$\vec{Z}$、$\overset{\curvearrowright}{X}$
外圆柱面 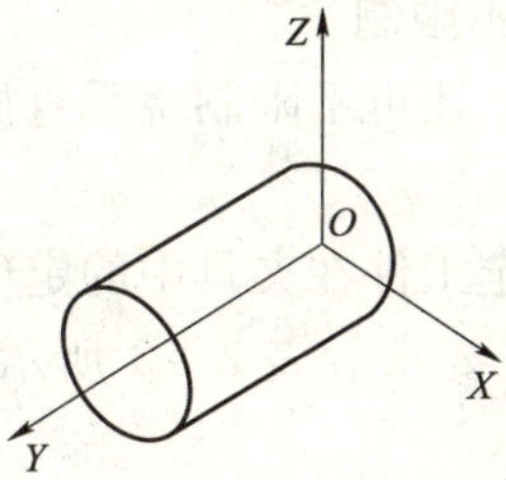	V 形块	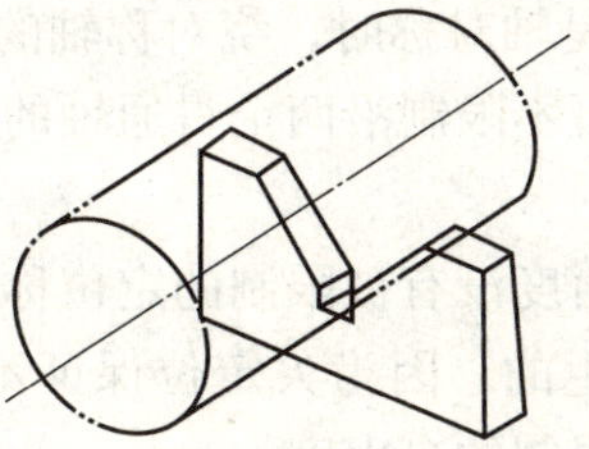	窄 V 形块	$\vec{X}$、$\vec{Z}$
外圆柱面 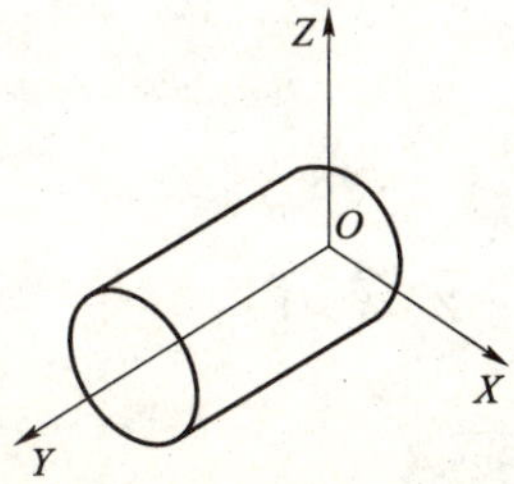	定位套	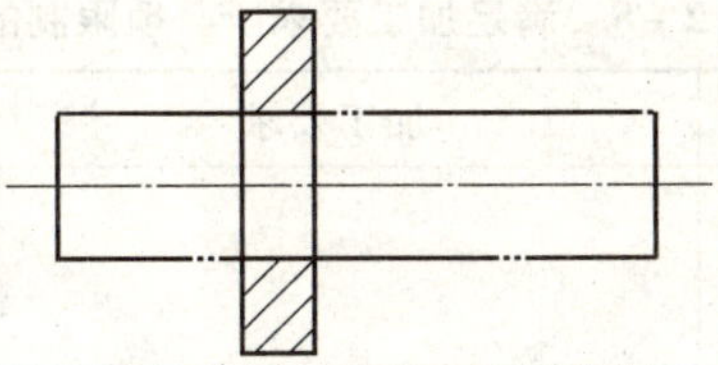	短套	$\vec{X}$、$\vec{Z}$
		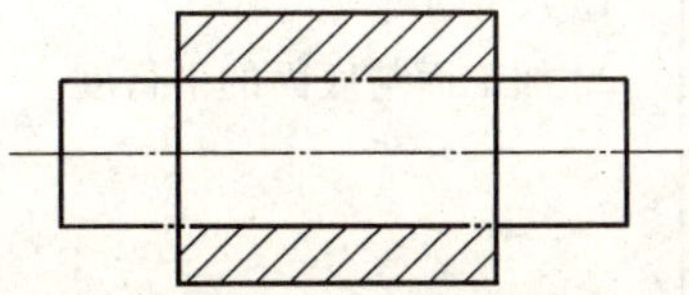	长套	$\vec{X}$、$\vec{Z}$ $\overset{\curvearrowright}{X}$、$\overset{\curvearrowright}{Z}$

续表

工件定位基面	定位元件	定位简图	定位元件特点	限制的自由度
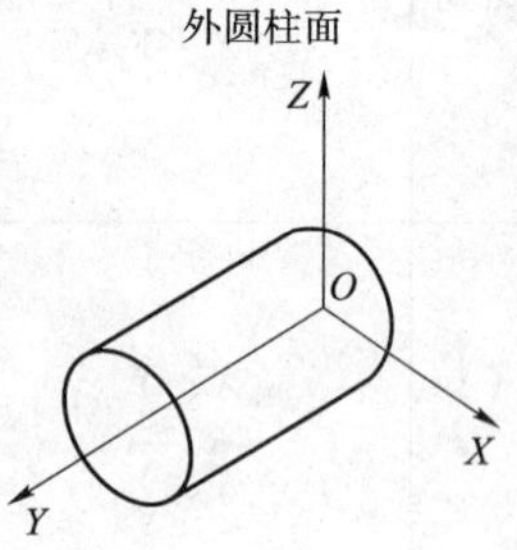	锥套	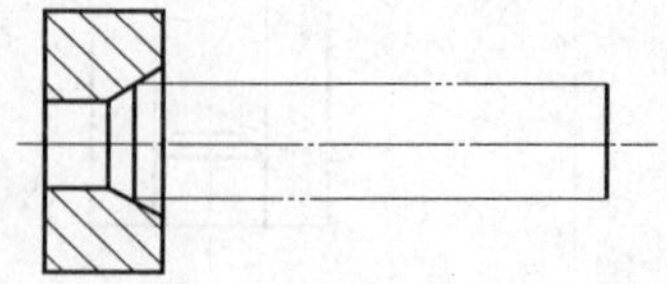	一端固定 一端自由 锥套	$\vec{X}$、$\vec{Y}$、$\vec{Z}$
		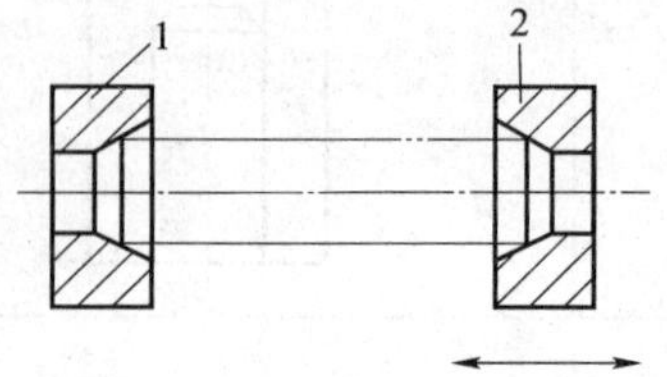	1—固定锥套 2—活动锥套	$\vec{X}$、$\vec{Y}$、$\vec{Z}$ $\overset{\curvearrowright}{X}$、$\overset{\curvearrowright}{Z}$

(3) 限制工件自由度与加工要求的关系

工件定位时，影响加工要求的自由度必须限制；不影响加工要求的自由度，有时要限制，有时可不限制，视具体情况而定。按照加工要求确定工件必须限制的自由度，是夹具设计中首先要解决的问题。

工件的六个自由度都限制了的定位称为完全定位。工件被限制的自由度少于六个，但能保证加工要求的定位称为不完全定位。

在工件定位时，以下几种情况允许不完全定位：

①加工通孔或通槽时，沿贯通轴的移动自由度可不限制。

②毛坯（本工序加工前）是轴对称时，绕对称轴的转动自由度可不限制。

③加工贯通的平面时，除可不限制沿两个贯通轴的移动自由度外，还可不限制绕垂直加工面的轴的转动自由度。

按照加工要求应限制的自由度没有被限制的定位称为欠定位。确定工件在夹具中的定位方案时，欠定位是决不允许发生的。因为欠定位保证不了工件的加工要求。表 2－8 所示，为满足工件的加工要求所必须限制的自由度。

表 2－8 满足加工要求所必须限制的自由度

工序简图	加工要求	必须限制的自由度
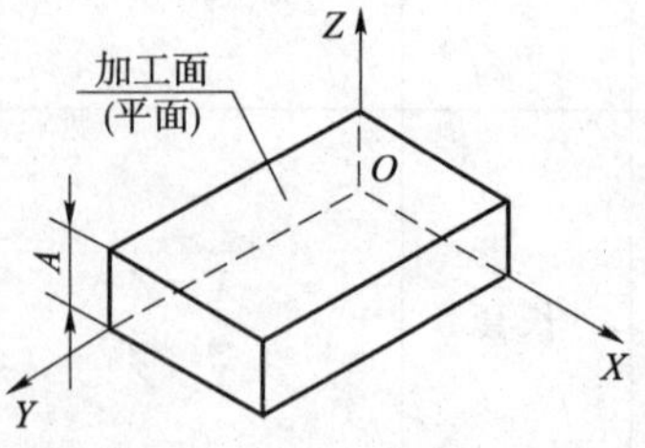	1. 尺寸 A 2. 加工面与底面的平行度	$\vec{Z}$、$\overset{\curvearrowright}{X}$、$\overset{\curvearrowright}{Y}$

续表

工序简图	加工要求		必须限制的自由度
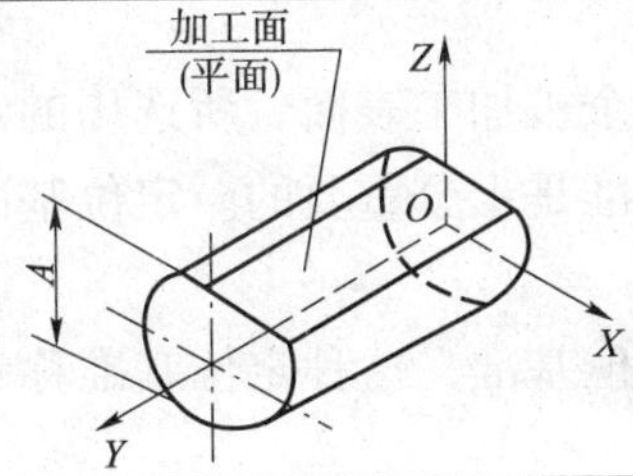	1. 尺寸 A 2. 加工面与下母线的平行度		$\vec{Z}$、$\overset{\curvearrowright}{X}$
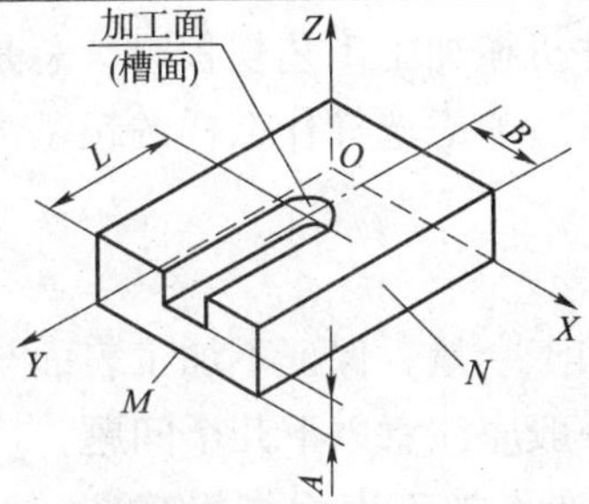	1. 尺寸 A 2. 尺寸 B 3. 尺寸 L 4. 槽底面与 N 面的平行度 5. 槽底面与 M 面的平行度		$\vec{X}$、$\vec{Y}$、$\vec{Z}$ $\overset{\curvearrowright}{X}$、$\overset{\curvearrowright}{Y}$、$\overset{\curvearrowright}{Z}$
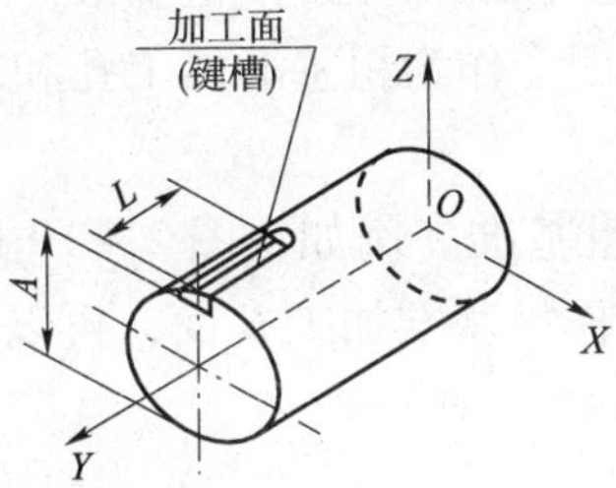	1. 尺寸 A 2. 尺寸 L 3. 槽与圆柱轴线平行并对称		$\vec{X}$、$\vec{Y}$、$\vec{Z}$ $\overset{\curvearrowright}{X}$、$\overset{\curvearrowright}{Z}$
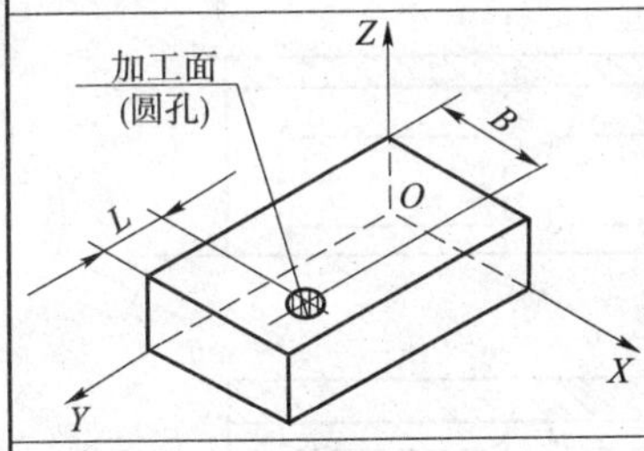	1. 尺寸 B 2. 尺寸 L 3. 孔轴线与底面的垂直度	通孔	$\vec{X}$、$\vec{Y}$ $\overset{\curvearrowright}{X}$、$\overset{\curvearrowright}{Y}$、$\overset{\curvearrowright}{Z}$
		不通孔	$\vec{X}$、$\vec{Y}$、$\vec{Z}$ $\overset{\curvearrowright}{X}$、$\overset{\curvearrowright}{Y}$、$\overset{\curvearrowright}{Z}$
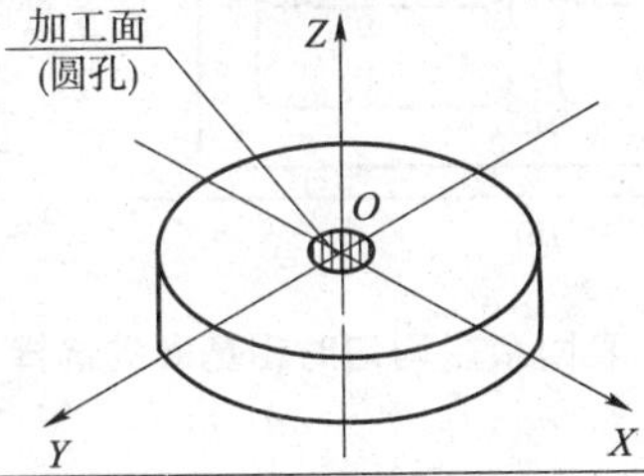	1. 孔与外圆柱面的同轴度 2. 孔轴线与底面的垂直度	通孔	$\vec{X}$、$\vec{Y}$ $\overset{\curvearrowright}{X}$、$\overset{\curvearrowright}{Y}$
		不通孔	$\vec{X}$、$\vec{Y}$、$\vec{Z}$ $\overset{\curvearrowright}{X}$、$\overset{\curvearrowright}{Y}$
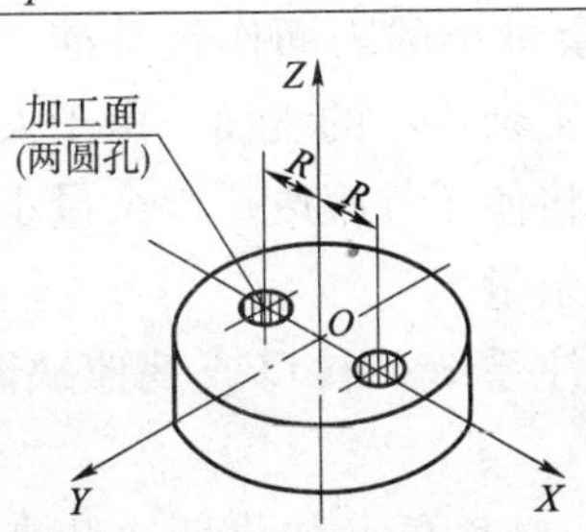	1. 尺寸 R 2. 以圆柱轴线为对称轴 3. 两孔轴线垂直于底面两孔对称	通孔	$\vec{X}$、$\vec{Y}$ $\overset{\curvearrowright}{X}$、$\overset{\curvearrowright}{Y}$
		不通孔	$\vec{X}$、$\vec{Y}$、$\vec{Z}$ $\overset{\curvearrowright}{X}$、$\overset{\curvearrowright}{Y}$

2.4.2 定位基准的选择

1. 定位基准的分类

定位基准的选择不仅会影响工件的加工精度，而且，对同一个被加工表面，所选用的定位基准不同，其工艺路线也可能不同。所以，选择工件的定位基准是十分重要的。定位基准分为粗基准、精基准。

机械加工的最初工序只能用工件毛坯上未经加工的表面作定位基准，这种定位基准称为粗基准。

用已经加工过的表面作定位基准则称为精基准。在制定零件机械加工工艺规程时，总是先考虑选择怎样的精基准定位来保证工件加工达到设计要求，然后考虑选择什么样的粗基准来加工用作精基准的表面加工出来。

2. 粗基准的选择

选择粗基准，主要应考虑如何保证各加工表面都有足够的加工余量，保证不加工表面与加工表面之间的位置尺寸要求，同时为后续工序提供精基准。一般应注意以下几个问题：

（1）为了保证加工表面与不加工表面的位置尺寸要求，应选不加工表面作粗基准。例如，图2－18所示零件，外圆柱面1为不加工表面，选择外圆柱面1作为粗基准加工孔和端面，加工后能保证孔与外圆柱面间的壁厚均匀。

（2）若要保证某加工表面切除的余量均匀，应选该表面作粗基准。例如，图2－19所示工件，当要求从表面*A*上切除的余量厚度均匀，可选*A*面自身作粗基准加工*B*面，再以*B*面作定位基准加工*A*面即可保证*A*面上的加工余量均匀。

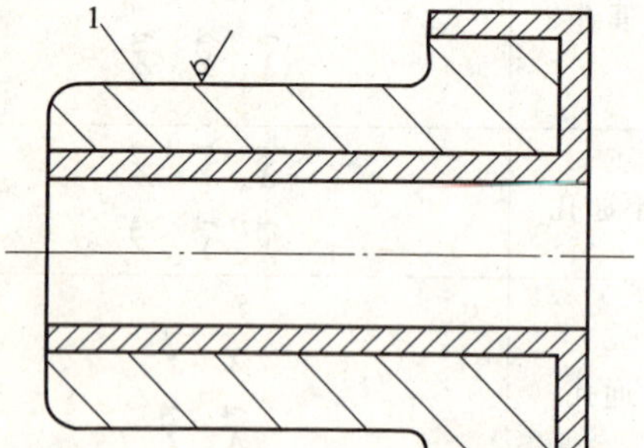

图2－18 选择不加工的表面作粗基准

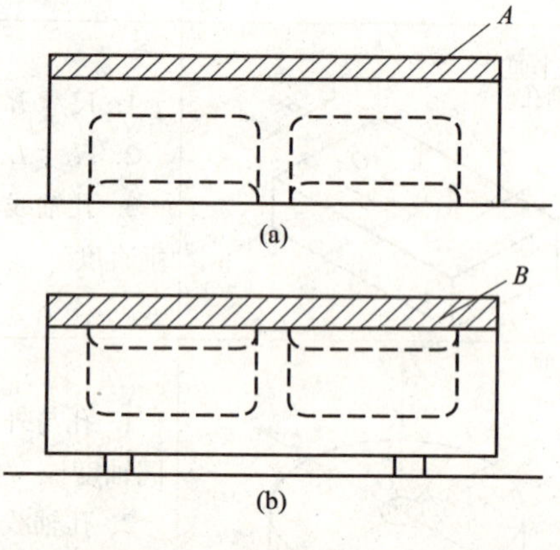

图2－19 保证加工表面余量均匀时粗基准的选择

（3）为保证各加工表面都有足够的加工余量，应选择毛坯余量小的表面作粗基准。毛坯的尺寸、形状、位置误差较大，选择余量大的表面作粗基准加工余量小的表面，由于大的毛坯误差会引起大的定位误差，余量小的表面无足够加工余量时将使工件报废。以余量小的表面作粗基准尽管有较大的定位误差，被加工表面能有足够加工余量。

（4）选作粗基准的表面，应尽可能平整，不能有飞边、浇注系统、冒口或其他缺陷。这样才能保证工件定位稳定可靠，夹紧方便。

（5）一般情况下，粗基准不重复使用。由于毛坯表面粗糙、精度低，如果两次装夹中重复使用同一粗基准，会造成相当大的定位误差。例如，图 2－20 所示的支撑柱（小轴），如重复使用毛坯表面 B 定位分别加工表面 A 和 C，必然使 A、C 之间产生较大的同轴度误差。

但是，在某些加工中，当零件的主要定位要求已由精基准保证，还需要限制某个自由度，且定位精度要求不高，在无精基准可以选用的情况下，也可以选用粗基准来限制这个自由度。

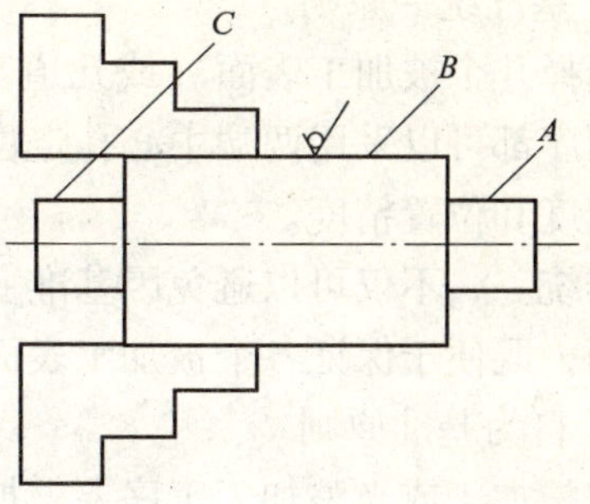

图 2－20　支撑柱的加工（不能重复使用粗基准）

3. 精基准的选择

选择精基准，主要应考虑如何减少定位误差，保证加工精度，使工件装夹方便、可靠、夹具结构简单。因此，选择精基准一般应遵循以下原则：

（1）基准重合原则

基准重合原则就是尽量选择设计基准作为定位基准。选择被加工表面的设计基准为定位基准，以避免因基准不重合引起基准不重合误差，容易保证加工精度。例如，图 2－21（a）所示零件，当加工平面 3 时，如果选平面 2 为定位基准则符合基准重合原则，采用调整法加工，直接保证的尺寸为设计尺寸 $h_2 \pm \frac{T_{h_2}}{2}$。当选平面 1 作定位基准时，则不符合基准重合原则，采用调整法加工，直接保证的尺寸为 $h_3 \pm \frac{T_{h_3}}{2}$，如图 2－21（b）。由此可知，当定位基准与设计基准不重合时，设计尺寸 $h_2 \pm \frac{T_{h_2}}{2}$ 的尺寸公差不仅受 h_3 的尺寸公差 T_{h_3} 的影响，而且还受 h_1 的尺寸公差 T_{h_1} 的影响。T_{h_1} 对 h_2 产生影响是由于基准不重合引起的，称 T_{h_1} 为基准不重合误差。为了保证尺寸 h_2 的精度要求，则必须满足以下关系：

$$T_{h_1} + T_{h_3} \leqslant T_{h_2}$$

在 T_{h_2} 为一定值时，由于 T_{h_1} 的出现，必然 $T_{h_3} < T_{h_2}$。可见，当基准重合时工序的加工误差要比基准不重合时低，容易保证加工精度。

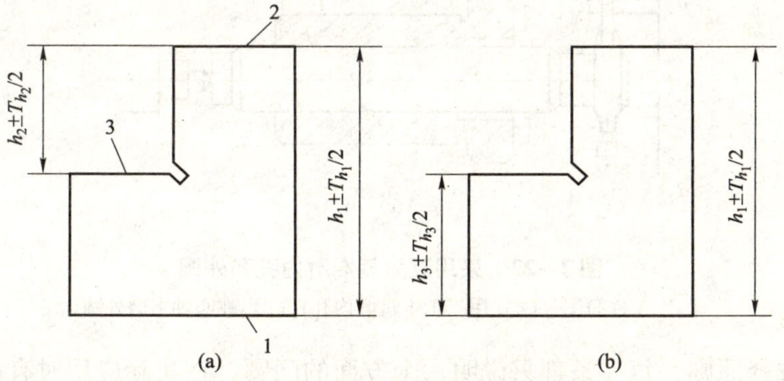

图 2－21　基准重合与不重合的示例

（a）以平面 2 定位；（b）以平面 1 定位

(2) 基准统一原则

应选择几个被加工表面（或几道工序）都能使用的定位基准为精基准。例如轴类零件大多数工序都可以采用两端中心孔定位（即以轴心线为定位基准），以保证各主要加工表面的尺寸精度和位置精度。

基准统一，不仅可以避免因基准变换而引起的定位误差，而且在一次装夹中能加工出较多的表面，既便于保证各个被加工表面间的位置精度，又有利用提高生产率。

(3) 自为基准原则

有些精加工或光整加工工序要求加工余量小而均匀，这时应尽可能用加工表面自身为精基准。该表面与其他表面之间的位置精度应由先行工序予以保证。

例如，采用浮动铰刀铰孔、圆拉刀拉孔以及用无心磨床磨削外圆表面等，都是以加工表面本身作为定位基准。

(4) 互为基准原则

当两个被加工表面之间位置精度较高，要求加工余量小而均匀时，多以两表面互为基准进行加工。例如，图2－22（a）所示导套在磨削加工时为保证 ϕ32H8 与 ϕ42K6 的内外圆柱面间的同轴度要求，可先以 ϕ42K6 的外圆柱面作定位基准，在内圆磨床上加工 ϕ32H8 的内孔，如图2－22（b）所示。然后再以 ϕ32H8 的内孔作定位基准，在心轴上磨削 ϕ42K6 的外圆，则容易保证各加工表面都有足够的加工余量，达到较高的同轴度要求，如图2－22（c）所示。

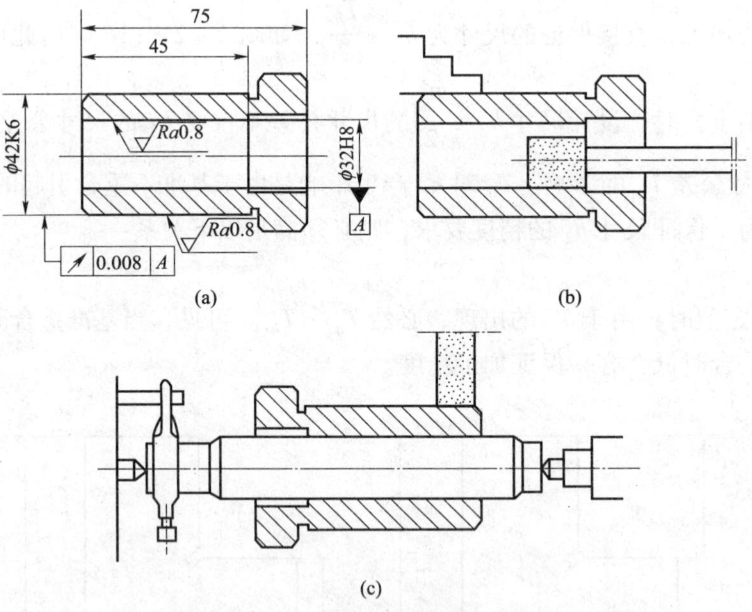

图2－22　采用互为基准磨内孔和外圆

（a）工件简图；（b）用三爪卡盘磨内孔；（c）在心轴上磨外圆

上述基准选择原则，每一条都只说明一个方面的问题，在实际应用时有可能出现相互矛盾的情况，所以，在实际应用时一定要全面考虑，灵活应用。

4. 常用模具零件加工时应限制的自由度

工件定位时，究竟应限制几个自由度，应根据工序的加工要求分析确定。例如，图 2－13及图 2－14 所示零件在加工孔时应限制的自由度如图 2－23 所示。加工导套孔，需限制 $\vec{Y}$、$\vec{Z}$、$\overset{\curvearrowright}{Y}$、$\overset{\curvearrowright}{Z}$ 四个自由度，属不完全定位。加工凸模固定板，应限制 $\vec{X}$、$\vec{Y}$、$\vec{Z}$、$\overset{\curvearrowright}{X}$、$\overset{\curvearrowright}{Y}$、$\overset{\curvearrowright}{Z}$ 六个自由度，即需要完全定位。

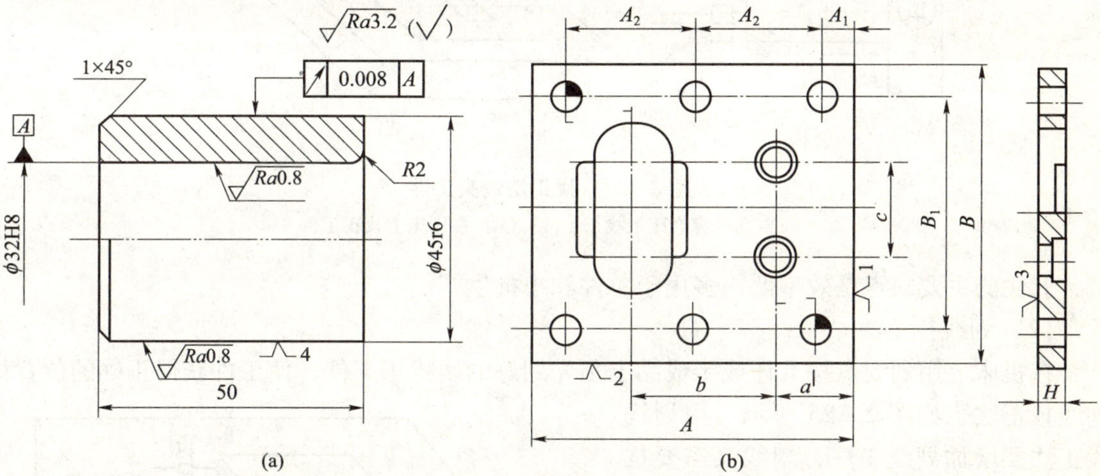

图 2－23　根据工序加工要求确定需要限制的自由度

注：图中符号“⌒∧⌒”为定位基准的示意符号，尖角所指为定位基准，右下角数码表示该基准所限制自由度的个数

必须指出，定位基准选择不能仅仅考虑本工序定位、夹紧是否合适，而应结合整个工艺路线进行统一考虑，使先行工序为后续工序创造条件，使每个工序都有合适的定位基准和夹紧方式。

2. 4. 3　工件的装夹

加工时，必须按照定位要求将工件装夹在机床上，工件在机床上的装夹方法有以下两种：

1. 找正法装夹工件

用工具（或仪表）根据工件上有关基准点、线、面，找出工件在机床上的正确位置并夹紧。生产中常用的找正法有：

（1）直接找正法

用百分表、划针或目测在机床上直接找正工件的有关基准点、线、面，使工件占有正确的位置称为直接找正法。例如，在内圆磨床上磨削一个与外圆柱表面有同轴度要求的内孔时，可将工件装夹在四爪单动卡盘上，缓慢回转磨床主轴，用百分表直接找正外圆表面，使工件获得正确位置，如图 2－24（a）所示。在牛头刨床上加工一个同工件底面与右侧面有平行度要求的槽，如图 2－24（b）所示。可使工件的下平面和机床的工作台面贴合，用百分表沿箭头方向来回移动，找正工件的右侧面使其与主运动方向平行，即可使工件获得正确的位置。

直接找正法所能达到的定位精度和装夹速度，取决于找正所使用的工具和工人的技术水

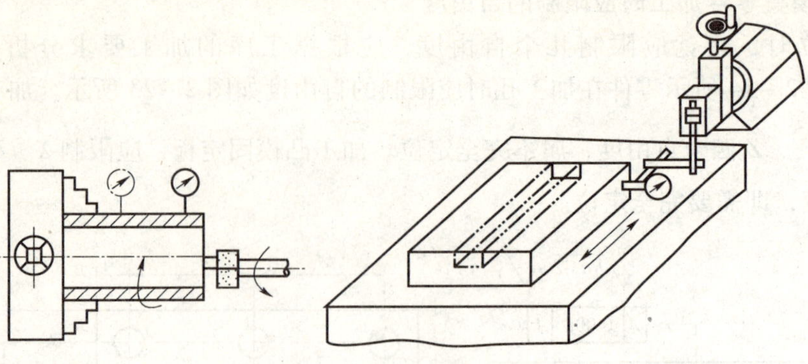

(a)　　　　(b)

图 2－24　找正法装夹工件

（a）在内圆磨床上找正工件；（b）在刨床上找正工件

平，此法的主要缺点是效率低，多用于单件和小批生产。

（2）划线找正法

在机床上用划线盘按毛坯或半成品上预先划好的线找正工件，使工件获得正确的位置称划线找正法，如图 2－25 所示。用划线找正法要增加划线工序，划线又需要技术熟练的工人，而且不能保证高的加工精度（其误差在 0.2～0.5 mm），多用于单件小批生产。但对于尺寸大、形状复杂、毛坯误差较大的锻件、铸件，预先划线可以使各加工表面都有足够的加工余量，并使工件上加工表面与不加工表面能保持一定的相互位置要求。此外，通过划线还可以检查毛坯尺寸及各表面间的相互位置。

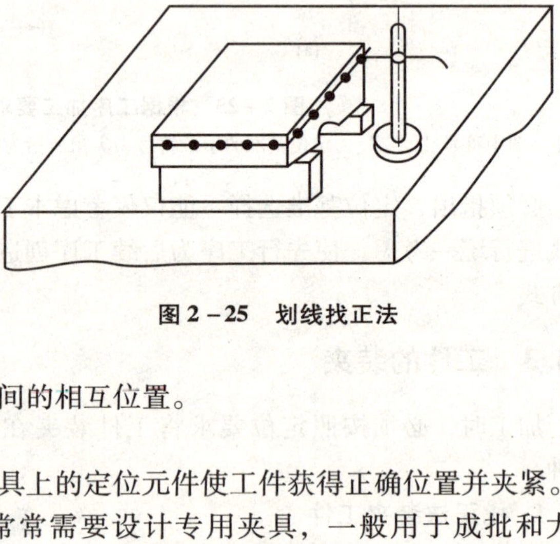

图 2－25　划线找正法

2. 用夹具装夹工件

用夹具装夹工件是按定位原理，利用夹具上的定位元件使工件获得正确位置并夹紧。工件装夹迅速、方便、定位精度也比较高，常常需要设计专用夹具，一般用于成批和大量生产。

2.5　圆形凸模机械加工工艺规程的编制

2.5.1　轴类零件加工方法及其加工精度的选择

1. 外圆柱表面加工方法及其加工精度

（1）表面加工方法概述

一个有一定技术要求的零件表面，一般不是用一种工艺方法一次加工就能达到设计要求，所以，对于精度要求较高的表面，在选择加工方法时总是根据各种工艺方法所能达到的加工经济精度和表面粗糙度等因素来选定它的最后加工方法。然后，再选定前面一系列准备工序的加工方法和顺序，经过逐次加工达到其设计要求。以上因素中的加工经济精度是指在正常的加工条件下（采用符合质量标准的设备、工艺装备和标准技术等级工人、不延长加工时间）所能保证的加工精度。每一种加工方法，加工的精度越高其加工成本也越高，反之，加工精度越低其加工成本也越低。但是，这种关系只在一定的范围内成立，一种加工方法的加工精度达到一定的程度后，即使再增加加工成本，加工精度也不易提高，当加工精度降低到一定程度后，即使加工精度再低，加工成本也不随之下降。经济精度就是处在上述两种情况之间的加工精度，选择加工方法理所当然地应使其处于经济精度的加工范围内。

国家标准规定的标准公差如表2－9～表2－13所示。

表2－9　标准公差值

基本尺寸/mm		公差等级																			
		IT01	IT0	IT1	IT2	IT3	IT4	IT5	IT6	IT7	IT8	IT9	IT10	IT11	IT12	IT13	IT14	IT15	IT16	IT17	IT18
大于	至	/μm													/mm						
–	3	0.3	0.5	0.8	1.2	2	3	4	6	10	14	25	40	60	0.10	0.14	0.25	0.40	0.60	1.0	1.4
3	6	0.4	0.6	1	1.5	2.5	4	5	8	12	18	30	48	75	0.12	0.18	0.30	0.48	0.75	1.2	1.8
6	10	0.4	0.6	1	1.5	2.5	4	6	9	15	22	36	58	90	0.15	0.22	0.36	0.58	0.90	1.5	2.2
10	18	0.5	0.8	1.2	2	3	5	8	11	18	27	43	70	110	0.18	0.27	0.43	0.70	1.10	1.8	2.7
18	30	0.6	1	1.5	2.5	4	6	9	13	21	33	52	84	130	0.21	0.33	0.52	0.84	1.30	2.1	3.3
30	50	0.6	1	1.5	2.5	4	7	11	16	25	39	62	100	160	0.25	0.39	0.62	1.00	1.60	2.5	3.9
50	80	0.8	1.2	2	3	5	8	13	19	30	46	74	120	190	0.30	0.46	0.74	1.20	1.90	3.0	4.6
80	120	1	1.5	2.5	4	6	10	15	22	35	54	87	140	220	0.35	0.54	0.87	1.40	2.20	3.6	5.4
120	180	1.2	2	3.5	5	8	12	18	25	40	63	100	160	250	0.40	0.63	1.00	1.60	2.50	4.0	6.3
180	250	2	3	4.5	7	10	14	20	29	46	72	115	185	290	0.46	0.72	1.15	1.85	2.90	4.6	7.2
250	315	2.5	4	6	8	12	16	23	32	52	81	130	210	320	0.52	0.81	1.30	2.10	3.20	5.2	8.1
315	400	3	5	7	9	13	18	25	36	57	89	140	230	360	0.57	0.89	1.40	2.30	3.60	5.7	8.9
400	500	4	6	8	10	15	20	27	40	63	97	155	250	400	0.63	0.97	1.55	2.50	4.00	6.3	9.7
500	630	4.5	6	9	11	16	22	30	44	70	110	175	280	440	0.70	1.10	1.75	2.80	4.40	7.0	11.0
630	800	5	7	10	13	18	25	35	50	80	125	200	320	500	0.80	1.25	2.00	3.20	5.00	8.0	12.5
800	1 000	5.5	8	11	15	21	29	40	56	90	140	230	360	560	0.90	1.40	2.30	3.60	5.60	9.0	14.0
1 000	1 250	6.5	9	13	18	24	34	46	66	105	165	260	420	660	1.05	1.65	2.60	4.20	6.60	10.5	16.5
1 250	1 600	8	11	15	21	29	40	54	78	125	195	310	500	780	1.25	1.95	3.10	5.60	7.80	12.5	19.5
1 600	2 000	9	13	18	25	35	48	65	92	150	230	370	600	920	1.50	2.30	3.70	6.00	9.20	15.0	23.0
2 000	2 500	11	15	22	30	41	57	77	110	175	280	440	700	1 100	1.75	2.80	4.40	7.00	11.00	17.5	28.0
2 500	3 150	13	18	26	36	50	69	93	135	210	330	540	860	1 350	2.10	3.30	5.40	8.60	13.50	21.0	33.0

注：基本尺寸小于1 mm时，无IT14至IT18。

表 2-10　平面度、直线度公差值

主参数 L /mm	精度等级											
	1	2	3	4	5	6	7	8	9	10	11	12
	公差/μm											
≤10	0.2	0.4	0.8	1.2	2	3	5	8	12	20	30	60
>10~16	0.25	0.5	1	1.5	2.5	4	6	10	15	25	40	80
>16~25	0.3	0.6	1.2	2	3	5	8	12	20	30	50	100
>25~40	0.4	0.8	1.5	2.5	4	6	10	15	25	40	60	120
>40~63	0.5	1	2	3	5	8	12	20	30	50	80	150
>63~100	0.6	1.2	2.5	4	6	10	15	25	40	60	100	200
>100~160	0.8	1.5	3	5	8	12	20	30	50	80	120	250
>160~250	1	2	4	6	10	15	25	40	60	100	150	300
>250~400	1.2	2.5	5	8	12	20	30	50	80	120	200	400
>400~630	1.5	3	6	10	15	25	40	60	100	150	250	500
>630~1 000	2	4	8	12	20	30	50	80	120	200	300	600
>1 000~1 600	2.5	5	10	15	25	40	60	100	150	250	400	800
>1 600~2 500	3	6	12	20	30	50	80	120	200	300	500	1 000
>2 500~4 000	4	8	15	25	40	60	100	150	250	400	600	1 200
>4 000~6 300	5	10	20	30	50	80	120	200	300	500	800	1 500
>6 300~10 000	6	12	25	40	60	100	150	250	400	600	1 000	2 000

表 2-11　圆度、圆柱度公差值

主参数 d (D) /mm	精度等级											
	1	2	3	4	5	6	7	8	9	10	11	12
	公差/μm											
≤3	0.2	0.3	0.5	0.8	1.2	2	3	4	6	10	14	25
>3~6	0.2	0.4	0.6	1	1.5	2.5	4	5	8	12	18	30
>6~10	0.25	0.4	0.6	1	1.5	2.5	4	6	9	15	22	36
>10~18	0.25	0.5	0.8	1.2	2	3	5	8	11	18	27	43
>18~30	0.3	0.6	1	1.5	2.5	4	6	9	13	21	33	52
>30~50	0.4	0.6	1	1.5	2.5	4	7	11	16	25	39	62
>50~80	0.5	0.8	1.2	2	3	5	8	13	19	30	46	74
>80~120	0.6	1	1.5	2.5	4	6	10	15	22	35	54	87
>120~180	1	1.2	2	3.5	5	8	12	18	25	40	63	100
>180~250	1.2	2	3	4.5	7	10	14	20	29	46	72	115
>250~315	1.6	2.5	4	6	8	12	16	23	32	52	81	130
>315~400	2	3	5	7	9	13	18	25	36	57	89	140
>400~500	2.5	4	6	8	10	15	20	27	40	63	97	155

表 2－12　平行度、垂直度、倾斜度公差值

主参数 L、d（D）/mm	精度等级											
	1	2	3	4	5	6	7	8	9	10	11	12
	公差/μm											
≤10	0.4	0.8	1.5	3	5	8	12	20	30	50	80	120
>10～16	0.5	1	2	4	6	10	15	25	40	60	100	150
>16～25	0.6	1.2	2.5	5	8	12	20	30	50	80	120	200
>25～40	0.8	1.5	3	6	10	15	25	40	60	100	150	250
>40～63	1	2	4	8	12	20	30	50	80	120	200	300
>63～100	1.2	2.5	5	10	15	25	40	60	100	150	250	400
>100～160	1.5	3	6	12	20	30	50	80	120	200	300	500
>160～250	2	4	8	15	25	40	60	100	150	250	400	600
>250～400	2.5	5	10	20	30	50	80	120	200	300	500	800
>400～630	3	6	12	25	40	60	100	150	250	400	600	1 000
>630～1 000	4	8	15	30	50	80	120	200	300	500	800	1200
>1 000～1 600	5	10	20	40	60	100	150	250	400	600	1 000	1 500
>1 600～2 500	6	12	25	50	80	120	200	300	500	800	1 200	2 000
>2 500～4 000	8	15	30	60	100	150	250	400	600	1 000	1 500	2 500
>4 000～6 300	10	20	40	80	120	200	300	500	800	1 200	2 000	3 000
>6 300～10 000	12	25	50	100	150	250	400	600	1 000	1 500	2 500	4 000

表 2－13　同轴度、对称度、圆跳动、全跳动公差值

主参数 d（D）、B、L /mm	精度等级											
	1	2	3	4	5	6	7	8	9	10	11	12
	公差/μm											
≤1	0.4	0.6	1	1.5	2.5	4	6	10	15	25	40	60
>1～3	0.4	0.6	1	1.5	2.5	4	6	10	20	40	60	120
>3～6	0.5	0.8	1.2	2	3	5	8	12	25	50	80	150
>6～10	0.6	1	1.5	2.5	4	6	10	15	30	60	100	200
>10～18	0.8	1.2	2	3	5	8	12	20	40	80	120	250
>18～30	1	1.5	2.5	4	6	10	15	25	50	100	150	300
>30～50	1.2	2	3	5	8	12	20	30	60	120	200	400
>50～120	1.5	2.5	4	6	10	15	25	40	80	150	250	500
>120～250	2	3	5	8	12	20	30	50	100	200	300	600
>250～500	2.5	4	6	10	15	25	40	60	120	250	400	800
>500～800	3	5	8	12	20	30	50	80	150	300	500	1 000
>800～1 250	4	6	10	15	25	40	60	100	200	400	600	1 200
>1 250～2 000	5	8	12	20	30	50	80	120	250	500	800	1 500
>2 000～3 150	6	10	15	25	40	60	100	150	300	600	1 000	2 000
>3 150～5 000	8	12	20	30	50	80	120	200	400	800	1 200	2 500
>5 000～8 000	10	15	25	40	60	100	150	250	500	1 000	1 500	3 000
>8 000～10 000	12	20	30	50	80	120	200	300	600	1 200	2 000	4 000

(2) 外圆柱表面加工方法、经济加工精度

常见的加工方法所能达到的经济精度及表面粗糙度可以查阅有关工艺手册。外圆柱表面加工方法及其加工精度见表2-14、表2-15。

表2-14　外圆柱表面加工方法及其加工精度

序号	加工方法	经济精度（公差等级表示）	经济粗糙度 Ra/μm	适用范围
1	粗车	IT11～13	12.5～50	适用于淬火钢以外的各种金属
2	粗车→半精车	IT8～11	3.2～6.3	
3	粗车→半精车→精车	IT7～8	0.8～1.6	
4	粗车→半精车→精车→滚压（或抛光）	IT7～8	0.025～0.2	
5	粗车→半精车→磨削	IT7～8	0.4～0.8	主要用于淬火钢，也可用于未淬火钢，但不宜加工有色金属
6	粗车→半精车→粗磨→精磨	IT6～7	0.1～0.4	
7	粗车→半精车→粗磨→精磨→超精加工（或轮式超精磨）	IT5	0.012～0.1（Rz0.1）	
8	粗车→半精车→精车→精细车（金刚车）	IT6～7	0.025～0.4	主要用于要求较高的有色金属加工
9	粗车→半精车→粗磨→精磨→超精磨（或镜面磨）	IT5以上	0.006～0.025（Rz0.05）	极高精度的外圆加工
10	粗车→半精车→粗磨→精磨→研磨	IT5以上	0.006～0.1（Rz0.05）	

表2-15　外圆和内孔的几何形状精度（括号内的数字是新机床的精度标准）　mm

机床类型			圆度误差	圆柱度误差
卧式车床	最大直径	≤400	0.02（0.01）	100:0.015（0.01）
		≤800	0.03（0.015）	300:0.05（0.03）
		≤1 600	0.04（0.02）	300:0.06（0.04）
高精度车床			0.01（0.005）	150:0.02（0.01）
外圆车床	最大直径	≤200	0.006（0.004）	500:0.011（0.007）
		≤400	0.008（0.005）	1 000:0.02（0.01）
		≤800	0.012（0.007）	0.025（0.015）

续表

机床类型			圆度误差	圆柱度误差
无心磨床			0.01（0.005）	100:0.008（0.005）
珩磨机			0.01（0.005）	300:0.02（0.01）
卧式镗床	镗杆直径	≤100	外圆 0.05（0.025） 内孔 0.04（0.02）	200:0.04（0.02）
		≤160	外圆 0.05（0.03） 内孔 0.05（0.025）	300:0.05（0.03）
		≤200	外圆 0.06（0.04） 内孔 0.05（0.03）	400:0.06（0.04）
内圆车床	最大孔径	≤50	0.008（0.005）	200:0.008（0.005）
		≤200	0.015（0.008）	200:0.015（0.008）
		≤800	0.02（0.01）	200:0.02（0.01）
立式金刚镗			0.008（0.005）	300:0.02（0.01）

（3）表面加工方法的选择

选择零件表面加工方法应着重考虑以下问题：

①被加工表面的精度和零件的结构形状和尺寸。一般情况下所采用加工方法的经济精度，应能保证零件所要求的加工精度和表面质量。例如，材料为钢，尺寸精度为IT7，表面粗糙度 *Ra*0.4 μm 的外圆柱面，用车削、外圆磨削都能加工。但因为上述加工精度是外圆磨削的加工经济精度，而不是车削加工的经济精度，所以，应选用磨削加工方法作为达到工件加工精度的最终加工方法。

被加工表面的尺寸大小对选择加工方法也有一定影响。例如，孔径大时宜选用镗孔和磨孔，如果选用铰孔，将使铰刀直径过大，制造、使用都不方便。而加工直径小的孔，则采用铰孔较为适当，因为，小孔进行镗削和磨削加工，将使刀杆直径过小，刚性差，不易保证孔的加工精度。

选择加工方法还取决于零件的结构形状。如多型孔（圆孔）冲孔凹模上的孔，不宜采用车削和内圆磨削加工。因为车削和内圆磨削工艺复杂，甚至无法实施，为保证孔的位置精度，宜采用坐标镗床或坐标磨床加工。又如箱体上的孔，不宜采用拉削加工，多采用镗削和铰削加工。

②零件材料的性质及热处理要求。对于加工质量要求高的有色金属零件，一般采用精细车、精细镗或金刚镗进行加工，应避免采用磨削加工，因磨削有色金属易堵塞砂轮。经淬火后的钢质零件宜采用磨削加工和特种加工。

③生产率和经济性要求。所选择的零件加工方法，除保证产品的质量和精度要求外，应有尽可能高的生产率。尤其在大批量生产时，应尽量采用高效率的先进加工方法和设备，以达到大幅度提高生产效率的目的。例如，采用拉削方法加工内孔和平面，采用组合铣削、磨削，同时加工几个表面，甚至可以改变毛坯形状，提高毛坯质量，实现少切屑、无切屑加工。但是，在单件小批生产的情况下，如果盲目采用高效率的先进加工方法和专用设备，会因投资增大、设备利用率不高，使产品成本大大提高。

④现有生产条件。选择加工方法应充分利用现有设备，合理安排设备负荷，当然，也应重视新工艺、新技术的应用。

2. 中心孔的加工

（1）中心孔的类型与作用

①中心孔的类型。中心孔又称顶尖孔，是切削加工轴类零件时所需的工艺结构。根据中心孔圆锥角的大小不同，我国机械行业标准规定的中心孔有 60 °、75 °、90 °三个大类。

60 °中心孔分 A 型、B 型、C 型、R 型等四种型式，其结构如图 2－26～图 2－29 所示。60 °中心孔其规格、尺寸可查阅机械行业标准 JB/T145—2001，其中，60 °A 型中心孔的型式和尺寸如表 2－16 所示。

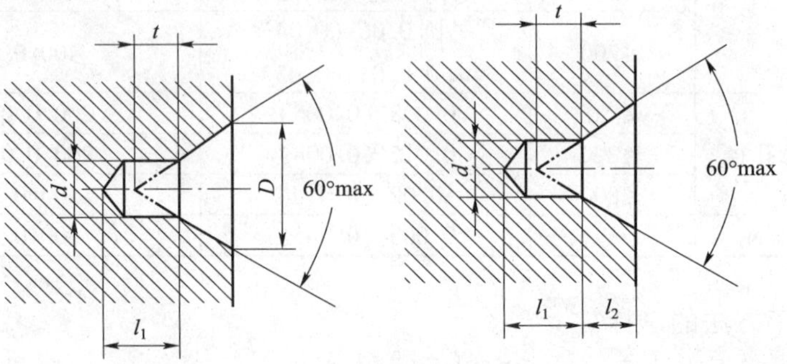

图 2－26　60 °A 型中心孔（JB/T 145—2001）

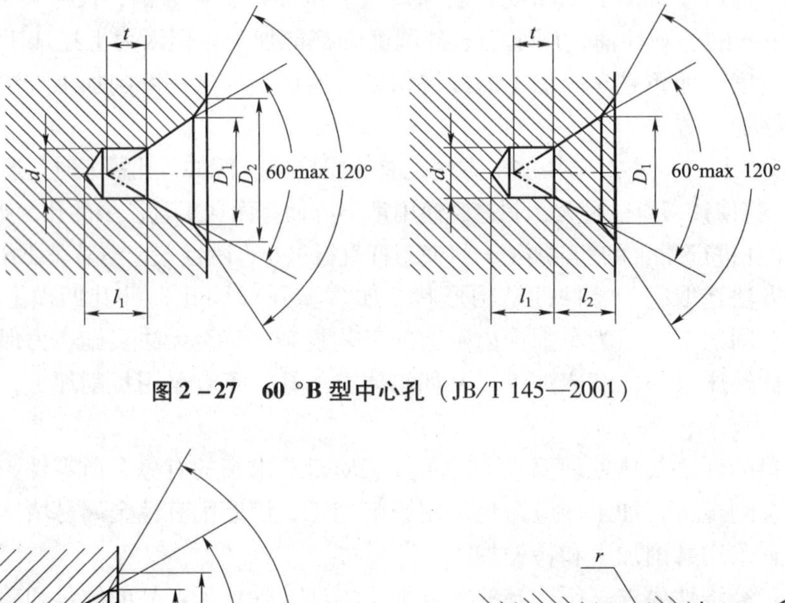

图 2－27　60 °B 型中心孔（JB/T 145—2001）

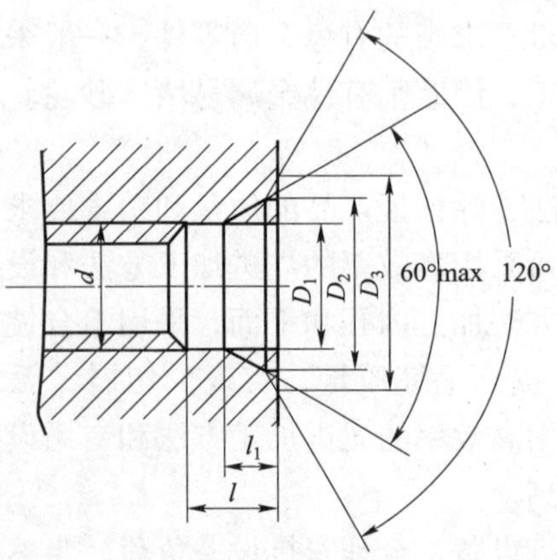

图 2－28　60 °C 型中心孔（JB/T 145—2001）

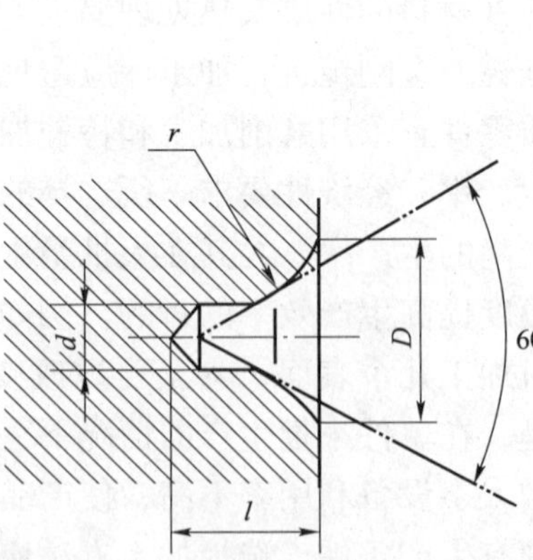

图 2－29　60 °R 型中心孔（JB/T 145—2001）

75 °、90 °中心孔分 A 型、B 型、D 型三种形式，其结构、规格、尺寸如表 2 – 17 所示（机械行业标准 JB/T 4236 ~4237—1997）。

②中心孔的作用。中心孔是轴类零件的基准，又是轴类零件的工艺基准，也是轴类零件的测量基准，所以，中心孔对轴类零件的加工非常重要。

上述 10 种类型的中心孔中，常用的是 A 型中心孔和 B 型中心孔（JB/T 145—2001），A 型中心孔主要用于零件的加工后，中心孔不再继续使用；B 型中心孔主要用于零件加工后，中心孔还要继续使用，其 120°锥面是保护 60°锥面的，为了提高工艺性和加工精度。

表 2 – 16　60 °A 型中心孔的型式和尺寸（JB/T145—2001）　　单位：mm

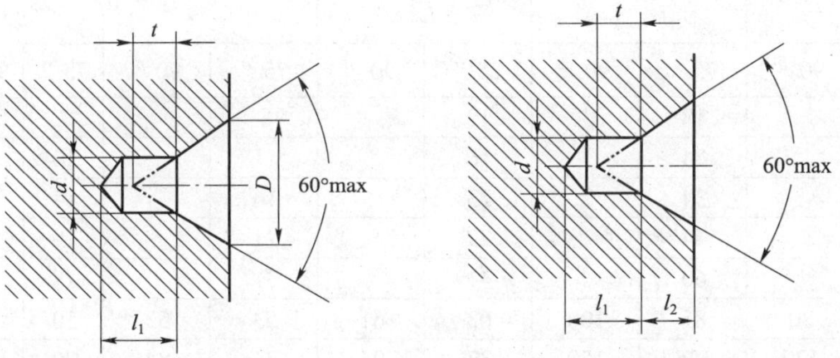

d	D	l_2	t 参考尺寸	d	D	l_2	t 参考尺寸
(0.50)	1.06	0.48	0.5	2.50	5.30	2.42	2.2
(0.63)	1.32	0.60	0.6	3.15	6.70	3.07	2.8
(0.80)	1.70	0.78	0.7	4.00	8.50	3.90	3.5
1.00	2.12	0.97	0.9	(5.00)	10.60	4.85	4.4
(1.25)	2.65	1.21	1.1	6.30	13.20	5.98	5.5
1.60	3.35	1.52	1.4	(8.00)	17.00	7.79	7.0
2.00	4.25	4.25	1.8	10.00	21.20	9.70	8.7

注：

1. 尺寸 l_1 取决于中心钻的长度 l_1，即使中心钻重磨后再使用，此值也不应小于 t 值。
2. 表中同时列出了 D 和 l_2 尺寸，制造厂可任选其中一个尺寸。
3. 括号内的尺寸尽量不采用。

表 2－17　75 °、90 °中心孔的型式和尺寸（JB/T4236～4237—1997）　　单位：mm

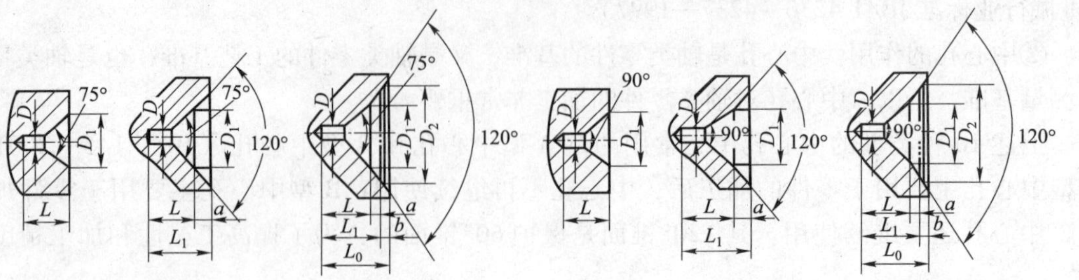

A 型　B 型　D 型　　A 型　B 型　D 型

75°中心孔　　　　90°中心孔

D	$D_{1\max}$		$D_{2\max}$		L_0		$L_1\approx$		L		$a\approx$	
	75 °	90 °	75 °	90 °	75 °	90 °	75 °	90 °	75 °	90 °	75 °	90 °
3	9		18		12		8		7		1	
4	12		24		16		11		10		1. 2	
6	18		34		23		16		14		1. 8	
8	24		44		29		21		19		2	
12	36		60		41		31		28		2. 5	
20	60	80	85	100	63	61	53	53	50	50	3	3
30	90	120	125	150	87	94	74	84	70	80	4	4
40	120	160	160	200	113	115	100	105	95	100	5	5
45	135	180	175	220	136	128	121	116	115	110	6	6
50	150	200	200	250	163	138	148	126	140	120	8	8

（2）中心孔的加工

中心孔是用中心钻加工出来的，不同类型的中心孔采用相应类型的中心钻加工。其中，A 型不带护锥的中心钻（GB/T 6078. 1—1998）如表 2－18 所示。

表 2－18　A 型不带护锥的中心钻（GB/T 6078. 1—1998）　　mm

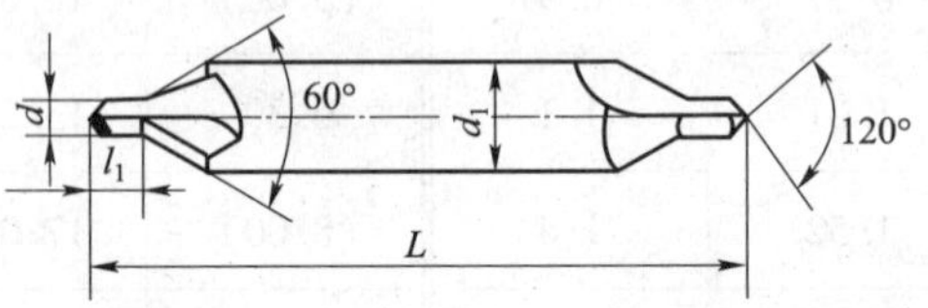

d	d_1	L	l_1		d	d_1	L	l_1	
			max	min				max	min
1	3. 15	31. 5	1. 5	1. 1	3. 15	8	50	4. 9	3. 9
1. 6	4	35. 5	2. 8	2	4	10	56	6. 2	5
2	5	40	3. 3	2. 5	6. 3	16	71	9. 2	8
2. 5	6. 3	45	4. 1	3. 1	10	25	100	14. 2	12. 8

在中心孔加工时，工艺方法主要从提高圆锥面质量和加工效率两个方面进行考虑的，所以，根据轴类零件的不同精度等级的要求和企业的生产现状，确定加工中心孔的工艺方法如下：

①零件标准公差等级要求为IT10～IT12时，其标准公差值在0.04～0.012 mm之间。中心孔的加工工艺路线为：车外圆→车端面→钻中心孔。

②零件标准公差等级要求为IT8～IT9，其标准公差值在0.014～0.036 mm之间，中心孔的加工工艺路线为：车外圆→车端面→钻中心孔→车端面→钻中心孔→热处理→研中心孔圆锥面。

③零件标准公差等级要求为IT6～IT7，其标准公差值在0.006～0.012 mm，中心孔的加工工艺路线为：粗车→热处理→（调质）→车外圆→车端面→钻中心孔→车端面→钻中心孔→粗研中心孔圆锥面→热处理→研中心孔圆锥面。

以上加工中心孔的工艺方法，一方面确保零件两端中心孔轴线同轴度误差控制在公差要求范围之内，另一方面确保中心孔圆锥面的几何形状误差和表面粗糙度控制在允许的范围之内，达到提高加工效率、降低加工成本的目的。

中心孔的质量主要由几何精度、表面粗糙度中心孔圆锥面来影响的，加工中心孔圆锥面的加工方法有很多，常用的加工方法有下面6种方法：①中心钻直接加工出圆锥面；②用硬质合金修光圆锥面；③用铸铁棒研磨圆锥面；④用橡皮砂轮研磨圆锥面；⑤用万能磨床磨削圆锥面；⑥用中心孔磨床磨削圆锥面。

车削加工时，如采用双顶尖装夹，零件两端中心孔轴线的同轴度主要是由中心孔来保证的，中心孔圆锥面几何形状和表面粗糙度也是为保证车削加工质量才设置的，修正、研磨中心孔圆锥面是提高中心孔圆锥几何精度和降低表面粗糙度的常用方法。

3. 中心孔的修正

在圆形凸模、导柱等轴类模具零件的加工过程中，外圆柱面的车削和磨削都是以两端的中心孔定位，这样可使外圆柱面的设计基准与工艺基准重合，并使各主要工序的定位基准统一，易于保证外圆柱面间的位置精度和使各磨削表面都有均匀的磨削余量。所以，在外圆柱面进行车削和磨削之前总是先加工中心孔，以便为后继工序提供可靠的定位基准。中心孔的形状精度和同轴度，对加工精度有直接影响。若中心孔有较大的同轴度误差，将使中心孔和顶尖不能良好接触，影响加工精度。尤其是当中心孔出现圆度误差时，将直接反映到工件上，使工件也产生圆度误差，如图2－30所示。圆形凸模、导柱等轴类模具零件，在热处理后修正中心孔，能消除中心孔在热处理过程中可能产生的变形和其他缺陷，使磨削外圆柱面时能获得精确定位，以保证外圆柱面的形状精度要求。

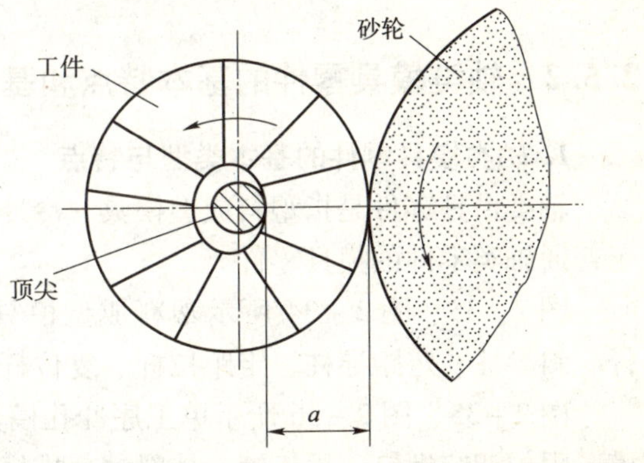

图2－30　中心孔的圆度误差使工件产生圆度误差

修正中心孔可以采用磨削、研磨和挤压等方法，可以在车床、钻床或专用机床上进行。

（1）在车床上用磨削方法修正中心孔

图 2－31 所示，是在车床上用磨削方法修正中心孔。在被磨削的中心孔处，加入少量煤油或机油，手持工件进行磨削。用这种方法修正中心孔效率高，质量较好。但砂轮磨损快，需要经常修整。

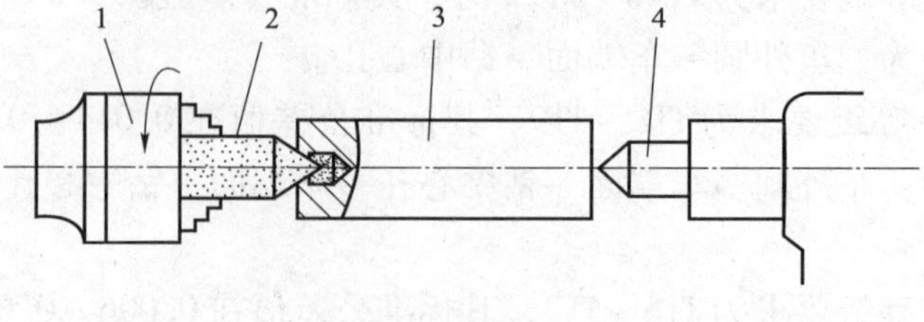

图 2－31　磨中心孔

1—三爪自定心卡盘；2—砂轮；3—工件；4—尾顶尖

（2）用研磨法修整中心孔

用研磨法修整中心孔，是用锥形的铸铁研磨头代替锥形砂轮，在被研磨的中心孔表面加入研磨剂进行研磨。如果用一个与磨削外圆的磨床顶尖相同的铸铁顶尖作研磨工具，将铸铁顶尖和磨床顶尖一道磨出 60°锥角后研磨中心孔，可保证中心孔和磨床顶尖达到良好配合，能磨削出圆度和同轴度误差不超过 0.002 mm 的外圆柱面。

（3）用硬质合金多棱顶尖挤压修整中心孔

图 2－32 所示，是挤压中心孔的硬质合金多棱顶尖。挤压时多棱顶尖装在车床主轴的锥孔内，其操作和磨中心孔相类似，利用车床的尾顶尖将工件压向多棱顶尖，通过多棱顶尖的挤压作用，修正中心孔的几何误差。此法生产率极高（只需几秒钟），但质量稍差，一般用于修正精度要求不高的中心孔。

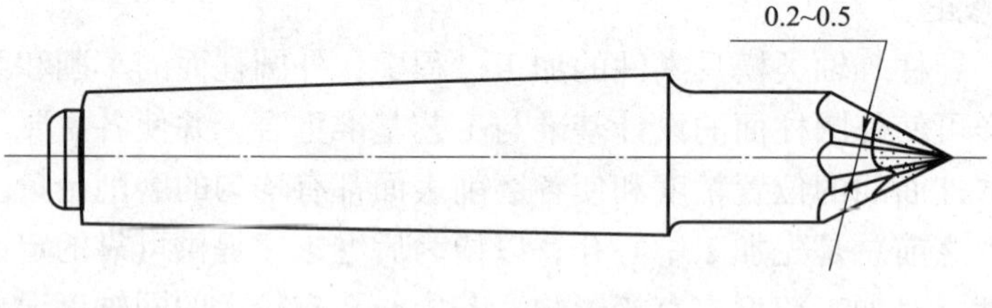

图 2－32　多棱顶尖

2.5.2　轴类模具零件的基本特点和基本精度要求

1. 轴类模具零件的基本类型与特点

轴类模具零件是指塑料成型模具、冷冲压模具和其他模具上的那些形状、结构特征类似于普通轴类零件的模具零件。

图 2－33、图 2－34 所示塑料成型模具中，轴类模具零件有拉料杆、导柱、型芯、推杆、斜导柱、定距导柱、定距拉杆、复位杆等。

图 2－35、图 2－36 所示单工序冲孔模具中，轴类模具零件有模柄、定位销、导柱、凸模、限位调节螺钉、导正销、挡料销、推杆等。

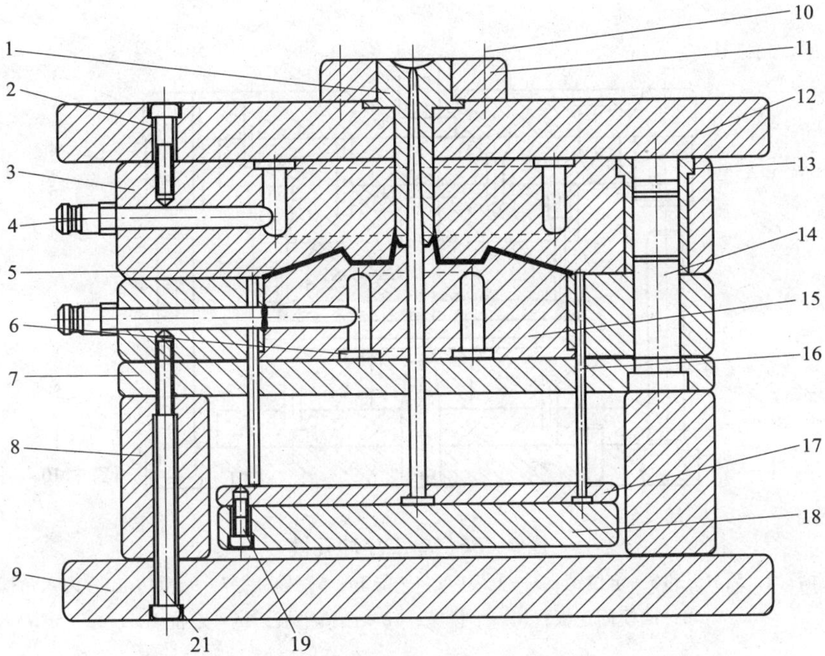

图 2－33　塑料模具装配图（一）

1—浇口套；2，10，19—螺钉；3—定模板；4—冷却水嘴；5—制件；6—拉料杆；7—垫板；8—垫块；9—动模座板；ll—定位圈；12—定模座板；13—导套；14—导柱；15—型芯；16—顶杆；17—顶杆固定板；18—顶杆垫板；20—螺栓

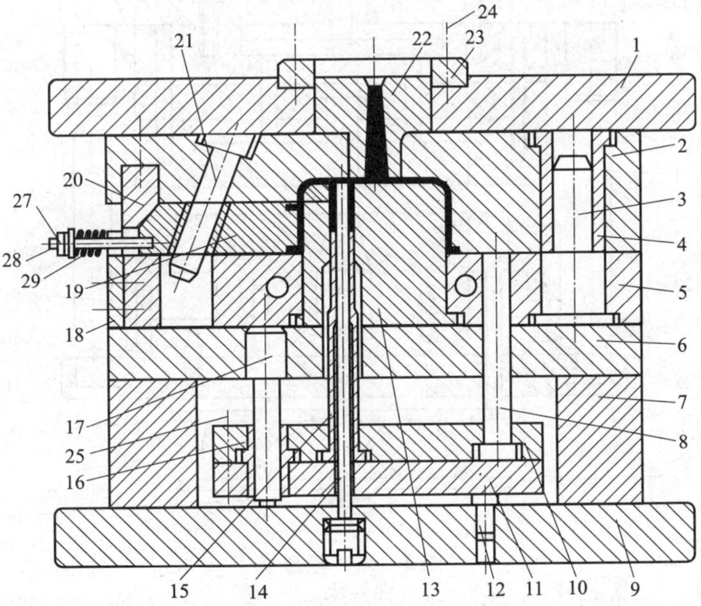

图 2－34　塑料模具装配图（二）

1—定模座板；2—凹模；3—带肩导柱；4—带头导套；5—型芯固定板；6—支承板；7—垫块；8—复位杆；9—动模座板；10—推杆固定板；11—推板；12—限位钉；13—型芯；14—成型杆；15—推管；16—推板导柱；17—推板导柱；18—限位块；19—侧型芯滑块；20—楔紧块；21—抽芯斜销；22—浇口套；23—定位圈；24，25—螺钉；27—螺母；28—螺栓；29—弹簧

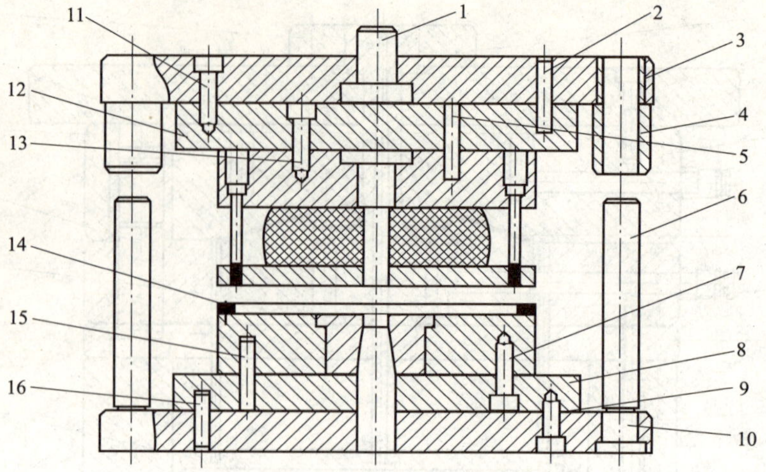

图 2-35　单工序冲孔模

1—模柄；2，5，15，16—定位销；3—上模座；4—导套；6—导柱；7，9，11，13—内六角螺钉；8—凹模固定板；10—下模座；12—凸模垫板；14—定位圈

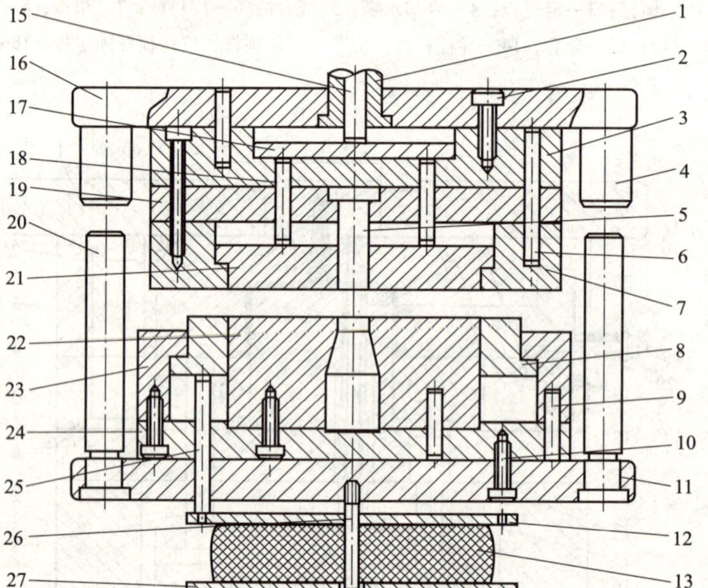

图 2-36　复合模

1—模柄；2—螺钉；3—垫板；4—导套；5—冲孔凸模；6—定位销；7—落料凹模；8—卸料套；9—定位销；10—螺钉；11—下模座；12—推杆固定板；13—弹性元件；14—螺母；15—推杆；16—上模座；17—推板；18—推杆；19—凸模固定板；20—导柱；21—推料板；22—凸凹模；23—卸料定位圈；24—凸凹模固定板；25—推杆；26—螺杆；27—垫板

从上述轴类模具零件来看，其基本形状为轴或者阶梯轴，但是有长、短之别，另外，不同类型的模具零件，其材料、热处理、精度和形位公差要求各不相同。

2. 轴类模具零件的结构与精度要求

轴类模具零件有，冷冲模的导柱、模柄、凸模、推杆、销钉等，塑料模的导柱、凸模（型芯）、推杆、拉料杆、复位杆、定距导柱、销钉等，这里仅介绍导柱、圆形凸模和推杆。

（1）导柱的结构与精度要求

冷冲压模具的导柱，如图 2－37 所示。国家标准（GB/T2861.1～2—1990）规定，若使用 20 钢，则渗碳深度 0.8～1 mm，热处理 58～62HRC；若使用 T8，热处理 58～62HRC。若使用 GCr12，热处理 62～65HRC。

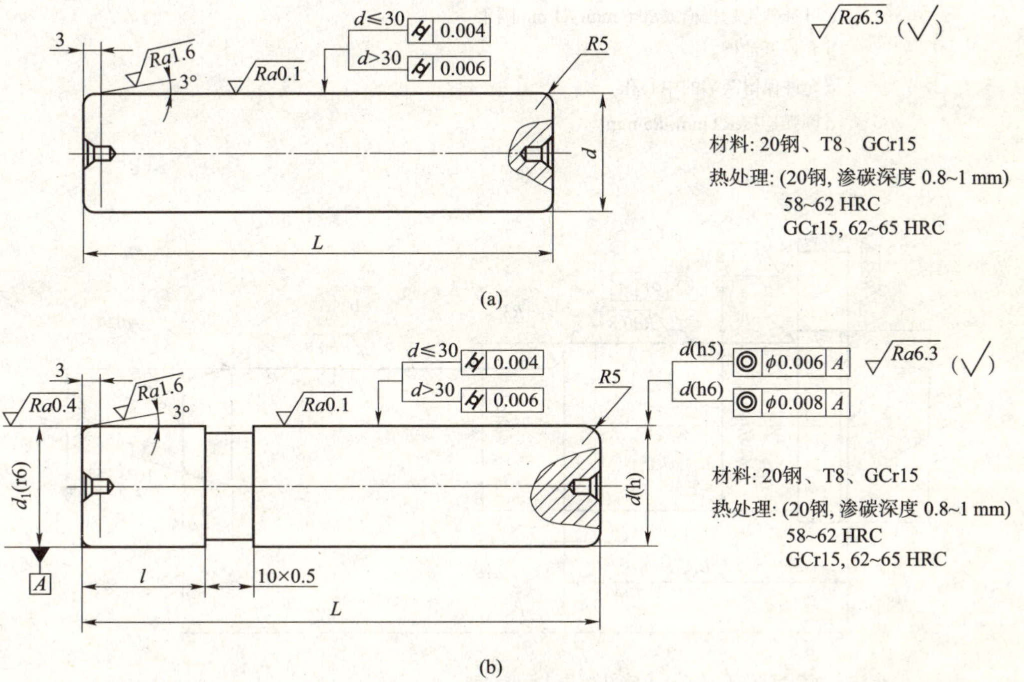

图 2－37　冷冲模的导柱

（a）A 型导柱（GB/T 2861.1—1990）；（b）A 型导柱（GB/T 2861.2—1990）

塑料成型模具的导柱，如图 2－38 所示。若使用材料 T8A，热处理 50～55HRC；若使用 20 钢，渗碳 w_C0.5%～0.8%，淬硬 56～60HRC；图 2－38 中标注的几何公差按 GB/T 1184—1996 的附录一，同轴度 t 为 6 级；直径 d 的尺寸公差根据使用要求可在相同公差等级内变动；图示倒角不大于 C0.5；在滑动部位需要设置油槽时，其要求由承制单位自行决定；其他按 GB/T 4170—2006。

（2）圆形凸模的结构与精度要求

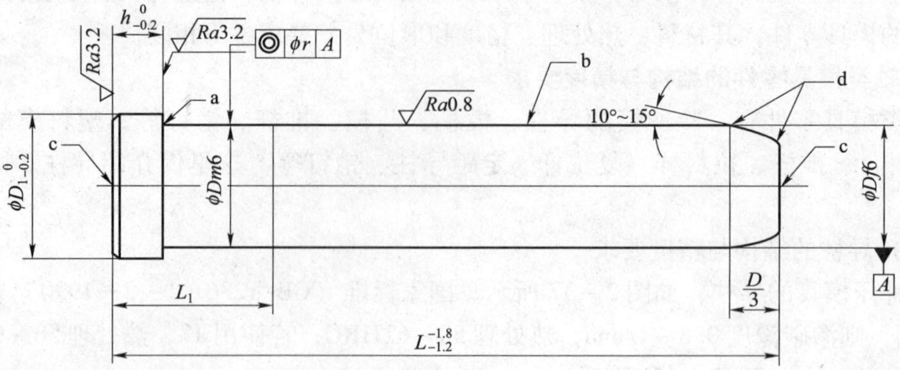

未注表面粗糙度Ra=6.3 μm; 未注倒角 1 mm×45°。

a 可选砂轮越程槽或R0.5 mm~R1 mm圆角。

b 允许开油槽。

c 允许保留两端的中心孔。

d 圆弧连接,R2 mm~R5 mm。

(a)

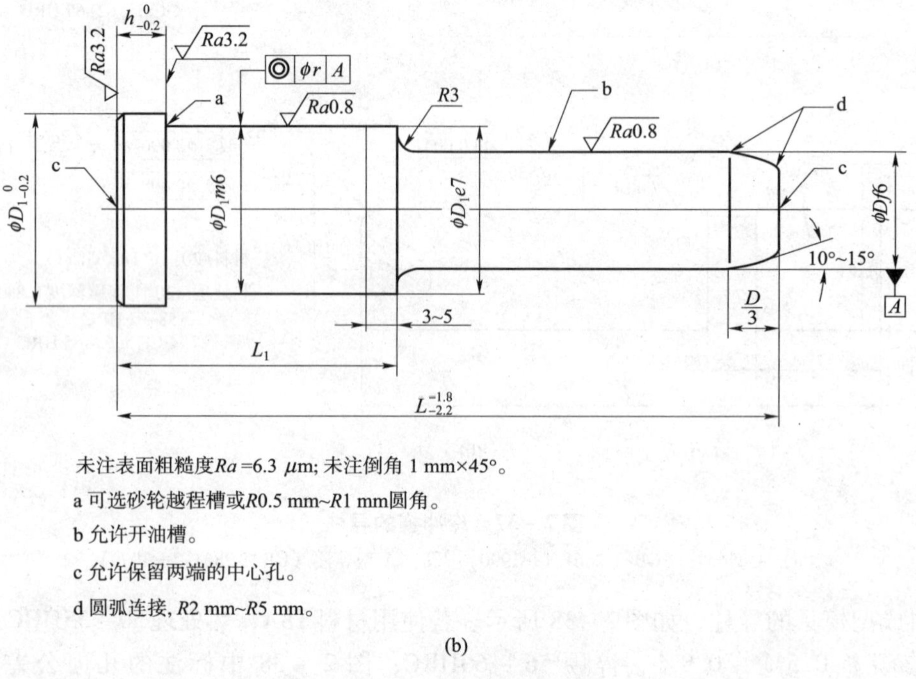

未注表面粗糙度Ra =6.3 μm; 未注倒角 1 mm×45°。

a 可选砂轮越程槽或R0.5 mm~R1 mm圆角。

b 允许开油槽。

c 允许保留两端的中心孔。

d 圆弧连接, R2 mm~R5 mm。

(b)

图 2－38　塑料模的导柱

（a）带头导柱（GB/T 4169. 04—2006）；（b）带肩导柱（GB/T4169. 05—2006）

凸模是冲压模重要的工作零件，常见的凸模基本结构由两部分组成：安装部分和工作部分，其中安装部分往往又可以分为扣位、与固定板配合部分。有时为了加强凸模的刚性，小凸模常常在安装部分与工作部分之间增加过渡段，如图 2－39 所示。

在实际生产中，由于凸模工作部分结构形状尺寸、与凸模的固定方法及加工方法的不同而又有多种结构形式。常用的凸模的结构形式见图 2－40，其中图 2－40（a）~（c）为圆形凸模，图 2－40（d）~(f）为非圆形凸模。

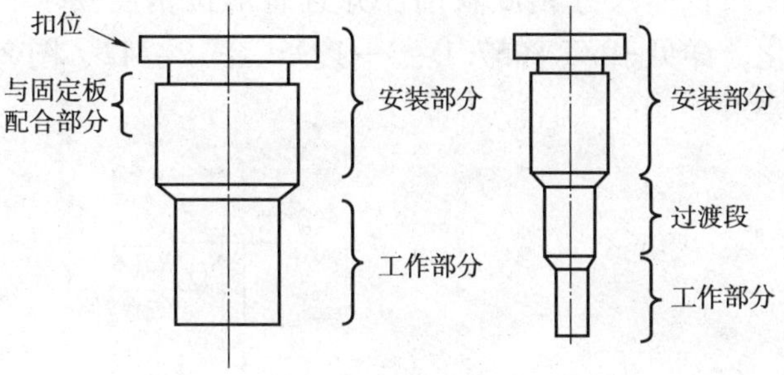

图 2－39　凸模的基本结构

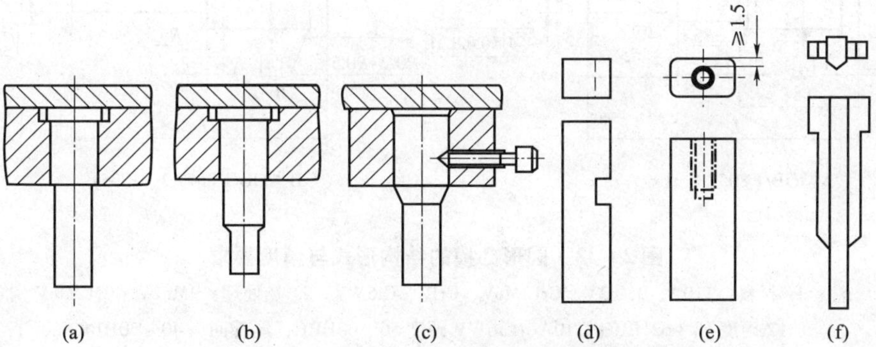

图 2－40　凸模的结构形式

图 2－41 所示为冷冲压模具圆形凸模的结构图，图 2－41（a）为冲小圆孔的圆形凸模，为了增加凸模的强度和刚度，这类凸模的非工作部分直径应做成逐渐增大的多级形式，它适用于 $d=1\sim15$ mm 的情况。图 2－41（b）为冲中型件的圆形凸模，它适用于 $d=8\sim30$ mm 的情况。图 2－41（c）为冲大型件的圆形凸模，此类结构一般用窝座定位，然后用 3～4 个螺钉紧固，为了减少磨削加工面积，凸模非工作部分的外圆要车小，端面要加工成凹坑形式。

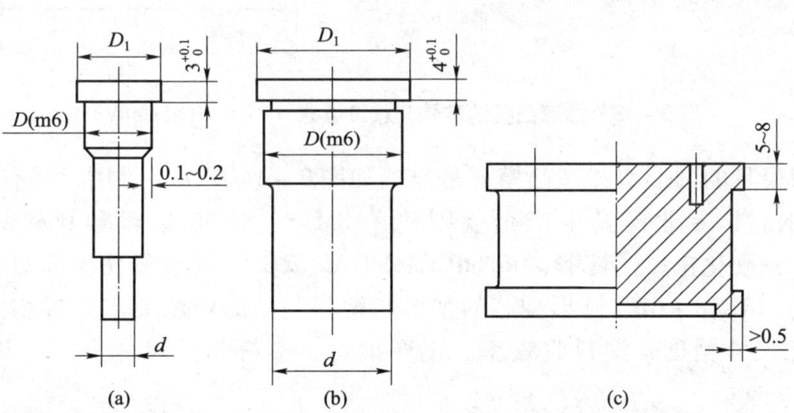

图 2－41　冷冲模的圆形凸模

圆形凸模一般采用 T10A、Cr12MoV、9Mn2V、Cr12、Cr6WV 等优质工具钢、高合金钢等优质钢，表面粗糙度较低、尺寸精度较高，并且有形位精度要求。对冲制料厚 $t \leqslant 2$ mm 的圆形凸模已经标准化，详见 JB/T 8057. 1 ~ 3—1995。图 2 - 42、图 2 - 43 为圆形凸模、拉深凸模的结构与精度要求。

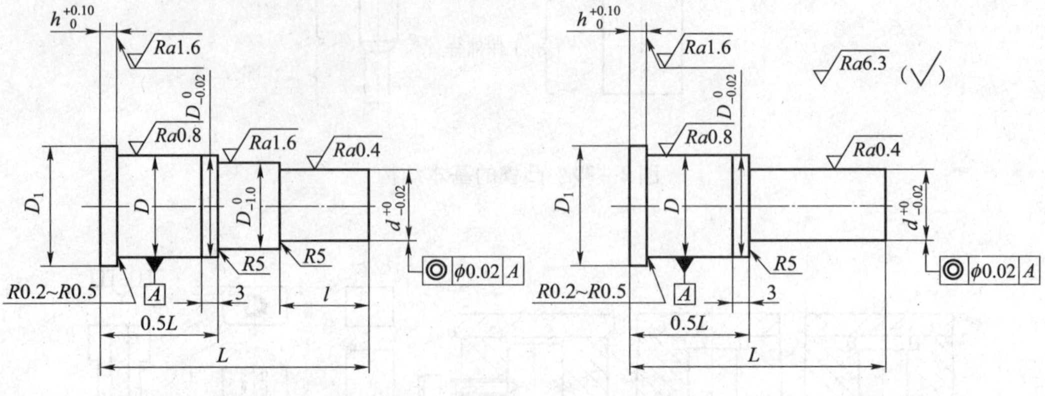

图 2 - 42　圆形凸模的结构形式与精度要求

注：1. 材料：T10A、9Mn2V、Cr12MoV、Cr12、Cr6WV。2. 热处理：9Mn2V、Cr12MoV、Cr12 硬度 58 ~ 62HRC；T10A、Cr6WV 硬度 56 ~ 60HRC，尾部回火 40 ~ 50HRC。

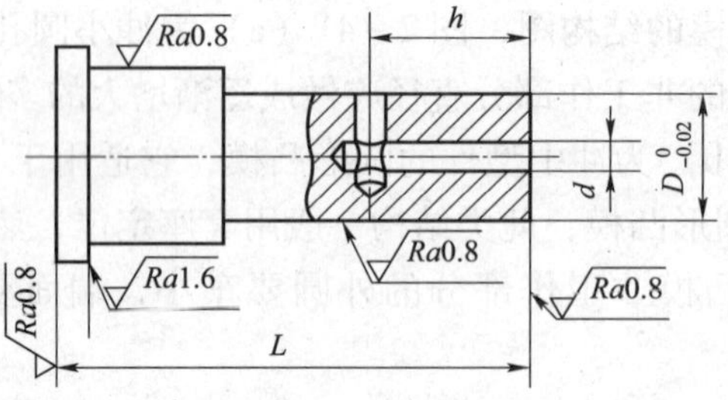

通气孔尺寸

凸模直径 d/mm	通气孔直径 D/mm
<25	3.0
25~50	3.0~5.0
50~100	5.5~6.5
100~200	7.0~8.0
>200	>8.5

图 2 - 43　拉深凸模的结构与精度要求（材料：Cr12MoV）

塑料成型模具的圆形型芯（凸模）的结构如图 2 - 44 所示，常用材料有 T8A、T10A、Cr12 等普通钢材，专业模具生产企业则使用 SM45、SM50 碳素塑料模具钢、3Cr2Mo（P20）、40Cr 预硬化塑料模具钢、06Ni6CrMoVTiAl、2Cr13 时效硬化型和耐腐蚀型塑料模具钢，热处理 HRC58 ~ 62。圆形型芯的精度与塑料制品的精度要求直接相关，须根据塑料制品的内孔尺寸精度、塑料收缩率、生产批量、塑料制品尺寸大小等进行计算才能确定。

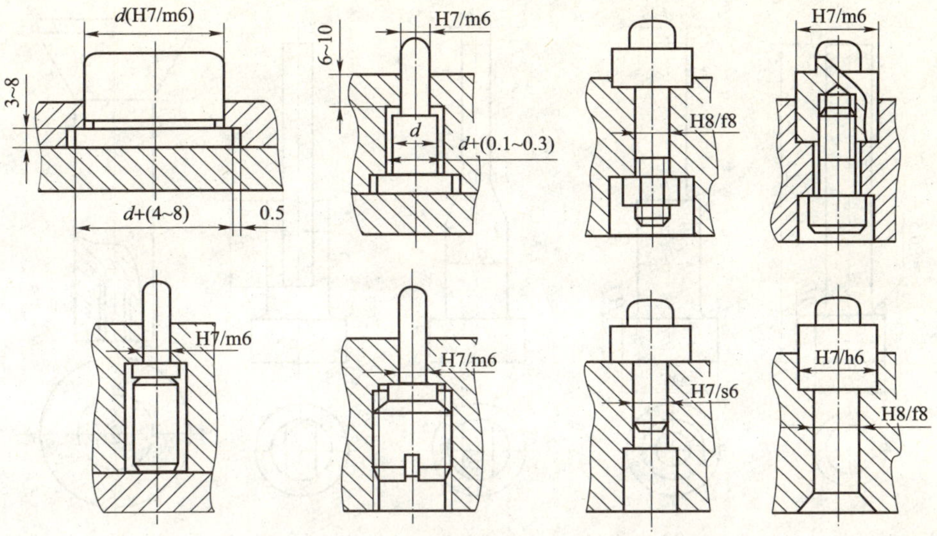

图 2-44　塑料成型模具的圆形凸模的结构与精度要求

不论是哪种样式的凸模（型芯），制造精度直接影响模具的精度和使用寿命，所以制造要求比较高，凸模（型芯）一般的技术要求如下：

①工作部分要求较高，加工后尺寸精度达到设计要求（刃口部分一般在 IT6 ~ IT8 以上）。

②与固定板配合部分要求较高，加工后尺寸精度达到设计要求（配合部分一般在 IT5 ~ IT7 以上）。

③工作部分与安装部分同轴度要求较高。

④刃口部分要保持尖锐锋利。

⑤凸模的工作部分与安装部分之间应圆滑过渡，过渡圆角半径一般为 3 ~ 5 mm。

⑥凸模转角处为尖角时（刃口部位除外），若图样上没有注明，加工时允许按 *R*0. 3 mm 制造。

⑦镶拼式凸模镶块结合面缝隙不得超过 0. 03 mm。

⑧凸模的表面粗糙度应符合图样的要求，一般刃口部位为 $Ra = 1.6 \sim 0.4$ μm，安装部位为 $Ra = 1.6 \sim 0.8$ μm，其余部位为 $Ra = 12.5 \sim 6.3$ μm。

⑨加工后的凸模应有足够的硬度和韧性，对碳素工具钢和合金钢材料，热处理硬度为 58 ~ 62HRC。

（3）推杆的结构与精度要求

塑料成型模具的推杆结构形式如图 2-45 所示。等圆截面推杆主要适用于小型模具，其尺寸参数及精度要求可查表 2-19；阶梯式推杆适用于推出端直径小和推出距离较大的模具；特殊断面形状推杆适用于塑件推出部位的成型要求；组合式推杆是为了便于制造及节约优质钢材，生产中根据具体情况可用销钉装配，也可采用过渡配合加钎焊进行装配；锥盘形推杆是为了增大推杆与塑件的接触面积，以防止塑件在推出时被推坏。

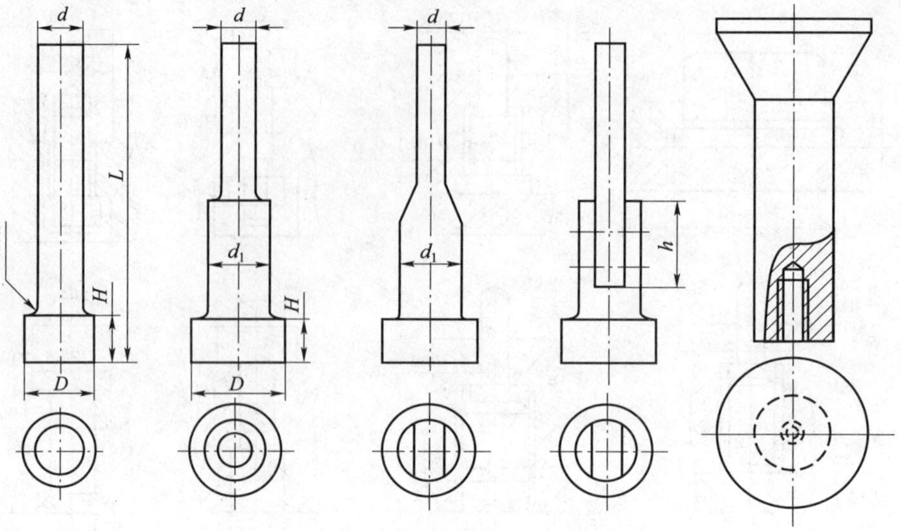

(a) (b) (c) (d) (e)

图 2-45 推杆的结构形式

(a) 等截面推杆；(b) 阶梯式推杆；(c) 特殊截面推杆；(d) 组合式推杆；(e) 锥盘状推杆

表 2-19 等圆截面推杆结构尺寸与精度要求（GB/T 4169.1—2006） 单位：mm

d（f6）		$D_{-0.2}^{\ 0}$	$H_{-0.05}^{\ 0}$	$L_{\ 0}^{+2.0}$										
基本尺寸	极限偏差			100	125	160	200	250	315	400	500	630	800	1000
1.6	−0.006 −0.012	4	2	○	○	○	●							
2		4	2	○	○	○	●							
2.5		5	2	○	○	○	●							
3		6	3	○	○	○	○	●	●					
3.2	−0.010 −0.018	6	3			○		○						
4		8	3	○	○	○	○		●	●				
4.2		8	3			○		○		●				
5		10	3	○	○	○	○	○	●	●	●			
5.2		10	3			○		○		●				
6		12	5	○	○	○	○	○	●	●	●	●		
6.2		12	5			○		○		●				
8	−0.013 −0.022	14	5	○	○	○	○	○	○	○	●	●	●	
8.2		14	5			○		○		○				
10		16	5	○	○	○	○	○	○	○	●	●	●	●

续表

d（f6）		$D_{-0.2}^{0}$	$H_{-0.05}^{0}$	$L_{0}^{+2.0}$										
基本尺寸	极限偏差			100	125	160	200	250	315	400	500	630	800	1000
10.2	−0.016 −0.027	16	5			○		○		○				
12.5		18	7		○	○	○	○	○	○	○	●	●	●
16		22	7			○	○	○	○	○	○	●	●	●
20	−0.020 −0.033	26	8				○	○	○	○	○	○	●	●
25		32	10						○	○	○	○	●	●
32	−0.025 −0.041	40	10								○	○	●	●

注：（1）材料为 T8A，直径在 6 mm 以下时允许采用 65 Mn；
（2）*d* 为 3.2、4.2、5.2、6.2、8.2、10.2 mm 的尺寸仅供修配用；
（3）“●”号为非优先选用值；
（4）工作端面不允许有中心孔，且其工作端不允许倒钝；
（5）导滑部分的硬度为 50～55HRC，表面粗糙度取 *Ra*0.63 μm；
（6）导柱固定端的硬度为 38～42HRC，非导滑部分的表面粗糙度为 *Ra*3.2 μm；
（7）其他按 GB/T 4170—2006。

2.5.3　工艺路线的拟定

1. 工艺阶段的划分

从保证加工质量、合理使用设备及人力等因素考虑，工艺路线按工序性质一般分为粗加工阶段、半精加工阶段和精加工阶段。对那些加工精度和表面质量要求特别高的表面，在工艺过程中还应安排光整加工阶段。

（1）工艺阶段的类型

①粗加工阶段。其主要任务是切除加工表面上的大部分余量，使毛坯的形状和尺寸尽量接近成品。粗加工阶段，加工精度要求不高，切削深度、切削力都比较大，所以，粗加工阶段主要考虑如何提高劳动生产率。

②半精加工阶段。为主要表面的精加工作好必要的精度和余量准备，并完成一些次要表面的加工（如钻孔、攻螺纹、切槽等）。对于加工精度要求不高的表面或零件，经半精加工后即可达到要求。

③精加工阶段。使精度要求高的表面达到规定的质量要求。要求的加工精度较高，各表面的加工余量和切削深度都比较小。

④光整加工阶段。其主要任务是提高被加工表面的尺寸精度和减小表面粗糙度，一般不能纠正形状和位置误差。对尺寸精度和表面粗糙度要求特别高的表面，才安排光整加工。

（2）划分工艺阶段的作用

将工艺过程划分阶段有以下作用：

①保证产品质量。在粗加工阶段切除的余量较多，产生的切削力较大、切削热较多，工件所需要的夹紧力也大，因而使工件产生的内应力和由此引起的变形也大，所以，粗加工阶段不可能达到高的加工精度和较小的表面粗糙度。完成零件的粗加工后，再进行半精加工、精加工，逐步减小切削用量、切削力和切削热，可以逐步减小或消除先行工序的加工误差，减小表面粗糙度，最后达到设计图样所规定的加工要求。由于工艺过程分阶段进行，在各加工阶段之间有一定的时间间隔，相当于自然时效，使工件有一定的变形时间，有利于减少或消除工件的内应力，由变形引起的误差，可由后继工序加以消除。

②合理使用设备。由于工艺过程分阶段进行，粗加工阶段可以采用功率大、刚度好、精度低、效率高的机床进行加工，以提高生产率。精加工阶段可采用高精度机床和工艺装备，严格控制有关的工艺因素，以保证加工零件的质量要求。所以，粗、精加工阶段分开，可以充分发挥各类机床的性能、特点，做到合理使用，延长高精度机床的使用寿命。

③便于热处理工序的安排，使热处理与切削加工工序配合更合理。机械加工工艺过程分阶段进行，便于在各加工阶段之间穿插安排必要的热处理工序，既可以充分发挥热处理的效果，也有利于切削加工和保证加工精度。例如，对一些精密零件，粗加工后安排去除内应力的时效处理，可以减小工件的内应力，从而减小内应力引起的变形对加工精度的影响。在半精加工后安排淬火处理，不仅能满足零件的性能要求，也使零件的粗加工和半精加工容易，零件因淬火产生的变形又可以通过精加工予以消除。对于精密度要求更高的零件，在各加工阶段之间可穿插进行多次时效处理，以消除内应力，最后再进行光整加工。

④便于及时发现毛坯缺陷和保护已加工表面。由于工艺过程分阶段进行，在粗加工各表面之后，可及时发现毛坯缺陷（气孔、砂眼和加工余量不足等），以便修补或发现废品，以免将本应报废的工件继续进行精加工，浪费工时和制造费用。

拟定工艺路线，一般应遵循工艺过程划分加工阶段的原则，但是，在具体运用时又不能绝对化。例如，当加工质量要求不高，工件的刚性足够，毛坯质量高，加工余量小时，可以不划分加工阶段。又如，在自动机床上加工的零件以及某些运输、装夹困难的重型零件，也不划分加工阶段，而在一次装夹下完成全部表面的粗、精加工。另外，对重型零件，可在粗加工之后将夹具松开以消除夹紧变形，然后再用较小的夹紧力重新夹紧，进行精加工，以利于保证重型零件的加工质量。但是，对于精度要求高的重型零件，仍要划分加工阶段，并适时进行时效处理以消除内应力。在生产中，应根据具体情况和生产条件来决定是否需要划分加工阶段。

工艺路线划分加工阶段是对零件加工的整个工艺过程而言，不是以某一表面的加工或某一工序的加工而论。例如，有些定位基面，在半精加工阶段，甚至粗加工阶段就需要精确加工，而某些钻小孔的粗加工，又常常安排在精加工阶段。

2. 工序的划分

根据所选定的表面加工方法和各加工阶段中表面的加工要求，可以将同一阶段中各表面的加工组合成不同的工序。在划分工序时，可以采用工序集中或分散的原则。

（1）工序集中

如果在每道中安排的加工内容多，则一个零件的加工可集中在少数几道工序内完成，工序少，称为工序集中。工序集中具有以下特点：

①工件在一次装夹后，可以加工多个表面，能较好地保证表面之间的相互位置精度，可以

减少装夹工件的次数和辅助时间，减少工件在机床之间的搬运次数，有利于缩短生产周期。

②可减少机床数量、操作工人，节省车间生产面积，简化生产计划和生产组织工作。

③采用的设备和工装结构复杂、投资大，调整和维修的难度大，对工人的技术水平要求高。

（2）工序分散

在每道工序所安排的加工内容少，一个零件的加工分散在很多道工序内完成，工序多，称为工序分散。工序分散具有以下特点：

①机床设备及工装比较简单，调整方便，生产工人易于掌握。

②可以采用最合理的切削用量，减少机动时间。

③设备数量多，操作工人多，生产面积大。

在一般情况下，单件小批生产采用工序集中，大批、大量生产则工序集中和分散二者兼有，需根据具体情况，通过技术经济分析来决定。

3. 加工顺序的安排

（1）切削加工工序的安排

零件的被加工表面不仅有自身的精度要求，而且各表面之间还常有一定的位置要求，在零件的加工过程中要注意基准的选择与转换。

安排加工顺序应遵循以下原则：

①当零件分阶段进行加工时一般应遵守“先粗后精”的加工顺序，即先进行粗加工，再进行半精加工，最后进行精加工和光整加工。

②先加工基准表面，后加工其他表面。在零件加工的各阶段，应先把基准面加工出来，以便后继工序用它定位加工其他表面。

③先加工主要表面，后加工次要表面。零件的工作表面、装配基面等应先加工，而键槽、螺孔等往往和主要表面之间有相互位置要求，一般应安排在主要表面之后加工。

④先加工平面，后加工内孔。对于箱体、模板类零件平面轮廓尺寸较大，用平面定位，稳定可靠，一般总是先加工出平面，以平面作精基准，然后加工内孔。

（2）热处理工序的安排

热处理工序在工艺路线中的安排，主要取决于零件热处理的目的。最终热处理的目的是保证模具零件的力学性能。其余热处理的目的是改善材料的加工性能，为最终热处理工序作好准备、消除残余应力，一般安排在加工之前后以及需要消除工件内应力的工序之前。热处理工艺的目的主要包括：

①为改善金属组织和加工性能的热处理工序，如退火、正火和时效等，一般安排在粗加工前后。

②为提高零件硬度和耐磨性的热处理工序，如淬火、渗碳淬火等，一般安排在半精加工之后，精加工、光整加工之前。渗氮处理温度低、变形小，且渗氮层较薄，渗氮工序应尽量靠后，如安排在工件粗磨之后，精磨、光整加工之前。

③时效处理工序，时效处理的目的在于减小或消除工件的内应力，一般在粗加工之后，精加工之前进行。对于高精度的零件，在加工过程中常进行多次时效处理。

热处理工序的安排，可用图 2－46 表示。

模具零件热处理后，除要求硬度外，表面粗糙度的变化也是需要考虑的重要因素。日本的研究结果表明，SKD11（相当于 Cr12MoV 钢）经 550 ℃5 h 离子渗氮后粗糙度变化较小，见

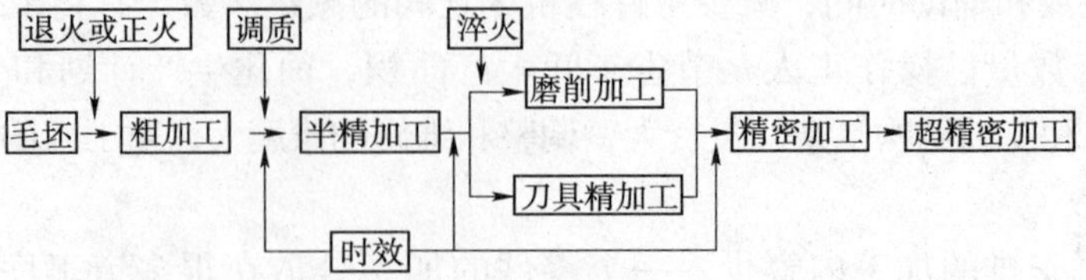

图 2-46　热处理工序的安排

表2-20。渗氮前加工到 $Ra=0.05\sim0.20$ μm，离子渗氮后粗糙度提高到0.65～0.70 μm，如果原来粗糙度 $Ra>2$ μm时，则处理前后的粗糙度变化极小。其他钢种和不同气体混合比的情况，这种变化倾向差不多。总之，离子渗氮对模具零件表面粗糙度的影响很小。

表 2-20　SKD11 钢离子渗氮后表面粗糙度变化

渗氮前/μm	550 ℃，5 h 离子渗氮、N_2: H_2		
	4∶1	1∶1	1∶4
0.05	0.70	0.65	0.67
0.20	0.70	0.65	0.70
2.15	2.30	2.30	0.35

（3）辅助工序安排

辅助工序主要包括检验、去毛刺、清洗、涂防锈油等。其中检验工序是主要的辅助工序。为了保证产品质量，及时去除废品，防止浪费工时，并且责任分明，检验工序应安排在：零件粗加工或半精加工结束之后；重要工序加工前后；零件送外车间（如热处理）加工之前；零件全部加工结束之后。钳工去毛刺常安排在易产生毛刺的工序之后，检验及热处理工序之前。辅助工序的安排，可用图2-47表示。

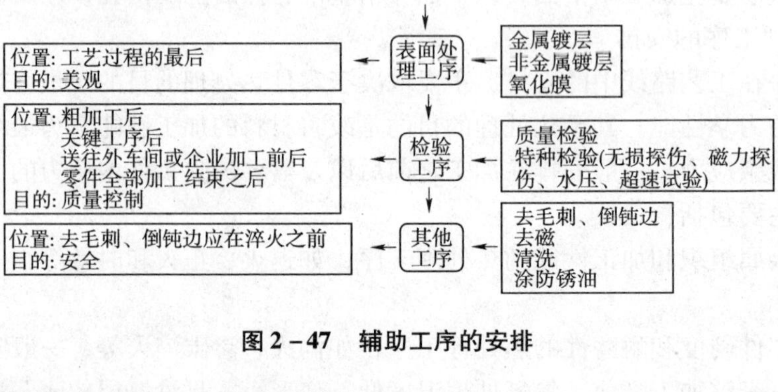

图 2-47　辅助工序的安排

4. 轴类模具零件机械加工工艺路线的拟定

轴类模具零件的形状是长轴、短轴或者阶梯轴，为保证刚度其长度一般不太长，全部表面都是需要加工的表面，包括轴的端面、外圆柱面。各径向尺寸的设计基准都是轴线，为了保证定位基准与设计基准的统一，一般是先车两端面、加工出中心孔，再用顶尖装夹来加工各外圆柱面。轴类模具零件的机械加工工艺路线如表2-21所示。

表 2－21　轴类模具零件的机械加工工艺路线

工序	内容	备注
1	下料	
2	锻造	需要时
3	退火	如果经过了锻造工序
4	车两端面、钻中心孔	有时只一端钻中心孔。采用磨针机磨削加工时则不钻中心孔
5	粗车外圆柱表面	用顶尖装夹
6	半精车车外圆柱表面	用顶尖装夹
7	检验	
8	热处理	
9	研磨中心孔	
10	磨外圆圆柱表面	
11	检验	
12	入库	

2.5.4　冲孔凸模机械加工工艺方案的比较与选择

凸模是冲压模具的主要工作零件之一，它与凹模决定了制件的形状和尺寸精度，因此，加工凸模，保证其各项精度，尤其是刃口尺寸精度十分重要。在可选择的多种加工工艺方案中，能保证主要精度要求并能兼顾其他精度要求的、能合理综合利用企业设备的工艺方案是最佳的。凸模的加工方案的比较与选择，应按此思路确定。

【例 2－1】　请确定图 2－48 所示冲孔凸模零件的加工工艺路线。

【解】　图 2－48 所示冲孔凸模零件是一个典型的台阶式的凸模结构，其加工工艺过程一般有以下两种工艺方案。

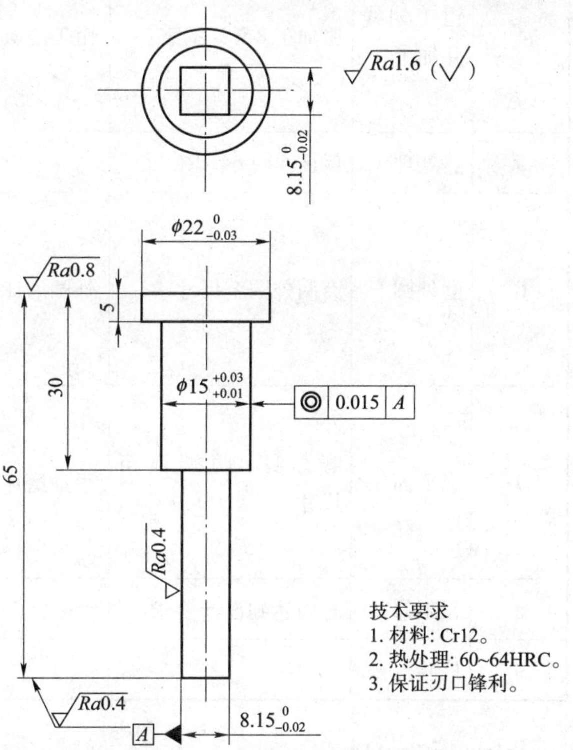

图 2－48　冲孔凸模

（1）工艺方案（一）

工艺方案（一）的加工工艺过程为：备料→粗车（外圆）→精车（外圆）→钳工粗加工方形刃口→热处理→手动精密磨削加工→钳工整修→检验。

工艺过程（一）实施时，能通过手动精密磨削消除热处理工序产生的变形量，降低工作部分的表面粗糙度值，尺寸精度较高。但由于外圆磨削与刃口磨削是在两次装夹中完成的，刃口中心线与定位固定圆中心线之间的同轴度有一定的误差，对精度要求较高的制件，影响冲裁间隙和制件同轴度要求。其具体加工工艺过程，见表2－22。

表 2－22　冲孔凸模的机械加工工艺过程（一）

工序号	工序名称	工序内容	设备	工序简图
1	备料	锯床下圆棒料	锯床	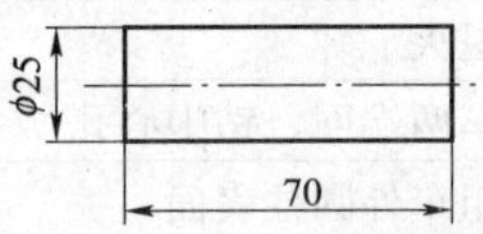
2	粗车	粗车台阶外圆	车床	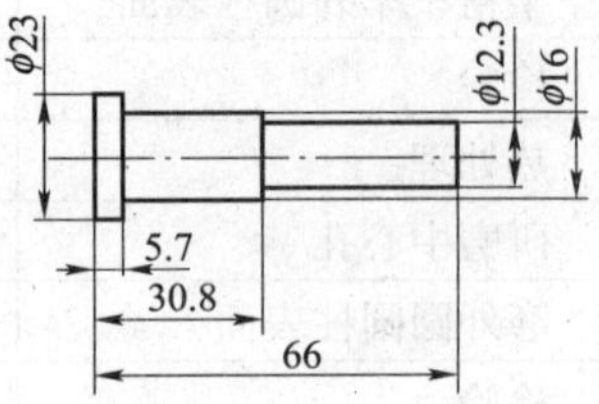
3	精车	两顶尖精车台阶外圆	车床	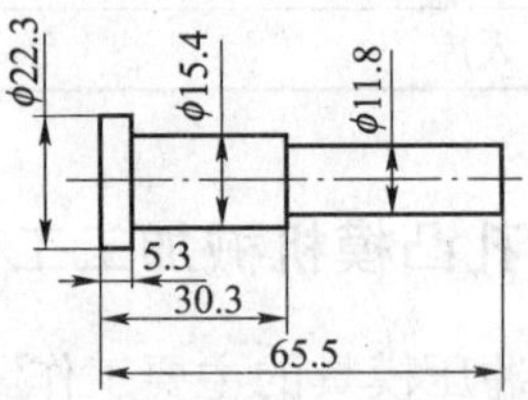
4	钳工划线并加工	钳加工 8×8 方身	钳工工具	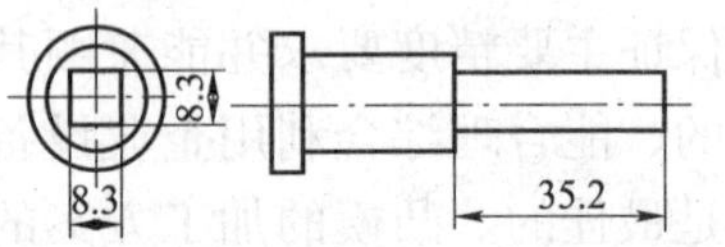
5	热处理	保证 60～64HRC		
6	磨外圆	磨两外圆全尺寸	外圆磨床	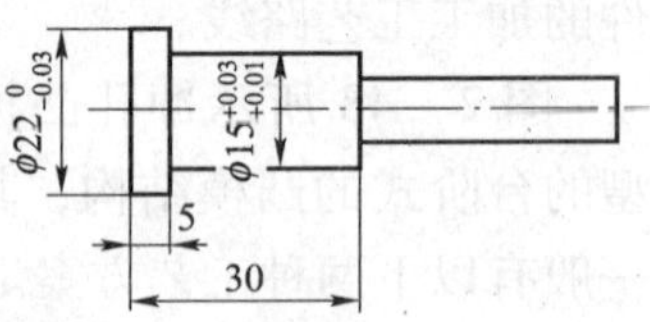
7	磨平面	磨方身、两端面至尺寸	手动磨床	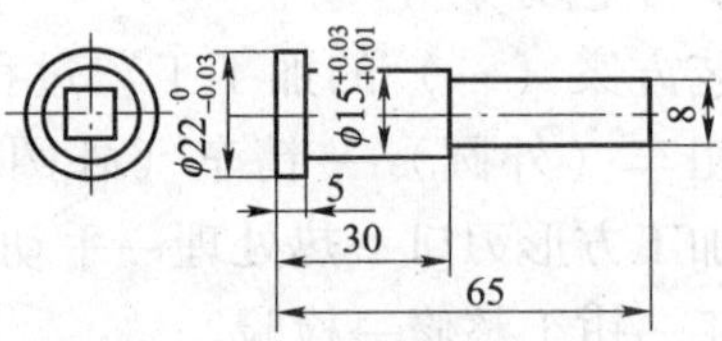
8	钳工修整	全面达到设计要求		
9	检验			

（2）工艺方案（二）

工艺方案（二）的加工工艺过程为：下料→数控铣或加工中心（外圆、四方体一次加工）→热处理→钳工精修→检验。其具体加工工艺过程，见表 2－23。

表 2－23　冲孔凸模的机械加工工艺过程（二）

工序号	工序名称	工序内容	设备	工序简图
1	备料	锯床下圆棒料	锯床	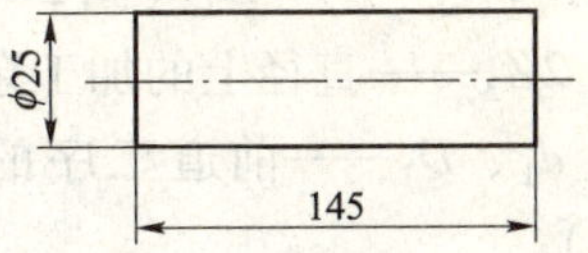
2	数控铣	数控铣或加工中心加工各档尺寸至要求	数控铣床或加工中心	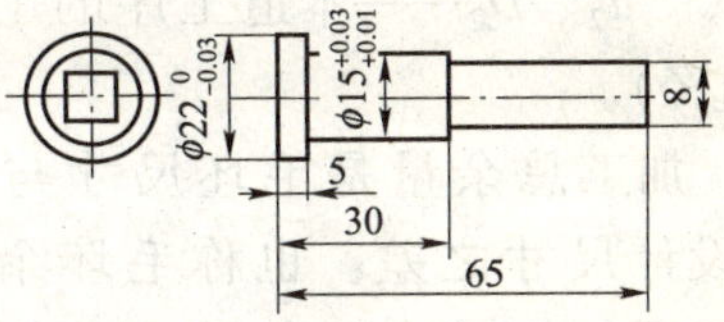
3	热处理	保证 60 ~ 64HRC		
4	钳工修整	全面达到设计要求		
5	检验			

工艺方案（二）中，采用数控铣或加工中心一个装夹工位就完成外圆、四方体刃口尺寸加工，保证了凸模台阶间的同轴度，但由于没有安排消除热处理变形的工序，会给凸模精度带来一定影响。综合比较，工艺方案（一）优于工艺方案（二）。

2.5.5　加工余量以及轴类模具零件加工余量的确定

1. 加工余量的概念

（1）工序余量和加工总余量

工序余量是相邻两工序的工序尺寸之差，是被加工表面在一道工序中切除的金属层厚度。图 2－49 所示的加工余量是单边余量。若以 Z_i 表示工序余量（i 表示工序号），对于图 2－49 所示加工表面，则有：

$$Z_1 = A_1 - A_2 \text{（图 2－49（a））}$$
$$Z_2 = A_2 - A_1 \text{（图 2－49（b））}$$

式中：A_1——前道工序的工序尺寸；

A_2——本道工序的工序尺寸。

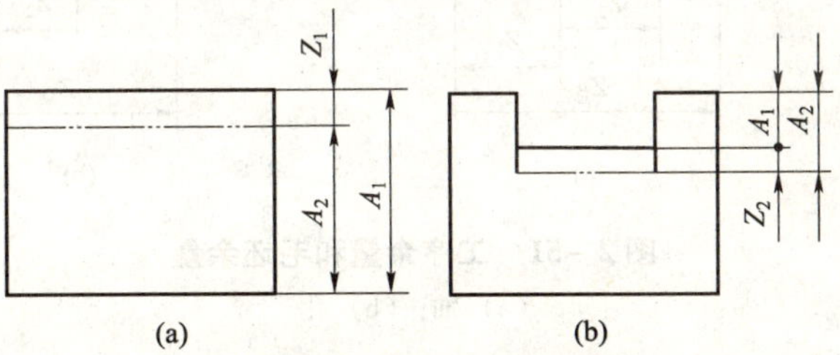

图 2－49　单边加工余量

对于对称表面或回转体表面，其加工余量是对称分布的，是双边余量，如图 2－50 所示，则有：

对于轴 $2Z_2 = d_1 - d_2$（图 2-50（a））

对于孔 $2Z_2 = D_2 - D_1$（图 2-50（b））

式中 $2Z_2$——直径上的加工余量；

d_1、D_1——前道工序的工序尺寸（直径）。

d_2、D_2——本道工序的工序尺寸（直径）。

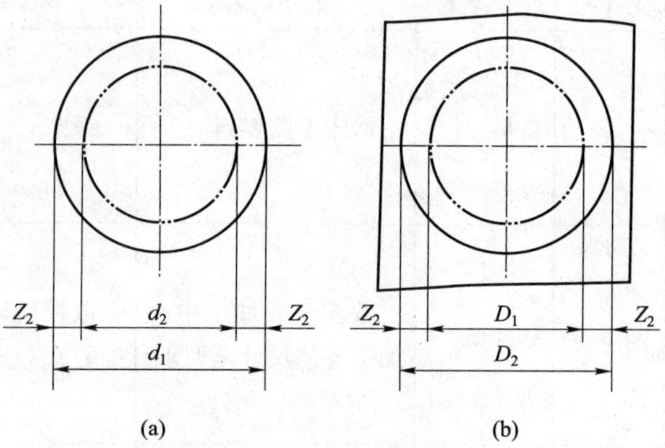

图 2-50　双边加工余量

（a）外圆柱面；（b）孔

加工总余量是毛坯尺寸与零件图的设计尺寸之差。也称毛坯余量。它等于同一加工表面各道工序的余量之和，即

$$Z_{总} = \sum_{i=1}^{n} Z_i$$

式中 $Z_{总}$——总余量；

Z_i——第 i 道工序的余量；

n——工序数目。

图 2-51 是轴和孔的毛坯余量及各工序余量的分布情况。图中还给出了各工序尺寸及毛坯尺寸的制造公差。工序尺寸的公差一般规定在零件的入体方向（使工序尺寸的公差带处在被加工表面的实体材料方向）。对于被包容面（轴），基本尺寸为最大工序尺寸；对于包容面（孔），基本尺寸为最小工序尺寸。毛坯尺寸的公差一般采用双向标注。

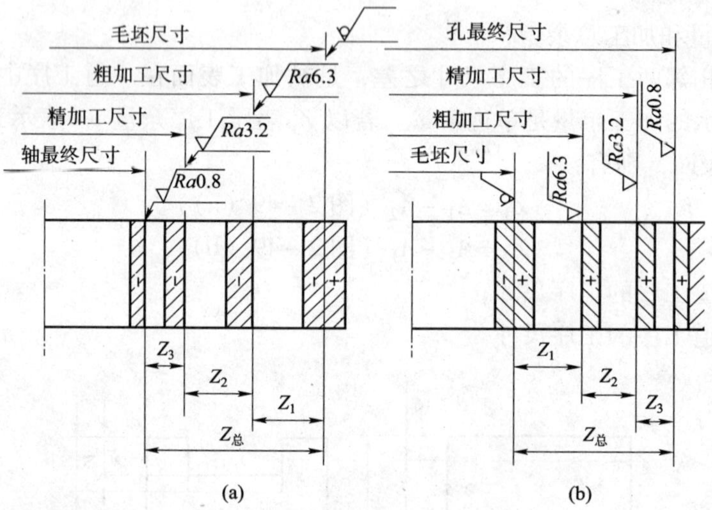

图 2-51　工序余量和毛坯余量

（a）轴；（b）孔

（2）基本余量、最大余量、最小余量

由于设计尺寸、毛坯尺寸、工序尺寸都有公差，所以加工余量不是一个固定值，有基本余量、最大余量、最小余量之分，余量的变动范围亦称余量公差。最大余量与最小余量的计

算有“极值计算法”“误差复映计算法”两种。调整法加工时采用“误差复映计算法”较适宜，通常均采用“极值计算法”。本书只介绍极值计算法。

根据极值法原理，对于外表面加工，最大余量是上工序的最大极限尺寸与本工序的最小极限尺寸之差；最小余量是上工序的最小极限尺寸与本工序的最大极限尺寸之差；内表面加工则相反。由于工序尺寸公差是按“偏差入体”原则标注的，即对于外表面最大极限尺寸就是基本尺寸，对于内表面最小极限尺寸就是基本尺寸。对图 2－52 所示的外表面加工，则：

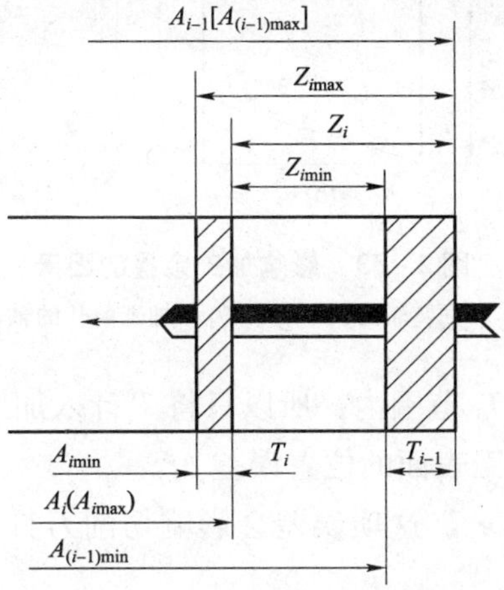

图 2－52　基本余量、最大余量和最小余量

基本余量（Z_i）为：$Z_i = A_{i-1} - A_i$

最大余量（$Z_{\max}$）为：$Z_{\max} = A_{(i-1)\max} - A_{i\min} = Z_i + T_i$

最小余量（$Z_{\min}$）为：$Z_{\min} = A_{(i-1)\min} - A_{i\max} = Z_i - T_{(i-1)}$

式中　A_{i-1}、A_i——分别为前道和本道工序的基本工序尺寸；

$A_{(i-1)\max}$、$A_{(i-1)\min}$——前道工序的最大、最小工序尺寸；

$A_{i\max}$、$A_{i\min}$——本道工序的最大、最小工序尺寸；

$T_{(i-1)}$、T_i——分别为前道和本道工序的工序尺寸公差。

加工余量的变化范围称为余量公差（T_{zi}）。它等于前道工序和本道工序的工序尺寸公差之和。即

$$T_{zi} = Z_{i\max} - Z_{i\min} = (Z_i + T_i) - (Z_i - T_{(i-1)}) = T_{(i-1)} + T_i$$

2. 影响加工余量的因素

加工余量的大小直接影响零件的加工质量和成本。确定加工余量的基本原则是，在保证加工质量的前提下越小越好。余量过大会使机械加工的劳动量增加，生产率下降。同时也会增加材料、工具、动力的消耗，使生产成本提高。余量过小不易保证产品质量，甚至出现废品。确定工序余量的基本要求是：各工序所留的最小加工余量能保证被加工表面在前道工序所产生的各种误差和表面缺陷被相邻的后续工序去除，使加工质量提高。以车削图 2－53（a）所示圆柱孔为例，分析影响加工余量大小的因素，如图 2－53（b）、（c）所示，图中尺寸 d_1、d_2 分别为前道和本道工序的工序尺寸。影响加工余量的因素有：

（1）被加工表面上由前道工序产生的微观不平度 Ra_1 和表面缺陷层深度 H_1。

（2）被加工表面上由前道工序产生的尺寸误差和几何形状误差。一般形状误差 η_1 已包

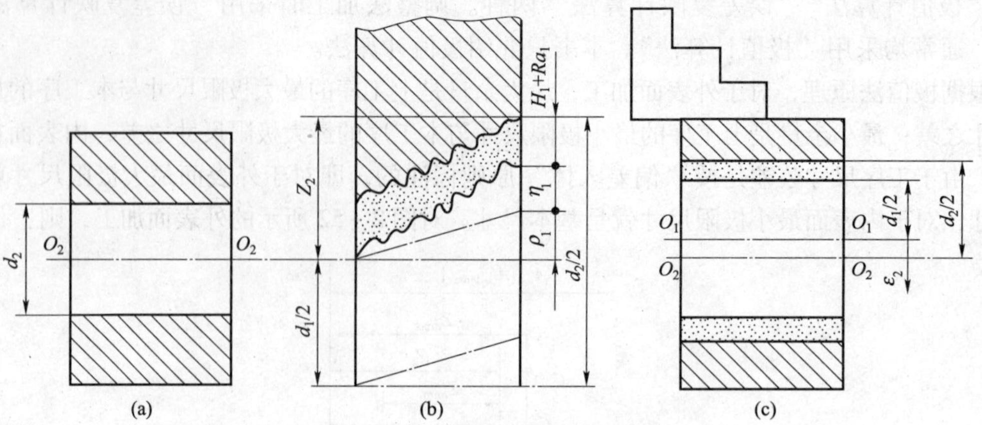

图 2-53　影响加工余量的因素

O_2O_2—回转轴心线　O_1O_1—加工前孔的轴心线

含在前道工序的工序尺寸公差 T_i 范围内，所以只将 T_i 计入加工余量。

（3）前道工序引起的被加工表面的位置误差 ρ_1。

（4）本道工序的装夹误差 ε_2。这项误差会影响切削刀具与被加工表面的相对位置，所以也应计入加工余量。

由于 ρ_1 和 ε_2 在空间有不同的方向，所以，在计算加工余量时应按两者的矢量和进行计算。

按照确定工序余量的基本要求，对于对称表面或回转体表面，工序的最小余量应按下列公式计算：

$$2Z_2 \geqslant T_i + 2(R_{a1} + H_1) + 2|\rho_1 + \varepsilon_2|$$

对于非对称表面，其加工余量是单边的可按下式计算：

$$Z_2 \geqslant T_i + R_{a1} + H_1 + |\rho_1 + \varepsilon_2|$$

3. 确定加工余量的方法

（1）经验估计法

根据工艺人员和工人的长期生产实际经验，采用类比法来估计确定加工余量的大小。此法简单易行，但有时为经验所限，为防止余量不够产生废品，估计的加工余量一般偏大。多用于单件小批生产。

（2）分析计算法

以一定的试验资料和计算公式为依据，对影响加工余量的诸因素进行逐项的分析计算以确定加工余量的大小。

采取分析计算法确定加工余量一般都经济合理，但是，要有可靠的实验数据和资料。另外，分析计算法的计算较繁杂，仅在贵重材料及某些大批生产和大量生产中采用。

（3）查表修正法

以有关工艺手册和资料所推荐的加工余量为基础，结合实际加工情况进行修正以确定加工余量的大小。

查表修正法应用较广，但是，查表时应注意表中数值是单边余量还是双边余量。

2.5.6　工序尺寸及其公差的确定

某工序加工应达到的尺寸称为工序尺寸。正确确定工序尺寸及其公差是制定零件工艺规程的重要工作之一。工序尺寸及其公差的大小不仅受到加工余量大小的影响，而且与工序基准的选择有密切关系。下面分两种情况进行讨论。

1. 工艺基准与设计基准重合时工序尺寸及其公差的确定

这是指工艺基准与设计基准重合时，同一表面经过多次加工才能达到精度要求，应如何确定各道工序的工序尺寸及其公差。一般外圆柱面和内孔加工多属这种情况。

要确定工序尺寸，首先必须确定零件各工序的基本余量。生产中常采用查表法确定工序的基本余量。工序尺寸公差也可从有关手册中查得（或按所采用加工方法的经济精度确定）。按基本余量计算各工序尺寸，是由最后一道工序开始向前推算。对于轴前道工序的工序尺寸等于相邻后续工序的工序尺寸与其基本余量之和，对于孔，前道工序的工序尺寸等于相邻后续工序的工序尺寸与其基本余量之差。计算时应注意两点：对于某些毛坯（如热轧棒料）应按计算结果从材料的尺寸规格中选择一个相等或相近尺寸为毛坯尺寸。对于后一种情况，在毛坯尺寸确定后应重新修正粗加工（第一道工序）的工序余量；精加工工序余量应进行验算，以保证精加工余量不至于过大或过小。

【例 2－2】　加工长度为 80 mm 导柱的外圆柱面，设计尺寸为 $\phi 40^{+0.050}_{+0.034}$ mm，表面粗糙度 $Ra<0.4$ μm。请用查表法选择加工工艺路线，并确定毛坯尺寸、各工序尺寸及其公差。

【解】　根据选择加工工艺路线、确定毛坯尺寸、各工序尺寸及其公差的工作过程，可按以下各步骤进行求解：

（1）查表确定设计尺寸的精度等级。因最后一道工序的加工精度应达到设计要求，其工序尺寸就是设计尺寸 $\phi 40^{+0.050}_{+0.034}$ mm。查表 2－9（GB/T 1800.3—1998）得知，$\phi 40^{+0.050}_{+0.034}$ mm 的精度为 IT6 级。

（2）查表选择加工工艺路线，确定各工序尺寸的精度等级。根据本书表 2－14，较为合适的加工工艺路线为：粗车→半精车→磨削，如图 2－54 所示。由于磨削后的精度为 IT6 级，半精车后的精度可选取 IT9 级，粗车后的精度可选取 IT12 级。

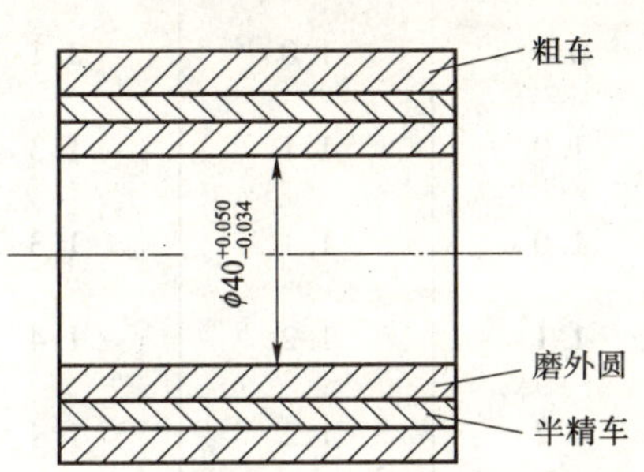

图 2－54　外圆加工工艺过程示意图

（3）查表选择各工序的工序余量，确定毛坯尺寸。

查表 2－24（外圆磨削余量），可选择磨削工序的工序余量为 0.3 mm。

查表 2－25（粗车外圆后半精车余量），可选择半精车工序的工序余量为 1 mm。

查表 2－26（轴类（外旋转表面）零件的机械加工余量），可选择粗车工序的工序余量为 1.3 mm。

表 2－24　外圆磨削余量　　mm

轴　径	热处理状态	长　度（L）		
		≤100	>100～250	>250～500
≤10	未淬硬 淬硬	0.2 0.3	0.2 0.3	0.3 0.4
>10～18	未淬硬 淬硬	0.2 0.3	0.3 0.3	0.3 0.4
>18～30	未淬硬 淬硬	0.3 0.3	0.3 0.4	0.3 0.4
>30～50	未淬硬 淬硬	0.3 0.4	0.3 0.4	0.4 0.5
>50～80	未淬硬 淬硬	0.3 0.4	0.4 0.5	0.4 0.5
>80～120	未淬硬 淬硬	0.4 0.5	0.4 0.5	0.5 0.6
>120～180	未淬硬 淬硬	0.5 0.5	0.5 0.6	0.6 0.7
>180～260	未淬硬 淬硬	0.5 0.6	0.6 0.7	0.6 0.7

表 2－25　粗车外圆后半精车余量　　mm

轴　径	长　度（L）					
	≤100	>100～250	>250～500	>500～800	>800～1 200	>1 200～2 000
≤10	0.8	0.9	1.0	－	－	－
>10～18	0.9	0.9	1.0	1.1	－	－
>18～30	0.9	1.0	1.1	1.3	1.4	－
>30～50	1.0	1.0	1.1	1.3	1.5	1.7
>50～80	1.1	1.1	1.2	1.4	1.6	1.8
>80～120	1.1	1.2	1.2	1.4	1.6	1.9
>120～180	1.2	1.2	1.3	1.5	1.7	2.0
>180～260	1.3	1.3	1.4	1.6	1.8	2.0
>260～360	1.3	1.4	1.5	1.7	1.9	2.1
>360～500	1.4	1.5	1.5	1.7	1.9	2.2

表 2-26 轴类（外旋转表面）零件的机械加工余量 mm

基本直径	表面加工方法	直径余量（按轴长取）					
		到 120	>120~260	>260~500	>500~800	>800~1 250	>1 250~2 000
高精度轧制件车削							
到 30	粗车和一次车	1.2/1.1	1.7/—	—/—	—/—	—/—	—/—
	精车	0.25/0.25	0.3/—	—/—	—/—	—/—	—/—
	细车	0.12/0.12	0.15/—	—/—	—/—	—/—	—/—
>30~50	粗车和一次车	1.2/1.1	1.5/1.4	2.2/—	—/—	—/—	—/—
	精车	0.3/0.25	0.3/0.25	0.35/—	—/—	—/—	—/—
	细车	0.15/0.12	0.16/0.13	0.20/—	—/—	—/—	—/—
>50~80	粗车和一次车	1.5/1.1	1.7/1.5	2.3/2.1	3.1/—	—/—	—/—
	精车	0.25/0.20	0.3/0.25	0.3/0.3	0.4/—	—/—	—/—
	细车	0.14/0.12	0.15/0.13	0.17/0.16	0.23/—	—/—	—/—
>80~120	粗车和一次车	1.6/1.2	1.7/1.3	2.0/1.7	2.5/2.3	3.3/—	—/—
	精车	0.25/0.25	0.3/0.25	0.3/0.3	0.3/0.3	0.35/—	—/—
	细车	0.14/0.13	0.15/0.13	0.16/0.15	0.17/0.17	0.20/—	—/—
普通精度轧制件车削							
到 30	粗车和一次车	1.3/1.1	1.7/—	—/—	—/—	—/—	—/—
	半精车	0.45/0.45	0.50/—	—/—	—/—	—/—	—/—
	精车	0.25/0.20	0.25/—	—/—	—/—	—/—	—/—
	细车	0.13/0.12	0.15/—	—/—	—/—	—/—	—/—

因此，可得毛坯基本尺寸为“ϕ40 + 磨削工序的工序余量为 0.3 mm + 半精车工序的工序余量为 1 mm + 粗车工序的工序余量为 1.2 mm” = ϕ42.5 mm。但是，热轧圆钢和冷拉圆钢的规格尺寸中没有 ϕ42.5 mm，最相近的规格尺寸为 ϕ45 mm，因此，毛坯基本尺寸为 ϕ45 mm。由于实际使用毛坯基本尺寸比查表计算的毛坯基本尺寸大了 2.7 mm，因此，将上述各工序余量均适当加大如下：磨削工序的工序余量取 0.6 mm，粗车工序的工序余量取

1.4 mm，粗车工序的工序余量取 3 mm。

（4）计算各工序尺寸及其公差。根据上述各项，可得加工导柱的 $\phi 40^{+0.050}_{+0.034}$ mm 外圆柱面的各工序尺寸及其公差，如表 2－27 所示。

表 2－27　加工导柱的 $\phi 40^{+0.050}_{+0.034}$ mm 外圆柱面的各工序尺寸及其公差计算表

工序	工序余量/mm	工序尺寸公差（等级）/mm	工序尺寸/mm
磨外圆	0.6	0.016/IT6	$\phi 40.034^{+0.016}_{0}$
半精车	1.4	0.062/IT9	$\phi 40.6^{+0}_{0.062}$
粗车	3	0.25/IT12	$\phi 42^{+0}_{0.25}$
毛坯			$\phi 45$

（5）验算精加工工序余量。直径上最大余量（40.6－40.034）mm＝0.566 mm，直径上最小余量（40.538－40.050）mm＝0.488 mm，该余量均大于表 2－24 中的 0.3 mm。验算结果表明，磨削余量是合适的。

2. 工艺基准与设计基准不重合时工序尺寸及其公差的确定

工艺基准与设计基准不重合时，必须采用工艺尺寸链进行计算才能确定工序尺寸及其公差。计算工艺尺寸链的方法有极值法（或称极大值、极小值法）和概率法两种。本书只讲授极值法。

（1）工艺尺寸链及其极值解法

根据加工的需要，在工艺附图或工艺规程中所给出的尺寸称为工艺尺寸。它可以是零件的设计尺寸，也可以是设计图上没有而检验时需要的测量尺寸或工艺过程中的工序尺寸等。当工艺基准和设计基准不重合时，要将设计尺寸换算成工艺尺寸就需要用工艺尺寸链进行计算。

①工艺尺寸链的概念

在零件的加工过程中，被加工表面以及各表面之间的尺寸都在不断的变化，这种变化无论是在一道工序内，还是在各工序之间都有一定的内在联系。运用工艺尺寸链理论去揭示这些尺寸间的相互关系，是合理确定工序尺寸及其公差的基础，已成为编制工艺规程时确定工艺尺寸的重要手段。

如图 2－55（a）所示零件，平面 1、2 已加工，要加工平面 3，平面 3 的位置尺寸 A_2 其设计基准为平面 2。当选择平面 1 为定位基准，这就出现了设计基准与定位基准不重合的情况。

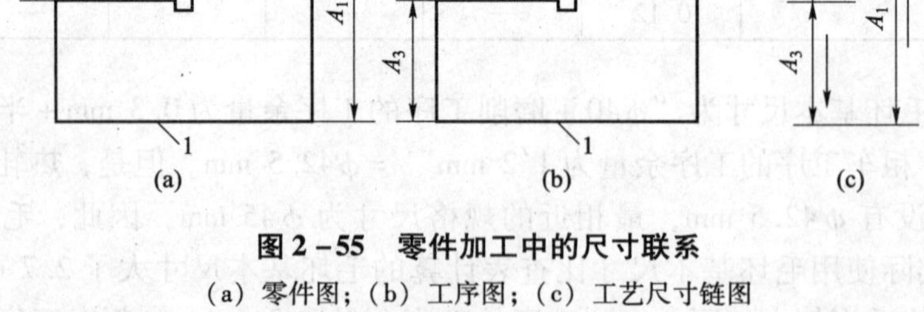

图 2－55　零件加工中的尺寸联系

（a）零件图；（b）工序图；（c）工艺尺寸链图

在采用调整法加工时，工艺人员需要在工序图 2－55（b）上标注工序尺寸 A_3，供对刀和检验时使用，以便直接控制工序尺寸 A_3，间接保证零件的设计尺寸 A_2。尺寸 A_1、A_2、A_3 首尾相连构成一封闭的尺寸组合。在机械制造中称这种相互联系且按一定顺序排列的封闭尺寸组合为尺寸链。如图 2－55（c）所示。由工艺尺寸所组成的尺寸链称为工艺尺寸链。

②工艺尺寸链的特征与组成

尺寸链的主要特征是封闭性，即组成尺寸链的有关尺寸按一定顺序首尾相连构成封闭图形，没有开口。组成工艺尺寸链的每一个尺寸称为工艺尺寸链的环。图 2－55（c）所示的尺寸链有三个环。

在加工过程中直接保证的尺寸称为组成环。用 A_i 表示，如图 2－55 中的 A_1、A_3。

在加工过程中最后间接得到的尺寸称为封闭环，用 A_Σ 表示。图 2－55 中 A_Σ 为尺寸 A_2。

由于工艺尺寸链是由一个封闭环和若干个组成环所组成的封闭图形，故尺寸链中组成环的尺寸变化必然引起封闭环的尺寸变化，这就是尺寸链的另一个特征即关联性，组成尺寸链的各个尺寸是相互关联的。当某组成环增大（其他组成环保持不变），封闭环也随之增大时，则该组成环称为增环，以 $\overrightarrow{A}_i$ 表示，如图 2－55（c）中的 A_1。当某组成环增大（其他组成环保持不变），封闭环反而减小，则该组成环称为减环，以 $\overleftarrow{A}_i$ 表示，如图 2－55（c）中的 A_3。

为了迅速确定工艺尺寸链中各组成环的性质，可先在尺寸链图上平行于封闭环，沿任意方向画一箭头，然后沿此箭头方向环绕工艺尺寸链，平行于每一个组成环依次画出箭头，箭头指向与环绕方向相同，如图 2－55（c）所示。箭头指向与封闭环箭头指向相反的组成环为增环（如图中 A_1），相同为减环（如图中 A_3）。

正确判断出尺寸链的封闭环是解工艺尺寸链最关键的一步。如果封闭环判断错了，整个工艺尺寸链的计算也就错了。所以，在确定封闭环时，要根据零件的工艺方案紧紧抓住“间接得到的尺寸”这一要点。

③工艺尺寸链的计算

计算工艺尺寸链的目的是要求出工艺尺寸链中某些环的基本尺寸及其上、下偏差。

用极值法解工艺尺寸链，是以尺寸链中各环的最大极限尺寸和最小极限尺寸为基础进行计算的。有关工艺尺寸及其偏差之间的关系如图 2－56 表示，图中各符号的名称、涵义如表 2－28 所示。

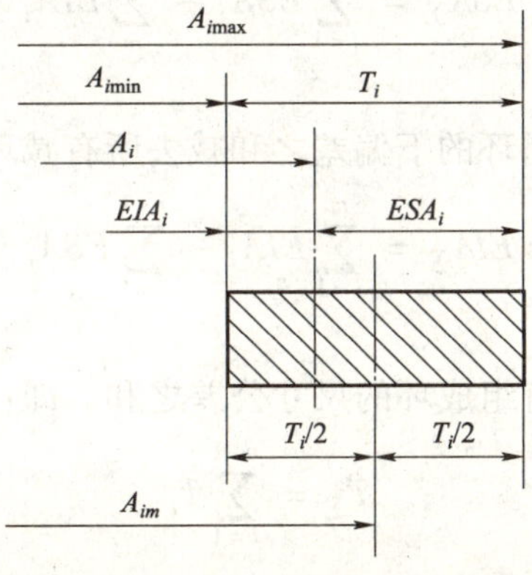

图 2－56　尺寸和偏差关系图

表 2-28 工艺尺寸链的尺寸及偏差符号

环名	符号名称						
	基本尺寸	最大尺寸	最小尺寸	上偏差	下偏差	公差	平均尺寸
封闭环	A_{Σ}	$A_{\Sigma\max}$	$A_{\Sigma\min}$	ESA_{Σ}	EIA_{Σ}	T_{Σ}	$A_{\Sigma m}$
增环	$\overrightarrow{A}_i$	$\overrightarrow{A}_{i\max}$	$\overrightarrow{A}_{i\min}$	$\overrightarrow{ESA}_i$	$\overrightarrow{EIA}_i$	$\overrightarrow{T}_i$	$\overrightarrow{A}_{im}$
减环	$\overleftarrow{A}_i$	$\overleftarrow{A}_{i\max}$	$\overleftarrow{A}_{i\min}$	$\overleftarrow{ESA}_i$	$\overleftarrow{EIA}_i$	$\overleftarrow{T}_i$	$\overleftarrow{A}_{im}$

工艺尺寸链计算的基本公式如下：

(a) 封闭环的基本尺寸 A_{Σ}

根据尺寸链的封闭性，封闭环的基本尺寸等于各组成环的代数和，即：

$$A_{\Sigma} = \sum_{i=1}^{m} \overrightarrow{A}_i - \sum_{i=m+1}^{n-1} \overleftarrow{A}_i \tag{2-1}$$

式中 m——为增环数目；

n——为包括封闭环在内的所有尺寸链总环数目；

$n-1$——组成环（包括增环和减环）的数目。

(b) 封闭环的最大极限尺寸 $A_{\Sigma\max}$

封闭环的最大极限尺寸等于所有增环的最大极限尺寸之和减去所有减环的最小极限尺寸之和，即：

$$A_{\Sigma\max} = \sum_{i=1}^{m} \overrightarrow{A}_{i\max} - \sum_{i=m+1}^{n-1} \overleftarrow{A}_{i\min} \tag{2-2}$$

(c) 封闭环的最小极限尺寸 $A_{\Sigma\min}$

封闭环的最小极限尺寸等于所有增环的最小极限尺寸之和减去所有减环的最大极限尺寸之和，即：

$$A_{\Sigma\min} = \sum_{i=1}^{m} \overrightarrow{A}_{i\min} - \sum_{i=m+1}^{n-1} \overleftarrow{A}_{i\max} \tag{2-3}$$

(d) 封闭环的上偏差 ESA_{Σ}

封闭环的上偏差等于所有增环的上偏差之和减去所有减环的下偏差之和。即：

$$ESA_{\Sigma} = \sum_{i=1}^{m} \overrightarrow{ESA}_i - \sum_{m}^{n-1} \overleftarrow{EIA}_i \tag{2-4}$$

(e) 封闭环的下偏差 EIA_{Σ}

封闭环的下偏差等于所有增环的下偏差之和减去所有减环的上偏差之和。即：

$$EIA_{\Sigma} = \sum_{i=1}^{m} \overrightarrow{EIA}_i - \sum_{m}^{n-1} \overleftarrow{ESA}_i \tag{2-5}$$

(f) 封闭环的尺寸公差 T_{Σ}

封闭环的尺寸公差等于所有组成环的尺寸公差之和。即：

$$T_{\Sigma} = \sum_{i=1}^{n-1} T_i \tag{2-6}$$

(g) 封闭环的平均尺寸 $A_{\Sigma m}$

封闭环的平均尺寸等于所有增环的平均尺寸之和减所有减环的平均尺寸之和。即：

$$A_{\sum m}=\sum_{i=1}^{m}\overrightarrow{A}_{im}-\sum_{m}^{n-1}\overleftarrow{A}_{im} \tag{2-7}$$

（h）组成环的平均尺寸 A_{im}

$$A_{im}=\frac{A_{i\max}-A_{i\min}}{2} \tag{2-8}$$

从第六个公式可知道，封闭环的尺寸公差大于任何一个组成环的尺寸公差，因此在零件图上，一般是将最不重要的环作为封闭环，但是零件图上的封闭环并不一定在加工过各中也是封闭环。在工艺过程中，封闭环是加工到最后自然形成的尺寸。

（2）用尺寸链计算工艺尺寸的实例

①定位基准与设计基准不重合的尺寸换算

【例 2-3】　如图 2-57 所示零件，各平面及槽均已加工，求以侧面 K 定位钻 $\phi10$ mm 孔的工序尺寸 A 及其偏差。

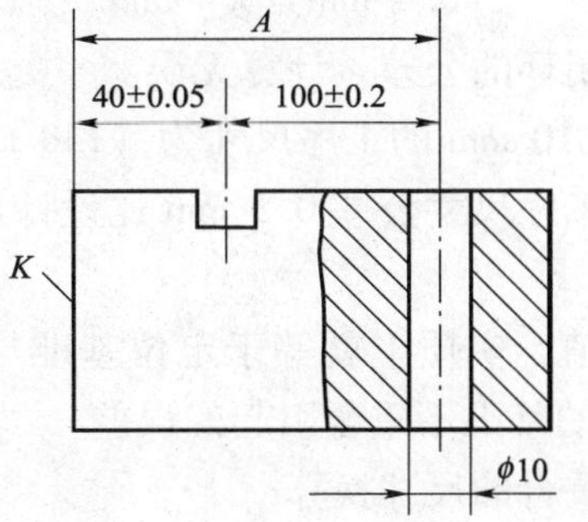

图 2-57　定位基准与设计基准不重合时工序尺寸的计算

【解】　由于孔的设计基准为槽的中心线，钻孔的定位基准 K 与设计基准不重合，工序尺寸 A 及其偏差应按工艺尺寸链进行计算。具体计算步骤如下：

第一步，确定封闭环。在零件加工过程中直接控制的工序尺寸是（40 ± 0.05）mm 和 A，孔的位置尺寸（100 ± 0.2）mm 是间接得到的，故尺寸（100 ± 0.2）mm 为封闭环。

第二步，绘制尺寸链。自封闭环两端出发，把图中相互联系的尺寸首尾相连即得工艺尺寸链，如图 2-58（a）所示。

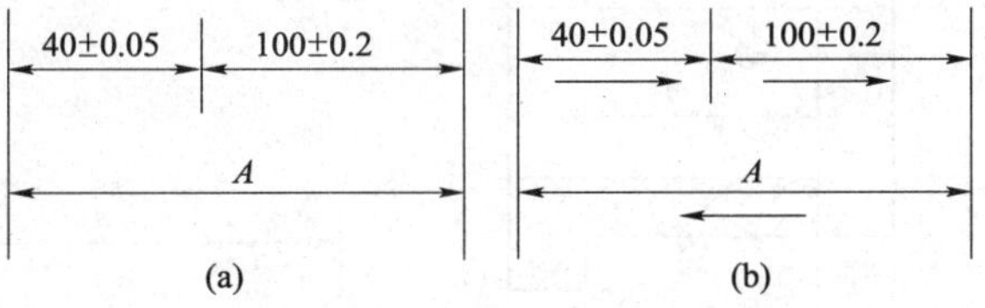

图 2-58　工艺尺寸链简图

第三步，判断组成环的性质。从封闭环开始，按顺时针环绕尺寸链图，平行于各尺寸画出箭头，如图 2-58（b）所示，尺寸 A 的箭头方向与封闭环相反为增环，尺寸 40 mm 为减环。

第四步，计算工序尺寸 A 及其上、下偏差。

工序尺寸 A 的基本尺寸：根据上述公式（2－1）$A_{\Sigma}=\sum_{i=1}^{m}\overrightarrow{A}_i-\sum_{i=m+1}^{n-1}\overleftarrow{A}_i$ 即 100 mm = A－40 mm，得：A＝140 mm。

工序尺寸 A 的上、下偏差：根据公式（2－4）$ESA_{\Sigma}=\sum_{i=1}^{m}ES\overrightarrow{A}_i-\sum_{m}^{n-1}EI\overleftarrow{A}_i$ 即 0.2 mm = ESA－（－0.05）mm，得 ESA＝0.15 mm；根据公式（2－5）$EIA_{\Sigma}=\sum_{i=1}^{m}EI\overrightarrow{A}_i-\sum_{m}^{n-1}ES\overleftarrow{A}_i$ 即 －0.2 mm＝EIA－0.05 mm，得 EIA＝－0.15 mm。

第五步，验算。用极值法解尺寸链时，各组成环的尺寸公差与封闭环尺寸公差间应满足式（2－6）$T_{\Sigma}=\sum_{i=1}^{n-1}T_i$，因此可用该式来验算结果是否正确。根据式（2－6）得：

$$[0.2-(-0.2)]\ \text{mm}=[0.05-(-0.05)]\ \text{mm}+[0.15-(-0.15)]\ \text{mm}$$

$$0.4\ \text{mm}=0.4\ \text{mm}$$

各组成环公差之和等于封闭环的公差，计算无误。

故以侧面（K）定位钻孔 ϕ10 mm 的工序尺寸为（140±0.15）mm。

从上述计算可以看出，本工序尺寸公差 0.3 mm 比设计尺寸（100±0.2）mm 的公差小 0.1 mm，工序尺寸精度提高了。

本工序尺寸公差减小的数值，实质上就等于定位基准与设计基准之间距离尺寸的公差（±0.05）mm，它就是本工序的基准不重合引起的误差。

②测量基准与设计基准不重合的尺寸换算

【例 2－4】 加工零件的向尺寸（设计尺寸）如图 2－59（a）所示。在加工内孔端面 B 时，设计尺寸 $3_{-0.1}^{\ 0}$ mm 不便测量，因此在加工时以 A 面为测量基准，直接控制尺寸 A_2 及 $16_{-0.11}^{\ 0}$ mm。而端面 B 的设计基准为 C，使得测量基准和设计基准不重合。请根据相关的工艺尺寸换算出测量尺寸 A_2。

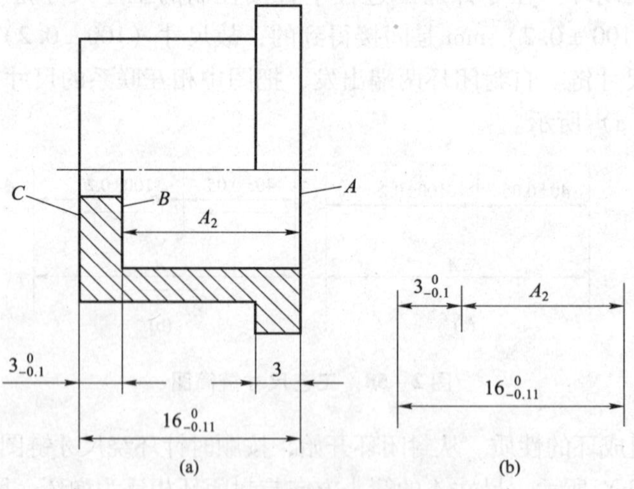

图 2－59 设计基准与测量基准不重合的尺寸计算

（a）零件图；（b）工艺尺寸链图

【解】　$3_{-0.1}^{\ 0}$ mm 是间接保证的尺寸，为尺寸链的封闭环。

自封闭环两端出发依次绘出相关尺寸，得尺寸链如图 2－59（b）所示，可知，尺寸 $16_{-0.11}^{\ 0}$ mm 为增环，A_2 为减环。

由于该尺寸链中封闭环的公差（0.1 mm），小于组成环 $16_{-0.11}^{\ 0}$ mm 的公差（0.11 mm），不能满足上述公式（2－6）即 $T_\Sigma = \sum_{i=1}^{n-1} T_i$，如直接按极值法公式解尺寸链，将不能正确求得 A_2 的尺寸偏差。在这种情况下，应根据工艺实施的可行性，考虑压缩组成环的公差，使（2－6）即 $T_\Sigma = \sum_{i=1}^{n-1} T_i$ 得到满足，以便应用极值法求解尺寸链；或者，采用改变工艺方案的办法来解决这种问题。现采用压缩组成环公差的办法来处理。

由于尺寸 $16_{-0.11}^{\ 0}$ mm 是外形尺寸，比内端面（B）尺寸（A_2）易于控制和测量，故将它的公差值缩小，取 $T_1 = 0.043$（IT9）。经压缩公差后，尺寸 16 mm 的尺寸偏差为 $16_{-0.043}^{\ 0}$ mm。

按工艺尺寸链计算加工内端面 B 的测量尺寸 A_2 及偏差：

由式（2－1）得　　$3\ \text{mm} = 16\ \text{mm} - A_2$　　$A_2 = 13\ \text{mm}$

由式（2－4）得　　$0 = 0 - EI\overleftarrow{A_2}$　　$EI\overleftarrow{A_2} = 0$

由式（2－5）得　　$-0.1\ \text{mm} = -0.043\ \text{mm} - ES\overleftarrow{A_2}$

$$ES\overleftarrow{A_2} = +0.057\ \text{mm}$$

校核计算结果

$$T_2 = ES\overleftarrow{A_2} - EI\overleftarrow{A_2}$$
$$= 0.057\ \text{mm}$$
$$T_1 + T_2 = (0.043 + 0.057)\ \text{mm} = 0.1\ \text{mm}$$

计算无误。内孔端面 B 的测量尺寸及偏差为 $13_{-0.057}^{\ 0}$ mm。

③工序基准是尚待继续加工的表面时，工序尺寸的计算

在某些加工中，会出现要用尚待继续加工的表面为基准标注工序尺寸。该工序尺寸及其偏差也要通过工艺尺寸计算来确定。

【例 2－5】　加工图 2－60（a）所示外圆及键槽，其加工顺序为：车外圆至 $\phi26.4_{-0.083}^{\ 0}$ mm→铣键槽至尺寸 A→淬火→磨外圆至 $\phi26_{-0.021}^{\ 0}$ mm。磨外圆后应保证键槽位置尺寸。请计算工序尺寸 A 及其公差。

【解】　从上述工艺过程可知，工序尺寸 A 的基准是一个尚待继续加工的表面，该尺寸应按尺寸链进行计算来获得。

尺寸 $21_{-0.16}^{\ 0}$ mm 是间接保证的尺寸，是尺寸链的封闭环。尺寸 $\phi26.4_{-0.083}^{\ 0}$ mm 的一半即 $13_{-0.0415}^{\ 0}$ mm、A、$\phi26_{-0.021}^{\ 0}$ mm 的一半即 $13_{-0.0105}^{\ 0}$ mm 是尺寸链的组成环。该组尺寸构成的尺寸链如图 2－60（b）所示。尺寸 A、$13_{-0.0105}^{\ 0}$ mm 为增环，$13_{-0.0415}^{\ 0}$ mm 为减环。

键槽的工序尺寸 A 及偏差计算如下：

按式（2－1）得　　$21\ \text{mm} = A + 13\ \text{mm} - 13.2\ \text{mm}$

$A = 21.2\ \text{mm}$

按式（2－4）得　　$0 = ES\overrightarrow{A} + 0 - (-0.0415)\ \text{mm}$

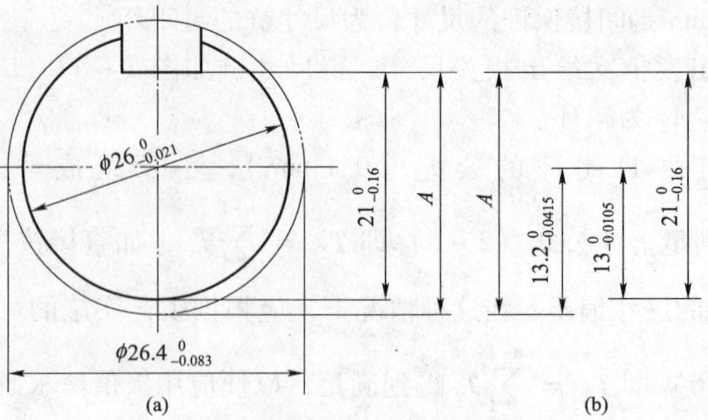

图 2-60 加工键槽的尺寸换算

（a）带键槽的轴；（b）键槽的尺寸链

$$ES\,\overrightarrow{A} \approx -0.042\ \text{mm}$$

按式（2-5）得

$$-0.16\ \text{mm} = EI\,\overrightarrow{A} + (-0.0105)\ \text{mm} - 0$$

$$EI\,\overrightarrow{A} \approx -0.150\ \text{mm}$$

因此，加工键槽的工序尺寸 A 为 $21.2^{-0.042}_{-0.150}$ mm。

2.5.7 机床与工艺装备的选择

制定机械加工工艺规程时，正确选择机床与工艺装备是保证零件加工质量要求，提高生产率及经济性的一项重要措施。

1. 机床的选择选用

机床应与所加工的零件相适应，即使机床的精度与加工零件的技术要求相适应；机床的主要尺寸规格与加工零件的尺寸大小相适应；机床的生产率与零件的生产类型相适应。此外还应考虑生产现场的实际情况，即现有设备的实际精度、负荷情况以及操作者的技术水平等。应充分利用现有的机床设备。

2. 工艺装备的选择

（1）夹具的选择

在大批大量生产的情况下，应广泛使用专用夹具，在工艺规程中应提出设计专用夹具的要求。单件小批生产应尽量选择通用夹具（或组合夹具），如标准卡盘、平口钳、转台等。工、模具制造车间，产品大都属于单件小批生产，使用高效夹具不多，但对于某些结构复杂、精度很高的工、模具零件非专用工装难以保证其加工质量时，也应使用必要的二类工装，以保证其技术要求。在批量大时也可选择适当数量的专用夹具以提高生产效率。

（2）刀具的选择

刀具的选择主要取决于所确定的加工方法、工件材料、所要求的加工精度、生产率和经济性、机床类型等。原则上应尽量采用标准刀具，必要时可采用各种高生产率的复合刀具和专用刀具。刀具的类型、规格以及精度等级应与加工要求相适应。

（3）量具的选择

量具的选择主要根据检验要求的准确度和生产类型来决定。所选用量具能达到的准确度应与零件的精度要求相适应。单件小批生产广泛采用通用量具，大批量生产则采用极限量规及高生产率的检验仪器。

2.5.8　切削用量与时间定额的确定

1. 切削用量的选择

正确选择切削用量，对保证加工质量、提高生产率和降低刀具的消耗等有重要意义。故在大批大量生产中，特别是在流水线或自动线上必须合理地确定每一工序的切削用量。但在单件小批生产的情况下，由于工件、毛坯状况、刀具、机床等因素变化较大，对熟练操作工人来说，在工艺文件上一般需要不规定切削用量，而由操作者根据实际情况自行决定，但是，考虑到学生没有多少操作经验的实际情况，本书将通过实例来讲授切削用量选择的工作过程和具体方法。

（1）切削用量的选择原则

正确地选择切削用量，对提高切削效率，保证必要的刀具耐用度和经济性，保证加工质量，具有重要的作用。

①粗加工切削用量的选择原则

粗加工时加工精度与表面粗糙度要求不高，毛坯余量较大。因此，选择粗加工的切削用量时，要尽可能保证较高的单位时间金属切除量（金属切除率）和必要的刀具耐用度，以提高生产效率和降低加工成本。

提高切削速度、增大进给量和切削深度，都能提高金属切除率。但是，在这三个因素中，影响刀具耐用度最大的是切削速度，其次是进给量，影响最小的是切削深度。

所以，粗加工切削用量的选择原则是：首先考虑选择一个尽可能大的吃刀深度 a_p，其次选择一个较大的进给量 f，最后确定一个合适的切削速度 v。

选用较大的 a_p 和 f 以后，刀具耐用度 t 显然也会下降，但要比切削速度 v 对 t 的影响小得多，只要稍微降低一下 v 便可以使 t 回升到规定的合理数值。

因此，能使 v、f、a_p 的乘积较大，从而保证较高的金属切除率。

此外，增大 a_p 可使走刀次数减少，增大 f 又有利于断屑。

因此，根据以上原则选择粗加工切削用量对于提高生产效率，减少刀具消耗，降低加工成本是比较有利的。

②切削深度的选择

粗加工时切削深度应根据工件的加工余量以及由机床、夹具、刀具、工件组成的工艺系统的刚性来确定。在保留半精加工、精加工必要余量的前提下，应当尽量将粗加工余量一次切掉。

只有当总加工余量太大，一次切不完时，才考虑分几次走刀。

③进给量的选择

粗加工时限制进给量提高的因素主要是切削力。因此，进给量应根据机床—夹具—刀具—工件系统的刚性和强度来确定。

选择进给量时应考虑到机床进给机构的强度、刀杆尺寸、刀片厚度、工件的直径和长度等。在工艺系统的刚性和强度好的情况下，可选用大一些的进给量；在刚性和强度较差的情况下，应适当减小进给量。

④切削速度 v 的选择

粗加工时，切削速度 v 主要受刀具耐用度和机床功率的限制。合理的切削速度一般不需要经过精确计算，而是根据生产实践经验和有关资料确定。

切削深度、进给量和切削速度三者决定了切削功率，在确定切削速度时必须考虑到机床的许用功率。如超过了机床的许用功率，则应适当降低切削速度。

（2）精加工时切削用量的选择原则

精加工时加工精度和表面粗糙度要求较高，加工余量要小且较均匀。因此，选择精加工的切削用量时应着重考虑如何保证加工质量，并在此基础上尽量提高生产效率。

①切削深度的选择

精加工时的切削深度应根据粗加工留下的余量确定。通常希望精加工余量不要留得太大，否则，当吃刀深度口，较大时，切削力增加较显著，影响加工质量。

②进给量的选择

精加工时限制进给量提高的主要因素是表面粗糙度。进给量 f 增大时，虽有利于断屑，但残留面积高度增大，切削力上升，表面质量下降。

③切削速度 v 的选择

切削速度 v 提高时，切削变形减小，切削力有所下降，而且不会产生积屑瘤和鳞刺。一般选用切削性能好的刀具材料和合理的几何参数，以尽可能提高切削速度 v。只有当切削速度受到工艺条件限制而不能提高时，才选用低速，以避开积屑瘤产生范围。

由此可见，精加工时应选用较小的吃刀深度 a_p 和进给量 f，并在保证合理刀具耐用度的前提下，选取尽可能高的切削速度 v，以保证加工精度和表面质量，同时满足生产率的要求。

2. 时间定额的确定

时间定额是在一定的生产条件下，规定生产一件产品或完成一道工序所需消耗的时间，用 t_t 表示。时间定额是安排生产计划，进行成本核算的主要依据。合理的时间定额能调动工人的生产积极性，促进工人技术水平的提高。制定时间定额应注意调查研究，有效利用生产设备和工具，以提高生产效率和产品质量。时间定额包括：

（1）基本时间（t_m）

直接改变生产对象的尺寸、形状、相对位置、表面状态或材料性质等工艺过程所消耗的时间。对于切削加工就是切除工件上的加工余量所消耗的时间。当要求准确确定基本时间时，可以根据加工时的切削用量，加工表面的有关尺寸通过计算得到。

（2）辅助时间（t_a）

为实现工艺过程所必须进行的各种辅助动作（如装卸工件、开停机床、选择和改变切削用量、测量工件等）所消耗的时间。

（3）布置工作地时间（t_s）

为使加工正常进行，工人照管工作地（如更换刀具、润滑机床、清理切屑、收拾工具等）所消耗的时间。

（4）休息与生理需要时间（t_r）

工人在工作班内为恢复体力和满足生理上的需要所消耗的时间。

（5）准备与终结时间（t_e）

工人为了生产一批产品和零件、部件，进行准备和结束工作（如熟悉工艺文件、领取毛坯、安置工装和归还工装、送交成品等）所消耗的时间。加工每批工件只消耗一次，分摊在每个工件上的时间为 t_e/n。显然，批量越大（n 加工的工件数），分摊在每一个工件上的时间越少。

完成一道工序的时间定额为

$$t_t = t_m + t_a + t_s + t_r + t_e/n$$

在进行时间定额计算时，布置工作地的时间、休息与生理需要时间，一般可按基本时间与辅助时间之和的百分比进行计算，所以单件时间计算公式可写作

$$t_t = (t_m + t_a)\left(1 + \frac{\alpha + \beta}{100}\right) + \frac{t_e}{n}$$

式中　$\frac{\alpha}{100}$、$\frac{\beta}{100}$——分别表示 t_s 与 t_r 占基本时间与辅助时间之和的百分比。

在大批和大量生产中，因各工作地点只完成固定的工作，在单件时间定额中 t_e/n 极小，所以可不计。则单件时间按下式计算

$$t_t = (t_m + t_a)\left(1 + \frac{\alpha + \beta}{100}\right)$$

模具生产属于单件小批生产，时间定额一般都用经验估计法来确定。

2.5.9　圆形凸模机械加工工艺规程的编制

图 2-61 所示，是一副连续模的冲孔圆形凸模，以下内容就是按工作过程的顺序、基本要求编制其机械加工工艺规程。

1. 圆形凸模机械加工工艺路线

（1）零件结构工艺与技术要求分析

从外形上看它是一个回转体，由工作部分和安装部分（包括与固定板配合部分、退刀槽、扣位）组成。我们可以按照其加工要求分析如下。

①材料为 Cr12，热处理要求 58 ~ 62HRC，可以断定，最终热处理为：淬火 + 回火。热处理后较硬不好加工，所以能在热处理淬火之前加工的最好优先考虑在淬火之前加工好。

②工作部分。工作部分尺寸为 $\phi 6.15_{-0.02}^{\ 0}$ mm，表面粗糙度 $Ra0.4$ μm。尺寸精度为 IT7，表面粗糙度要求也比较高。要保证这样的质量要求，可以通过精磨精加工保证（见表 2-14）。精加工应该在热处理后，因为，如果精加工后再热处理，材料热处理引起的变形和表面氧化将无法达到精度要求，所以，外圆柱表面的最终加工方法应为热处理后精磨。

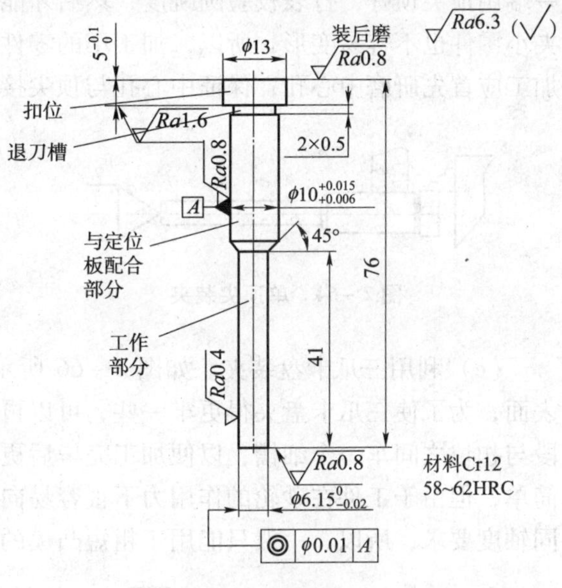

图 2-61　圆形凸模

③安装部分。安装部分尺寸为 $\phi 10_{+0.006}^{+0.015}$ mm，表面粗糙度 $Ra0.8$ μm。尺寸精度为 IT6，要保证这样的质量要求，可以通过精磨精加工保证（见表 2-14）。精加工应该在热处理后，

最终加工方法应该为热处理后精磨。

④工作部分与安装部分的同轴度，要求为 $\phi0.01$ mm。要保证这样的同轴度要求，最好在一次装夹中完成这两个表面的精加工，如果分开加工，每次装夹都会有一定的定位误差，那就很难保证同轴度要求了。要在一次装夹中完成两个以上外圆表面的加工方法主要有 3 种。

(a) 用双顶尖装夹。如图 2-62 所示，这种装夹方法装夹方便快捷，加工同轴度高，但小零件容易因在双顶尖的顶力下弯曲变形，所以一般用于比较大的零件加工。值得注意的是，采用顶尖装夹精加工应首先研磨中心孔，保证中心孔与顶尖接触良好，以免出现如图 2-63所示的情况。

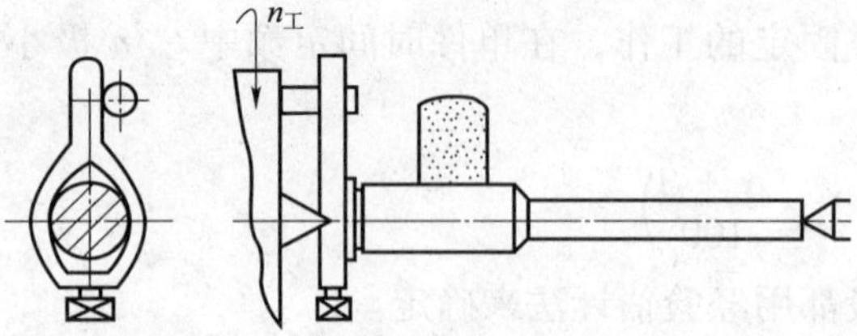

图 2-62 双顶尖装夹

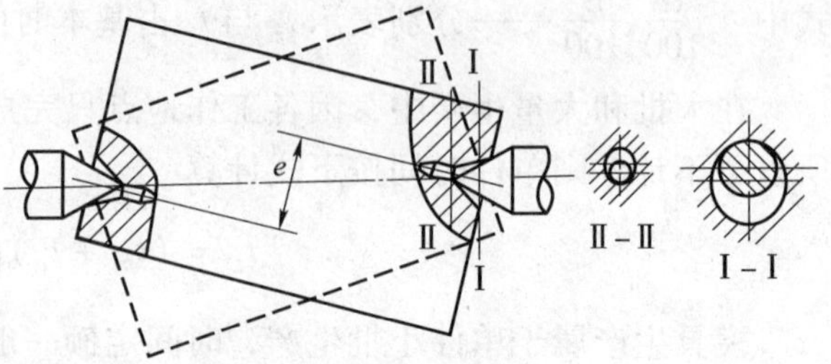

图 2-63 双顶尖装夹误差

(b) 用单顶尖装夹比较大的零件利用中心孔装夹（见图 2-64），比较小的零件利用反顶尖装夹（见图 2-65），这种装夹方法装夹稍显麻烦，首先用三爪卡盘轻轻夹住一端，另一端用顶尖顶好，打表校验圆跳度，然后才能夹紧。但这种方法加工的伺轴渡也比较高，装夹小零件也不容易变形，所以，加工小的零件时经常采用。值得注意的是，采用顶尖装夹精加工应首先研磨中心孔，保证中心孔与顶尖接触良好。

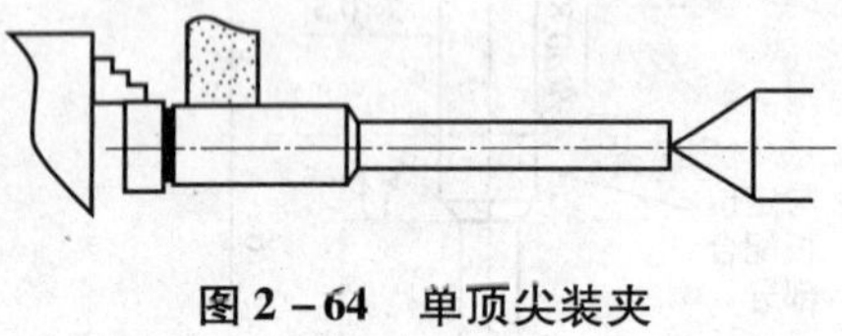

图 2-64 单顶尖装夹

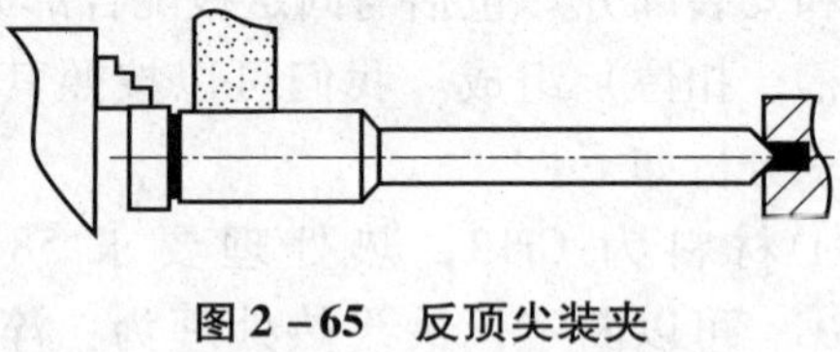

图 2-65 反顶尖装夹

(c) 利用三爪卡盘装夹。如图 2-66 所示，即利用三爪卡盘装夹一次加工出两个圆柱表面，为了使三爪卡盘夹得更牢一些，可以再做个加长段增加三爪卡盘的夹持长度，在加长段与扣位之间车一个细槽，以便加工完毕后更容易把加长段去除（敲断即可）。这种方法最简单，但由于工件在砂轮的作用力下很容易向下弯曲，不易保证加工的尺寸精度、圆柱度和同轴度要求，所以，一般只能用于粗短凸模的加工。

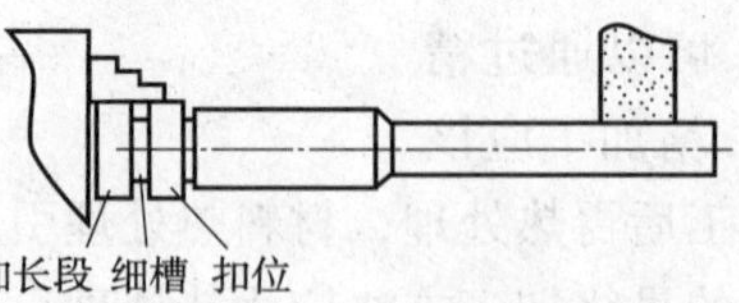

图 2-66 三爪卡盘装夹磨削

综合比较以上三种装夹方法可知，本零件精加工采用单边顶尖装夹进行加工是最好的选择。

除了以上三种方法以外，用磨针机（Punch Grlnder）也可以很好地保证同轴度的要求。磨针机的工作原理如图 2－67 所示。磨针机可以安装在平面磨床上，装夹时抬起压轮，把工件放在主动轮和被动轮之间，放下压轮将工件压住。当转动手柄时主动轮将带动工件、被动轮和压轮一起转动，调整好磨床砂轮的位置后就可以对工件进行磨削。磨针机是精密的夹具，它可以保证工件被夹紧部分和被磨削部分的同轴度在 0.005 mm 左右，可以磨削小至 ϕ0.5 mm，大至 ϕ25 mm 的工件。

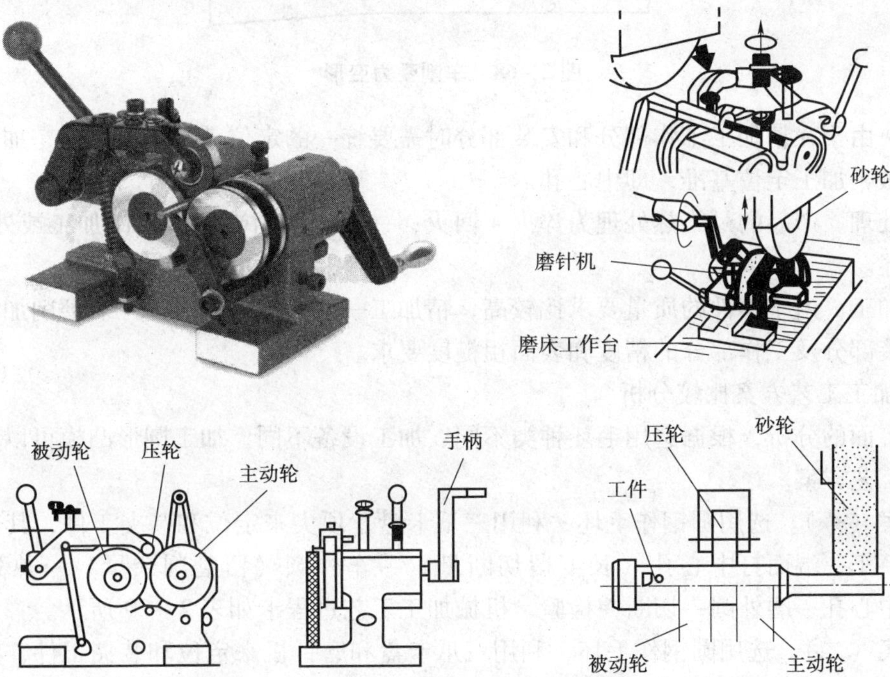

图 2－67 磨针机的工作原理

（2）毛坯选择

Cr12 材料是一种高碳高铬合金钢，出厂状态其内部结构不是很均匀，有的地方硬，有的地方软，这样的材料如果不经过一定的处理，加工比较难加工。而且热处理和热处理后使用过程也很容易开裂。所以，备料一般经过：下圆棒料→锻造→退火。锻造的目的是使材料的内部组织更加均匀一点，更加致密一点。锻造后表面很容易硬化不易加工，所以，要经过热处理退火才能加工。

但是，由于图 2－61 所示的凸模，形状比较细小，锻造有一定难度；再者，圆形凸模受力状况比较好，不容易损坏，而且圆形凸模的加工也比较容易，即使坏了，更换成本也不是很高。所以，在模具寿命要求不是特别高的情况下，一般采用圆钢直接加工，不经过锻造和退火。

综上所述，可选择圆钢为加工该圆形凸模的毛坯。

（3）加工阶段的划分

通过以上的零件分析，可以初步确定零件的加工过程的四个阶段，即备料、粗加工、热处理、精加工。

①备料。

②粗加工。零件形状是轴类回转体，其粗加工方法一般为车削加工。由于零件比较细长，加工过程要注意防止受力变形而车出喇叭形零件，如图 2-68 所示。

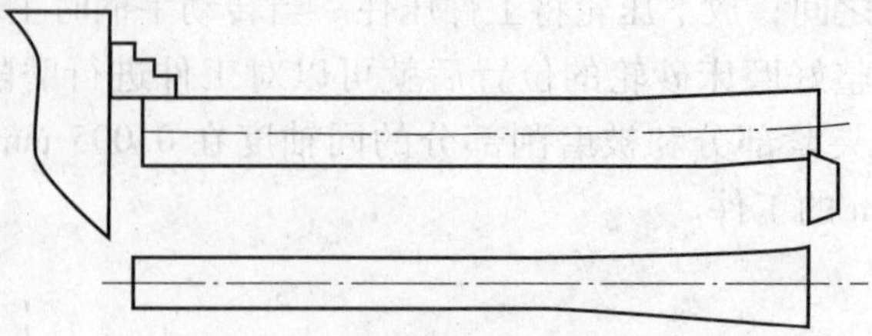

图 2-68 车削受力变形

此外，由于在精加工工作部分和安装部分时需要统一的定位基准，所以在车加工的时候还要考虑做精加工定位基准，即中心孔。

③热处理。产品的最终热处理为淬火 + 回火，一般工厂由专门的部门加工或外协加工，这里不赘述。

④精加工。由于零件的质量要求比较高，精加工一般采用外圆磨加工。磨削加工注意保证凸模安装部分及工作部分的精度和表面粗糙度要求。

（4）加工工艺方案比较分析

根据上面的分析，根据选用毛坯种类不同、加工设备不同，加工圆形凸模可以考虑以下三种加工工艺方案。

①方案（一）。选用圆钢作毛坯，利用三爪卡盘、顶尖来定位和装夹工件，其工艺路线为：下料→车一端面打中心孔（长度留切断量）→车外圆（留磨削余量）→热处理→检验→研磨中心孔→磨外圆→切断→检验，机械加工工艺过程卡如表 2-29 所示。

②方案（二）。选用圆钢作毛坯，利用三爪卡盘和磨针机来定位和装夹工件，其工艺路线为：下料→车（平端面、车外圆、后端面留 0.1 mm 磨削余量）→热处理→检验→磨外圆（用磨针机装夹，在手摇磨床上磨）→检验，机械加工工艺过程卡如表 2-30 所示。

由于方案（二）中没有钻中心孔，也就不需要去除工作部分的中心孔，因而毛坯长度比方案（一）短了 5 mm。

③方案（三）。选用锻件作毛坯，利用两个顶尖来定位和装夹工件，其工艺路线为：下料→锻造→热处理（退火）→车（平端面打中心孔，平另一端面打中心孔，长度留切断量）→车外圆→热处理→检验→磨外圆→切断（切断凸模工作部分中顶尖孔）→检验，机械加工工艺过程卡如表 2-31 所示。

由于方案（三）中是两头均钻中心孔，扣位部分的中心孔可以保留，也就只需要去除工作部分的中心孔，同时不需要增加装夹长度 15 mm，因而毛坯长度比方案（一）短了 15 mm 即 $\phi18 \times 85$ mm。由于采用锻件毛坯，故下料时需要采用较大尺寸的圆钢如 $\phi25$ mm，下料长度为 45 mm 增加 10% 即 $\phi25 \times 50$ mm。

以上三种加工工艺方案，适于在不同企业生产条件下采用。其中车削和磨削为主要切削加工工序。下面以方案（一）为例，具体介绍如何选择毛坯余量和工序余量、计算工序尺寸及其公差、填写关键工序的机械加工工序卡。

表 2－29　圆形凸模机械加工工艺过程卡片（方案一）

××××公司	机械加工工艺过程卡片	产品型号	××	零（部）件图号	××××	共×页			
		产品名称	连续模	零（部）件名称	圆形凸模	第×页			
材料牌号	Cr12	毛坯种类	棒料	毛坯外型尺寸	$\phi 18\times 100$	每毛坯件数	1	每台件数	1
每坯质量	××								

	工序号	工序名称	工序内容	车间	工段	设备	工艺装备	工时 准终	工时 单件
	1	下料	下料 $\phi 18\times 100$	准备	准备	锯床	锯条		
	2	车	车工作部分一侧的端面，钻中心孔（长度控制在 5 mm 以内）	车	车	普通车床	三爪卡盘、百分表		
	3	车	车外圆、车退刀槽、倒角、切断（留装配时的配磨余量 0.1 mm）	车	车	普通车床	三爪卡盘、顶尖、百分表		
	4	检验	检验各尺寸精度是否符合要求	检验	检验	检测仪	检验台、游标卡尺、百分表		
	5	热处理	热处理：淬火＋回火，58～62HRC	热处理	热处理	高频炉	淬火池、回火炉		
	6	检验	检验热处理是否达到要求	检验	检验	硬度计	检验台		
	7	研磨中心孔	研磨工作部分端的中心孔	车	车	普通车床	三爪卡盘、顶尖、百分表、研磨顶尖		
描图	8	磨外圆	磨外圆保证 $\phi 10^{+0.015}_{+0.006}$ mm 和 $\phi 6.15^{\ 0}_{-0.02}$ mm 及表面粗糙度	磨	磨	平面磨床	三爪自定心卡盘、顶尖、百分表		
×××	9	切断	切断工作部分端有中心孔的部分，保证工作部分长度 41 mm 和端面 $Ra0.8$ μm	磨	磨	手摇磨床			
描校	10	检验	检验各尺寸精度、表面粗糙度、同轴度是否符合要求	检验	检验	检测仪	检验台、游标卡尺、百分表		
×××									
底图号									
×××									
装订号									

×××											编制（日期）	审核（日期）	会签（日期）	×××
	标记	处数	更改文件号	签字	日期	标记	处数	更改文件号	签字	日期	×年×月×日	×年×月×日	×年×月×日	

表 2－30　圆形凸模机械加工工艺过程卡片（方案二）

××××公司	机械加工工艺过程卡片	产品型号	××	零（部）件图号	××××	共　页
		产品名称	连续模	零（部）件名称	圆形凸模	第　页

材料牌号	Cr12	毛坯种类	棒料	毛坯外型尺寸	$\phi18\times95$	每毛坯件数	1	每台件数	1	每坯质量	××

工序号	工序名称	工序内容	车间	工段	设备	工艺装备	工时 准终	工时 单件
1	下料	下料 $\phi18\times95$	准备	准备	锯床	锯条		
2	车	车工作端面，车外圆、车退刀槽、倒角、切断（留装配时的配磨余量 0.1 mm）	车	车	普通车床	三爪卡盘、顶尖、百分表		
3	热处理	热处理：淬火＋回火，58～62HRC	热处理	热处理	高频炉	淬火池、回火炉		
4	检验	检验热处理是否达到要求	检验	检验	硬度计	检验台		
5	磨外圆	磨外圆保证 $\phi10^{+0.015}_{+0.005}$ mm 和 $\phi6.15^{\ 0}_{-0.02}$ mm 及表面粗糙度、磨工作端面保证工作部分长度 41 mm 和端面 $Ra0.8$ μm	磨	磨	外圆磨床	三爪卡盘、顶尖、百分表		
描图　6	检验	检验各尺寸精度、表面粗糙度、同轴度是否符合要求	检验	检验	检测仪	检验台、游标卡尺、百分表		
×××								
描校								
×××								
底图号								
×××								
装订号								

											编制（日期）	审核（日期）	会签（日期）	
×××														×××
	标记	处数	更改文件号	签字	日期	标记	处数	更改文件号	签字	日期	×年×月×日	×年×月×日	×年×月×日	

表 2-31　圆形凸模机械加工工艺过程卡片（方案三）

<table>
<tr><td colspan="3" rowspan="2">××××公司</td><td rowspan="2">机械加工工艺过程卡片</td><td>产品型号</td><td>××</td><td>零（部）件图号</td><td colspan="2">××××</td><td colspan="2">共　页</td></tr>
<tr><td>产品名称</td><td>连续模</td><td>零（部）件名称</td><td colspan="2">圆形凸模</td><td colspan="2">第　页</td></tr>
<tr><td colspan="2">材料牌号</td><td>Cr12</td><td>毛坯种类　锻件　毛坯外型尺寸</td><td>$\phi18\times85$</td><td>每毛坯件数</td><td>1　每台件数　1</td><td colspan="2">每坯质量</td><td colspan="2">××</td></tr>
<tr><td colspan="2" rowspan="2">工序号</td><td rowspan="2">工序名称</td><td rowspan="2">工序内容</td><td rowspan="2">车间</td><td rowspan="2">工段</td><td rowspan="2">设备</td><td colspan="2" rowspan="2">工艺装备</td><td colspan="2">工时</td></tr>
<tr><td>准终</td><td>单件</td></tr>
<tr><td colspan="2">1</td><td>下料</td><td>下料 $\phi25\times50$ mm</td><td>准备</td><td>准备</td><td>锯床</td><td colspan="2"></td><td></td><td></td></tr>
<tr><td colspan="2">2</td><td>锻</td><td>锻造保证 $\phi18\times85$ mm</td><td>锻</td><td>锻</td><td>锻锤</td><td colspan="2"></td><td></td><td></td></tr>
<tr><td colspan="2">2</td><td>热处理</td><td>退火</td><td>热处理</td><td>热处理</td><td>高频炉</td><td colspan="2"></td><td></td><td></td></tr>
<tr><td colspan="2">3</td><td>车</td><td>车一端面，钻中心孔；车另一端面，保证钻中心孔；平扣位端面时留装配时的配磨余量 0.1 mm</td><td>车</td><td>车</td><td>普通车床</td><td colspan="2">三爪卡盘、百分表</td><td></td><td></td></tr>
<tr><td colspan="2">4</td><td>车</td><td>车外圆、车退刀槽、倒角、切断</td><td>车</td><td>车</td><td>普通车床</td><td colspan="2">顶尖、百分表</td><td></td><td></td></tr>
<tr><td colspan="2">5</td><td>热处理</td><td>热处理：淬火＋回火，58～62HRC</td><td>热处理</td><td>热处理</td><td>高频炉</td><td colspan="2">淬火池、回火炉</td><td></td><td></td></tr>
<tr><td colspan="2">6</td><td>检验</td><td>检验热处理是否达到要求</td><td>检验</td><td>检验</td><td>硬度计</td><td colspan="2">检验台</td><td></td><td></td></tr>
<tr><td>描图</td><td>7</td><td>研磨中心孔</td><td>研磨工作部分端的中心孔</td><td>车</td><td>车</td><td>普通车床</td><td colspan="2">顶尖、百分表、研磨顶尖</td><td></td><td></td></tr>
<tr><td>×××</td><td>8</td><td>磨外圆</td><td>磨外圆保证 $\phi10^{+0.015}_{+0.006}$ mm 和 $\phi6.15^{0}_{-0.02}$ mm 及表面粗糙度</td><td>磨</td><td>磨</td><td>外圆磨床</td><td colspan="2">顶尖、百分表、砂轮</td><td></td><td></td></tr>
<tr><td>描校</td><td>9</td><td>切断</td><td>切断工作部分端有中心孔的部分，保证工作部分长度 41 mm 和端面 $Ra0.8$ μm</td><td>磨</td><td>磨</td><td>手摇磨床</td><td colspan="2">三爪卡盘、砂轮</td><td></td><td></td></tr>
<tr><td>×××</td><td>10</td><td>检验</td><td>检验各尺寸精度、表面粗糙度、同轴度是否符合要求</td><td>检验</td><td>检验</td><td>检测仪</td><td colspan="2">检验台、游标卡尺、百分表</td><td></td><td></td></tr>
<tr><td>底图号</td><td></td><td></td><td></td><td></td><td></td><td></td><td colspan="2"></td><td></td><td></td></tr>
<tr><td>×××</td><td></td><td></td><td></td><td></td><td></td><td></td><td colspan="2"></td><td></td><td></td></tr>
<tr><td>装订号</td><td></td><td></td><td></td><td></td><td></td><td></td><td colspan="2"></td><td></td><td></td></tr>
<tr><td rowspan="2">×××</td><td colspan="6"></td><td>编制（日期）</td><td>审核（日期）</td><td>会签（日期）</td><td rowspan="2">×××</td></tr>
<tr><td colspan="6"></td><td></td><td></td><td></td></tr>
<tr><td></td><td colspan="6">标记　处数　更改文件号　签字　日期　标记　处数　更改文件号　签字　日期</td><td>×年×月×日</td><td>×年×月×日</td><td>×年×月×日</td><td></td></tr>
</table>

2. 毛坯尺寸

(1) 毛坯长度的确定

冲孔圆形凸模的长度为76 mm，在打中心孔前须平端面，查表2-32（轧制件切断和端面加工等的加工余量），可选择平端面的工序余量为2 mm；该端面的中心孔（使用ϕ1 mm中心钻）在完成外圆磨削加工后必须切断，故选用B型中心孔，ϕ1 mm中心孔的长度取3~5 mm（查表2-16 60 °A型中心孔的型式和尺寸（JB/T 145—2001）），需要增加毛坯长度5 mm。另一端面是经切断加工才能形成，需要加工余量2 mm。同时，由于只使用一个中心孔，需要增加毛坯长度10~15 mm以便于用车床的三爪卡盘装夹，可取装夹长度为15 mm。夹持长度及夹紧余量，可查表2-33选取。因此，需要的毛坯长度为上述各项之和：76+2+5+2+15=100（mm）。

表2-32 轧制件切断和端面加工等的加工余量

轧件	切削方法	轧件基本直径 $d_{基}$ 或材料厚度 b/mm				
		到30	>30~50	>50~60	>60~80	>80~150
零件切断或切下部分的余量/mm						
型钢	机械弓锯	2	2	2	2	2
型钢	切断机床上用圆盘锯	—	—	—	6	6
型钢	车床上用切断刀	3	4	5	7	—
型钢	铣床上用圆盘铣刀	3	4	—	—	—
钢板	气割					
钢板	气割机	3~4	5	5	6	7
钢板	手工	3~5	6~7	7	8	10
端面机械加工余量/mm						
	切断后车端面	2	2	3	3	3
	切下后外形加工	4~5	6	7	9	9

注：对于不再进行加工的毛坯的切断，只给切宽余量；对于还需要加工的，则在加工面上附加补充的余量。

表 2-33　夹持长度及夹紧余量　　单位：mm

使用设备	夹持长度	夹紧余量	应用范围
卧式车床	5~10	7	用于加工直径较大、实心、不易切断的零件
	15		用于加工套、垫等零件一次车好不掉头
	20		用于加工有色金属薄壁管、套管零件
	25		用于加工各种螺纹、滚花及用样板刀车圆球和反车退刀件等
转塔车床	50	20	零件长度≤40
		25	零件长度>40
自动车床	40~70		
多轴自动车床	200		
注：1. 工件能掉头装夹的不应加夹持长度。 2. 坯料加工成最后两件或者多件能掉头互为夹持的，则不应加夹持长度。			

（2）毛坯直径的确定

毛坯直径的大小，可通过加工 $\phi13$ mm 外圆柱面的工序尺寸计算予以确定。$\phi13$ mm 外圆柱面没有标注精度，但表面粗糙度要求为 $Ra6.3$ μm，查表 2-14（外圆柱表面加工方法及其加工精度）可知，须经过“粗车→半精车”的加工可达到要求，可选其经济精度 IT9 即公差为 0.043 mm，按入体原则标注上下偏差后为 $\phi13_{-0.043}^{\ 0}$。

查表 2-25（粗车外圆后半精车余量），可选择半精车工序的工序余量为 0.9 mm；查表 2-26（轴类（外旋转表面）零件的机械加工余量），可选择粗车工序的工序余量为 1.2 mm；毛坯直径为 ϕ（13+0.9+1.2）$=\phi15.1$（mm）。由于没有 $\phi15.1$ mm 规格尺寸，故选 $\phi18$ mm 规格棒料作毛坯。因而，半精车余量可增加到 2 mm，粗车余量可增加到 3 mm。

加工 $\phi13_{-0.043}^{\ 0}$ 外圆柱面的各工序尺寸及其公差计算，如表 2-34 所示。

表 2-34　加工 $\phi13_{-0.043}^{\ 0}$ 外圆柱面的各工序尺寸及其公差计算表

工序	工序余量/mm	工序尺寸公差/mm/等级	工序尺寸/mm
半精车	2	0.043/IT9	$\phi13_{-0.043}^{\ 0}$
粗车	3	0.18/IT12	$\phi15_{-0.18}^{+0}$
毛坯			$\phi18$

因此，毛坯尺寸为 $\phi18\times100$ mm。

3. 工序余量及其公差的计算

除扣位尺寸 $\phi13_{-0.43}^{\ 0}$ mm 外，冲孔圆形凸模的外圆柱表面尺寸还有：与定位板配合部分尺寸 $\phi10_{+0.006}^{+0.015}$ mm，工作部分尺寸 $\phi6.15_{-0.02}^{\ 0}$ mm。下面对各尺寸加工的工序余量及其公差计算如下：

①与定位板配合部分尺寸 $\phi10_{+0.006}^{+0.015}$ mm。该尺寸公差为 0.009 mm，查表得 $\phi10_{+0.006}^{+0.015}$ mm 的精度为 IT6，表面粗糙度要求为 $Ra0.8$ μm。查表 2-14（外圆柱表面加工方法及其加

工精度）可知，须经过“粗车→半精车→粗磨→精磨”的加工可达到要求，一般来说粗磨、精磨不严格区分，因而，加工路线为“粗车→半精车→磨削”。

查表2-24（外圆磨削余量），可选择磨削工序的工序余量为0.3 mm；查表2-25（粗车外圆后半精车余量），可选择半精车工序的工序余量为0.9 mm；查表2-26（轴类（外旋转表面）零件的机械加工余量），可选择粗车工序的工序余量为1.2 mm。由于$\phi10^{+0.015}_{+0.006}$ mm是在前道工序已完成尺寸$\phi13^{\ 0}_{-0.043}$ mm的基础上进行加工，总余量为3 mm，$\phi13^{\ 0}_{-0.043}$ mm是IT9级精度，只需要半精车工序来去除多余的2.7 mm金属层，2.7 mm即为半精车余量。

加工$\phi10^{+0.015}_{+0.006}$ mm外圆柱面的各工序尺寸及其公差计算，如表2-35所示。

表2-35　加工$\phi10^{+0.015}_{+0.006}$ mm外圆柱面的各工序尺寸及其公差计算表

工序	工序余量/mm	工序尺寸公差/mm/等级	工序尺寸/mm
磨削	0.3	0.009/IT6	$\phi10^{+0.015}_{+0.006}$
半精车	2.7	0.043/IT9	$\phi10.3^{\ 0}_{-0.043}$
前道工序已完成尺寸		0.043/IT9	$\phi13^{\ 0}_{-0.043}$

②工作部分尺寸$\phi6.15^{\ 0}_{-0.02}$ mm。该尺寸公差为0.02 mm，查表得$\phi6.15^{\ 0}_{-0.02}$ mm的精度为IT7，表面粗糙度要求为$Ra0.4$ μm。查表2-14（外圆柱表面加工方法及其加工精度）可知，须经过“粗车→半精车→粗磨→精磨”的加工可达到要求，一般来说粗磨、精磨不严格区分，因而，加工路线为“粗车→半精车→磨削”。

查表2-24（外圆磨削余量）可选择磨削工序的工序余量为0.3 mm；查表2-25（粗车外圆后半精车余量），可选择半精车工序的工序余量为0.9 mm；查表2-26（轴类（外旋转表面）零件的机械加工余量），可选择粗车工序的工序余量为1.2 mm。由于$\phi6.15^{\ 0}_{-0.02}$ mm是在前道工序已完成尺寸$\phi10.3^{\ 0}_{-0.043}$ mm的基础上进行加工，$\phi10.3^{\ 0}_{-0.043}$ mm的精度是IT9级，只需要半精车工序来去除多余的金属层，3.55 mm即为半精车余量。

加工$\phi6.15^{\ 0}_{-0.02}$ mm外圆柱面的各工序尺寸及其公差计算，如表2-36所示。

表2-36　加工$\phi6.15^{\ 0}_{-0.02}$ mm外圆柱面的各工序尺寸及其公差计算表

工序	工序余量/mm	工序尺寸公差/mm/等级	工序尺寸/mm
磨削	0.3	0.002/IT6	$\phi6.15^{\ 0}_{-0.02}$ mm
半精车	3.55	0.036/IT9	$\phi6.45^{\ 0}_{-0.036}$
前道工序已完成尺寸		0.043/IT9	$\phi10.3^{\ 0}_{-0.043}$

4. 圆形凸模《机械加工工序卡》的填写

圆形凸模加工时，关键工序是、磨外圆两道工序。以下，以方案（一）为例，逐项完成车、磨外圆两道工序《机械加工工序卡》的填写。

（1）圆形凸模车削加工工序卡的填写

表2-37为车削加工工序的工序卡。

表 2－37　圆形凸模机械加工工序卡片（车削加工工序）（方案一）

××××公司	圆形凸模机械加工工序卡片	产品型号	×××	零（部）件图号	×××	共　页
		产品名称	连续模	零（部）件名称	圆形凸模	第　页

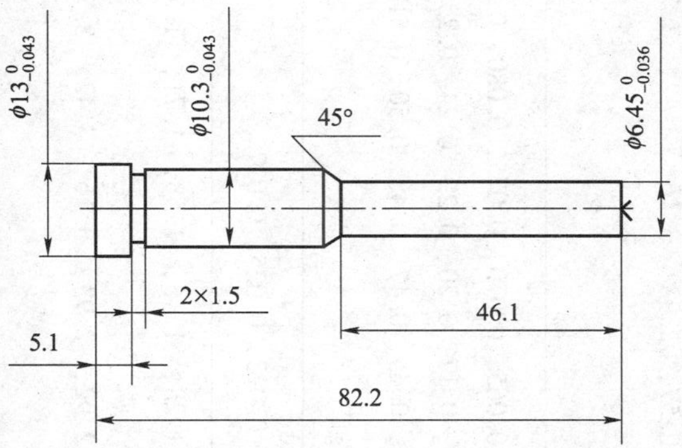

工序号	工序名称		
3	车		
车间	工段	材料牌号	
车	车	Cr12	
毛坯种类	毛坯外形尺寸	每坯件数	每台件数
棒料	ϕ18 mm×100 mm	1	1
设备名称	设备型号	设备编号	同时加工件数
普通车床	CA6140	××××	1
夹具编号	夹具名称	切削液	
××××	三爪卡盘		
××××	尾座顶尖	工时定额	
		准终	单件

	工步号	工步内容	工艺装备	主轴转速/（$r\cdot min^{-1}$）	切削速度/（$m\cdot min^{-1}$）	进给量/（$mm\cdot r^{-1}$）	背吃刀量/mm	进给次数	工时定额 机动	工时定额 辅助
描图	1	粗车至 $\phi15_{-0.18}^{+0}$ mm，保证长度为 83.2 mm	硬质合金外圆车刀	900	46.629	0.3	1.5	2		
×××	2	半精车 $\phi13_{-0.043}^{0}$ mm，保证长度为 83.2 mm	硬质合金外圆车刀	1400	61.544	0.1	0.7，0.7，0.6	3		
描校	3	半精车至 $\phi10.3_{-0.043}^{0}$ mm，保证 $\phi13_{-0.043}^{0}$ 长度为 5.1 mm，保证 $\phi10.3_{-0.043}^{0}$ 长度为 30 mm	硬质合金外圆车刀	1400	51.213	0.1	0.7，0.7，0.7，0.6	4		
×××	4	半精车至 $\phi6.45_{-0.036}^{0}$，保证长度 41.1 mm（0.1 mm 为预留磨削余量）	硬质合金外圆车刀	1400	36.817	0.1	0.8，08，0.8，0.8，0.65	5		
底图号	5	倒角 45°	硬质合金外圆车刀	1400	36.817			1		
×××	6	车退刀槽 2×1.5 mm；切断，保证长度为 81.2 mm	切断刀	900	46.629	0.054		1		
装订号										

											编制	审核	会签
×××													
	标记	处数	更改文件号	签字	日期	标记	处数	更改文件号	签字	日期	××年×月×日	××年×月×日	××年×月×日

《圆形凸模机械加工工序卡片（车削加工工序）（方案一）》的具体填写过程如下：

①加工设备的基本技术参数

查表2－38（CA6140普通车床的技术参数），其中心高、中心距、工件最大加工直径、工件最大等均符合圆形凸模加工需要，车刀刀杆最大尺寸为 $B \times H = 25\ \text{mm} \times 25\ \text{mm}$。

表2－38　CA6140普通车床的技术参数

<table>
<tr><td colspan="14">中心高 $H = 200$ mm
中心距 $L = 750$ mm、1 000 mm、1 500 mm、2 000 mm
工件最大加工直径：在床面上 $D = 400$ mm；在刀架上 $D = 210$ mm
工件最大加工长度 $l = 650$ mm、900 mm、1 400 mm、1 900 mm
车刀刀杆最大尺寸为 $B \times H = 25\ \text{mm} \times 25\ \text{mm}$
主电动机功率 $P_K = 7.5$ kW</td></tr>
<tr><td colspan="2">级数</td><td>1</td><td>2</td><td>3</td><td>4</td><td>5</td><td>6</td><td>7</td><td>8</td><td>9</td><td>10</td><td>11</td><td>12</td></tr>
<tr><td colspan="2">转数 $n/(\text{r} \cdot \text{min}^{-1})$</td><td>10</td><td>12.5</td><td>16</td><td>20</td><td>25</td><td>32</td><td>40</td><td>50</td><td>63</td><td>80</td><td>100</td><td>125</td></tr>
<tr><td colspan="2">级数</td><td>13</td><td>14</td><td>15</td><td>16</td><td>17</td><td>18</td><td>19</td><td>20</td><td>21</td><td>22</td><td>23</td><td>24</td></tr>
<tr><td colspan="2">转数 $n/(\text{r} \cdot \text{min}^{-1})$</td><td>160</td><td>200</td><td>250</td><td>320</td><td>400</td><td>450</td><td>500</td><td>560</td><td>710</td><td>900</td><td>1 120</td><td>1 400</td></tr>
<tr><td rowspan="3">纵进给量/ $(\text{mm} \cdot \text{r}^{-1})$</td><td>标准进给</td><td colspan="12">0.08，0.09，0.10，0.11，0.12，0.13，0.14，0.15，0.16，0.18，0.20，0.23，0.24，0.26，0.28，0.30，0.33，0.36，0.41，0.46，0.48，0.51，0.56，0.61，0.66，0.71，
0.81，0.86，0.91，0.94，0.96，1.02，1.03，1.09，1.12，1.15，1.22，1.29，1.47，
1.59</td></tr>
<tr><td>细进给</td><td colspan="12">0.028，0.032，0.036，0.039，0.043，0.046，0.050，0.054</td></tr>
<tr><td>粗进给</td><td colspan="12">1.71，1.87，2.05，2.16，2.28，2.57，2.93，3.16，3.42，3.74，4.11，4.32，4.56，
5.14，5.87，6.33</td></tr>
<tr><td rowspan="3">横进给量/ $(\text{mm} \cdot \text{r}^{-1})$</td><td>标准进给</td><td colspan="12">0.04，0.045，0.050，0.055，0.060，0.065，0.070，0.075，0.080，0.09，0.10，0.11，0.12，0.13，0.14，0.15，0.16，0.17，0.20，0.22，0.24，0.25
0.28，0.30，0.33，0.35，0.40，0.43，0.45，0.47，0.48，0.50，0.51，0.54，0.56，0.57，0.61，0.64，0.73，0.79</td></tr>
<tr><td>细进给</td><td colspan="12">0.014，0.016，0.018，0.019，0.021，0.023，0.025，0.027</td></tr>
<tr><td>粗进给</td><td colspan="12">0.86，0.94，1.02，1.08，1.14，1.28，1.46，1.58，1.71，1.72，1.87，1.88，2.04，
2.05，2.16，2.28，2.56，2.57，2.92，2.93，3.16，3.42，3.74，4.11，4.32，4.56，
5.14，5.87，6.33</td></tr>
</table>

②初选进给量并根据机床确定进给量

由于 Cr12 属于高碳高铬合金钢，故选用硬质合金外圆车刀。

查表 2－39（硬质合金及高速钢车刀粗车外圆和端面的进给量），粗车进给量选 0.3 mm/r。

表 2－39　硬质合金及高速钢车刀粗车外圆和端面的进给量

加工材料	车刀刀杆尺寸 /mm×mm	工件直径 /mm	切削深度 a_p/mm				
			≤3	>3～5	>5～8	>8～12	12 以上
			进给量 f/（mm·r^{-1}）				
碳素结构钢、合金结构钢、耐热钢	16×25	20	0.3～0.4				
		40	0.4～0.5	0.3～0.4			
		60	0.5～0.7	0.4～0.6	0.3～0.5		
		100	0.6～0.9	0.5～0.7	0.5～0.6	0.4～0.5	
		400	0.8～1.2	0.7～1.0	0.6～0.8	0.5～0.6	
	20×30 25×25	20	0.3～0.4				
		40	0.4～0.5	0.3～0.4			
		60	0.6～0.7	0.5～0.7	0.4～0.6		
		100	0.8～1.0	0.7～0.9	0.5～0.7	0.4～0.7	
		400	1.2～1.4	1.0～1.2	0.8～1.0	0.6～0.9	0.4～0.6
	25×40	60	0.6～0.9	0.5～0.8	0.4～0.7		
		100	0.8～1.2	0.7～1.1	0.6～0.9	0.5～0.8	
		1000	1.2～1.5	1.1～1.5	0.9～1.2	0.8～1.0	0.7～0.8
	30×45 40×60	500	1.1～1.4	1.1～1.4	1.0～1.2	0.8～1.2	0.7～1.1
		2 500	1.3～2.0	1.3～1.8	1.2～1.6	1.1～1.5	1.0～1.5

查表 2－40（硬质合金外圆车刀半精车的进给量），半精车进给量选 0.1 mm/r。

表 2-40　硬质合金外圆车刀半精车的进给量

工件材料	表面粗糙度 /μm	切削速度范围 /（m·min^{-1}）	刀尖圆弧半径 r_ε/mm		
			0.5	1.0	2.0
			进给量 f/（mm·r^{-1}）		
铸铁、青铜、铝合金	6.3	不限	0.25～0.40	0.40～0.50	0.50～0.60
	3.2	不限	0.15～0.25	0.25～0.40	0.40～0.60
	1.6	不限	0.10～0.15	0.15～0.20	0.20～0.35
碳钢、合金钢	6.3	<50	0.30～0.50	0.45～0.60	0.55～0.70
		>50	0.40～0.55	0.55～0.65	0.65～0.70
	3.2	<50	0.18～0.25	0.25～0.30	0.30～0.40
		>50	0.25～0.30	0.30～0.35	0.35～0.50
	1.6	<50	0.10	0.11～0.15	0.15～0.22
		50～100	0.11～0.16	0.16～0.25	0.25～0.35
		>100	0.16～0.20	0.20～0.25	0.25～0.35

加工耐热合金及钛合金时进给量的修正系数

工件材料	修正系数
TC5，TC6，TC2，TC4，TC8，TA6，BT14 Cr20Ni77Ti2Al，Cr20Ni77TiAlB，Cr14Ni70WMoTiAl（GH37）	1.0
1Cr13，2Cr13，3Cr13，4Cr13，4Cr14Ni14W2Mo，Cr20Ni78Ti，2Cr23Ni18，1Cr21Ni5Ti	0.9
1Cr12Ni2WMoV，30CrNi2 WMoVA，25Cr2MoVA，4Cr12Ni8Mn8MoVNb，Cr9Ni62Mo10W5Co5Al5，1Cr18Ni11SiTiAl，1Cr15Ni35W3TiAl	0.8
1Cr11Ni20Ti3B，Cr12Ni22Ti3MoB	0.7
Cr19Ni9Ti，1Cr18Ni9Ti	0.6
1Cr17Ni2，3Cr14NiVBA，18Cr3MoWV	0.5

注：1. r_ε=0.5 mm 用于 12×20 mm 以下刀杆，r_ε=1.0 mm 用于 30×30 mm 以下刀杆，r_ε=2.0 mm 用于 30×45 mm 及以上刀杆。

2. 带修光刃的大进给切削法在进给量 1.0～1.5 mm/r 时可获得表面粗糙度 *Ra*3.2～1.6 μm；宽刃精车刀的进给量还可更大些。

查表 2-41（切断及切槽的进给量），车退刀槽进给量选 0.06 mm/r。

表 2-41　切断及切槽的进给量

工件直径/mm	切刀宽度/mm	工件材料	
		碳素结构钢、合金结构钢及钢铸件	铸铁、铜合金及铝合金
		进给量 f/（$mm \cdot r^{-1}$）	
≤20	3	0.06～0.08	0.11～0.14
>20～40	3～4	0.10～0.12	0.16～0.19
>40～60	4～5	0.13～0.16	0.20～0.24
>60～100	5～8	0.16～0.23	0.24～0.32
>100～150	6～10	0.18～0.23	0.30～0.40
>150	10～15	0.28～0.36	0.40～0.55

注：1. 在直径大于 60 mm 的实心材料上切断时，当切刀接近零件轴线 0.5 倍半径时，表中进给量应减少 40%～50%。

2. 加工淬硬钢时，表内进给量应减少 30%（当硬度<50HRC 时）或 50%（当硬度>50HRC 时）。

3. 如切刀安装在六角头上时，进给量应乘系数 0.3。

与表 2-38（CA6140 普通车床的技术参数）对照，粗车进给量选 0.3 mm/r、半精车进给量选 0.1 mm/r、车退刀槽与切断进给量选 0.06 mm/r。

③初选切削速度，并根据机床确定机床主轴转速和切削速度

查表 2-42（常用车刀的切削用量），粗车的切削速度选 50 m/min，半精车的切削速度选 80 m/min，车退刀槽与切断的切削速度选 30 m/min。

表 2-42　常用车刀的切削用量

刀具材料	f 和 v_c	工件材料									
		一般钢料		铸铁		有色金属		不锈钢		淬火钢及其他硬材料	橡胶
		加工性质									
		粗车	精车	粗车	精车	粗车	精车	粗车	精车		
高速钢	f/（$mm \cdot r^{-1}$）	0.2～0.5	0.10～0.25	0.3～0.6	0.1～0.3	0.3～0.6	0.2～0.5	0.25～0.5	0.15～0.25		0.1～0.2
	v_c/（$m \cdot min^{-1}$）	24～26	26～30	18～24	20～30	40～45	45～50	10～13	13～15		35～60
硬质合金	f/（$mm \cdot r^{-1}$）	0.5～1.5	0.15～0.25	0.4～0.6	0.1～0.3	0.3～0.5	0.15～0.3	0.3～0.6	0.1～0.2	0.08～0.1	0.5～0.75
	v_c/（$m \cdot min^{-1}$）	50～100	100～300	60～80	80～130	100～160	120～200	50～100	80～140	10～30	100～200

以下逐一确定机床主轴转速和切削速度：

（a）粗车时的轴径为 $\phi 18$ mm→$\phi 15$ mm，取平均直径 $\phi 16.5$ mm 来计算切削速度 50 m/min 时对应的机床主轴转速 $n_{粗车}$ 为：

$$n_{粗车}=\frac{1\ 000\times v_c}{\pi d}=\frac{1\ 000\times 50}{3.14\times 16.5}=\frac{50\ 000}{51.81}=965.06(\mathrm{r/min})$$

与表 2-38（CA6140 普通车床的技术参数）对照，选粗车时的机床主轴转速 $n_{粗车}=900$ r/min，与机床主轴转速 $n_{粗车}=900$ r/min 对应的切削速度 v_c 为：

$$v_c=\frac{\pi n d}{1\ 000}=\frac{3.14\times 900\times 16.5}{1\ 000}=46.629(\mathrm{m/min})$$

（b）半精车 $\phi13_{-0.043}^{\ 0}$ mm 时的轴径为 $\phi15$ mm→$\phi13$ mm，取平均直径 $\phi14$ mm 来计算切削速度 80 m/min 时对应的机床主轴转速 $n_{半精车扣位}$为：

$$n_{半精车扣位}=\frac{1\,000\times v_c}{\pi d}=\frac{1\,000\times 80}{3.14\times 14}=1\,819.836(\mathrm{r/min})$$

与表 2－38（CA6140 普通车床的技术参数）对照，选粗车时的机床主轴转速 $n_{半精车扣位}=1\,400$ r/min，与机床主轴转速 $n_{半精车扣位}=1\,400$ r/min 对应的切削速度 v_c 为：

$$v_c=\frac{\pi nd}{1\,000}=\frac{3.14\times 1\,400\times 14}{1\,000}=61.544(\mathrm{m/min})$$

（c）半精车 $\phi10.3_{-0.043}^{\ 0}$ mm 时的轴径为 $\phi13$ mm→$\phi10.3$ mm，取平均直径 $\phi11.65$ mm 来计算切削速度 80 m/min 时对应的机床主轴转速 $n_{半精车固定部分}$为：

$$n_{半精车固定部分}=\frac{1\,000\times v_c}{\pi d}=\frac{1\,000\times 80}{3.14\times 11.65}=2\,186.928(\mathrm{r/min})$$

与表 2－38（CA6140 普通车床的技术参数）对照，选粗车时的机床主轴转速 $n_{半精车固定部分}=1\,400$ r/min，与机床主轴转速 $n_{半精车固定部分}=1\,400$ r/min 对应的切削速度 v_c 为：

$$v_c=\frac{\pi nd}{1\,000}=\frac{3.14\times 1\,400\times 11.65}{1\,000}=51.213(\mathrm{m/min})$$

（d）半精车 $\phi6.45_{-0.036}^{\ 0}$ mm 时的轴径为 $\phi10.3$ mm→$\phi6.45$ mm，取平均直径 $\phi8.375$ mm 来计算切削速度 80 m/min 时对应的机床主轴转速 $n_{半精车工作部分}$为：

$$n_{半精车工作部分}=\frac{1\,000\times v_c}{\pi d}=\frac{1\,000\times 80}{3.14\times 8.375}=3\,042.114(\mathrm{r/min})$$

与表 2－38（CA6140 普通车床的技术参数）对照，选粗车时的机床主轴转速 $n_{半精车工作部分}=1\,400$ r/min，与机床主轴转速 $n_{半精车工作部分}=1\,400$ r/min 对应的切削速度 v_c 为：

$$v_c=\frac{\pi nd}{1\,000}=\frac{3.14\times 1\,400\times 8.375}{1\,000}=36.817(\mathrm{m/min})$$

（e）倒 45°角时的主轴转数和切削速度同半精车凸模工作部分。

（f）车退刀槽与切断时的主轴转数和切削速度同粗车扣位部分。

（2）圆形凸模磨削加工工序卡片的填写

表 2－43 为圆形凸模磨削加工工序的工序卡。

圆形凸模机械加工工序卡片（磨削加工工序）（方案一）的具体填写过程如下：

①选择磨削砂轮的磨料类型与磨料粒度

圆形凸模（Cr12）是淬火后磨削，并且考虑到工作部分的表面粗糙度（*Ra*0.4 μm）较小，查表 2－44（磨料及其选择），可选择铬钢玉（GG）砂轮。

查表 2－45（磨削（粗糙度 *Ra*0.8～*Ra*0.2）工艺参数），可选择磨料粒度为46＊～60＊。

②选择磨削参数

查表 2－45（磨削（粗糙度 *Ra*0.8～*Ra*0.2）工艺参数），可选择砂轮速度 $v_s=35$ m/s、工件速度为 $v_w=20\sim30$ m/min、磨削进给速度为 $f_a=1.2\sim3.0$ m/min、径向进给量为 $f=0.03$ mm、光磨次数为 1～2 次。

③磨床主轴转速

查表 2－46（外圆磨床），可知 M120 外圆磨床主轴转速为 1 110 r/min。

表 2-43　圆形凸模机械加工工序卡片（磨削加工工序）（方案一）

××××公司	圆形凸模机械加工工序卡片	产品型号	×××	零（部）件图号	×××	共　页
		产品名称	连续模	零（部）件名称	圆形凸模	第　页

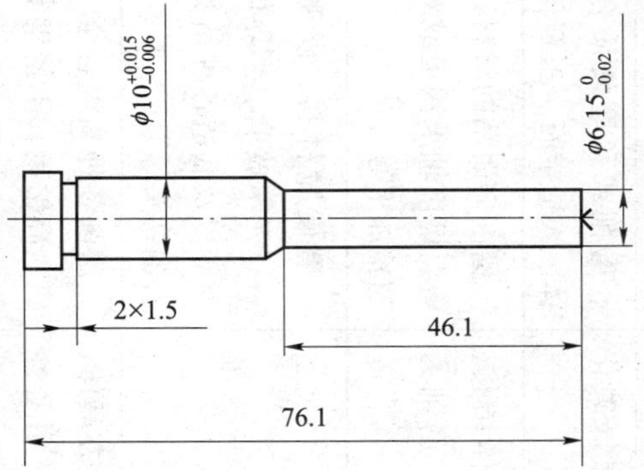

工序号	工序名称		
7	磨		
车间	工段	材料牌号	
磨	磨	Cr12	
毛坯种类	毛坯外形尺寸	每坯件数	每台件数
棒料	$\phi18\times100$ mm	1	1
设备名称	设备型号	设备编号	同时加工件数
外圆磨床	M120	××××	1
夹具编号	夹具名称	切削液	
××××	三爪卡盘		
××××	顶尖	工时定额	
		准终	单件

	工步号	工步内容	工艺装备	主轴转速/(r·min^{-1})	切削速度/(m·min^{-1})	进给量/(mm·r^{-1})	背吃刀量/mm	进给次数	工时定额 机动	工时定额 辅助
描图	1	磨 $\phi10.3^{\ 0}_{-0.043}$ mm 至 $\phi10^{+0.015}_{+0.006}$ mm 保证 $Ra0.8$ μm，同时磨扣位退刀槽侧面保证 $Ra1.6$ μm	铬钢玉（GG）砂轮	1 110	35	0.03		5		
×××	2	磨 $\phi6.45^{\ 0}_{-0.036}$ mm 至 $\phi6.15^{\ 0}_{-0.02}$ mm，保证 $Ra0.4$ μm，保证工作部分长度 46.1 mm（其中 5 mm 为切断中心孔部分的长度，其中 0.1 mm 为预留的工作端面磨削余量）	铬钢玉（GG）砂轮	1 110	35	0.03		5		
描校										
×××										
底图号										
×××										
装订号										

×××										编制	审核	会签
	标记	处数	更改文件号	签字	日期	标记	处数	更改文件号	签字	日期	××年×月×日	××年×月×日	××年×月×日

表 2-44 磨料及其选择

系列	磨料名称	代号	显微硬度 HV	特性	适用范围
氧化物系	棕刚玉	GZ	2 200~2 280	棕褐色。硬度高、韧性大、价格便宜	磨削碳钢、合金钢、可锻铸铁、硬青铜
	白刚玉	GB	2 200~2 300	白色。硬度比棕刚玉高、韧性较棕刚玉低	磨削淬火钢、高速钢、高碳钢及薄壁零件
	铬刚玉	GG	2 000~2 200	玫瑰红或紫红色。韧性比白刚玉高，磨削粗糙度好	磨削淬火钢、高速钢、高碳钢及薄壁零件
	锆刚玉	GA	1 965	黑褐色。强度和耐磨性都高	磨削耐热合金钢、钛合金和奥氏体不锈钢等
	单晶刚玉	GD	2 200~2 400	浅黄色或白色。硬度和韧性比白刚玉高	磨削不锈钢、高钒高速钢等强度高、韧性大的材料
	微晶刚玉	GW	2 000~2 200	颜色与棕刚玉相似。强度高、韧性和自锐性能良好	磨削不锈钢、轴承钢和特种球墨铸铁，也可用于高速和细粗糙磨削
	锗钕刚玉	GP	2 300~2 450	淡白色。硬度和韧性比白刚玉高，自锐性能好	磨削球墨铸铁、高磷和铜锰铸铁，也可磨削不锈钢及超硬高速钢等
	单晶白刚玉	GBD		性能接近单晶刚玉或白刚玉	主要用于磨削工具钢等
碳化物系	绿碳化硅	TL	3 280~3 400	绿色。硬度和脆性比黑碳化硅高，具有良好的导热性和导电性	磨削硬质合金、宝石、陶瓷、玉石、玻璃等材料
	黑碳化硅	TH	2 840~3 320	黑色，有光泽。硬度比白刚玉高，性脆而锋利，导热性和导电性良好	磨削铸铁、黄铜、铝、耐火材料及非金属材料
	碳化硼	TP	4 400~5 400	灰黑色。硬度比黑、绿碳化硅高，耐磨性好	主要研磨或抛光硬质合金、拉丝模、宝石和玉石等
	碳硅硼	TSP	5 700~6 200	灰黑色。硬度比黑绿碳化硅高	磨削或研磨硬质合金、半导体、人造宝石、玉石和陶瓷等
	立方碳化硅	TLD		淡绿色。立方晶体结构，强度比黑碳化硅高，磨削力较强	磨削韧而粘的材料，如不锈钢等，磨削轴承沟道或对轴承进行超精加工等
高硬磨料系	人造金刚石	JR	10 000	无色透明或淡黄色、黄绿色、黑色。硬度高，比天然金刚石脆	磨硬脆材料、硬质合金、宝石、光学玻璃、半导体、切割石材等以及制造各种钻头（地质和石油钻头等）
	立方氮化硼	JLD	8 000~9 000	黑色或淡白色。立方晶体、硬度仅次于金刚石，耐磨性高，发热量小	磨削各种高温合金、高钼、高钒、高钴钢、不锈钢等，还可做氮化硼车刀用

表 2-45　磨削（粗糙度 *Ra*0.8 ~ *Ra*0.2）工艺参数

工艺参数		外圆磨削	内圆磨削	平面磨削
砂轮粒度		46* ~ 60*	46* ~ 80*	36* ~ 60*
修整工具		单颗金刚石，金刚石片状修整器		
砂轮速度 v_x/（m·s^{-1}）		35	20 ~ 30	20 ~ 35
修整时轴向进给速度 v_{f_x}/（m·min^{-1}）		400 ~ 600	100 ~ 200	300 ~ 500
修整时径向进给量 f_r/mm		0.01 ~ 0.02	0.005 ~ 0.010	0.01 ~ 0.02
工件速度 v_w/（m·min^{-1}）		20 ~ 30	20 ~ 50	2 ~ 18
磨削进给速度 f_a/（m·min^{-1}）		1.2 ~ 3.0	2 ~ 3	17 ~ 30
进给量 f/mm	径向	0.02 ~ 0.05	0.005 ~ 0.010	0.005 ~ 0.02
	轴向	（0.25 ~ 0.7）B		
光磨次数		1 ~ 2	2 ~ 4	1 ~ 2

表 2-46　外圆磨床

技术规格	型号			
	M120	M1331	MQ1350	MQM1350
磨削工件直径	8 ~ 200	8 ~ 316	500	500
用中心孔时磨削工件直径	8 ~ 60	8 ~ 60	25 ~ 200	25 ~ 200
磨削工件最大长度	710；1 000	710；1 000；1 400	1 400；2 000；2 800	1 400；2 000；2 800
磨削工件最大重量/kg	150	150	1 000	1 000
中心高	115	170	270	240
头架顶尖孔莫氏锥度	4 号	5 号	6 号	6 号
头架主轴转速	37、64、115、212	37、64、115、212	18、36、50、70、100、140	15、36、50、70、100、140
砂轮最大移动量	210	235	250	250
砂轮架快速移动量	50	50	100	100
手轮每秒砂轮架移动量： 粗 细	2 0.5	2 0.5	4 0.4	4 0.5
手轮盘刻度值： 粗 细	0.01 0.0025	0.01 0.0025	0.02 0.0025	0.02 0.0025
砂轮尺寸（外径×宽×内径）	600×63×305	450 ~ 600×63×305	550 ~ 750×75×305	550 ~ 750×75×305
砂轮转速	1 110	1 110	890 ~ 1 000	890 ~ 1 000
工作台最大移动量	830；1 110	830；1 100；1 540	1 450；2 100；2 950	1 450；2 100；2 950
工作台移动速度/（m·min^{-1}）	0.1 ~ 6	0.1 ~ 6	0.1 ~ 2.5	0.1 ~ 5
工作台最大回转角度： 顺时针 逆时针	3° 9°；6°	3° 3°；6°；9°	2° 4°；7°；9°	2° 4°；7°；9°
尾架顶针孔莫氏高度	4 号	4 号	6 号	6 号
顶针套移动量	30	30	70	70
砂轮电机容量	7.5	4	13	14
头架电机容量	0.8	0.8	3	3
参考价格	8 000	（φ315×1 000）11 000 （φ315×1 400）12 000	28 000	（φ500×2 000）30 000

复习与思考题

2－1　图 2－1 所示压入式模柄，材料为 Q235，热处理 43～48HRC，数量为 1 件。请完成以下各项任务：

（1）拟定机械加工工艺路线，并写出选择该机械加工工艺路线的理由；

（2）选择毛坯，确定毛坯尺寸；

（3）按查表法，选择和计算各工序尺寸及其公差，并写出选择理由；

（4）选择机床和工艺装备，填写机械加工工艺过程卡；

（5）选择切削用量，填写外圆车削工序的机械加工工序卡；

（6）选择切削用量，填写外圆磨削工序的机械加工工序卡。

2－2　图 2－48 所示冲孔凸模，根据表 2－22 的机械加工工艺路线，请完成以下各项任务：

（1）确定毛坯尺寸；

（2）按查表法，选择和计算各工序尺寸及其公差，并写出选择理由；

（3）选择机床和工艺装备，填写机械加工工艺过程卡；

（4）选择切削用量，填写外圆车削工序的机械加工工序卡；

（5）选择切削用量，填写外圆磨削工序的机械加工工序卡。

2－3　图 2－69 所示模具的导柱零件简图，材料为 20 钢，渗碳 w_C0.5～0.8%，淬硬 56～60HRC，数量为 8 个，未标注的表面粗糙度为 *Ra*2.5 μm。请完成以下各项任务：

（1）拟定机械加工工艺路线，并写出选择该机械加工工艺路线的理由；

（2）选择毛坯，确定毛坯尺寸；

（3）按查表法，选择和计算各工序尺寸及其公差，并写出选择理由；

（4）选择机床和工艺装备，填写机械加工工艺过程卡；

（5）选择切削用量，填写外圆车削工序的机械加工工序卡；

（6）选择切削用量，填写外圆磨削工序的机械加工工序卡。

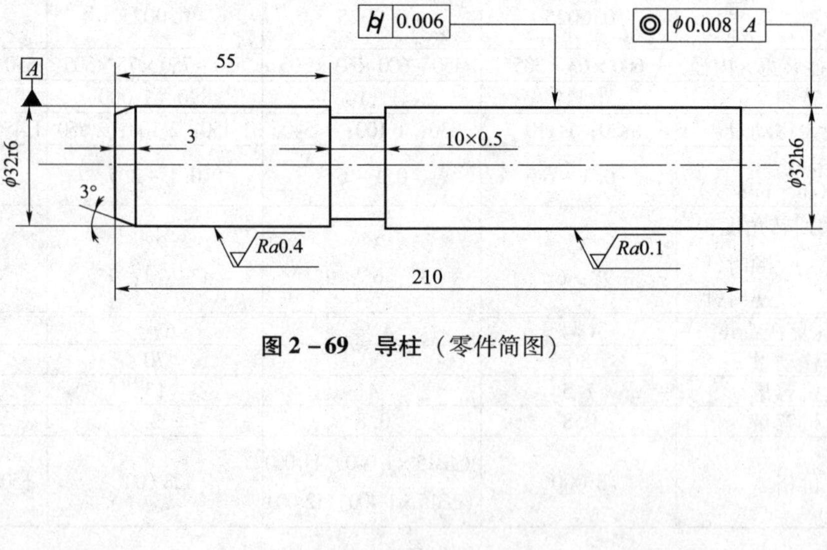

图 2－69　导柱（零件简图）

项目三　套类模具零件机械加工工艺规程的编制

项目内容

- 套类模具零件机械加工工艺规程的编制。

学习目标

- 具备编制圆形凸模机械加工工艺规程的能力。

主要知识点

- 套类模具零件的基本特点
- 套类模具零件的基本精度要求
- 套类模具零件的加工方法及加工精度
- 套类模具零件的加工质量
- 套类模具零件工艺路线的拟定、工艺方案比较
- 导套零件机械加工工艺规程的编制

3.1　套类模具零件的基本特点和基本精度要求

3.1.1　套类模具零件的基本特点

套类模具零件通常起定位或导向作用。如塑料模具中的型腔镶套、盲孔或通孔型芯镶件、浇口套以及定位圈、推管、支承套、插入水管连接管等以及冷冲压模具和塑料模具的导套等。

1. 导套的结构

(1) 塑料模具常用导套，如图 3-1 所示。

(2) 冲压模具常用导套，如图 3-2 所示。

(a) *A* 型（GB/T 2861.6）用于滑动导向模架，小头压入模座孔中，是使用最多的导套。

(b) *B* 型（GB/T 2861.7）主要用于滚动导向模架，小头压入模座孔中。

(c) *C* 型（GB/T 2861.8）主要用于可卸式滑动导向模架，小头压入模座孔中。

(d) *D* 型（GB/T 2861.9）主要用于大型特殊模架或重载偏负荷模架。

2. 模具套类零件的特点

虽然不同的套类模具零件的结构和尺寸有着很大差异，但结构上仍有共同之处：

(1) 零件的主要表面为同轴度要求较高的内外圆表面组成，有较高的尺寸精度、形状

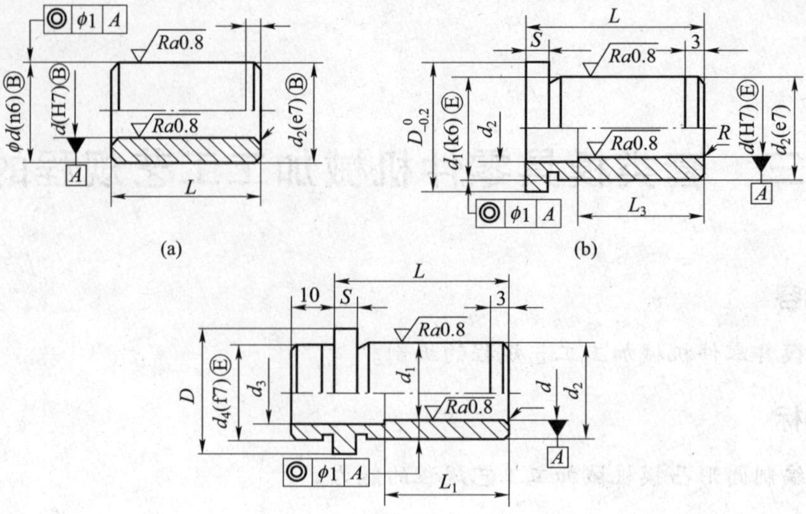

(a)　(b)　(c)

图 3-1　导套

（a）直导套；（b）带头导套；（c）有肩导套

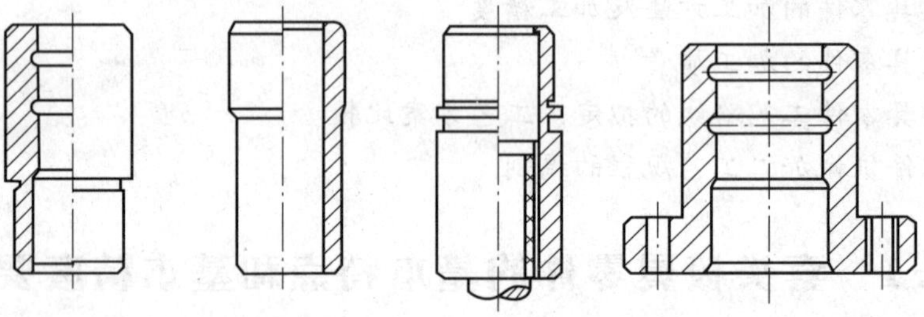

(a)　(b)　(c)　(d)

图 3-2　冲压导套

精度和表面精度要求。

（2）零件壁的厚度较薄且易变形。

3.1.2　套类模具零件的基本精度要求

1. 套类模具零件加工精度的选择

国家标准规定模具零件形位公差为 1 ~ 12 共 12 级公差，其中 1 级精度最高，随着级数增加，精度越低。

在保证零件使用功能的前提条件下，尽量选择较低公差等级，以降低加工成本。

（1）冲模导向副精度

根据《冲模模架　技术条件》（JB/T 8050—1999）和《冲模模架精度检查》（JB/T 8071—1995）标准规定，模架精度等级划分为：

滑动导向模架：Ⅰ级，Ⅱ级。

滚动导向模架：0Ⅰ级，0Ⅱ级。

模架的位置精度和导向副的配合精度，见表 3-1 ~ 表 3-4。

表 3－1　模架上、下平面的平行度偏差　　单位 mm

基本尺寸	模架精度等级	
	0Ⅰ级，Ⅰ级	0Ⅱ级，Ⅱ级
	圆 柱 度	
>40～63	0.008	0.012
>63～100	0.010	0.015
>100～160	0.012	0.020
>160～250	0.015	0.025
>250～400	0.020	0.030
>400～830	0.025	0.040
>830～1 000	0.030	0.050
>1 000～1 800	0.040	0.060

表 3－2　冷冲压模具导柱圆柱度公差　　单位 mm

导柱直径	模架精度等级	
	0Ⅰ级，Ⅰ级	0Ⅱ级，Ⅱ级
	圆 柱 度	
≤30	0.003	0.004
31～45	0.004	0.005
>45	0.005	0.006

表 3－3　冷冲压模具导柱轴线对下模座下平面的垂直度偏差　　单位 mm

被测尺寸	模架精度等级	
	0Ⅰ级，Ⅰ级	0Ⅱ级，Ⅱ级
	圆 柱 度	
>40～63	0.008	0.012
>63～100	0.010	0.015
>100～160	0.012	0.020
>160～250	0.025	0.040

表 3－4　冷冲压模具导柱、导套配合间隙值　　单位 mm

导套直径	滑动导向副	
	0Ⅰ级，Ⅰ级	0Ⅱ级，Ⅱ级
	配合间隙	
≤18	≤0.010	≤0.015
>18～30	≤0.011	≤0.017
>30～50	≤0.014	≤0.021
>50～80	≤0.016	≤0.025

（2）塑料注射模导向副精度

根据 GB/T 12556.2 标准规定塑料注射模共分为Ⅰ级（合格），Ⅱ级，Ⅲ级（优等）。具体分级指标，见表3－5。

表3－5　塑料注射模分级指标

项目	主尺寸/mm		精度等级 I	精度等级 Ⅱ	精度等级 Ⅲ
			公差等级		
定模座上下平面对动模座下平面平行度	周界尺寸	≤400	5	6	7
		>400～900	6	7	8
模板导柱孔的垂直度	模板厚度	≤200	4	5	6

（3）导套、导柱精度

1）常用导套、导柱精度，见表3－6。

表3－6　常用导套、导柱尺寸

导柱直径/mm			导套直径/mm		
d	d_1	d_2	d_3	D	D_1
8	14	20	8	14	20
12	18	24	12	18	24
15	21	27	15	21	27
20	28	36	20	28	36
25	34	43	25	34	43
30	39	47	30	39	47
35	45	55	35	45	55
45	57	67	45	57	67

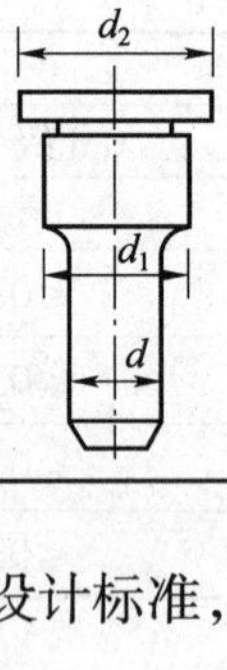

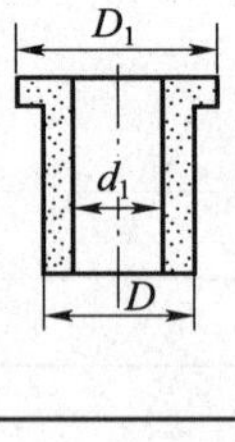

2）直导套设计标准，见表3－7。

表 3－7　直导套设计（摘自 GB 4169. 2—2006）　mm

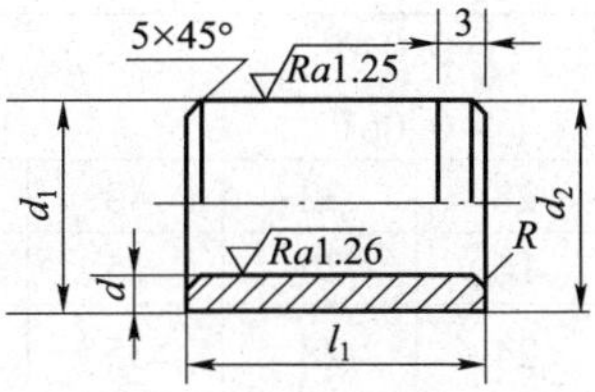

d（h7）		d_1（n6）		d_2（e7）		R	$L_{-0.2}^{-0.1}$									
基本尺寸	极限偏差	基本尺寸	极限偏差	基本尺寸	极限偏差		2. 5	16	20	25	32	40	50	63	80	100
12	+0.018 0	18	+0.023 +0.012	18	−0.032 −0.050	1	0	0	0	0	0					
16		24	+0.028 +0.015	24	−0.040 −0.061			0	0	0	0	0				
20	+0.021 0	28		28					0	0	0	0	0			
25		35	+0.033 +0.017	35	−0.050 −0.075	1				0	0	0	0	0		
32	+0.025 0	42		42						0	0	0	0	0		
40		50		50		5					0	0	0	0	0	
50		63	+0.039 +0.020	63	−0.060 −0.090						0	0	0	0	0	
63	+0.030 0	80		80								0	0	0	0	0

3）带头导套设计标准，见表 3－8。

表 3－8　带头导套设计（摘自 GB 4169. 3—2006）　mm

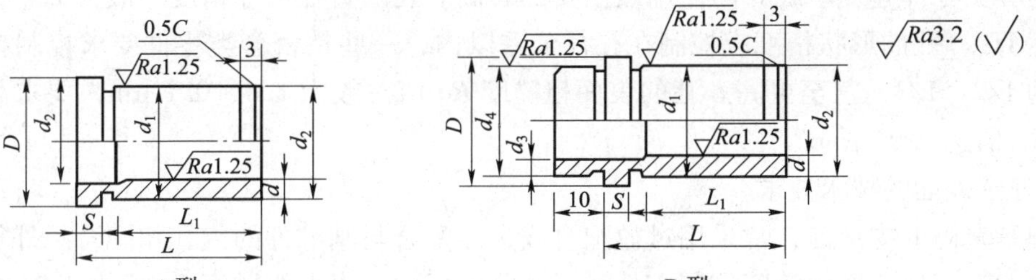

A 型　　B 型

d（h7）	基本尺寸	12	16	20	25	32	40	50	63
	极限偏差	+0. 018 0		+0. 021 0		+0. 025 0			+0. 030 0
d_1（n6）	基本尺寸	18	24	28	35	40	50	63	80
	极限偏差	+0. 012 +0. 001	+0. 015 +0. 002		+0. 050 +0. 002			+0. 021 +0. 002	

续表

d_2（e7）	基本尺寸	18	24	28	35	40	50	63	80
	极限偏差	−0.032 −0.050	−0.040 −0.061		−0.050 −0.075			−0.060 −0.090	
$D_{-0.20}^{\ 0}$		22	28	32	40	48	56	71	90
$d_{+0.10}^{+0.20}$		12	16	20	25	32	40	50	63
d_2（f7）	基本尺寸	18	24	28	35	40	50	63	80
	极限偏差	−0.016 −0.034	−0.020 −0.041		−0.025 −0.050			−0.030 −0.060	
$S_{-0.10}^{\ 0}$		4	6			8			10
R		1				1.5			
$L_{-2.0}^{-1.0}$		L_1							
16		16							
20		20							
25		25							
32		32							
40		32	40						
50		32	50						
63		40	63						
80		63							
100				80	100				
125					100				125
160						100			125
200							125		

2. 套类模具零件的技术要求

套类模具零件的主要表面是内孔和外圆，其主要技术要求如下：

1）孔的技术要求

孔是套类零件起支承或导向作用最主要的表面。孔的直径尺寸精度一般为 IT7 ~ IT9，精密套可达 IT6。孔的形状精度应控制在孔径公差以内，一些精密套类零件要求控制在孔径尺寸公差的 1/2 ~ 1/3，甚至更高。孔的表面粗糙度 Ra 值一般为 1.6 ~ 0.1 μm，要求高的表面粗糙度 Ra 值达 0.04 μm。

2）外圆表面的技术要求

外圆是套筒的支承面，常采用过盈配合或过渡配合与基准件的内孔相配合。外径尺寸精度通常取 IT7 ~ IT8，形状精度控制在外径尺寸公差以内，表面粗糙度 Ra 值为 3.2 ~ 0.4 μm。

3）孔与外圆轴线的同轴度要求

孔与外圆轴线的同轴度要求较高，一般为 0.01 ~ 0.05 mm，甚至更高。

4）端面与孔轴线的垂直度要求

端面与孔轴线的垂直度要求一般为 0.02 ~ 0.05 mm。

对有较高的硬度和耐磨性要求的套类零件，可通过镀铬、淬硬或氮化处理等来达到要求。表面处理工序一般安排在工艺过程的最后阶段进行。表面处理后，工件的尺寸和表面粗糙度变化一般都不大。

3.2　套类模具零件的加工

套类模具零件的主要加工表面为孔和外圆表面。外圆表面根据精度要求可选择车削和磨削。孔加工方法的选择则比较复杂，需要考虑零件结构特点、材料性质、孔径大小、长径比、精度和表面粗糙度要求发及生产规模等各种因素。对于精度要求较高的孔往往还要采用几种不同的方法顺次进行加工。

套类模具零件的主要加工内容是：外圆与端面的车削加工；内孔的钻、镗加工；外圆与内孔的磨削加工；内孔的研磨加工等。

套类模具零件的加工要解决的主要工艺问题有：

（1）套类模具零件主要表面的加工方法的选择，特别是孔的精加工方法的选择；

（2）套类模具零件的位置精度的保证；

（3）如何防止套类模具零件的薄壁变形。

3.2.1　加工方法及加工精度选择

1. 套类模具零件内孔的机械加工方案

孔的加工方法主要有钻、扩、铰、镗、车、磨等。要求很高的孔可通过精细镗、研磨、珩磨、滚压等精密加工获得。孔的加工方法除了加工精度和表面粗糙度的影响外，孔的尺寸和位置也是影响孔加工的原因之一。孔的加工方案，见表3－9。

表3－9　孔的加工方案

加工方案	经济加工精度	经济加工表面粗糙度 $Ra/\mu m$	适用范围
钻	IT11	>25	加工直径小于50 mm的毛坯孔
钻－扩	IT9	12.5～6.3	加工直径小于50～75 mm的低精度孔
钻－扩－铰	IT9～IT8	3.2～1.6	加工直径小于75 mm的孔
钻－扩－粗铰－精铰	IT8～IT7	1.6～0.8	加工直径小于75 mm的孔
粗镗	IT11～IT9	>6.3	加工直径大于25 mm的孔
粗镗－半精镗	IT10～IT8	6.3～3.2	加工直径大于25 mm的孔
粗镗－半精镗－精镗	IT8～IT7	1.6～0.8	加工直径大于25 mm的孔
粗镗－半精镗－精镗－精细镗	IT7～IT6	0.4～0.05	主要用于有色金属加工
钻－扩－粗铰－精铰－珩磨	IT7～IT5	<0.2	加工直径大于25 mm的孔
粗镗－半精镗－精镗－珩磨	IT7～IT5	<0.2	加工直径大于25 mm的孔
钻－扩－拉	IT8～IT7	1.6～0.4	加工直径大于25 mm的孔

（1）钻→扩→铰

这是一条应用最为广泛的加工方案，适用于除淬硬钢以外的各种材料以及各种生产类型的中、小孔的加工。扩孔能纠正位置误差，而铰孔只能保证尺寸、形状精度和减小孔的表面粗糙度，不能提高位置精度。当孔表面本身的精度要求较高、表面粗糙度要求较小时，往往在铰孔之后再安排一次手工精铰。

（2）钻→扩→拉

本方案是一种高效率的加工方案。由于拉刀设计制造复杂、成本高，故只适用于中小零件的大批量生产，可加工未淬硬钢、铸铁和有色金属等到材料。孔长不超过孔径的 3 ~4 倍为宜。

(3) 粗镗→半精镗→精镗

主要用于加工已有铸、锻孔的工件，适用于各种生产类型，直径比较大的孔，材料为除淬硬钢以外的各种材料，尤其适用于有色金属及位置精度较高的孔系加工。可在镗床或车床上进行加工。根据孔的加工精度的高低，精镗之后还可适当安排浮动镗或金刚镗。

(4) 钻（粗镗）→半精镗→磨削

这种方案主要用于淬火工件的加工，也可用于加工质量较高的未淬火钢或铸件，对于有色金属，一般不宜采用。当孔的加工质量要求一般时，磨削为一次性磨削；当孔的质量要求较高时，磨削可分为粗磨和精磨；当孔的质量要求特别高时，磨削可分为粗磨——精磨——超精磨削（或研磨、珩磨）。

2. 套类模具零件内孔的机械加工方法

(1) 钻孔

用钻头在工件实体部位加工孔称为钻孔。钻孔属粗加工，可达到的尺寸公差等级为 IT13 ~ IT11，表面粗糙度值为 $Ra50 \sim 6.3\ \mu m$。由于麻花钻长度较长，钻芯直径小而刚性差，又有横刃的影响，故钻孔有以下工艺特点：

1）钻头容易偏斜。由于横刃的影响定心不准，切入时钻头容易引偏；且钻头的刚性和导向作用较差，切削时钻头容易弯曲。在钻床上钻孔时，如图 3 - 3（a）所示，容易引起孔的轴线偏移和不直，但孔径无显著变化；在车床上钻孔时，如图 3 - 3（b）所示，容易引起孔径的变化，但孔的轴线仍然是直的。因此，在钻孔前应先加工端面，并用钻头或中心钻预钻一个锥坑，如图 3 - 4 所示，以便钻头定心。钻小孔和深孔时，为了避免孔的轴线偏移和不直，应尽可能采用工件回转方式进行钻孔。

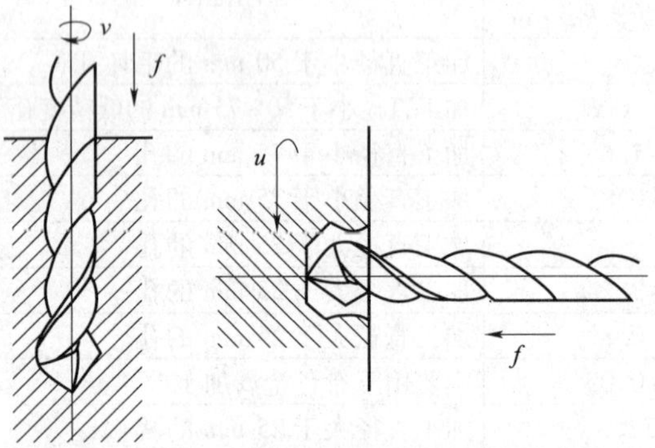

图 3 - 3　两钻削方式引起的孔的加工误差

(a) 钻床钻孔；(b) 车床车孔

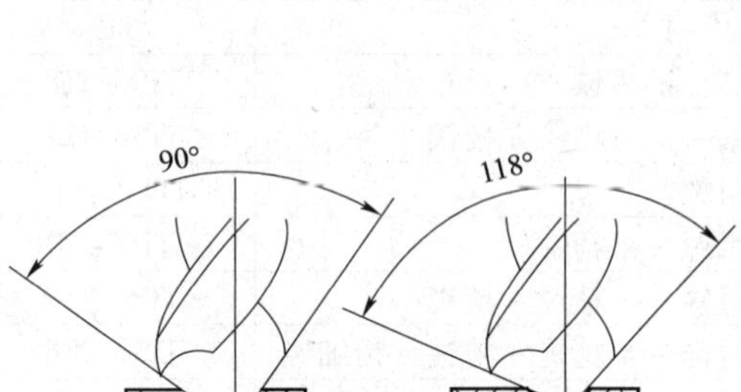

图 3 - 4　钻孔前预钻锥孔

2）孔径容易扩大。钻削时钻头两切削刃径向力不等将引起孔径扩大；卧式车床钻孔时切入引偏也是孔径扩大的重要原因；此外，钻头的径向跳动也是造成孔径扩大的原因。

3）孔的表面质量较差。钻削切屑较宽，在孔内被迫卷为螺旋状，流出时与孔壁发生摩擦而刮伤已加工表面。

4）钻削时轴向力大。试验表明，钻孔时 50% 的轴向力和 15% 的扭矩是由横刃产生的。

当钻孔直径 $d > \phi 30$ mm 时，一般分两次进行钻削，第一次钻出（0.5～0.7）d，第二次扩钻到所需的孔径。由于第二次扩孔时横刃不参加切削，可采用较大的进给量，使孔的表面质量和生产率均得到提高。

（2）扩孔

扩孔是用扩孔钻对已钻出的孔做进一步加工，以扩大孔径并提高精度和降低表面粗糙度值。扩孔可达到的尺寸公差等级为 IT11～IT9，表面粗糙度值为 Ra12.5～3.2 μm，属于孔的半精加工方法，常作铰削前的预加工，也可作为精度不高的孔的终加工。

扩孔方法如图 3－5 所示，扩孔余量（$D-d$），可由表查阅，扩孔钻的形式随直径不同而不同。直径为 $\phi 10$～$\phi 32$ mm 的为锥柄扩孔钻，如图 3－6（a）所示。直径 $\phi 25$～$\phi 80$ mm 的为套式扩孔钻，如图 3－6（b）所示。

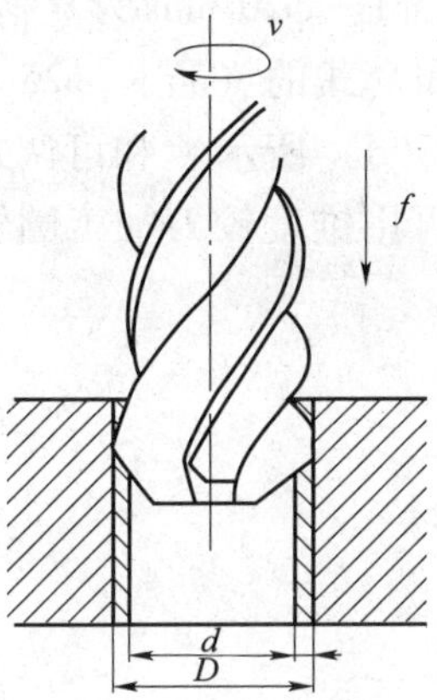

图 3－5　扩孔

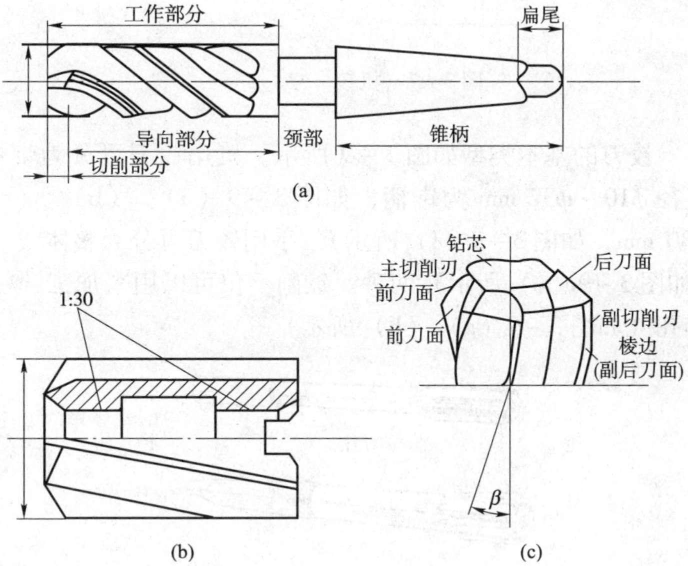

图 3－6　扩孔钻

扩孔钻的结构与麻花钻相比有以下特点：

1）刚性较好。由于扩孔的背吃刀量小，切屑少，扩孔钻的容屑槽浅而窄，钻芯直径较大，增加了扩孔钻工作部分的刚性。

2）导向性好。扩孔钻有 3～4 个刀齿，刀具周边的棱边数增多，导向作用相对增强。

3）切屑条件较好。扩孔钻无横刃参加切削，切削轻快，可采用较大的进给量，生产率较高；又因切屑少，排屑顺利，不易刮伤已加工表面。因此，扩孔与钻孔相比，加工精度高，表面粗糙度值较低，且可在一定程度上校正钻孔的轴线误差。此外，适用于扩孔的机床与钻孔相同。

（3）铰孔

铰孔是在半精加工（扩孔或半精镗）的基础上对孔进行的一种精加工方法。铰孔的尺寸公差等级可达 IT9～IT6，表面粗糙度值可达 Ra3.2～0.2 μm。

铰孔的方式有机铰和手铰两种。在机床上进行铰削称为机铰，如图 3－7 所示；用手工进行铰削的称为手铰，如图 3－8 所示。

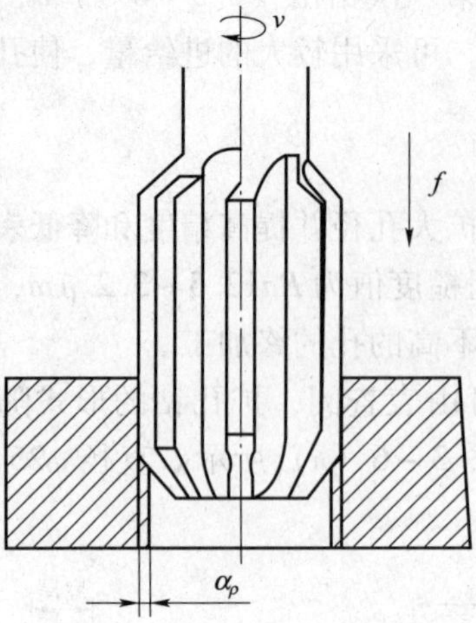

图 3-7　机铰

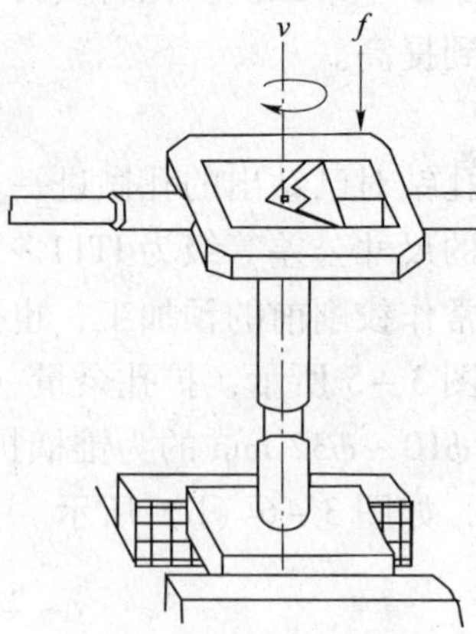

图 3-8　手铰

铰刀的基本类型如图 3-9 所示。机用铰刀可分为带柄的（直径 $\phi1\sim\phi20$ mm 为直柄，直径 $\phi10\sim\phi32$ mm 为锥柄，如图 3-9（a）、（b）、（c）所示）和套式的（直径 $\phi25\sim\phi80$ mm，如图 3-9（f）所示）。手用铰刀可分为整体式（如图 3-9（d）所示）和可调式（如图 3-9（e）所示）两种。铰削不仅可以用来加工圆柱形孔，也可用锥度铰刀加工圆锥形孔（如图 3-9（g）、（h）所示）。

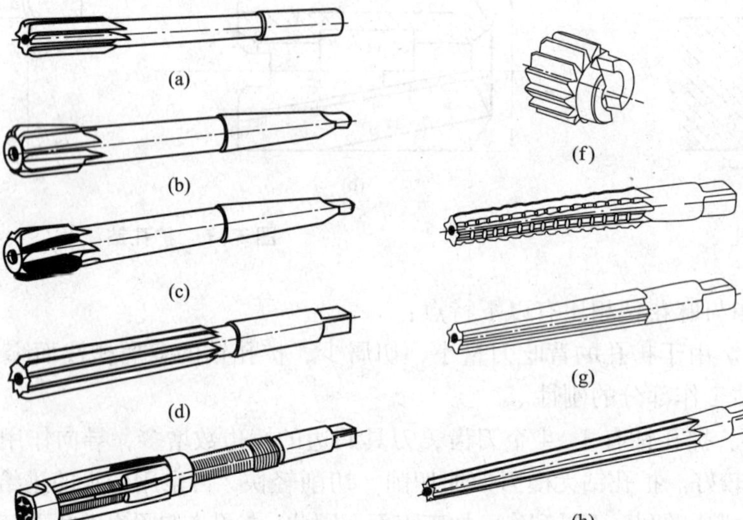

图 3-9　铰刀的基本类型

（a）直柄机用铰刀；（b）锥柄机用铰刀；（c）硬质合金锥柄机用铰刀；（d）手用铰刀；（e）可调节手用铰刀；（f）套式机用铰刀；（g）直柄莫氏圆锥铰刀；（h）手用 1:50 锥度销子铰刀

1）铰削方式

铰削的余量很小，若余量过大，则切削温度高，会使铰刀直径膨胀导致孔径扩大，使切屑增多而擦伤孔的表面；若余量过小，则会留下原孔的刀痕而影响表面粗糙度。一般粗铰余量为

0.15～0.25 mm，精铰余量为0.05～0.15 mm。铰削应采用低切削速度，以免产生积屑瘤和引起振动，一般粗铰 v_c =4～10 m/min，精铰 v_c =1.5～5 m/min。机铰的进给量可比钻孔时高3～4倍，一般可 f =0.5～1.5 mm/r。为了散热以及冲排屑末、减小摩擦、抑制振动和降低表面粗糙度值，铰削时应选用合适的切削液。铰削钢件常用乳化液，铰削铸铁件可用煤油。

如图3－10（a）所示，在车床上铰孔，若装在尾架套筒中的铰刀轴线与工件回转轴线发生偏移，则会引起孔径扩大。如图3－10（b）所示，在钻床上铰孔，若铰刀轴线与原孔的轴线发生偏移，也会引起孔的形状误差。

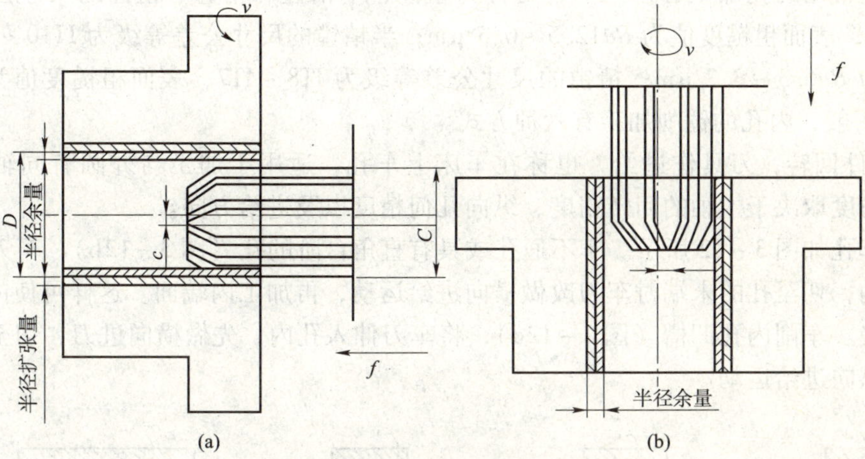

图3－10　铰刀偏斜引起的加工误差

（a）车床铰孔；（b）钻床铰孔

机用铰刀与机床常用浮动连接，以防止铰削时孔径扩大或产生孔的形状误差。铰刀与机床主轴浮动连接所用的浮动夹头如图3－11所示。浮动夹头的锥柄1安装在机床的锥孔中，铰刀锥柄安装在锥套2中，挡钉3用于承受轴向力，销钉4可传递扭矩。由于锥套2的尾部与大孔、销钉4与小孔间均有较大间隙，所以铰刀处于浮动状态。

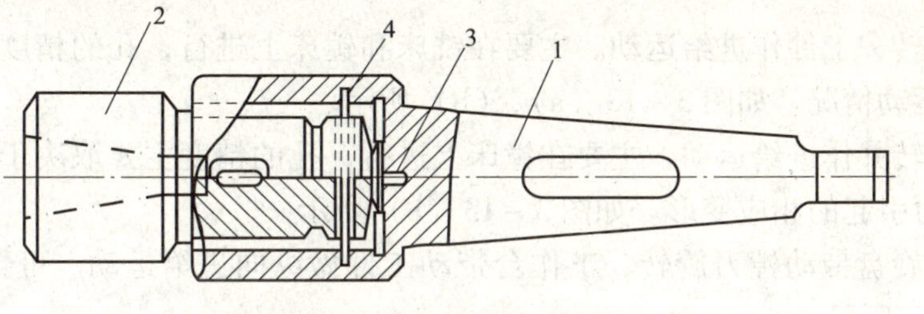

图3－11　铰刀的浮动夹头

1—锥柄；2—锥套；3—挡钉；4—销钉

2）铰削的工艺特点

①铰孔的精度和表面粗糙度主要不取决于机床的精度，而取决于铰刀的精度、铰刀的安装方式、加工余量、切削用量和切削液等条件。例如在相同的条件下，在钻床上铰孔和在车床上铰孔所获得的精度和表面粗糙度基本一致。

②铰刀为定径的精加工刀具，铰孔比精镗孔容易保证尺寸精度和形状精度，生产率也较

高，对于小孔和细长孔更是如此。但由于铰削余量小，铰刀常为浮动连接，故不能校正原孔的轴线偏斜，孔与其他表面的位置精度则需由前工序或后工序来保证。

③铰孔的适应性较差。一定直径的铰刀只能加工一种直径和尺寸公差等级的孔，如需提高孔径的公差等级，则需对铰刀进行研磨。铰削的孔径一般小于 ϕ80 mm，常用的在 ϕ40 mm以下。对于阶梯孔和盲孔则铰削的工艺性较差。

（4）镗孔、车孔

镗孔是用镗刀对已钻出、铸出或锻出的孔做进一步的加工。可在车床、镗床或铣床上进行。镗孔是常用的孔加工方法之一，可分为粗镗、半精镗和精镗。粗镗的尺寸公差等级为IT13～IT12，表面粗糙度值为 Ra12. 5～6. 3 μm；半精镗的尺寸公差等级为IT10～IT9，表面粗糙度值为 Ra6. 3～3. 2 μm；精镗的尺寸公差等级为IT8～IT7，表面粗糙度值为 Ra1. 6～0. 8 μm。一般，内孔的镗削加工有六种方式。

1）工件回转，刀具作进给，也称在车床上车孔，适用于加工与外圆有同轴度要求的孔，孔的精度取决于主轴的回转精度、纵向几何精度以及进给方向。

车床车孔如图3－12所示。车不通孔或具有直角台阶的孔（图3－12b），车刀可先做纵向进给运动，切至孔的末端时车刀改做横向进给运动，再加工内端面。这样可使内端面与孔壁良好衔接。车削内孔凹槽（图3－12d），将车刀伸入孔内，先做横向进刀，切至所需的深度后再做纵向进给运动。

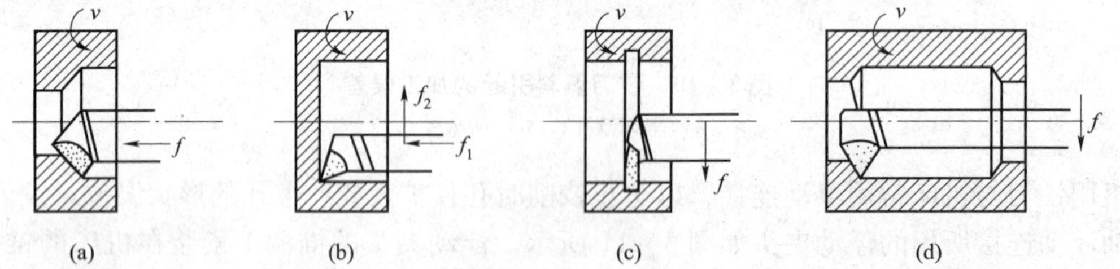

图3－12　车床车孔

（a）车通孔；（b）车不通孔；（c）车槽；（d）车内凹槽

2）刀具回转，工件作进给运动。主要在铣床和镗床上进行，孔的精度主要取决于工作台进给方向的运动情况。如图3－13（a）、（b）所示。

3）刀具回转并作进给运动。主要在镗床上进行，孔的精度主要取决于镗刀杆悬伸长度的变化及切削力引起的相应变形。如图3－13（c）所示。

4）镗床平旋盘带动镗刀旋转，工作台带动工件做纵向进给运动。可镗大孔、镗内槽。如图3－13（d）所示。

5）在卧式铣床上镗孔。与图3－12（a）所示方式相同，镗刀杆装在卧式铣床的主轴锥孔内做旋转运动，工件安装在工作台上做横向进给运动。

6）浮动镗削。在成批或大量生产时，对于孔径大于80 mm、孔深长、精度高的孔，均可用浮动镗刀进行精加工。浮动镗削相当于铰削，优点是易于稳定地保证加工质量，操作简单，生产率高。但不能校正原孔的位置误差。

镗孔广泛用于单件小批量生产中各类零件的孔加工。在大批量生产中，镗削支架和箱体的轴承孔，需用镗模。

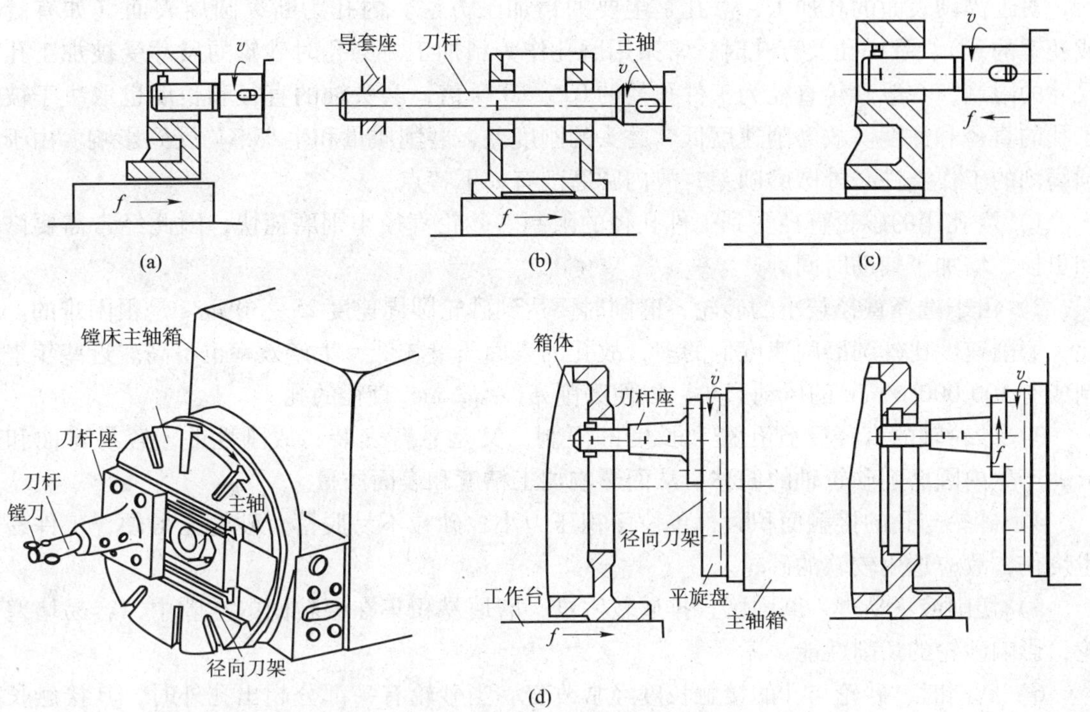

图 3－13　套类零件内孔镗孔方法

（5）内孔磨削

内圆磨削是指用直径较小的砂轮加工圆柱孔、圆锥孔、孔端面和特殊形状内孔表面的方法。如图 3－14 所示。

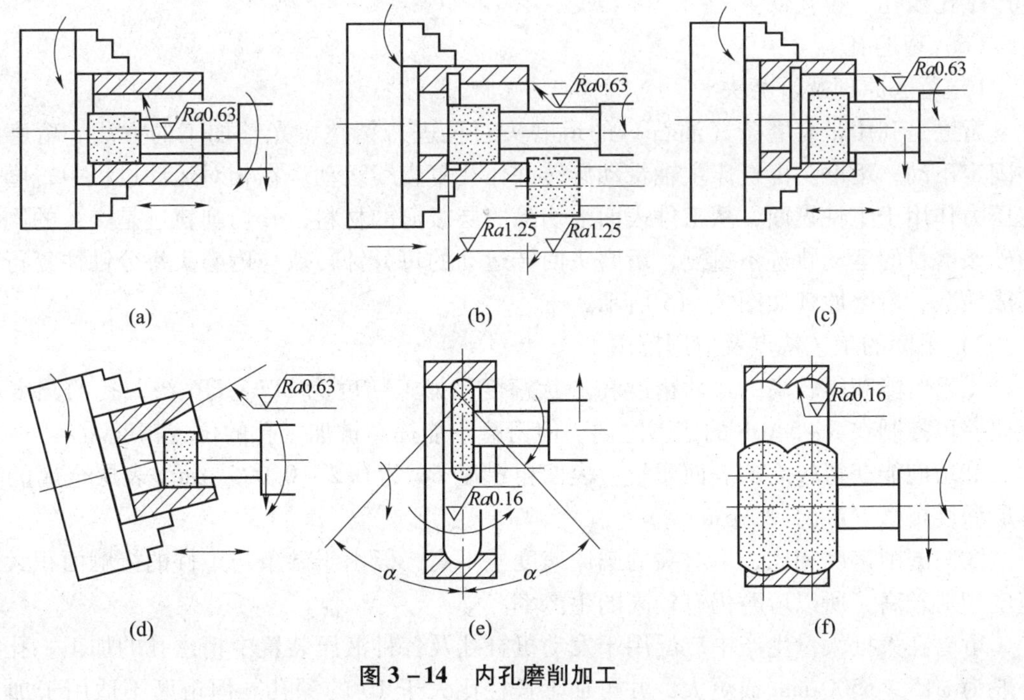

图 3－14　内孔磨削加工

对于淬硬表面的孔加工，磨孔是主要的精加工方法。内孔为断续圆周表面（如有键槽或花键的孔）、阶梯孔及盲孔时，常采用磨孔作为精加工。磨孔时砂轮的尺寸受被加工孔径尺寸的限制，一般砂轮直径为工件孔径的0.5～0.9倍，磨头轴的直径和长度也取决于被加工孔的直径和深度。故磨削速度低，磨头的刚度差，磨削质量和生产率均受到影响。由于内圆磨削的工作条件必外圆磨削差，故内圆磨削有如下特点：

1）磨孔用的砂轮直径受到工件孔径的限制。砂轮直径小则磨耗快，因此经常需要修整和更换，增加了辅助时间。

2）由于选择直径较小的砂轮，磨削时要达到砂轮圆周速度25～30 m/s是很困难的。因此，磨削速度比外圆磨削速度低的多，故孔的表面质量较低，生产效率也不高。近些年来已制成有100 000 r/min的风动磨头，以便磨削ϕ1～ϕ2 mm直径的孔。

3）砂轮轴的直径受到孔径和长度的限制，又是悬臂安装，故刚性差，容易弯曲和变形，产生内圆磨削砂轮轴的偏移，从而影响加工精度和表面质量。

4）砂轮与孔的接触面积大，单位面积压力小，砂粒不易脱落，砂轮显得硬，工件易发生烧伤，故应选用较软的砂轮。

5）切削液不易进入磨削区，排屑较困难，磨屑易积集在磨粒间的空隙中，容易堵塞砂轮，影响砂轮的切削性能。

6）磨削时，砂轮与孔的接触长度经常改变。当砂轮有一部分超出孔外时，其接触长度较短，切削力较小，砂轮主轴所产生的压移量比磨削孔的中部时为小，此时被磨去的金属层较多，从而形成“喇叭口”。为了减小或消除其误差，加工时应控制砂轮超出孔外的长度不大于1/2～1/3砂轮宽度。内圆磨削精度可达IT7，表面粗糙度可达*Ra*0.4～0.2 μm。

由于以上原因，内圆磨削生产率较低，加工精度不高，一般为IT8～IT7，粗糙度值为*Ra*1.6～0.2 μm。磨孔与铰孔、拉孔相比，能校正原孔的轴线偏斜，提高孔的位置精度，但生产率比铰孔、拉孔低。

（6）珩磨孔

1）珩磨原理及珩磨头

珩磨是利用带有磨条（油石）的珩磨头对孔进行精整、光整加工的方法。珩磨时，工件固定不动，珩磨头由机床主轴带动旋转并作往复直线运动。在相对运动过程中，磨条以一定压力作用于工件表面，从工件表面上切除一层极薄的材料，其切削轨迹是交叉的网纹。为使砂条磨粒的运动轨迹不重复，珩磨头回转运动的每分钟转数与珩磨头每分钟往复行程数应互成质数。珩磨原理如图3－15所示。

2）珩磨的工艺特点及应用范围

①珩磨能获得较高的尺寸精度和形状精度，加工精度为IT7～IT6级，孔的圆度和圆柱度误差可控制在3～5 μm的范围之内，但珩磨不能提高被加工孔的位置精度。

②珩磨能获得较高的表面质量，表面粗糙度*Ra*为0.2～0.025 μm，表层金属的变质缺陷层深度极微（2.5～25 μm）。

③与磨削速度相比，珩磨头的圆周速度虽不高，但由于砂条与工件的接触面积大，往复速度相对较高，所以珩磨仍有较高的生产率。

珩磨在大批大量生产中广泛用于发动机缸孔及各种液压装置中精密孔的加工，孔径范围一般为ϕ15～ϕ500 mm或更大，并可加工长径比大于10的深孔。但珩磨不适用于加工塑性

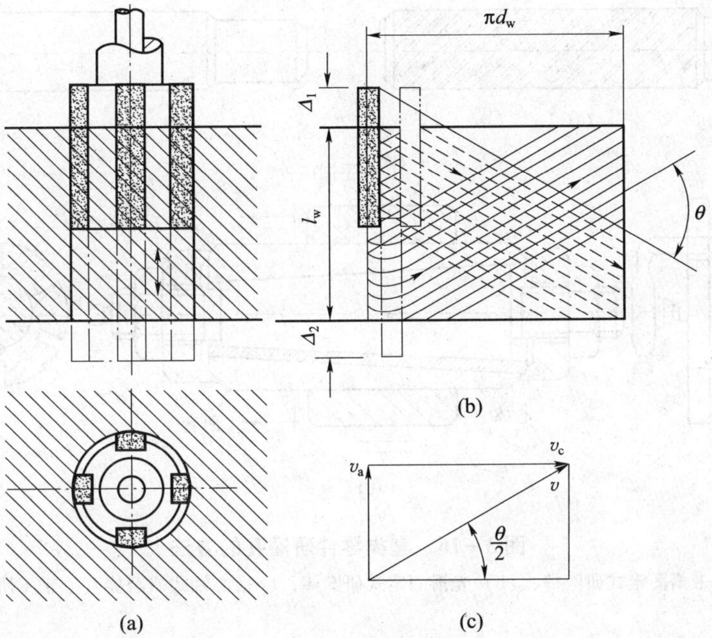

图 3-15　珩磨原理

（a）成型运动；（b）砂条磨削轨迹展开图；（c）合成速度

较大的有色金属工件上的孔，也不能加工带键槽的孔、花键孔等断续表面。

（7）研磨孔

珩磨主要用于内孔精密加工，专用性强。研磨的应用范围广，不仅用于研磨外圆柱面、精密定位中心孔、平面与曲面，也用于套类工件精密加工。

通过研磨，孔的经济精度可达 2 ~ 8 μm，圆柱度可达 1 ~ 3 μm，表面粗糙度 *Ra* 为 0. 4 ~ 0. 012 μm.

导套内孔研磨主要有三种方法：采用研磨工具进行手工研磨、在车床上研磨和采用精密研磨机进行研磨。

1）手工研磨

将工件固定在研磨夹具上，采用固定式或可调式研磨棒，放入导套孔内，并使研磨棒产生弹性变形胀开研磨套外圆面压在内孔面上，其间放入研磨剂，以手选择并进行往复运动进行研磨。

2）车床研磨

将调好的研磨棒与套在其上的工件一起装夹在车床的三爪自定心卡盘上，并在尾座顶导套内孔面与研磨棒之间放入研磨膏，手持套类模具工件外圆，作往复运动进行半机械化内孔研磨，如图 3-16 所示。

3）常用研磨机进行研磨。批量生产可采用专用精密机床进行半自动化研磨，也可进行多件研磨。

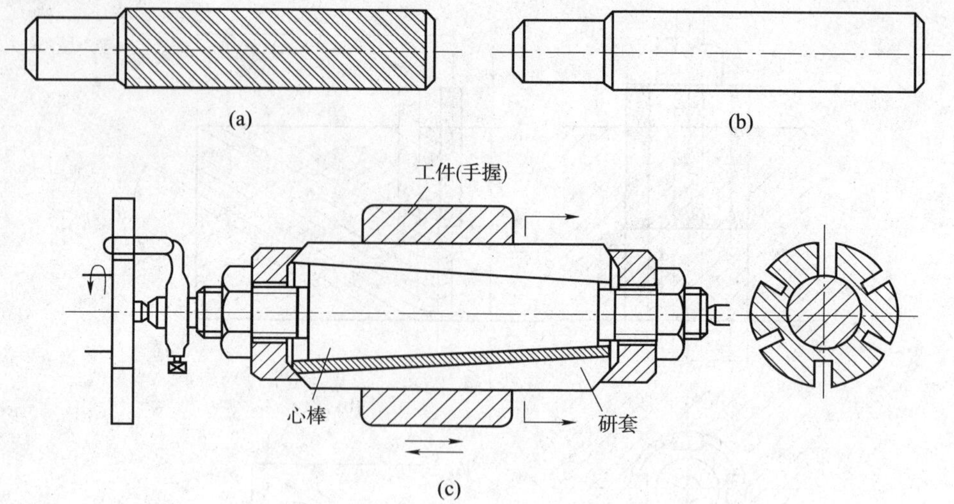

图 3-16　套类零件研磨孔的方法

（a）带槽固定式研磨棒；（b）光滑固定式研磨棒；（c）心轴式研磨棒（心轴 + 研磨套）

3.2.2　保证套类模具零件加工质量

1. 套类模具零件加工质量

零件的机械加工质量有两大指标：即机械加工精度和机械加工表面质量两方面。

（1）机械加工精度

机械加工精度是指零件在机械加工后的实际几何参数（尺寸、几何形状及各表面相互位置参数）与理想几何参数的符合程度。符合程度越好，加工精度就越高。加工后的实际几何参数与理想几何参数之间的差值称为加工误差，加工误差的大小反映了加工精度的高低。在满足产品使用前提下，零件存在一定的加工误差是允许的，只要这些误差控制在规定的范围内（即公差范围内），就认为是保证了零件的加工精度。研究加工精度的目的，就在于研究如何将各种误差控制在允许的范围内，弄清楚各种因素对加工精度的影响规律，从而找出减少加工误差、提高加工精度的途径和针对性的措施。机械加工精度的具体内容包括：

1）尺寸精度：指零件的直径、长度和表面间距离等尺寸的实际值和理想值的接近程度；

2）形状精度：指零件表面或线的实际形状与理想形状的接近程度，国家标准中规定用直线度、平面度、圆度、圆柱度、线轮廓度和面轮廓度作为评定形状精度的项目；

3）位置精度：指零件表面或线的实际位置和理想位置的接近程度，国家标准中规定用平行度、垂直度、同轴度、对称度、位置度、圆跳动和全跳动作为评定位置精度的项目。

（2）表面质量

机械加工的表面质量是指机械加工后零件表面层状态完整性的表征，它包括加工表面的几何特征和表面层物理力学性能两方面。

1）加工表面的几何特征

加工表面的几何特征是指加工表面的微观几何特征，主要由表面粗糙度和表面波度两部分组成。表面粗糙度是波距小于 1 mm 的表面微小波纹，它主要是由刀具的形状以及切削过程中的塑性变形和振动等因素引起的，是指已加工表面的微观几何形状误差。表面波度是指波距在1～20 mm之间的表面波纹，通常是当波距与波高之比小于50时为表面粗糙度，而当波距与波高之比在50～1 000之间时为表面波度。它主要是由加工过程中工艺系统的低频振动引起的周期性形状误差。

2）加工表面层的物理力学性能

表面层的物理力学性能包括表面层的加工硬化、残余应力和表面层的金相组织变化。表面层的加工硬化一般用硬化层的深度和硬化程度N来评定。

$$N = \left(\frac{H - H_0}{H_0}\right) \times 100\%$$

式中　H——加工后表面层的显微硬度；

H_0——原材料的显微硬度。

表面层的残余应力是在加工过程中，由于塑性变形、金相组织的变化和温度造成的体积变化的影响，表面层会产生残余应力，它对零件使用性能的影响取决于它的方向、大小和分布状况。

在加工过程中的高温作用下，工件表层温度升高，当温度超过材料的相变临界点时，就会造成表面层组组织的变化，从而大大降低零件的使用性能。

总之，质量、生产率和经济性是机械制造工艺过程中的基本问题。它们之间有着密切的联系，而质量始终是最根本的问题。机械产品是由若干零件装配而成的，产品的质量与零件的机械加工质量、产品的装配质量密切相关，而零件的机械加工质量是保证整台机器质量的基础。

2. 套类模具零件的装夹定位

套类模具零件的主要加工任务是进行同轴度较高的内、外圆表面加工。一般以孔或外圆为定位基准，其主要的装夹方法有以下三种：

（1）以外圆（或外圆与端面）为定位基准进行装夹

通常使用三爪卡盘、四爪卡盘和弹簧夹头等夹具，当工件为毛坯时，以外圆为粗基准定位装夹；当工件外圆和端面已加工时，常以外圆或外圆与端面为精基准进行定位装夹。

①三爪自定心卡盘装夹

使用三爪自定心卡盘装夹迅速，但一般卡盘的装夹误差较大，工件加工后的位置精度较低，通常使用软爪来提高其定心精度。当工件较大时，常采用“一夹一托”的方法进行装夹。

②四爪单动卡盘装夹

当工件夹持长度较短，又需要很大的夹紧力，或工件内外圆同轴度要求较高需要找正时可采用四爪单动卡盘装夹，通过打表的方法获得较高的位置精度，但较费时。

③专用夹具装夹

根据工件的结构和生产纲领的不同，常常用专用夹具来提高生产效率，如图3－17所示弹簧夹头、液性塑料夹头等。

（2）以已加工内孔为定位基准进行装夹

为了保证零件内、外圆的同轴度，对于工件孔已加工，且孔的尺寸不太大时，常在半精加工后以已加工孔在心轴上定位进行外圆（或外圆与端面）的精加工，此类夹具结构简单，制造和装夹误差较小，可获得较高的位置精度。

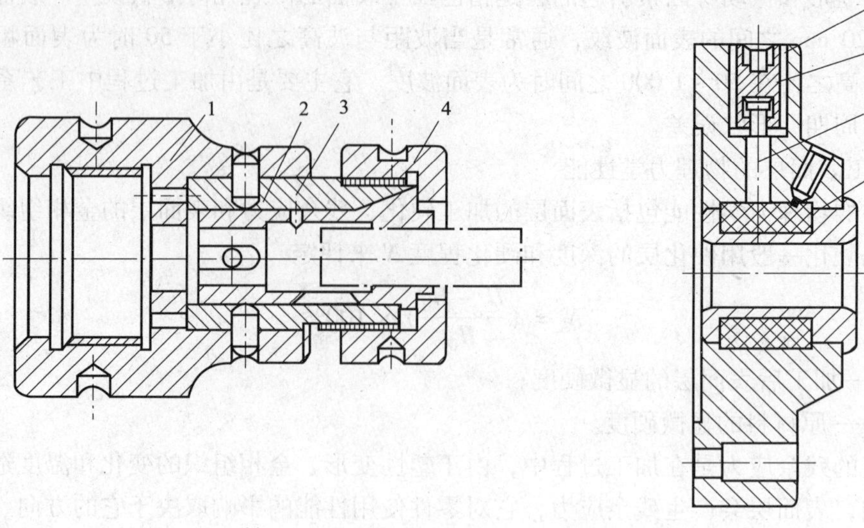

图 3－17　专用夹头

（a）弹簧夹头；（b）液性塑料夹头

1，5—夹具体；2—弹簧筒夹；3—锥孔套；4—螺母；6—螺钉；7—柱塞；8—薄壁弹性套筒

当内、外圆同轴度要求不高时，可采用圆柱形心轴和可胀式弹簧心轴，如图 3－18、图 3－19 所示。

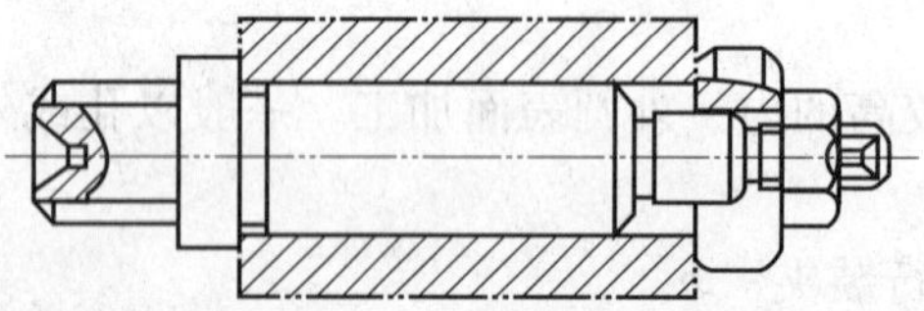

图 3－18　圆柱形心轴

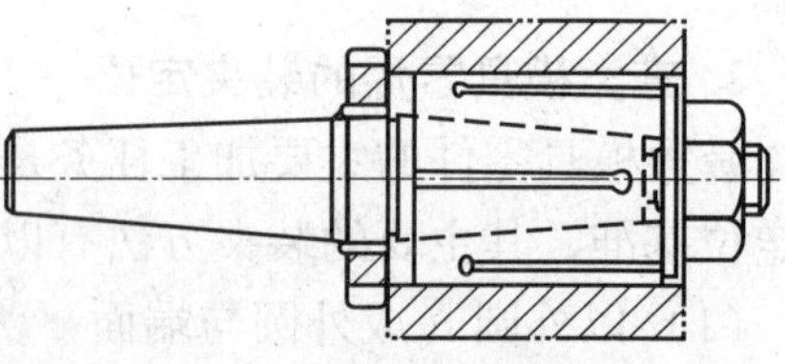

图 3－19　可胀式弹簧心轴

当对零件的内、外圆同轴度要求较高时，可用锥心轴（图 3－20）和液性塑料心轴（图 3－21）。锥心轴的锥度一般为 1∶1 000～1∶5 000，其定心精度可达 0.005～0.01 mm，适用于淬硬套类零件的磨削加工。若要得到更高的定心精度，心轴锥度可取 1∶10 000 或更小，其定心精度为 2～3 μm。液性塑料心轴的定心精度可达 0.01～0.003 mm，且工件不限于淬硬钢，在车床和磨床上均可使用。

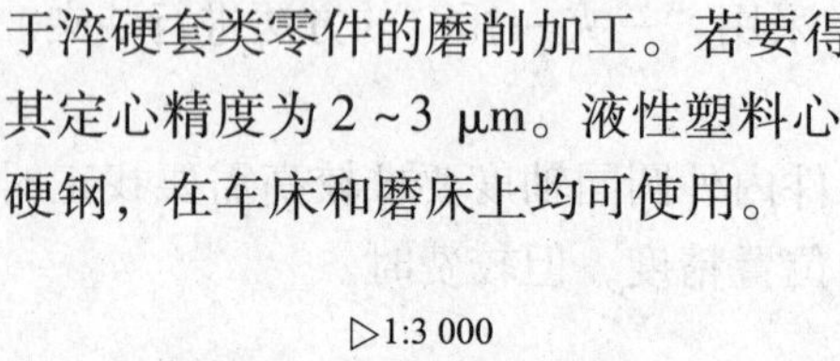

图 3－20　锥心轴

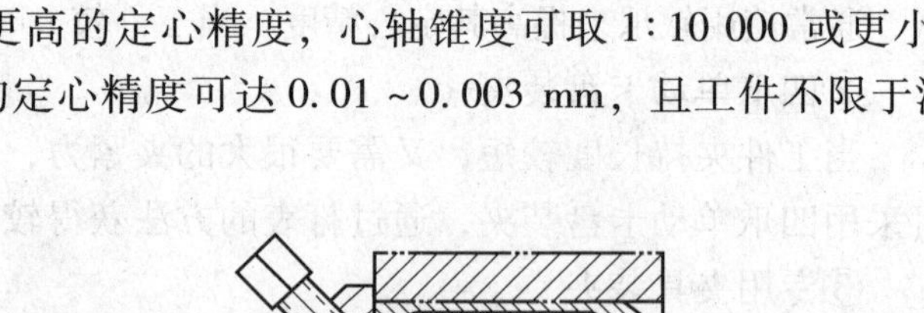

图 3－21　液性塑料心轴

3. 防止变形的工艺措施

加工套类模具零件，除了会产生尺寸超差、表面粗糙度太大和磨削烧伤等一般性质量问题外，由于套类模具零件孔壁薄，加工中常因夹紧力、切削力、残余应力和切削热等因素的影响而产生变形。

为防止薄壁零件加工过程中变形，常采用以下工艺方法：采用开口套夹持工件；采用软爪；改径向夹持为轴向装夹；夹工艺凸边同时切削内外圆。

（1）薄壁工件的加工特点

车薄壁工件时，由于工件的刚性差，在车削过程中，可能产生以下现象。

1）因工件壁薄，在夹压力的作用下容易产生变形。从而影响工件的尺寸精度和形状精度。当采用如图 3－22 所示三爪卡盘夹紧工件加工内孔时，在夹紧力的作用下，会略微变成三角形，但车孔后得到的是一个圆柱孔。当松开卡爪，取下工件后，由于弹性恢复，外圆恢复成圆柱形，而内孔则变成弧形三角形。若用内径千分尺测量时，各个方向直径 D 相等，但已变形不是内圆柱面了，这种现象称为等直径变形。

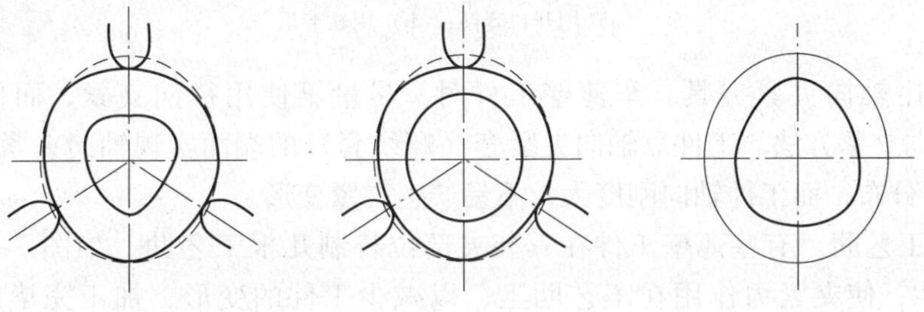

图 3－22　三爪卡盘夹持薄壁套筒镗孔变形误差

（a）夹紧后；（b）镗孔后；（c）放松后

2）因工件较薄，切削热会引起工件热变形，从而使工件尺寸难以控制。对于线膨胀系数较大的金属薄壁工件，如在一次安装中连续完成半精车和精车，由切削热引起工件的热变形，会对其尺寸精度产生极大影响，有时甚至会使工件卡死在夹具上。

3）在切削力（特别是径向切削力）的作用下，容易产生振动和变形，影响工件的尺寸精度，形状、位置精度和表面粗糙度。

（2）减少和防止薄壁件加工变形的方法

1）工件分粗、精车阶段。粗车时，由于切削余量较大，夹紧力稍大些，变形也相应大些；精车时，夹紧力可稍小些，一方面夹紧变形小，另一方面精车时还可以消除粗车时因切削力过大而产生的变形。

2）合理选用刀具的几何参数。精车薄壁工件时，刀柄的刚度要求高，车刀的修光刃不宜过长（一般取 0.2～0.3 mm），刃口要锋利。

3）增加装夹接触面。对于需径向夹紧的工件，应尽可能采用使夹紧力均匀的方法。如图 3－23（a）所示，采用开缝套筒或一些特制的软卡爪。使接触面积增大，让夹紧力均布在工件上，从而使工件夹紧时不易产生变形。

软卡是未经淬火的卡爪，形状与普通的硬爪相同，如图 3－23（b）所示。使用时，把硬卡前半部拆下，换上软爪，用螺钉连接。如果卡爪是整体式的，可以在旧的硬爪上焊上一块软钢料或堆焊铜料。对换上的软爪或焊上的软材料，在装夹工件之前，必须用车刀对软爪的夹持面进行车削，车削软爪的直径应跟被夹的工件直径基本相同，并车出一个台阶，以使工件端面正确定位。在车软爪之前，为了消除间隙必须在卡盘内端夹持一段略小于工件直径的定位衬柱，待车好后拆除。用软爪装夹工件，既能保证位置精度，也可减少找正工件，防止夹伤工件表面。

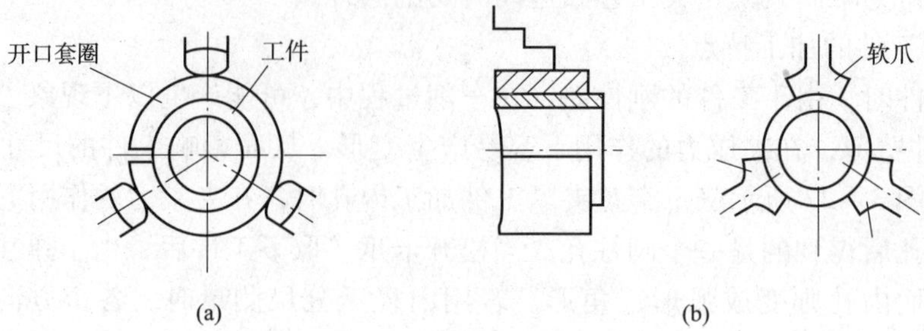

图 3－23　增加夹持部分接触面积

（a）用开口套筒；（b）用软卡爪

4）应采用轴向夹紧夹具。车薄壁工件时，尽量不使用径向夹紧，而优先选用如图 3－24所示轴向夹紧方法。工件靠轴向夹紧套（螺纹套）的端面实现轴向夹紧，由于夹紧力 F 沿工件轴向分布，而工件轴向刚度大，不易产生夹紧变形。

5）增加工艺肋。有些薄壁工件在其装夹部位特制几根工艺肋，如图 3－25 所示，以增强此处刚性，使夹紧力作用在工艺肋上，以减少工件的变形，加工完毕后，再去掉工艺肋。

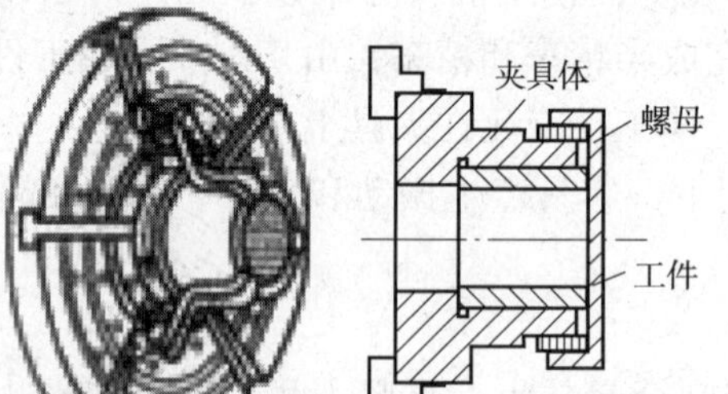

图 3－24　采用轴向夹持

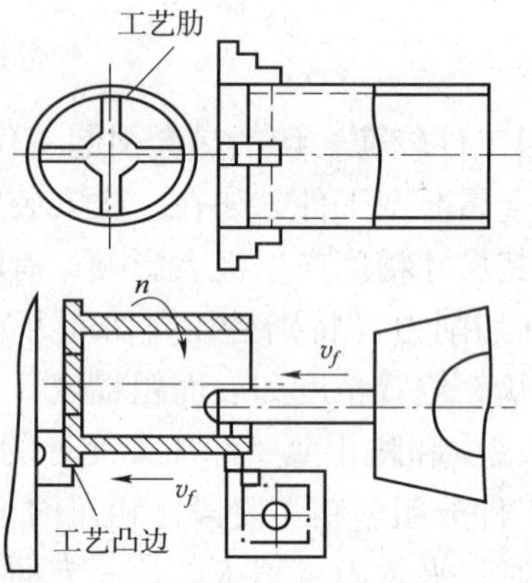

图 3－25　增加工艺肋

6）充分浇注切削液　通过充分浇注切削液，降低切削温度，减少工件热变形。

薄壁零件受热后温升较快，如工件热膨胀受阻或出现温差，就会产生变形。如图 3－26（a）所示，被磨套筒在心轴上从两段夹紧，加工时由于切削热的作用，一方面工件热伸长受夹具两段限制而中部沿径向凸起；另一方面工件两端因与夹具接触，散热快，温度较中部低，故径向膨胀较中部小。因此，工件中部被磨去的金属多，两头同较少，冷却后变成鞍形，如图 3－26（b）所示。解决的办法是：避免工件出现温差；使工件沿轴向或径向有自由延伸的可能性；充分使用切削液。

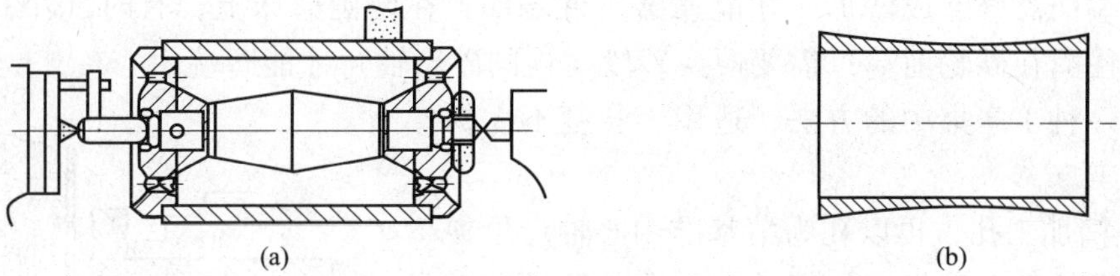

图 3－26　套筒热变形引起的加工误差

7）当车削已经车好薄壁套筒内孔的外圆时，由于越车工件壁越薄、刚性越差，车削中越容易产生振动。为了减小振动，可以将一块橡胶片卷成筒状塞入孔内。这样，车削时，在离心力的作用下，橡胶片紧贴孔壁，既可增加工件的刚性，又可吸收振动，具有一定的消振和减振作用。

8）当车削已经车好薄壁套筒外圆的内孔时，可以先将医用橡胶管（或其他橡胶带）均匀地绕在外圆面上，然后再进行车内孔。这样，也能够起到一定的消振和减振作用。

（3）数控车削薄壁件参数选择

数控车床进行薄壁件加工时，具有较大的优势，对于直径 $\phi160$ mm 以内，长度短于 250 mm 以下，壁厚为 2～2.5 mm 的薄壁工件，可以一次性车削成型。但应注意不要夹持在薄壁部位，同时应选择合适的刀具角度，具体的刀具角度如下。

1）外圆精车刀 $\kappa_r=90°\sim93°$，$\kappa_{r1}=15°$，$\alpha_0=14°\sim16°$，$\alpha_{01}=15°$，γ_0 适当增大，刀具材料为 YW1 硬质合金。

2）内孔精车刀 $\kappa_r=60°$，$\kappa_{r1}=30°$，$\gamma_0=35°$，$\alpha_0=14°\sim16°$，$\alpha_{01}=6°\sim8°$，$\lambda_s=5\sim6°$，刀具材料为 YW1 硬质合金。

4. 保证表面相互位置精度的方法

（1）在一次装夹中完成内外表面及端面的全部加工。这种方法既消除了基准不重合误差，也没有工件定位时的基准面位移误差，零件的位置精度完全取于设备本身的几何精度。但是，这种方法的工序比较集中，对于尺寸较大（尤其是长径比较大）套筒也不便装夹，故多用于中小尺寸轴套的加工。

1）在各种车床上一次安装中完成端面、内孔和外圆的车削，然后切断（图 3－27）。若另一端面垂直度要求也高，可在平面磨床上用已车端面定位磨平。

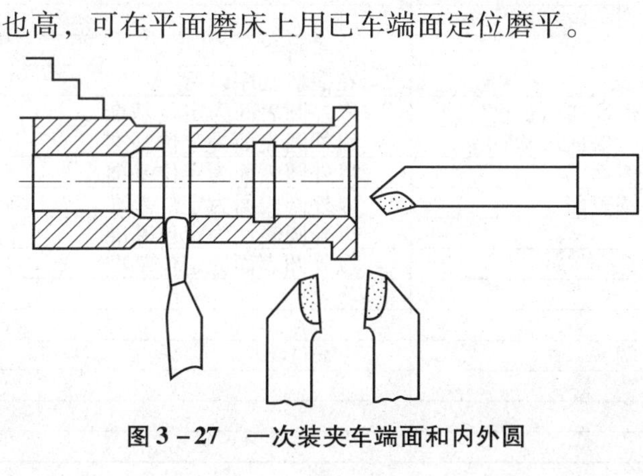

图 3－27　一次装夹车端面和内外圆

2）在万能外圆磨床和内圆磨床上一次装夹磨成内孔和端面（图3-28）。但万能外圆磨床上的砂轮端面需修磨成凹形，才能靠磨工件端面；在内圆磨床上，有时（小孔用磨头的紧固螺纹往往露在砂轮前端）需要便换砂轮（连同砂轮轴）才能磨端面。

以上是一种工序集中的方法，适用于长度不大的套类零件加工。

(2) 先精加工孔，再以孔为精基准用心轴定位夹紧，实现基准统一。选作定位精基准的孔一般是套类零件上精度较高的表面，所用夹具（心轴）结构简单，基准位移误差也比较小。能保证较高的同轴度和垂直度，是套类零件加工最常用的方法。

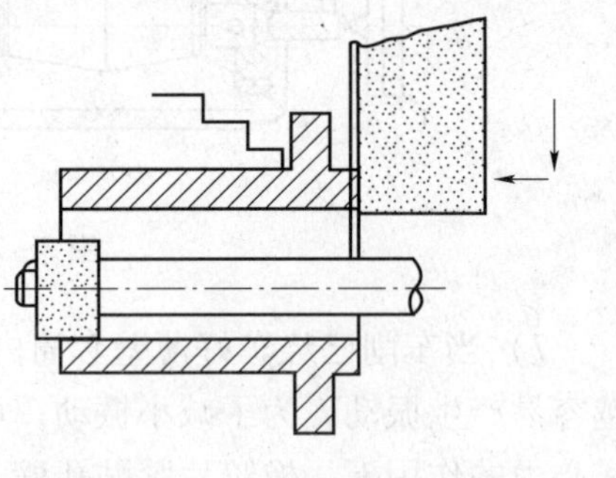

图3-28　一次装夹磨孔和端面

(3) 先精加工外圆，再以外圆为精基准精加工孔。采用这种方法时，工件装夹迅速、可靠，但因卡盘装夹误差较大，加工后的工件的位置精度较低。要获得较小的同轴度，则必须采用定心精度高的夹具，如弹性膜片卡盘、液体塑料夹头和经过修磨的三爪卡盘等，由于夹具复杂，所获得的位置精度总比不上前述加工方法。

三爪卡盘的定心精度差，用它装夹工件进行加工，很难保证零件的同轴度和垂直度。若要获得较高的位置精度，可采取以下方法：

1）按工件外圆重新修磨卡盘；

2）用小锥度弹簧夹头；

3）采用液性塑料夹具；

4）四爪卡盘装夹，用百分表进行精确找正。

3.3　套类模具零件工艺路线的拟定及工艺方案比较

在加工套类模具零件时，一般以外圆表面为定位基准，一次性加工出外圆柱面，以保证内外圆表面同轴度。套类模具零件机械加工工艺路线如表3-10所示。

表3-10　套类模具零件机械加工工艺路线

工序	内容	备注
1	下料	
2	锻造	需要时
3	退火	在锻造工序以后
4	车端面，保证加工长度	以外圆表面为定位基准
5	钻削内孔，保证尺寸	以外圆表面为定位基准
6	粗车外圆表面	以外圆表面为定位基准
7	半精车外圆表面	以外圆表面为定位基准
8	粗镗内孔	以外圆表面为定位基准
9	半精镗内孔	以外圆表面为定位基准
10	检验	
11	热处理	
12	磨削内外圆	
13	研磨内孔	
14	检验	
15	入库	

3.3.1　套类模具零件工艺路线的拟定

以模具导套为例说明，导套的主要加工表面为内、外圆柱面，表面要求硬且耐磨，而芯部要求有一定的韧性，与导柱的热处理要求一样，需采用渗碳淬火。对于模架精度高、寿命长的高速精密级进模或硬质合金冲压模，导套内还增加了钢球（或滚柱）保持圈。零件热处理工艺不同，其加工路线选用也不同。

（1）非淬硬套类模具零件的加工工艺路线

非淬硬套类模具零件的加工工艺路线，见表3-11。

表3-11　非淬硬套类模具零件内孔表面机械加工工艺路线

工序	内容	备注
1	车外圆、粗钻内孔后再粗镗内孔	
2	半精车、半精（车）镗内孔	
3	精车外圆、精（车）镗内孔（IT6～IT7，Ra=0.2～1.6 μm）	
4	精细车外圆、精细（车）镗内孔（IT6，Ra=0.012～0.2 μm）	
5	研磨（IT6，Ra=0.012～0.2 μm）	

（2）淬硬套类模具零件的加工工艺路线

对于精度要求不高的滑动导套上的孔加工，可按表3-12加工路线选择，将精磨作为最终工序。导套零件生产批量不大时，应根据工序集中原则，尽可能将能再同一台机床上完成的加工内容集中在1或2道工序中完成。单件小批量生产时，在热处理前，将在同一台车床上进行的钻孔、粗镗、半精镗进行适度集中，热处理后的粗磨及精磨如在一台磨床上进行也可集中。

表3-12　淬硬套类模具零件内孔表面机械加工工艺路线

工序	内容	备注
1	（车）钻孔	
2	粗（车）镗孔	
3	半精（车）镗孔	
4	热处理	
5	粗磨	
6	精磨（IT6～IT7，Ra=0.2～0.8 μm）	
7	研磨（IT6，Ra=0.012～0.2 μm）	

3.3.2　套类模具零件工艺方案比较

导柱、导套配合后起到为模具运动导向，并保证模架运动稳定的作用。在加工过程中不仅要保证导柱、导套配合表面尺寸和形状精度，同时还要保证导柱、导套各配合面之间的同轴度。

图 3－29 所示为冷冲压模具的典型滑动式导套零件。材料为 20 钢，生产类型为小批量生产。

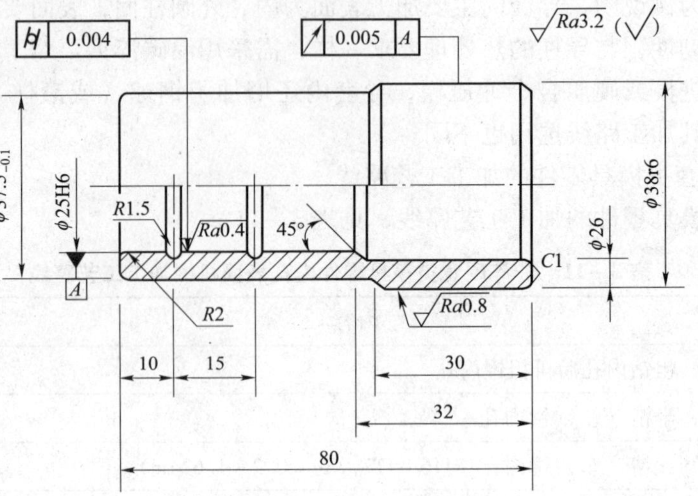

图 3－29　滑动式导套

1. 滑动式导套的技术条件及工艺分析

滑动式导套的外圆相对于内孔有高的径向跳动要求，滑动式导套起着导向的作用，其表面尺寸和形状精度均要求高，表面耐磨。

2. 滑动式导套的加工工艺方案

初步设计两套加工工艺方案。

（1）方案一

备料→粗车外圆→精车外圆→车（钻）孔→粗镗→半精镗→热处理→粗磨→精磨→研磨→检验。

采用此方案，通过一次装夹，完成内外表面加工，可保证外圆与内孔的同轴度要求。工艺过程如表 3－13 所示。

表 3－13　滑动式导套的加工工艺过程（方案一）

工序	工序名称	工序内容	设备	工序简图
1	下料	棒料按 $\phi42\times85$ 切断	锯床	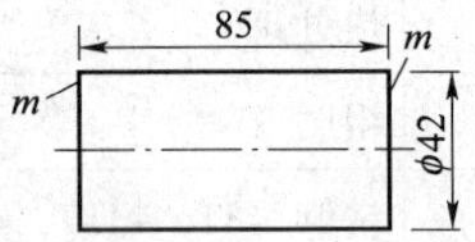
2	车	车端面保证长度 82.5 mm；钻 $\phi25$ 内孔至 $\phi23$ 通孔；镗 $\phi25$ 内孔至 $\phi24.6$；镗油槽；车圆倒角；镗 $\phi26$ 内孔至尺寸并倒角	车床	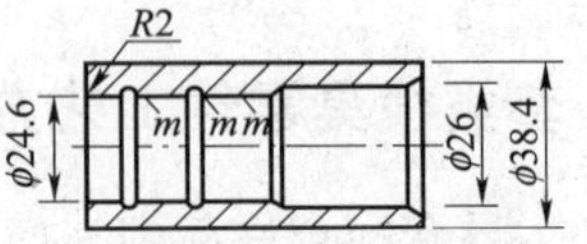

续表

工序	工序名称	工序内容	设备	工序简图
3	车	用芯棒装夹； 车 φ38 外圆至 φ38.4 并倒角； 车 φ37.5 外圆至尺寸； 车端面至尺寸	车床	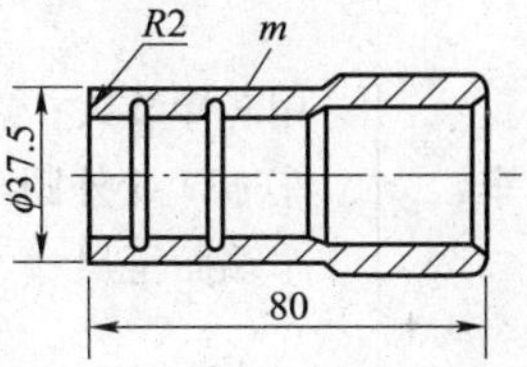
4	检验			
5	热处理	渗碳、淬火		
6	磨削	磨内孔 φ25 至留研磨余量0.01 mm； 芯棒装夹； 磨 φ38 外圆至尺寸	磨床	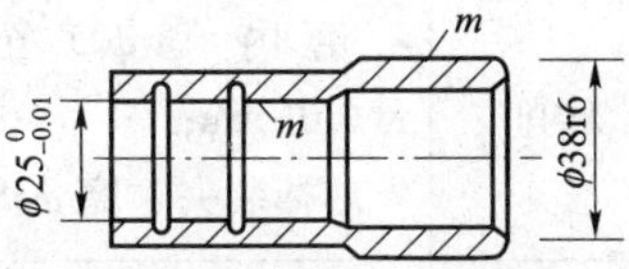
7	研磨	研磨内孔 φ25 至尺寸	研磨机	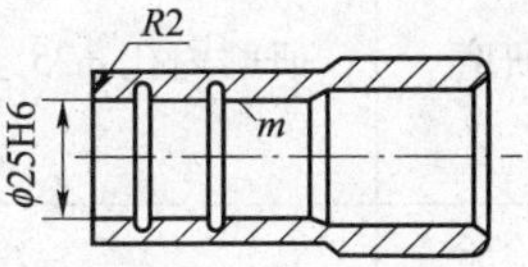
8	检验			
注：图中标注为 *m* 的表面为加工面				

（2）方案二

备料→粗车外圆→精车外圆→粗镗→半精镗→车（钻）孔→掉头→精车外圆→热处理→粗磨→精磨→研磨→检验。

采用此方案，需掉头装夹一次才能完成整个外圆表面的加工，加工过程中均以圆柱外圆表面为定位基准，满足基准统一原则，在加工过程中使用普通三爪卡盘即可，对同轴度的保证不如方案一。工艺过程如表 3－14 所示。综合比较，方案一优于方案二。

表 3－14　滑动式导套的加工工艺过程（方案二）

工序	工序名称	工序内容	设备	工序简图
1	下料	棒料按 φ42×85 切断	锯床	
2	车	车端面保证长度 82.5 mm； 钻 φ25 内孔至 φ23 通孔； 车 φ38 外圆至 φ38.4 并倒角； 镗 φ25 内孔至 φ24.6； 镗油槽；车圆倒角； 镗 φ26 内孔至尺寸并倒角	车床	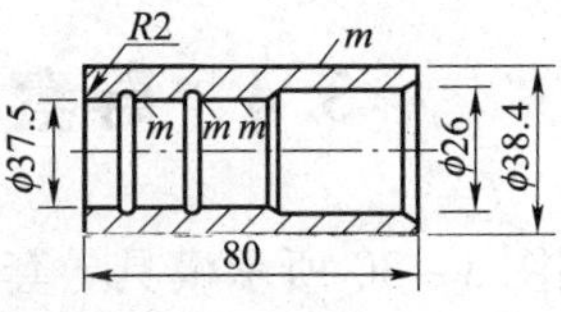

续表

工序	工序名称	工序内容	设备	工序简图
3	车	用芯棒装夹； 车 $\phi37.5$ 外圆至尺寸； 车端面至尺寸	车床	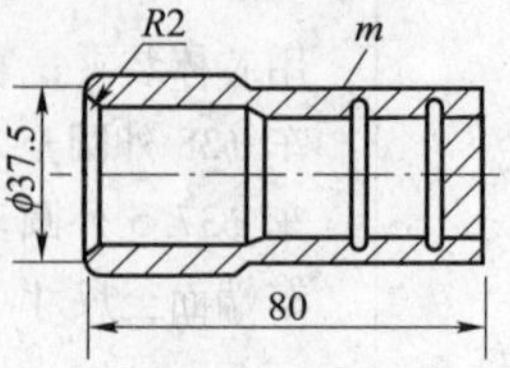
4	检验			
5	热处理	渗碳、淬火		
6	磨削	磨内孔 $\phi25$ 至留研磨余量0.01 mm； 芯棒装夹，磨 $\phi38$ 外圆至尺寸	磨床	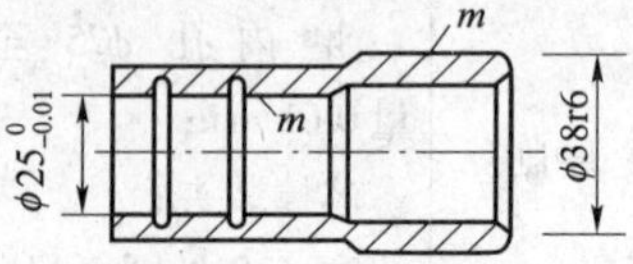
7	研磨	研磨内孔 $\phi25$ 至尺寸	研磨机	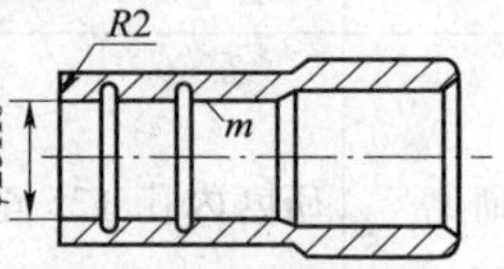
8	检验			
注：图中标注为 m 的表面为加工面				

精车时，一般尽可能在一次装夹中加工出有位置精度要求的表面，若不可能在一次装夹中完成，通常先把孔加工出来，再以加工后的孔为定位基准安装在心轴上加工外圆或端面。也可在平面磨床上磨削端面。

加工内孔时，除了考虑与车削外圆相似的条件外，还要注意以下几点：

1）车削短而细小的套类零件时，为了保证内、外圆的同轴度，最好在一次安装中把内孔、外圆及端面都加工完，即：粗车端面→粗车外圆→钻孔→粗镗孔→半精镗孔→铰孔→精车外圆→精车端面→倒角→切断。

2）精度要求较高的内孔，可按下列步骤进行加工：粗车端面→钻孔→粗镗孔——半精镗孔→精车端面→铰孔；

或者按下列步骤进行加工：钻孔→粗镗孔→半精镗孔→精车端面→磨孔。

在半精镗孔时应留有铰孔或磨孔余量。

3）内沟槽应在半精车之后，精车之前加工，槽深要预留精车余量。

4）以内孔定位车外圆时，在内孔精车后，端面也要精车一次，以达到端面与内孔的垂直度要求。

3.4 导套零件机械加工工艺规程的编制

编制图 3－30 所示模具导套零件的机械加工工艺规程（材料 20 钢）。

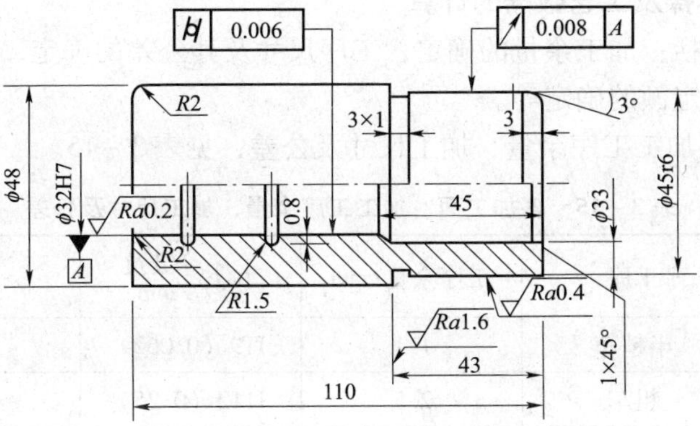

图 3－30　导套

3.4.1　工艺参数的选择及工艺数据计算

1. 导套的技术条件和工艺分析

（1）导套外圆　导套小端 $\phi45r6$ 为一要求高的配合安装面，且相对 $\phi32H7$ 孔的径向跳动为 0.008 mm，为保证两个重要表面的同轴度要求，尽可能安排在一次装夹中同时完成 $\phi45$外圆和 $\phi32$ 的内孔的加工，然后再加工退刀槽。外圆表面粗糙度为 $Ra=0.4$ μm，最终工序安排磨削以获得表面质量要求。拟定工艺路线为：粗车→半精车→热处理→磨削。

（2）导套内孔　导套内孔 $\phi32H7$ 为工作部分，表面粗糙度为 $Ra=0.2$ μm，拟定工艺路线为：钻→（车）镗孔→热处理→磨削→研磨。

（3）导套材料为 20 钢，根据导套工作条件的要求，在最终磨削工序之前安排渗碳淬火加低温回火来保证导套芯部有足够的韧性和表面有较好的耐磨性。

2. 确定毛坯

（1）长度尺寸考虑因素：

1）工件装夹尺寸：常用车床上的三爪卡盘装夹工件，毛坯长度要增加 10～15 mm；

2）端面加工余量：根据图纸对端面的要求，通过查端面加工余量表可以获得；

3）定位中心孔长度：轴套类零件在加工中通常常用中心孔对工件进行定位，加工后若要求不保留中心孔，则毛坯长度要根据中心孔的内心增加相应的长度。

毛坯尺寸＝装夹尺寸＋端面加工余量＋定位中心孔尺寸（要求不保留中心孔）

（2）直径尺寸考虑因素：

结合最大直径处的外圆的技术要求和表面粗糙度，根据其加工工艺路线，通过查表或计算，保证各工序有足够的加工余量，并满足材料优先选择直径系列。

本案例中，毛坯尺寸选择为 $\phi52$ mm×135 mm。

3. 拟定工艺路线

导套加工工艺路线：下料→锻造→车→检验→热处理→磨削→研磨→检验。

（1）$\phi48$ mm 外圆：粗车→半精车。

（2）$\phi45$ mm 外圆：粗车→半精车→热处理→磨削→研磨。

（3）$\phi32$ mm 内孔：钻孔→粗镗→半精镗→热处理→磨削→研磨。

（4）$\phi33$ mm 内孔：钻孔→粗镗→半精镗。

4. 工艺参数的选择及工艺数据的计算

工艺参数主要包括：加工余量的确定，工序尺寸及其公差的确定，机床与工艺装备的选择，切削用量与时间定额的确定等。

（1）各加工面、加工工序余量、加工尺寸及公差，见表3-15。

表3-15　各加工面、加工工序余量、加工尺寸及公差

加工表面	工序	工序余量/mm	工序等级及公差/mm	工序尺寸/mm
ϕ48 mm 外圆	半精车	1.1	IT9（0.062）	$\phi48.4_{-0.062}^{0}$
	粗车	2.5	IT12（0.25）	$\phi49.5_{-0.25}^{0}$
	毛坯			$\phi52$
ϕ45 mm 外圆	磨削	0.4	IT8（0.039）	$\phi45.4_{-0.039}^{0}$
	半精车	1.1	IT9（0.062）	$\phi45.8_{-0.062}^{0}$
	粗车	5.1	IT12（0.25）	$\phi46.9_{-0.25}^{0}$
	毛坯			$\phi52$
ϕ32 mm 内孔	磨削	0.4	IT6（0.039）	$\phi32_{-0.039}^{0}$
	半精镗	0.6	IT8（0.05）	$\phi31.6_{-0.05}^{0}$
	粗镗	1	IT10（0.05）	$\phi31_{-0.05}^{0}$
	钻孔	2		$\phi30$
ϕ33 mm 内孔	半精镗	0.6	IT8（0.05）	$\phi33_{-0.05}^{0}$
	粗镗	2.4	IT10（0.05）	$\phi32.4_{-0.52}^{0}$
	钻孔	2		$\phi30$

（2）机床主轴转速的确定

1）机床主轴转速 n 根据计算公式（3-1）可求：

$$n=\frac{1\,000v_c}{\pi d}(\mathrm{r/min}) \tag{3-1}$$

式中　v_c——切削速度，m/min；通过查取相应加工的切削用量表可得。

d——工件待加工表面直径，mm；对于外圆车削和内孔镗削以加工前的直径尺寸和加工后要获得的直径尺寸的平均值进行计算，钻孔时以麻花钻直径进行计算。

n——机床主轴计算转速，r/min。

2）将计算出的机床主轴转速 n 跟所用加工机床的技术参数中的转速相比较，选择正确的机床主轴转速，并利用公式（3-2）对切削速度重新进行修正。

$$v_c=\frac{\pi dn}{1\,000}(\mathrm{m/min}) \tag{3-2}$$

式中　v_c——切削速度，m/min；重新修正后的切削速度。

d——同上。

n——机床主轴转速，r/min。（通过机床的技术参数表修正过的机床主轴转速）

3）应用举例

【例 3－1】　半精车外圆 $\phi45.8_{-0.062}^{\ 0}$ mm 到 $\phi45.4_{-0.039}^{\ 0}$ mm，求 n，v_c。

【解】　取直径平均值为（45.8＋45.4）/2＝45.6 mm，根据表 3－16 查得 v_c＝80 m/min，通过公式（3－1）计算 n 如下

$$n_{半精车}=\frac{1\ 000v_c}{\pi d}=\frac{1\ 000\times 80}{3.14\times 45.6}=558.72(\mathrm{r/min})$$

根据表 3－17 对主轴转速进行修正，选取主轴转速为 $n_{半精车}$＝560 r/min。

根据公式（3－2）重新修正 v_c 得：

$$v_c=\frac{\pi dn}{1\ 000}=\frac{3.14\times 560\times 45.6}{1\ 000}=80.18\ (\mathrm{m/min})。$$

表 3－16　常用车刀的切削用量

刀具材料	f 和 v_c	工件材料：一般钢料 加工性质：粗车	一般钢料 精车	铸铁 粗车	铸铁 精车	有色金属 粗车	有色金属 精车	不锈钢 粗车	不锈钢 精车	淬火钢及其他硬材料	橡胶
高速钢	$f/(\mathrm{mm\cdot r^{-1}})$	0.2～0.5	0.10～0.25	0.3～0.6	0.1～0.3	0.3～0.6	0.2～0.5	0.25～0.5	0.15～0.25		0.1～0.2
	$v_c/(\mathrm{m\cdot min^{-1}})$	24～26	26～30	18～24	20～30	40～45	45～50	10～13	13～15		35～60
硬质合金	$f/(\mathrm{mm\cdot r^{-1}})$	0.5～1.5	0.15～0.25	0.4～0.6	0.1～0.3	0.3～0.5	0.15～0.3	0.3～0.6	0.1～0.2	0.08～0.1	0.5～0.75
	$v_c/(\mathrm{m\cdot min^{-1}})$	50～100	100～300	60～80	80～130	100～160	120～200	50～100	80～140	10～30	100～200

表 3－17　CA6140 普通车床的转速技术参数

级数	1	2	3	4	5	6	7	8	9	10	11	12
转速 $n/(\mathrm{r\cdot min^{-1}})$	10	12.5	16	20	25	32	40	50	63	80	100	125
级数	13	14	15	16	17	18	19	20	21	22	23	24
转速 $n/(\mathrm{r\cdot min^{-1}})$	160	200	250	320	400	450	500	560	710	900	1 120	1 400

4）倒圆角时的主轴转速和切削速度同半精车加工参数。

5）车退刀槽与切断时，主轴转速和切削速度同粗车加工参数。

5. 导套加工工艺过程

导套加工工艺过程，见表 3-18。

表 3-18 导套加工工艺过程

工序	工序名称	工序内容	设备
1	下料	棒料按 $\phi52\times135$ 切断	锯床
2	车	车端面保证长度 113 mm；钻 $\phi32$ mm 孔至 $\phi30$ mm；车 $\phi45$ mm 外圆至 $\phi45.4$ mm 倒角；车 3 mm × 1 mm 退刀槽至尺寸；镗 $\phi33$ mm 孔至 $\phi31.6$ mm；镗 $\phi33$ mm 孔至尺寸；倒角	车床
3	车	车外圆 $\phi48$ mm 至尺寸；车端面保证长度 110 mm；倒内外圆角	车床
4	检验		
5	热处理	渗碳，保证渗碳层深度 $\phi0.8\sim1.2$ mm；硬度 58~62HRC	高频炉
6	磨内外圆	磨 $\phi45$ mm 外圆到要求，磨 $\phi32$ mm 内孔，留研磨余量 0.01 mm	万能外圆磨床
7	研磨	研磨 $\phi32$ mm 内孔到要求，研磨圆弧	万能外圆磨床
8	检验	检验尺寸精度、表面粗糙度、同轴度	检验

3.4.2 导套《机械加工工艺过程卡》的填写

机械加工工艺过程卡以工序为单位，简要地列出整个零件加工所经过的工艺路线。它是制定其他工艺文件的基础，也是生产准备、编排作业计划和组织生产的依据。但由于各工序的说明不够具体，一般不直接指导工人的操作，而多作为生产管理方面的使用。在单件小批生产中，由于通常不需编制详细的工艺规程，于是就以机械加工工艺过程卡来指导生产。图 3-30 所示导套零件的机械加工工艺过程卡，见表 3-19。

3.4.3 导套《机械加工工序卡》的填写

机械加工工序卡是根据机械加工工艺过程卡为某一道工序制订的。它更详细地说明了整个零件各道工序的具体要求，是用来指导工人操作的工艺文件。工序卡上要画出工序简图，加工表面用粗实线或红色粗实线表示，零件的结构、尺寸与本工序价格后要获得的情况相符，只标注与本工序相关的加工尺寸及公差要求、定位夹紧要求及表面粗糙度。工序卡上需填写该工序每一工步的内容、工艺参数、操作要求和所用的设备及工艺装备。一般用于大批大量生产零件的每道工序或成批生产中主要零件的每道工序。

现以图 3-30 所示导套零件的工序 2 为例编写了机械加工工序卡，见表 3-20。

表 3－19　机械加工工艺工程卡

机械加工工艺工程卡	产品型号		零（部）件图号		第　页
	产品名称	冲裁模	零（部）件名称	导 套	共　页

材料	20 钢	毛坯类型	棒料	毛坯外形尺寸	$\phi52$ mm × 135 mm	每批毛坯件数	1	每台件数	1	每批质量	

	工序	工序名称	工序内容	车间	工段	设备	工艺装备	工时 准终	工时 单件
	1	下料	下料 $\phi52$ mm × 135 mm	准备	准备	锯床			
	2	车	车端面保证长度 113 mm；钻 $\phi32$ mm 孔至 $\phi30$ mm；车 ϕ 45 mm 外圆至 ϕ 45.4 mm 倒角；车 3 mm × 1 mm 退刀槽至尺寸；镗 $\phi33$ mm 孔至 $\phi31.6$ mm；镗 $\phi33$ mm 孔至尺寸；倒角	车	车	普通车床	三爪卡盘、百分表		
	3	车	车外圆 $\phi48$ mm 至尺寸；车端面保证长度 110 mm；倒内外圆角	车	车	普通车床	百分表、游标卡尺		
	4	检验				测量工具	检验台、百分表、游标卡尺、塞规		
描图	5	热处理	渗碳，保证渗碳层深度 $\phi0.8$ ~ 1.2 mm；硬度 58 ~ 62HRC	热处理	热处理	高频炉	渗碳炉、淬火池、回火炉		
	6	磨内外圆	磨 $\phi45$ mm 外圆到要求，磨 $\phi32$ mm 内孔，留研磨余量 0.01 mm	磨	磨	万能外圆磨床	三爪卡盘、百分表、砂轮		
描校	7	研磨	研磨 $\phi32$ mm 内孔到要求，研磨圆弧	磨	磨	万能外圆磨床	三爪卡盘、百分表、砂轮		
	8	检验	检验尺寸精度、表面粗糙度、同轴度	检验	检验	检测仪	检验台、百分表、游标卡尺		
底图号									
装订号									

										编制（日期）	审核（日期）	会签（日期）	
标记	处数	更改文件号	签字	日期	标记	处数	更改文件号	签字	日期				

表 3－20　机械加工工序卡

机械加工工序卡	产品型号		零（部）件图号		第　页
	产品名称	冲裁模	零（部）件名称	导 套	共　页

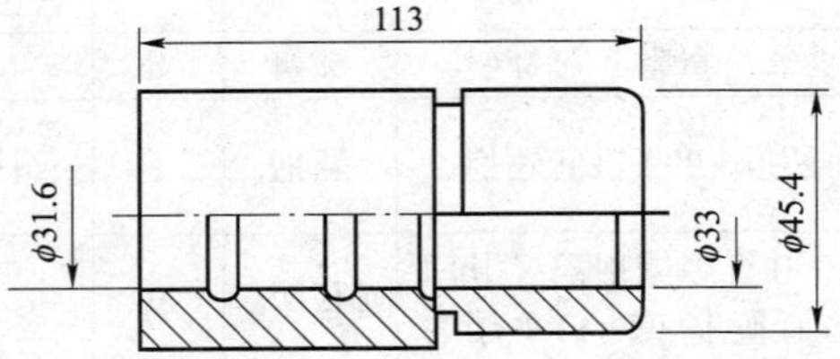

工序号	工序名称	材料牌号	车间	工段	毛坯类型	毛坯外形尺寸
2	车	20 钢	车	车	棒料	$\phi52\times135$ mm
每批件数	每台件数	设备名称	设备型号			同时加工数
1	1	普通车床	CA6140			1

夹具编号	夹具名称	切削液
	三爪卡盘	
	顶尖	

工步号		工步内容	工艺装备	主轴转速/ $(r\cdot min^{-1})$	切削速度/ $(m\cdot min^{-1})$	进给量/ $(mm\cdot r^{-1})$	背吃刀量 /mm	进给次数	单件工时定额	
	1	车端面保证长度 113 mm	外圆车刀	500	78					
描图	2	钻 ϕ32 mm 孔至 ϕ30 mm	ϕ30 mm 麻花钻	300	30	0.08	15	1		
	3	粗车 ϕ45 mm 外圆至 ϕ46.9 mm	外圆车刀	500	76	0.3	1.5，1.5，1.1，1.0	4		
描校	4	半精车 ϕ45 mm 孔至外圆至 ϕ45.8 mm 倒角	外圆车刀	600	80	0.1	0.6，0.5	2		
	5	车 3mm ×1 mm 退刀槽至尺寸	切槽刀	450	76	0.05		1		
底图号	6	粗镗 ϕ33 mm 孔至 ϕ32.4 mm	内孔镗刀	500	48	0.2	1.2，1.2	2		
	7	镗油槽	内孔镗刀	500	50	0.1		1		
装订号	8	镗 ϕ33 mm 孔至尺寸	内孔镗刀	500	50	0.1	0.3，0.3	2		

										编制（日期）	审核（日期）	会签（日期）
	标记	处数	更改文件号	签字	日期	标记	处数	更改文件号	签字	日期		

复习与思考题

3－1　简述套类零件的特点。

3－2　简述内孔的加工方法。

3－3　加工薄壁类套筒时，工艺上有哪些技术难点？采用哪些措施来解决？

3－4　内孔磨削有几种方式？各有哪些特点？

3－5　图3－31的导套零件中，材料为45钢，调质热处理235HBS。表面粗糙度：内孔 *Ra*0.2 μm，外表面 *Ra*0.8 μm，退刀槽 *Ra*1.6 μm，其余生表面 *Ra*3.2 μm。产类型为小批量生产，试完成以下任务：

（1）拟定机械加工工艺路线。

（2）计算各工序尺寸及公差。

（3）选择机床及工艺装备，填写机械加工工艺过程卡。

（4）计算工艺条件，填写内孔车削、镗削、内孔磨削加工工序卡。

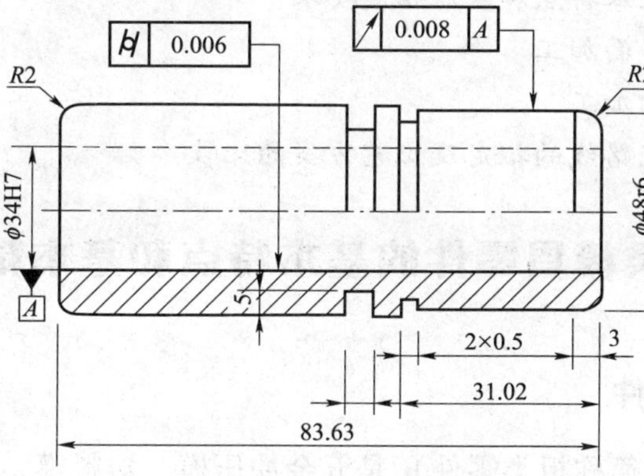

图3－31　导套零件

项目四　板类模具零件机械加工工艺规程的编制

项目内容

- 板类模具零件机械加工工艺规程的编制。

学习目标

- 能编制板类模具零件的机械加工工艺规程。

主要知识要点

- 板类模具零件的基本特点和基本精度要求
- 板类模具零件的平面加工
- 板类模具零件孔的加工
- 板类模具零件工艺路线的拟定及工艺方案的比较

4.1　板类模具零件的基本特点和基本精度要求

4.1.1　冲压模板类零件

板类模具零件（以下简称板类零件）是五金冲压模、塑料模、压铸模及其他模具中不可缺少的重要零件。图 4 -1 是一套简单的冲裁模，分为上模和下模两大部分。组成零件包括上模座、下模座、垫板、凸模固定板、卸料板和凹模等板类零件。上模座是上模的支承件，上模的其他零件都安装固定在其上；下模座是下模的支承零件，下模的其他零件都安装固定在它的上面。

图 4 -2 所示为冲压模下模座零件图，属板类零件，图上对尺寸精度、形状精度、位置精度和加工表面质量都作了详细的要求。

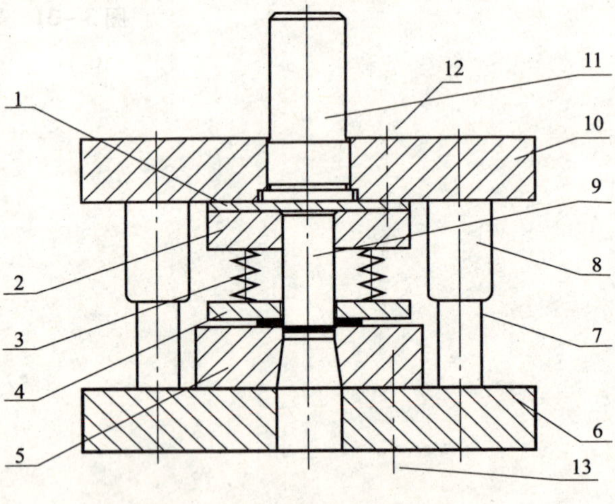

图 4 -1　冲裁模模架零件组成

1—垫板；2—凸模固定板；3—弹性元件；4—卸料板；5—凹模；6—下模座；7—导柱；8—导套；9—凸模；10—上模座；11—模柄；12、13—螺钉

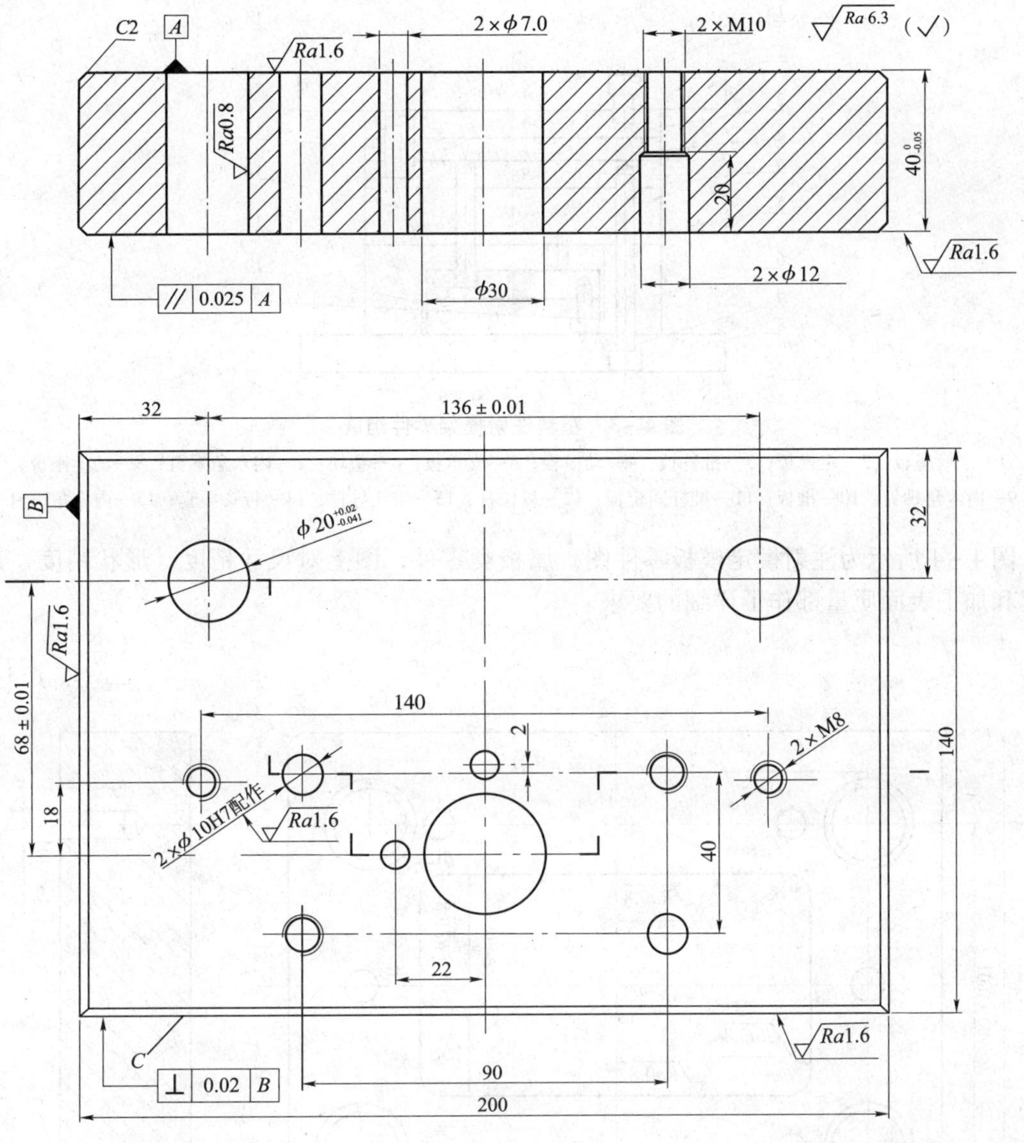

技术要求

1. 材料：45钢。调质：20~25HRC。
2. 未注倒角均为C1。

图4－2　冲压模的下模座

4.1.2　塑料注射模板类零件

图4－3是塑料注射模模架组成图，其中板类零件种类较多。例如，动模座板是使动模固定在注塑机的移动工作台面上的板件，定模座板是使定模固定在注塑机的固定工作台面上的板件。通过这两个零件将模具安装在注塑机上，要求安装后动模座板和定模座板之间平行，即模具装配后上下两平面之间有平行度的要求。这个平行度取决于模板类零件的平行度和装配精度，由各板类零件的制造精度和模架的装配精度来保证。

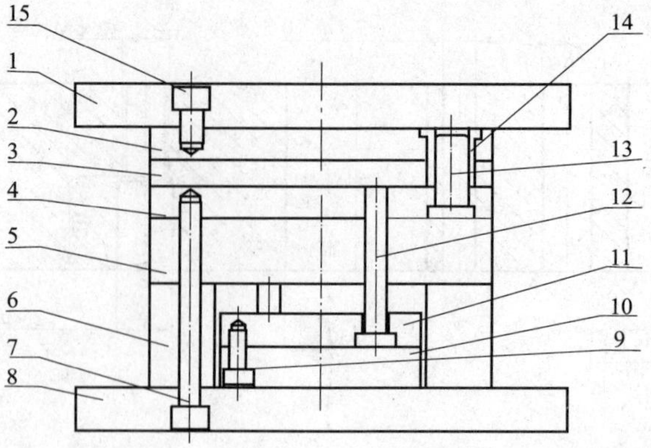

图 4－3　塑料注射模架零件组成

1—定模座板；2—定模板；3—推件板；4—动模板；5—支承板；6—垫块；7—内六角螺钉；8—动模座板；9—内六角螺钉；10—推板；11—推杆固定板；12—复位杆；13—带头导柱；14—带头导套；15—内六角螺钉

图 4－4 所示为注射模定模板零件图，属板类零件，图上对尺寸精度、形状精度、位置精度和加工表面质量都作了详细的要求。

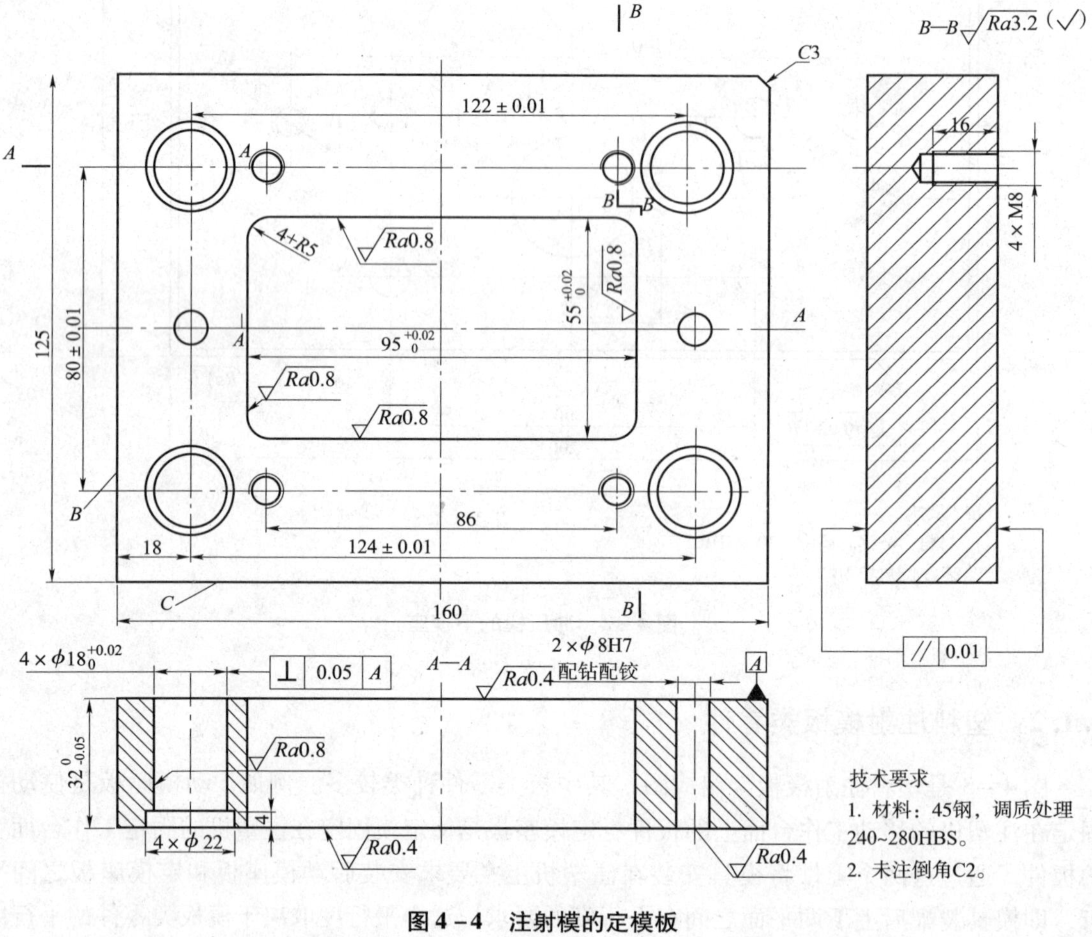

图 4－4　注射模的定模板

4.1.3　板类零件的特点和基本精度要求

1. 板类零件的特点

由上分析可知，板类零件在模具中起支承、连接、固定和导向等作用。一般地，这些零件是厚度尺寸相对较小、其他两个方向的尺寸较大的平行六面体。图 4－4 所示为旋钮注射模的定模板零件简图。板类零件的加工工艺，具有如下基本特点：

1）有两个较大的平行平面，通常采用刨、铣作粗加工，精加工用磨削或精铣的方法。

2）这些板类零件一般都有较多的孔，少则几个，多则几十甚至几百个。一般要求这些孔轴向垂直于大平面，并有一定的位置精度要求。

3）注射模等型腔类模具的型腔板零件，就是直接在板类零件上加工出型腔来的。

除了螺钉、导柱、导套、弹簧、定位销等标准件以外，模具零件品种多，一般是单件生产；大部分零件一次生产后就不再重复生产，有的虽会重复生产，但是没有固定的重复周期；大多数情况是采用工序集中的方式生产，即零件的加工集中在少数几道工序中完成，每道工序加工的内容较多。板类模具零件的加工也不例外。

2. 板类零件的基本精度要求

（1）冲压模板类零件的精度要求

根据上、下模座材料的不同，冲模模架分为铸铁模架和钢板模架。铸铁模架上、下模座的材料为灰口铸铁 HT200；钢板模架上、下模座用 45 钢制造。根据导向装置的不同，又有滑动导向和滚动导向之分。种类不同，精度要求也不一样。下面重点介绍钢板模架冲模的基本精度要求。

上、下模座的加工精度将影响整个模架的装配精度。模具装配后要求上模座的上表面和下模座的下表面的平行度、导柱轴心线对下模座下表面的垂直度等都必须在控制范围之内。根据钢板模架技术条件标准 JB/T 7183—1995，滑动导向模架的精度分为Ⅰ级和Ⅱ级；滚动导向模架的精度分为 0Ⅰ级和 0Ⅱ级，各级精度的模架必须达到表 4－1 所规定的各项技术指标。

表 4－1　冲模模架分级技术指标

序号	项　目	被测尺寸 /mm	模架精度等级	
			0Ⅰ、Ⅰ级	0Ⅱ、Ⅱ级
			公差等级	
1	上模座上平面对下模座下平面的平行度	≤400	5	6
		>400	6	7
2	导柱轴心线对下模座下表面的垂直度	≤160	3	4
		>160	4	5
注：公差等级按 GB/T 1184				

国家标准 JB/T 7188—1995 则规定了钢板模架零件的技术条件，各级精度模架用的上、下模座，其平行度必须满足表 4－2 的规定。铸铁模架的精度要求稍低些。

表 4-2　冲模模座的平行度　　mm

基本尺寸	模架精度等级	
	0Ⅰ、Ⅰ级	0Ⅱ、Ⅱ级
	平行度	
>40~63	0.008	0.012
>63~100	0.010	0.015
>100~160	0.012	0.020
>160~250	0.015	0.025
>250~400	0.020	0.030
>400~630	0.025	0.040
>630~1 000	0.030	0.050
>1 000~1 600	0.040	0.060

（2）注射模板类零件的精度要求

塑料注射模的模板类零件如定模板、动模板、支撑板、推杆固定板和推板等也有平行度要求，具体要求见表 4-3。

表 4-3　塑料注射模板类零件的基本精度要求

零件名称	基本精度类型	精度要求
塑料注射模板类零件	平行度	300：0.02
	垂直度	300：0.02
	导柱孔孔径精度	H6、H7
	导柱孔孔距公差	±0.02
	导柱孔与面的垂直度	100：0.02

4.2　板类零件的平面加工

板类零件的加工主要是平面和孔系的加工。平面加工方法有刨削、铣削、拉削、磨削、刮削、研磨和线切割等，刨削和铣削常用于平面的粗加工和半精加工，而拉削、磨削、研磨则常用作平面的精加工方法。一般地，在机加工方法实现不了或难以实现时可考虑应用特种加工方法，如电火花线切割加工等。在模具装配过程中，常采用刮削、研磨等方法提高模具接触精度。采用哪种加工方法较合理，需根据零件的形状、尺寸、材料、技术要求、生产类型及工厂现有设备来决定。

4.2.1　加工方法及加工精度的选择

1. 模板实例精度分析

任何一种加工方法，可以获得的加工精度和表面质量均有一个相当大的范围，但只有在一定的精度范围内才是经济的，这种一定范围的加工精度即为该种加工方法的经济精度。制定工艺规程时，应根据板类模具零件的精度要求选择与经济精度相适应的加工方法。例如，图 4-4 中的定模板的两个大平面的表面粗糙度 *Ra* 值为 0.4 μm，采用精细铣或精细刨等方法都可以达到此要求，但在经济上就不及磨削合理。也就是说，通过磨削的方法加工达到 *Ra*0.4 μm 的粗糙度对应的成本会更低些。所以我们选择磨削作为该大平面的精加工方法。

又如图 4-4 中的板厚尺寸 32 mm，根据一般公差、未注公差的线性和角度尺寸的公差标准 GB/T 1804—2000，可查到该尺寸的极限偏差为 ±0.15 mm。任何一种平面加工方法都能够达到这样的尺寸精度要求，但是又要考虑表面粗糙度的要求，精加工就必须采用磨削的方法。所以，所谓加工精度的选择就是选择某种加工方法的经济精度。

2. 板类零件平面的加工方法

（1）刨削

刨削主要用于平面和直槽（如直角槽、T 形槽、燕尾槽等）的加工，见图 4-5（a）。刨削加工是在刨床上完成的。刨床分为牛头刨床、龙门刨床和悬臂刨床。在牛头刨床上加工时主运动为刨刀的往复直线运动，工件随工作台作间歇的进给运动。刨削精度较低，如刨削平面时两平面的尺寸精度一般为 IT9～IT8，表面粗糙度 *Ra* 为 6.3～1.6 μm；刨削加工是一个间断的切削过程，刨刀返回行程一般不进行切削，切削时存在冲击，限制了切削用量的提高，另外刨刀是单刃刀具，切削效率较低。

目前，普遍采用宽刃刀精刨代替刮研，能取得良好的效果，参见图 4-5（b）。采用宽刃刨刀精刨，切削速度较低（2～5 m/min），加工余量小（预刨余量 0.08～0.12 mm，终刨余量 0.03～0.05 mm），工件发热变形小，可获得较小的表面粗糙度值（*Ra*0.8～0.25 μm）和较高的加工精度（直线度为 0.02/1 000），且生产率也较高。加工时可用煤油作切削液。中大型板类模具零件的加工可考虑此方法。

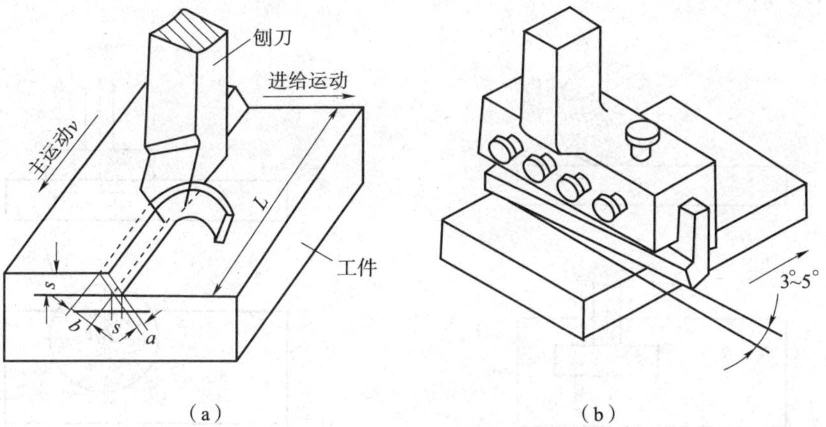

（a）　　　　　　　　　　（b）

图 4-5　刨削加工

（a）刨削；（b）宽刃精刨

（2）铣削

铣削是平面加工的常用方法。加工设备主要有升降台铣床（包括立式和卧式）、龙门铣床、工具铣床、圆台铣床、仿形铣床和各种专门铣床。铣削主运动是铣刀的旋转运动，因而可以有较高的切削速度；且因为没有往复运动时的空行程以及采用多刃刀具，所以切削效率较高。另外，铣削过程是断续的，所以刀齿切削时会引起冲击和振动，当振动频率接近系统固有频率时，振动加剧，甚至损坏刀具及工艺系统的其他零部件，要尽量避免这种情况的出现。

利用各种铣床及工装，可以铣削平面、沟槽、弧形面、螺旋槽、齿轮、凸轮和异形面。一般经粗铣、精铣后，尺寸精度可达 IT9 ~ IT7，表面粗糙度可达 *Ra*12. 5 ~ 1. 6 μm。

（3）拉削

拉削是利用多齿的拉刀，逐齿依次从工件上切下很薄的金属层，使表面达到较高的精度和较小的粗糙度值。加工时，若刀具所受的力不是拉力而是推力，则称为推削，所用刀具称为推刀。拉削所用的机床称为拉床。推削则多在压力机上进行。由于拉削加工具有以上特点，所以主要适用于成批和大量生产，在模具制造的单件、小批生产中，对于某些精度要求较高、形状特殊的成型表面，用其他方法加工很困难时，才考虑采用拉削加工，但不是模具零件平面的主要精加工方法。

（4）磨削

磨削是用砂轮、砂带、油石或研磨料等对工件表面的切削加工，它可以使被加工零件得到高的加工精度和好的表面质量。精度可达到 IT7 ~ IT5，表面粗糙度 *Ra*0. 8 ~ 0. 01 μm。磨削加工一般放在工艺过程的后部分淬火回火之后进行。平面磨削不仅是板类零件最常用的精加工方法，而且可直接采用磨削进行粗加工，并能获得高的生产效率和经济效益，这种磨削方法叫做强力磨削。

如图 4 – 6、图 4 – 7 为常用的平面磨削方法即圆周磨削法（简称周磨法）和端面磨削（简称端磨法）。周磨法的特点是砂轮与工件的接触面积比较小，排屑容易，冷却条件好，工件发热变形小，砂轮圆周表面磨粒磨损均匀，故可以获得较好的加工质量。但磨削效率较低，故主要用于精磨。

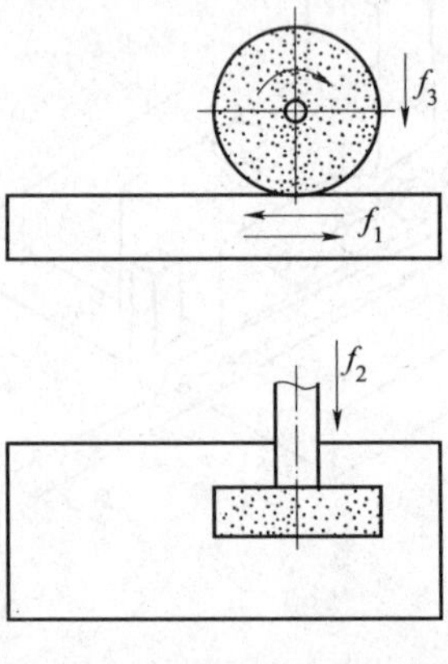

图 4 – 6　平面圆周磨削法

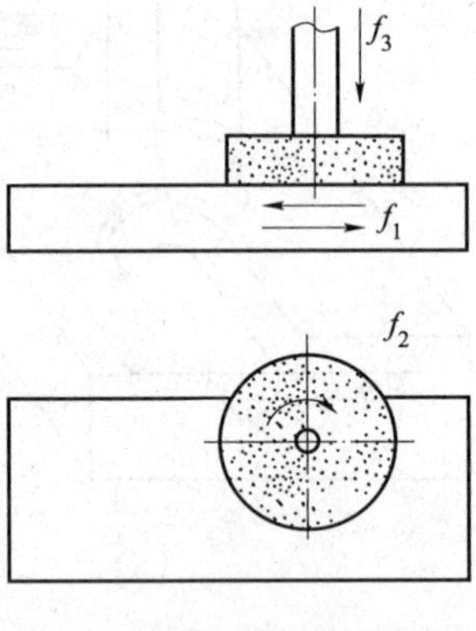

图 4 – 7　平面端面磨削法

与周磨法相比，端磨法砂轮与工件的接触面积较大，生产效率较高。但是，端磨法发热量大，且散热及冷却条件较差，排屑困难。同时砂轮直径方向上各点的线速度不同，从而使得砂轮端面磨损不均匀，故磨削质量不如周磨法。故端磨法适合于大批量生产且精度要求较低的零件或者用于粗磨。

(5) 刮研

对于未经淬火的板类零件可以使用刮研的方法进行精加工，平面能获得较高的形状和位置精度，且能使两接触的表面获得较高的接触精度。所谓接触精度是用单位面积上接触点的数量及分布情况来评定的。后续内容再介绍刮研加工。

在选择板类零件平面加工方法时，还要考虑生产现场的实际情况，如设备的精度状况、设备的负荷及工艺装备和工人的技术水平等。

4.2.2　板类零件加工质量的保证

设计模具时，不但要把握模具的总体结构，使之结构简单、合理，而且要尽量使用标准件，并使得必须的非标准件易于加工、加工精度及表面质量选用合理。所谓的合理是指加工精度及表面质量在满足使用要求的条件下位于经济精度的范围之内。在图4-4中，两个大平面与四个侧平面之间没有严格的垂直度限制，也能满足模具的使用和装配要求，如果加工时一再强调两者的垂直度要求，势必增加制造成本。

如图4-2中孔 $\phi30$ 只是落料孔，没有配合要求。如果像加工导套孔一样，钻孔后再扩孔、镗孔、磨孔，将增加不必要的制造成本。像这种落料孔的加工只需钻孔、扩孔就能满足使用要求。又如图4-4中的导套孔 $\phi18^{+0.02}_{0}$，可用同镗，再用坐标磨完成精加工才能满足设计要求。所以合理确定模具零件的精度和表面质量要求，是保证加工质量的前提，是模具设计阶段必须完成的重要内容。那么，在模具的制造过程中应该采取哪些措施来保证和提高加工精度和表面质量呢?

下面列举的一些可有效提高零件的加工质量的方法：

(1) 直接减小或消除误差

在查明产生加工误差的主要因素之后，设法对其直接进行消除或减小，是生产中应用较广的一种基本方法。在实际生产中，有时可以利用夹紧变形来满足工件的技术要求。例如，大型模板零件，为了使加工后获得中间微凹的表面，在装夹工件时，人为地将板的四周压低点，磨削后松开压板，由于弹性恢复而使得中部微微凹进。

又如图4-8 (a) 所示冲模薄板类零件的加工，当磁力将工件吸向吸盘表面时，工件将产生弹性变形，见图4-8 (b)。磨削完成后，由于工件的弹性恢复，工件上已经磨好的表

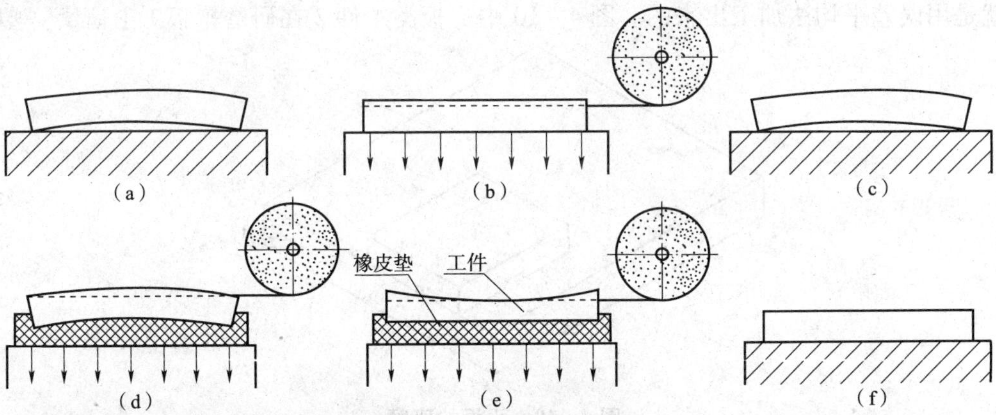

图4-8　薄板工件的磨削

面又产生翘曲，见图 4 – 8（c）所示。如果在工件和磁力吸盘之间垫上橡皮垫（厚约 0.5 mm），工件夹紧时，橡皮垫被压缩，工件变形减小，便于将工件的弯曲部分磨去。这样经过多次正反面交替磨削即可获得平直度较高的平面。图 4 – 8（d）、（e）、（f）所示。

（2）补偿或抵消误差

误差补偿法，是人为地造出一种新的误差，去抵消原来工艺系统中固有的原始误差。当原始误差为负值时人为的误差取正值，反之取负值，尽量使两者大小相等方向相反。或者，利用一种原始误差去抵消另一种原始误差。也必须尽量使两者大小相等、方向相反。从而达到减小加工误差，提高加工精度的目的。

（3）配作加工法

板类零件的加工经常要用到此法。例如注射模合模后，其凹模与型芯部分必须有很好的接触精度，以便封胶，防止塑料零件产生飞边。可以采用刮研的办法提高其接触精度。这个过程称为“飞模”（fit mould），是在模具装配阶段进行的。图 4 – 9 所示旋钮注射模的飞模过程，（a）在凹模或型心上涂红丹，（b）准备合模，（c）合模。最后开模检查封胶面的接触情况，接触到的区域为待加工区，未接触的区域位置较低为非加工区，对待加工区进行刮研。然后重复上述过程，直到显点数达到要求为止。这种方法能有效的提高动模和定模的接触精度。

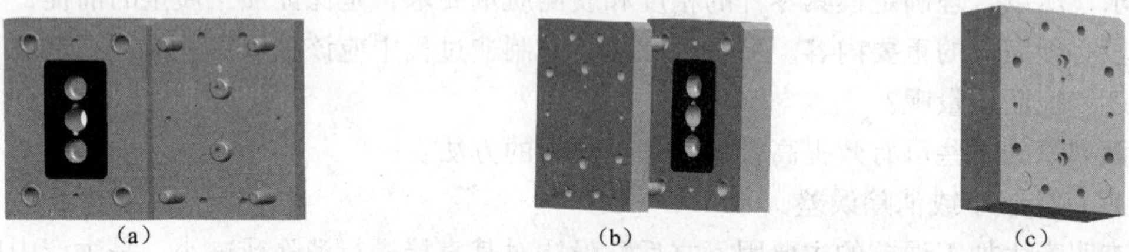

（a）　　　　（b）　　　　（c）

图 4 – 9　旋钮注射模的飞模

（a）在凹模上涂红丹；（b）准备合模；（c）合模

（4）误差平均法

生产中常用研磨的方法来获得精度极高的零件，这种研具和工件表面相对研擦和磨损的过程就是误差不断减少的过程，这就是误差平均法。精密的标准平板的平面度只有几个微米，就是用误差平均法加工出来的。图 4 – 10 中，板类工件 2 在研磨平板 1 上研磨。塑料注

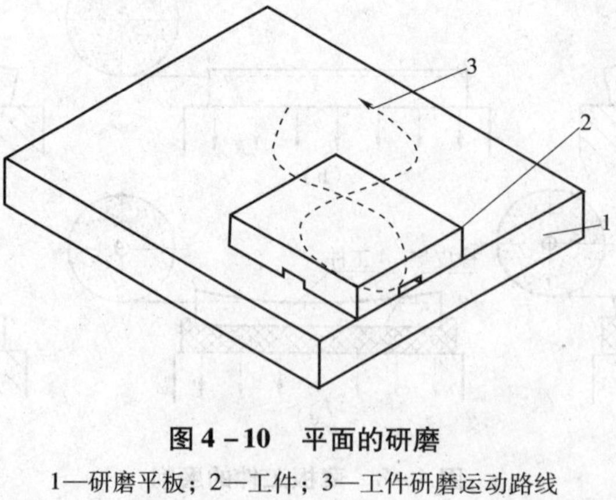

图 4 – 10　平面的研磨

1—研磨平板；2—工件；3—工件研磨运动路线

射模的侧型芯安装在滑块上，或者与滑块做成一个整体，模板上滑块导向部分的光整加工也可以采用研磨的办法。

（5）控制误差法

控制误差法的特点是在加工循环中，利用测量装置连续地测量出工件的实际尺寸精度，随时地给刀具进行补偿，控制刀具与工件之间的相对位置，直至工件的实际值与调定值的差不超过预定的公差为止。板类零件在精密磨床上的精加工很容易实现这种控制，现代机械加工中的自动测量和自动补偿就属于这种形式。

例如，借助 CNC 技术，磨床上砂轮的连续修整，自动补偿，自动交换砂轮，自动传送和装夹工件等操作功能得以实现。数控技术在平面磨床上逐步普及，平面磨的精度得以提高，就属于控制误差法。

（6）表面质量的保证

模具板类零件的平面精加工方法一般采用平面磨，影响已加工表面粗糙度的因素很多，其主要原因是由于磨床主轴的振动和磨粒切削刃的高度不一致。改进磨床主轴轴承的结构、提高砂轮修整质量及做好砂轮的动平衡，将有利于降低加工表面的粗糙度。

影响磨削加工表面物理机械性能的主要因素是材料的塑性变形和磨削热。可采取两个方面的措施：其一是减少磨削热的产生；其二是加速磨削热的传出。下面的几个办法均有利于减少磨削热的产生。

1）首先的几次走刀采用较大的径向进给量 f_r，后续走刀的径向进给量要减小，最后进行无进给量的磨削。

2）减少工件与砂轮的接触面积。例如，端磨时将砂轮轴稍微倾斜，使砂轮的端面与工件的接触面积减小，有利于减少磨削热的产生。

3）合理选择砂轮的粒度，经常修整砂轮，使砂轮保持锋利的切削刃。

另一方面，必须加速磨削热的传出，主要措施有：①提高工件的移动速度。②采用有效的冷却措施。例如，常用的有效冷却方法有喷雾冷却、内冷却和高压冷却等。

4.3　板类零件的孔系加工

所谓孔系指的是一系列有相互位置精度要求的孔。图 4－11 所示，孔系可分为平行孔系、同轴孔系和交叉孔系。

1）平行孔系的主要技术要求为各平行孔之间及孔与基准面之间的距离尺寸精度。

2）同轴孔系主要是保证孔系的同轴度要求。在批量生产中，可采用镗模加工同轴孔系，其同轴度由镗模保证；当采用精密刚性主轴组合机床从两头同时加工同轴孔时，其同轴度则由机床保证。板类模具零件属于单件生产，在通用机床上加工，且一般不使用镗模。为了保证同轴孔的同轴度，可利用已加工孔作支承导向。

3）交叉孔系的主要技术条件是控制各孔的垂直度、倾斜度。

平行孔系和同轴孔系是板类零件上常见的孔系，本节将重点讲解。板类零件上的孔不仅本身有一定的精度要求，而且相互位置精度也有较高要求。孔系的加工是板类零件加工的重要组成部分。钻孔、扩孔、镗孔、铰孔、磨孔和孔的光整加工是板类零件孔系常用的加工方法。其中，钻孔、扩孔是常用的粗加工方法；而镗孔、铰孔、磨孔和光整加工是常用的精加工方法。

另外，当以上的常规机加工方法难以满足孔加工的工艺要求或者加工成本过高时，可以考虑采用孔的特种加工方法，包括电火花成型加工、线切割加工。

采用哪种加工方法较合理，需根据零件的形状、尺寸、材料、孔系技术要求、生产类型及工厂现有设备等方面来决定。

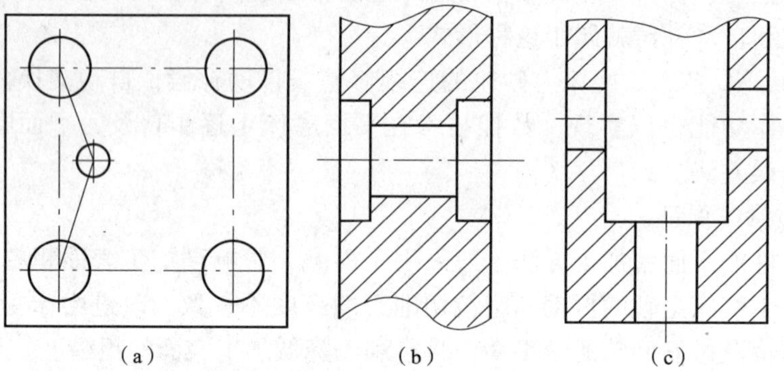

图 4－11　孔系的种类

(a) 平行孔系；(b) 同轴孔系；(c) 交叉孔系

4.3.1　孔系的加工方法

1. 钻孔

使用钻头在实体材料上加工出孔的方法称为钻孔，是一种从无孔到有孔的加工方法，常作为低精度孔的终了加工或高精度孔的粗加工。钻孔的加工精度较低 IT11～IT12，表面粗糙度较高 $Ra50 \sim 12.5\ \mu m$。

2. 扩孔

对工件上已有的孔（铸孔、锻孔、预钻孔、预冲孔）再进行扩大的工序称为扩孔。可用于孔的最终加工，或铰孔、磨孔前的预加工。扩孔加工精度比钻孔高，精度等级可达 IT10～IT9，表面粗糙度为 $Ra6.3 \sim 3.2\ \mu m$。使用扩孔刀具在车床、铣床、镗床或钻床上实现扩孔加工。

3. 铰孔

用铰刀（如图 3－9 所示）从工件孔的内壁上切除微量金属层，以提高孔的精度和表面质量的工艺方法叫铰孔。铰孔能达到较高的精度等级 IT9～IT6 和较好的表面质量，Ra 值可达 $3.2 \sim 0.1\ \mu m$。

铰孔没有专用的机床，如前所述，铰孔可以在镗床、钻床、铣床和车床上完成。也可在钳工工作台上用手工实现铰孔。铰孔时切削速度较低，一般地 45 钢粗铰切削速度取 16.5～2.7 m/min，精铰切削速度取 5.0～2.0 m/min。

标准铰刀根据是否使用机械设备，分为手动铰刀和机用铰刀；根据形状，可分为圆柱铰刀和圆锥铰刀；根据材料不同，主要有高速钢铰刀和硬质合金铰刀；根据结构形式，可分为整体式、套式、可转位式铰刀，如图 4－12 所示为两种标准铰刀。另外，可根据需要对标准铰刀进行改进得到改进型铰刀，从而使得铰孔质量得以提高、铰刀的使用寿命得以延长。

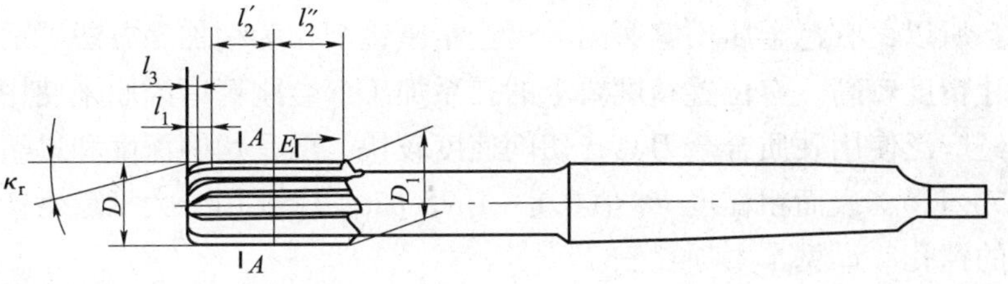

（a）

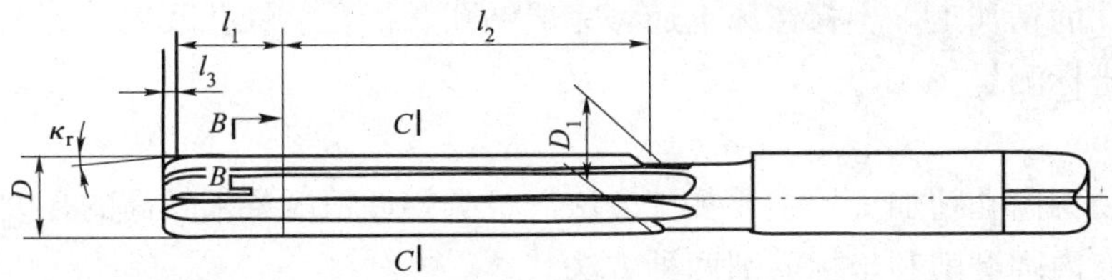

（b）

图 4－12　标准铰刀

（a）机用铰刀；（b）手工铰刀

孔的加工精度取决于铰刀的精度等级，例如，标准圆柱新铰刀直径上留有研磨余量，铰削精度等级 IT8 及以上孔时，先要将铰刀直径研磨至所需的尺寸精度。应查阅机加工工艺手册，根据孔的直径和加工精度等级来选择铰刀。

在加工注射模板类零件（如内模）时，在对推杆孔完成钻孔后还必须进行精加工即铰孔，所用的刀具可以是标准铰刀，也可以是自制的简易铰刀如图 4－13 所示。

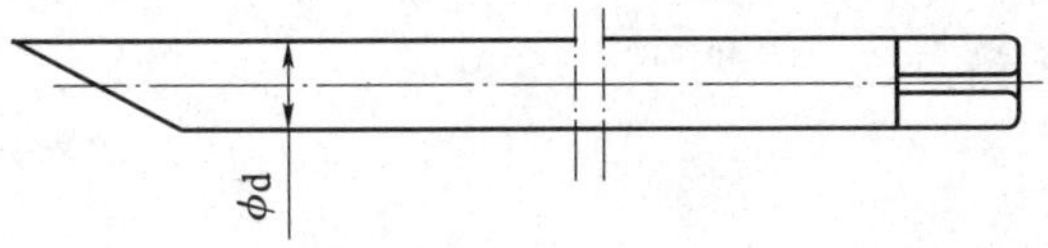

图 4－13　简易铰刀

简易铰刀的制作非常简单。只要在采购推杆时多买几根相同直径（包括制造公差也相同）、长度合适的推杆，按照要求对推杆进行加工，然后对刃口部分进行热处理加硬即可，热处理所要达到的硬度要视工件的硬度而定。简易铰刀适宜手工铰削，加工后孔的粗糙度可达 $Ra3.2 \sim 0.1$ μm，孔与推杆的双面间隙在 0.01～0.03 mm 之间，能满足推杆孔的使用要求。实际操作时，还要注意以下几点：

1）因为切削刃不对称，铰削时要把握好方向，以免孔的圆柱度超标；

2）直径过大或过小的孔不宜采用此法，一般地，适应直径在 $\phi 4\ \text{mm} < d < \phi 10\ \text{mm}$ 之间孔的精加工；

3）在切削刃周围涂上机油，起到润滑和冷却作用，有利于提高孔的加工质量。

4. 镗孔

镗孔是对锻出、铸出或钻出孔的进一步加工，镗孔可扩大孔径，提高孔的精度，减小表面粗糙度。镗孔可以分为粗镗、半精镗和精镗。精镗孔的尺寸精度可达 IT8～IT7，表面粗糙度 *Ra* 值 1.6～0.8 μm。精密镗削的加工精度能达到 IT7～IT6，表面粗糙度为 *Ra* 值 0.63～

0.08 μm，精密镗孔以前，预制孔要经过粗镗、半精镗和精镗工序，为精密镗孔留下少而均匀的加工余量。所以，有色金属不宜磨削，可选精密镗削作为精加工方法。适合板类零件上尺寸较大、尺寸精度较高、有位置精度要求的孔系加工。金刚镗床因原来使用金刚石镗刀而得名，现在已经广泛使用硬质合金刀具，切削速度较快，但是切削深度和进给量均较小，加工精度可达 IT7 ~ IT6，表面粗糙度 *Ra* 值 0.8 ~ 1.25 μm，主要用于大批量生产，一般不用于板类模具零件的镗孔。详见本书项目三。

坐标镗床带有能指示工作台位置坐标值的精密测量装置，主要用于镗较小的高精度孔，适合板类零件孔的精加工。坐标镗床上还可完成钻孔、扩孔、铰孔及锪孔等加工，也可以利用它进行精密坐标测量。

5. 磨孔

磨孔是淬硬钢内孔精加工的主要加工方法。板类零件精度要求较高的孔大都可以采用磨削加工，主要有内圆磨削和坐标磨削两种方法。

（1）内圆磨削

当板类零件尺寸较小，只有一个孔且孔径较大时采用内圆磨削加工，在内圆磨床上完成。工件旋转作圆周进给运动 1，砂轮旋转作主切削运动 4、砂轮随砂轮架作横向进给运动 2，并沿轴向作往复进给运动 3，见图 4 – 14。普通内圆磨床自动化程度不高，适用于单件生产的模具零件。精度可达 IT7 ~ IT9，表面粗糙度 *Ra* 值 3.2 ~ 0.2 μm。

（2）坐标磨削

坐标磨削是板类零件上平行孔系的精加工常用方法，在坐标磨床上完成。加工时，工件固定在工作台上，砂轮 3 作自转运动 4 的同时绕被磨削孔的轴线作行星运动 7（公转）和轴向进给运动 6，如图 4 – 15 所示，横向进给 5 是由加大砂轮的行星运动半径来实现的，如图 4 – 16 所示。

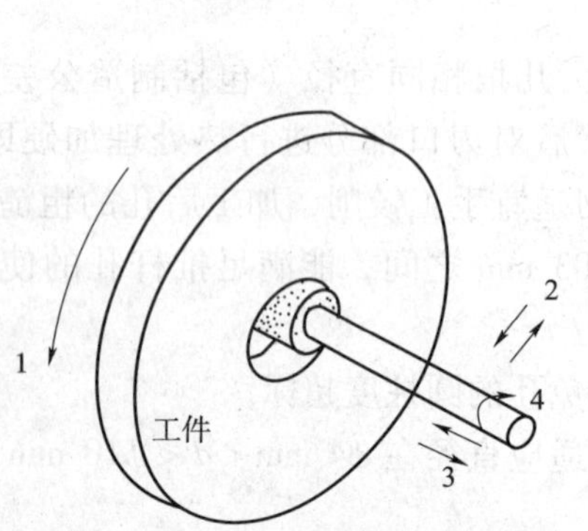

图 4 – 14　内圆磨基本切削运动

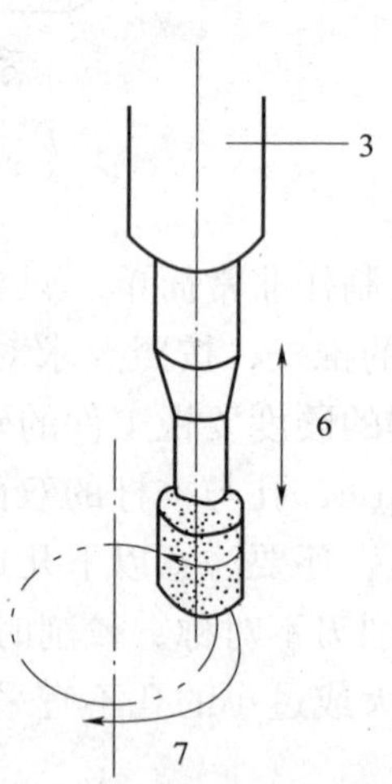

图 4 – 15　坐标磨削时砂轮的三种运动

坐标磨床配有数显装置，显示机床各移动部分的移动量，特别适合加工精密孔系。孔的圆度可达 0.002 mm，孔内表面粗糙度 *Ra* 值可达 0.4 ~ 0.1 μm。现在大部分的坐标磨床实现了数字控制，通过编程来控制加工。

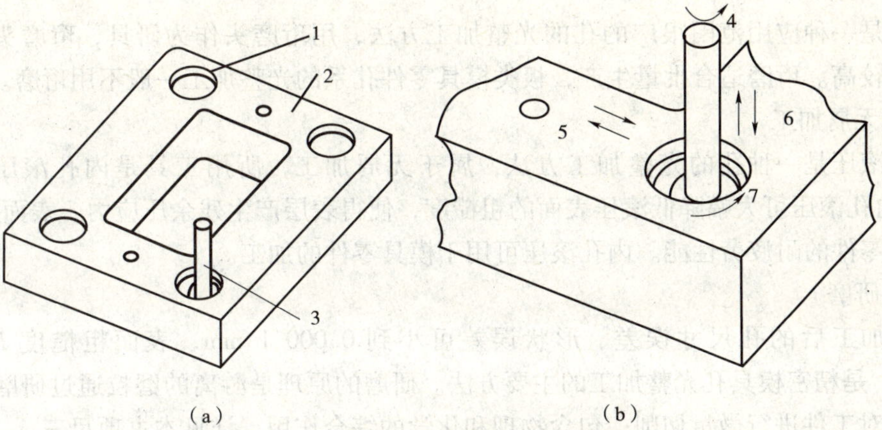

图 4－16　板类零件的坐标磨削加工

(a) 坐标磨削导套孔；(b) 坐标磨削内孔的基本切削运动

1—模板上的孔；2—模板；3—砂轮；4—自转运动；

5—横向进给方向；6—轴向进给运动方向；7—行星运动（公转）方向

坐标磨床除用于磨削内孔外，还可用于磨削外圆、锥孔、窄平面、侧槽和异形孔，如图 4－17 所示。

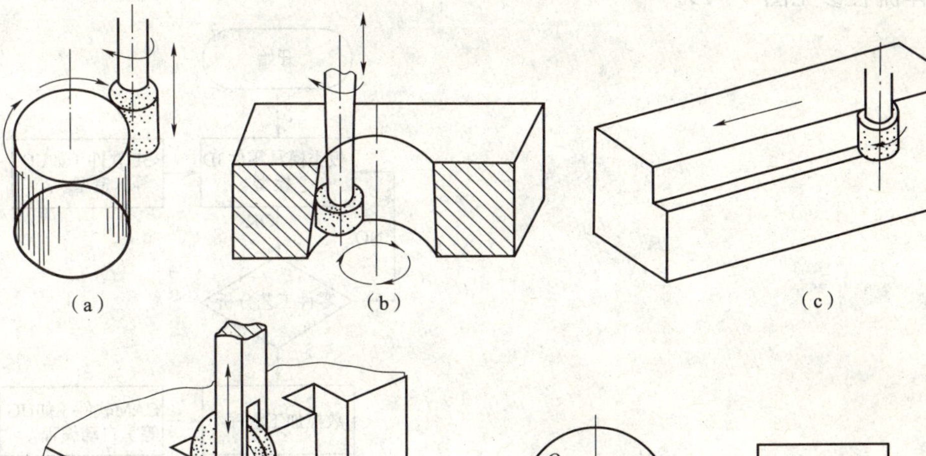

图 4－17　坐标磨床用于磨削外圆、锥孔、窄平面、侧槽和异形孔

6. 孔的光整加工

孔的光整加工方法主要有珩磨、研磨、无屑加工等，其目的是为了获得很高的表面质量，而加工精度由光整加工前的各工序保证。当然，研磨和珩磨方法在一定条件下在提高表面质量的同时也使加工精度稍有提高。

（1）珩磨

珩磨是一种应用范围很广的孔的光整加工方法，用珩磨头作为研具，珩磨头结构较复杂，成本较高。珩磨适合批量生产，板类模具零件孔系的光整加工一般不用珩磨。

（2）无屑加工

内孔滚压是一种孔的光整加工方法，属于无屑加工，所用工具是内孔滚压头，见图4－18。内孔滚压可大幅降低滚压表面的粗糙度，使得表层产生残余压应力、表面硬度提高，从而提高零件的耐疲劳性能。内孔滚压可用于模具零件的加工。

（3）研磨

研磨加工后的孔尺寸误差、形状误差可小到0.000 1 mm，表面粗糙度 Ra 值可达0.01 μm，是精密模具孔光整加工的主要方法。研磨的原理是游离的磨粒通过研磨工具（简称研具）对工件进行微量切削，包含物理和化学的综合作用。详见本书项目三。

7. 板类零件孔系的数控加工

数控加工是在数控机床上进行的。数控加工必须编程，编程的方式有手工编程和自动编程两种。所谓手工编程就是由编程人员人工完成数控编程中各个阶段的工作。数控加工内容不多、程序段不长、计算简单的零件，用手工编程比较合适。手工编程后，可在数控铣床上对模板零件完成钻、扩、镗、铰、攻丝等孔系加工工序，比起用普通机床来省事很多。如果模板零件上孔的数量较多，手工编程就相当繁琐而且容易出错，这时可考虑采用自动编程的方法，具体流程参见图4－19。

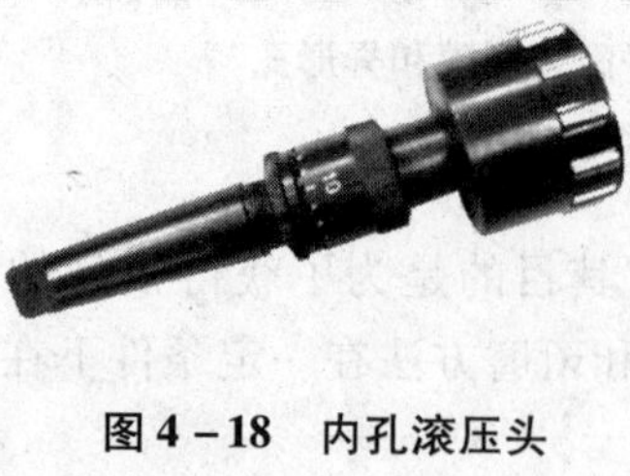

图4－18　内孔滚压头

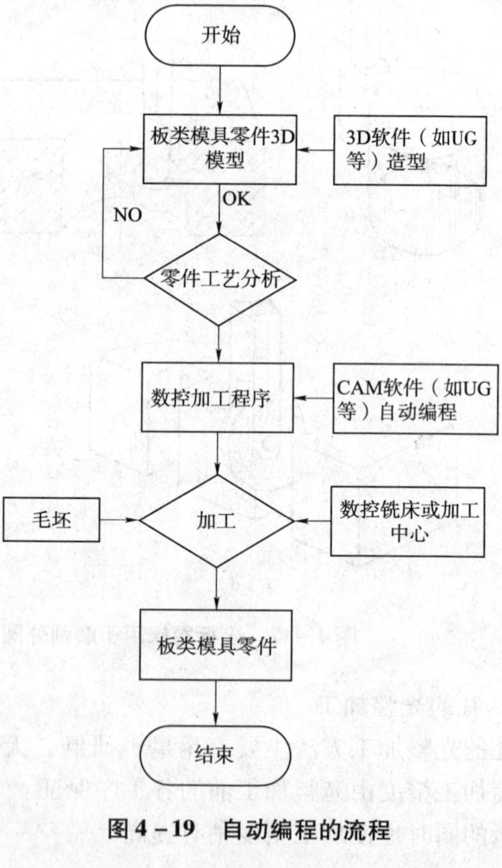

图4－19　自动编程的流程

加工中心（CNC）是由机械与数控系统两部分组成的用于加工复杂形状工件的高效率自动化机床。加工中心备有刀库，具有自动换刀功能，是对工件一次装夹后进行多工序加工的数控机床。工件装夹后，数控系统能控制机床按不同工序自动选择和更换刀具、自动对刀、自动改变主轴转速、进给量等，可连续完成钻、扩、镗、铣、铰、攻丝等多种工序，因而大大减少了工件装夹、测量和机床调整等辅助工序时间，对加工形状比较复杂，精度要求较高，品种更换频繁的零件具有良好的经济效益。

加工中心已广泛地用于模具制造业，特别适合加工塑料模具等的凹模或型芯，当凹模或型芯上有曲面存在时，更能显示其加工的优越性，如图 4－20 所示，为一模四穴注射模的凹模，其型腔 1 和浇注系统 2 的加工即可由加工中心完成。有的型腔模具的型板零件，凹模就直接做在型板上，可仿照凹模的加工方法加工。板类零件局部的沟槽、庞大的孔系的加工也可考虑使用加工中心加工，图 4－21 所示的定模板的平行孔系 1 的加工就可以考虑在 CNC 上进行。

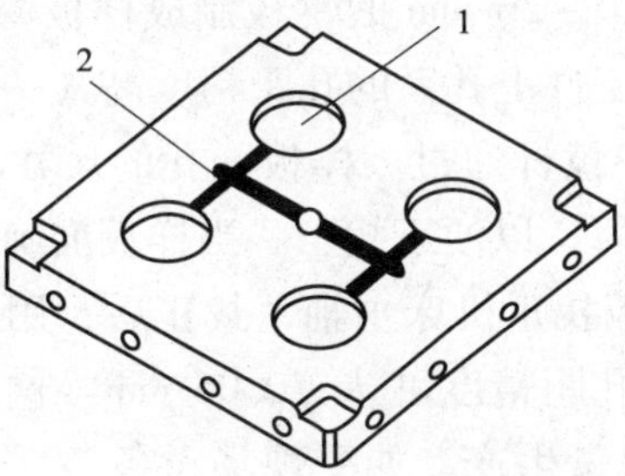

图 4－20　注射模凹模的型腔及浇注系统

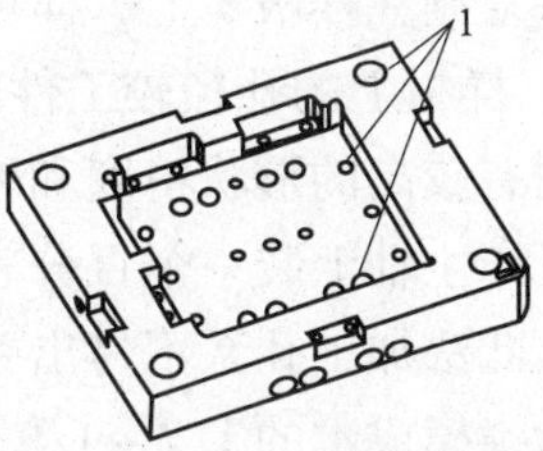

图 4－21　注射模定模板的孔系

4.3.2　保证孔系中各孔位置精度的方法

1. 保证平行孔系孔距精度的方法

平行孔系是指这样一些孔，既要求孔的轴线相互平行，又要保证孔距精度。所谓孔距精度是指孔与孔之间及孔与基准平面之间的距离精度。常用的方法有找正法、坐标法、镗模法。

（1）找正法

找正法的实质是凭借操作者的技术熟练程度和相关的工具，找正被加工孔在机床上的正确位置。找正法辅助时间长，效率低，不适合大批量生产。因模具零件的加工属于单件或小批量生产，可考虑采用找正法来保证平行孔系孔距精度。

保证板类模具零件平行孔系孔距精度的找正方法，有划线找正法、块规心轴找正法、样板找正法、定心套找正法等几种。

1）划线找正法。为了提高找正的精度，生产中可以结合试切法进行加工。详见项目二。

2）块规心轴找正法。如图 4－22（a）所示，将精密心轴 4 插入主轴孔内，以板类零件（工件）的侧面定位，根据侧面到心轴的距离要求组合一组块规来确定主轴位置，校正时用厚薄规（又叫塞规或塞尺）6 来测定心轴和侧面之间的间隙。接着，以已加工孔定位，按照类似的方法找正第二排孔，参见图4-22（b）。该找正法可达到±0.03 mm的孔距精度。

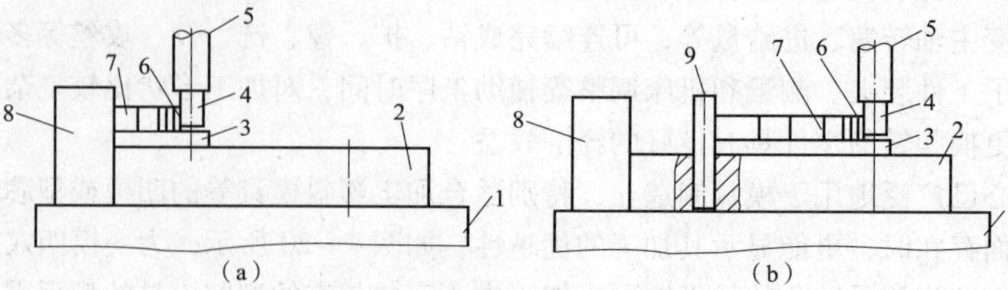

图4-22　用块规和心轴找正

（a）模板侧面定位找正第一排孔；（b）用已加工孔定位找正第二排孔

1—镗床工作台；2—工件（板类零件）；3—垫块；4、9—心轴；

5—主轴；6—厚薄规；7—块规；8—定位块

3）样板找正法。如图4-23所示，用厚度为10～20 mm的钢板制成样板3，将工件上的孔系关系复制在样板3上，样板上的孔距精度较工件上孔系的孔距精度高（一般±0.01～0.03 mm），样板上的孔径较工件的孔径大，以便于镗杆通过。样板上孔的尺寸精度要求不高，但必须有较高的形状精度和较小的表面粗糙度值，以便于找正。当样板准确地装到工件上后，在机床主轴上装一个百分表找正器4，按样板找正机床主轴，找正后，用镗刀将心轴换下加工。此法加工孔系不易出差错，找正方便，孔距精度可达±0.05 mm。这种样板的成本低，仅为镗模成本的1/7～1/9，常用于单件小批量生产。如受现场设备条件的限制，模具板类零件的孔加工可考虑此方法。

4）定心套找正法。如图4-24所示，先按照模具板类零件图样要求在工件上划线，再按线钻孔、攻丝，然后装上形状精度高而粗糙度值低的定心套，定心套与螺钉间有较大间隙，然后按图样要求的孔心距公差的1/3～1/5调整全部定心套的位置，并拧紧螺钉。将工件连同定心套一起安装到机床的工作台上，按定心套找正镗床主轴位置，卸下定心套，镗出一孔。每加工一个孔找正一次，直至孔系加工完毕。此法工装简单，可重复使用，特别适合于单件生产并且缺乏坐标镗床条件下的模具板类零件孔系加工。

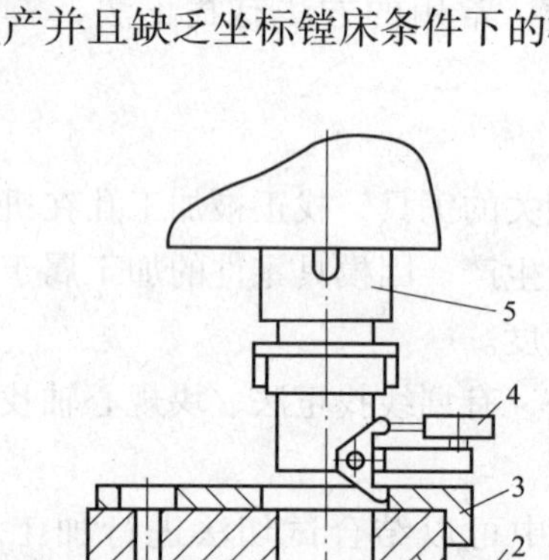

图4-23　样板找正法

1—工件；2—工作台；3—样板；4—百分表找正器；5—主轴

图4-24　定心套找正法

1—工件；2—定心套；3—螺钉；4—调整间隙

（2）镗模法

如图4－25所示为镗模法加工孔系。工件3装夹在镗模2上，镗杆4被支承在镗模2的导套1里，导套的位置决定了镗杆的位置，装在镗杆上的镗刀5将工件上相应的孔加工出来。当用两个或两个以上的导套1来引导镗杆时，镗杆与机床主轴必须用浮动连接。当采用浮动连接时，机床精度对孔系加工精度影响很小，孔距精度主要取决于镗模，因而可以在精度较低的机床上加工出精度较高的孔系。一般地，镗模法加工的孔直径精度可达IT7级，其表面粗糙度 *Ra* 值1.6～0.8 μm。当从一端加工、镗杆两端均有导向支承时，孔与孔之间的同轴度和平行度可达0.02～0.03 mm；当分别由两端加工时，可达0.04～0.05 mm。孔距精度一般为±0.05 mm左右。用镗模法加工孔系，既可在通用机床上加工，也可在专用机床或组合机床上加工。

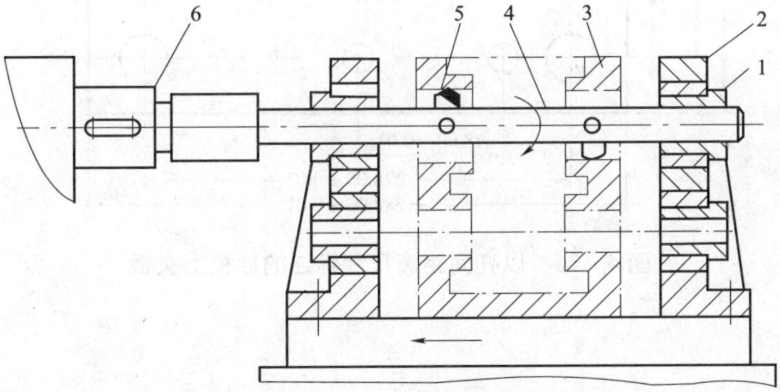

图4－25　用镗模加工孔系

1—镗杆导套；2—镗模；3—工件；4—镗杆；5—镗刀；6—镗杆浮动连接头

镗模制造精度高，制造周期长，成本高，所以镗模法一般用于批量生产，板类模具零件的孔系加工一般不使用这种方法。

（3）坐标法

坐标法镗孔是加工前先将图纸上被加工孔系间的孔距尺寸及其公差转换为坐标标注的形式，加工时借助机床设备上的测量装置，调整机床主轴与工件在直角坐标系中的相对位置，从而保证孔距精度的一种加工方法。

如图4－26所示是冲模上夹板（凸模固定板）零件简图，图上标注的是孔间距离尺寸，加工前必须先进行尺寸和公差的换算，即将孔的距离尺寸及其公差换算成坐标标注形式。

如图4－27所示冲模上夹板零件简图上尺寸是以坐标的方式标注的，就可免去尺寸转换计算，更有利于坐标法加工。进行模具设计时可以把它作为一个优先选择的尺寸标注方式，特别是当零件上的孔较多时，更能凸显这种标注方式的优越性。

坐标法加工后的孔距精度取决于坐标位移精度，归根结底取决于机床坐标测量装置的精度。目前，生产实际中采用坐标法加工孔系的机床有两类：一类如坐标镗床、数控镗床、数控铣床或加工中心，以及坐标磨床和电火花线切割机床，自身具有精确的坐标测量系统，可进行高精度的坐标位移、定位及测量等坐标控制；另一类没有这种精密装置，如普通镗床等。用前一类机床加工孔系，孔距精度主要由机床本身的坐标控制精度决定。用后一类机床

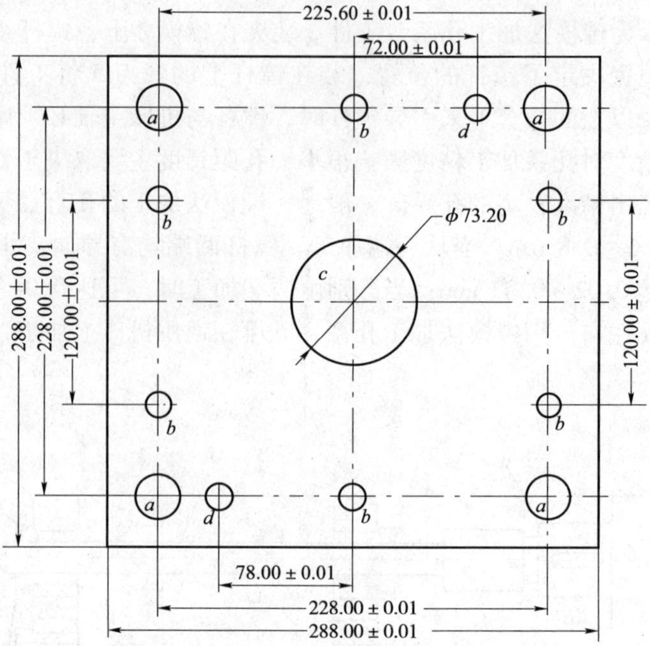

图 4 – 26　以孔间距离尺寸标注的冲模上夹板

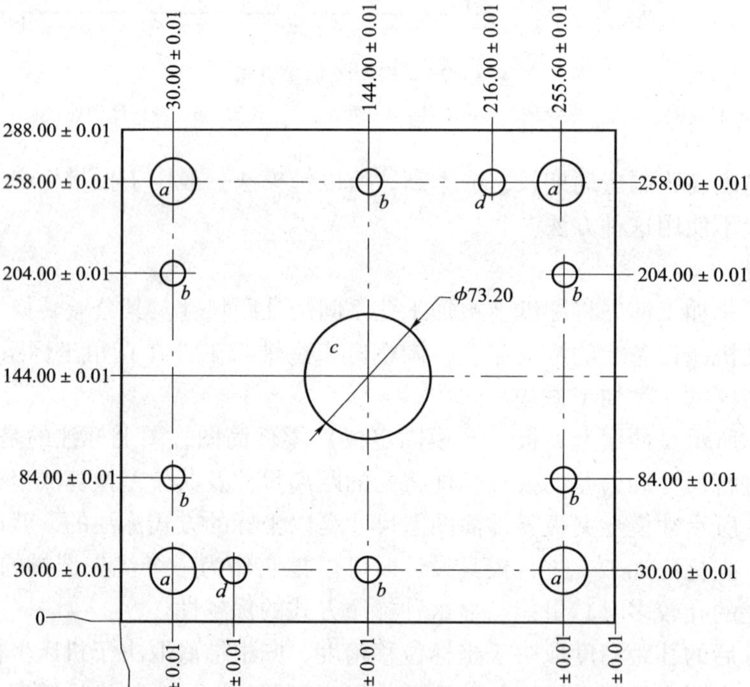

图 4 – 27　以坐标尺寸标注的冲模上夹板

加工孔系，往往采用相应的工艺措施来保证坐标位移精度，常用的方法有如前所述的块规心轴找正法；也可以在机床上加装精密测量装置。该方法是在普通镗床、铣床上加装一套精密长度测量装置。该装置操作方便，精度较高，其测量精度不受机床传动系统精度的影响，可将普通镗床的位移定位精度提高到 ±0. 02 mm。在工厂没有坐标镗床、数控镗床、加工中心等设备的情况下，这是一种经济、实用的工艺方法。

坐标法加工保证平行孔系距离精度最有效的方法是应用坐标镗床加工。如图 4－27 所示的上夹板孔的精加工，使用坐标镗床容易满足零件的设计要求，加工精度高，生产的辅助时间短，生产效率高。所以，目前坐标镗床加工是保证平行孔系距离精度的常用加工方法之一。

2. 配合件的同轴孔系加工

（1）配钻配铰法

如图 4－28 所示的注射模定模座板 2 和定模板 3 之间必须用定位销定位，图中的定位销孔 1 一部分在定模座板，另一部分在定模板上。为了保证孔 1 的两部分同心，可按如下步骤进行加工。

①先将 2、3 两工件的非配合加工部分加工好，例如件 2、件 3 的大平面的粗加工和精加工。

②再将两工件放在等高垫块上并找正。用垫块、压板和螺钉将工件压紧，施力点要注意既方便加工又尽量避免工件的变形。

③配钻孔，注意留铰削余量。

④然后根据尺寸和精度选择铰刀进行配铰孔。

所谓孔的配钻配铰，就是工件 2、3 上的孔 1 在两工件正确装夹后一次钻出，然后再一次完成铰削。配钻配铰可以有效保证两孔同心，是常用的定位孔加工方法。

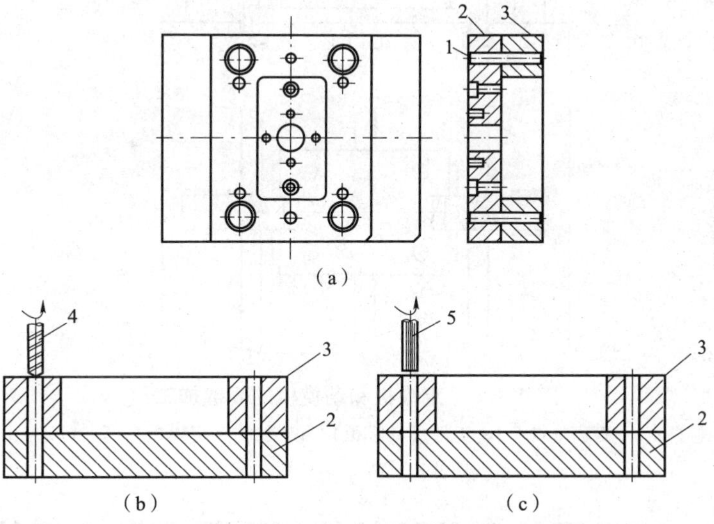

图 4－28　定模座板和定模板的定位孔加工

（a）已用定位销定好位的两板；（b）配钻；（c）配铰

1—定位销孔；2—定模座板；3—定模板；4—钻头；5—铰刀

（2）同镗加工法

同镗加工法是指将孔位要求一致的几个（通常为两到三个）零件装夹固定在一起，对同轴孔同时进行镗削加工。注射模的动模板和定模板如图4－29所示，合模时，动模上的导柱和定模上的导套形成间隙配合。为了保证其配合精度，动、定模板上的对应孔必须满足一定的位置度要求，对于这种配合件同轴孔系的加工可采用同镗的办法。

将立式镗床或坐标镗床的工作台清扫干净，按照图4－30那样将工件定位并夹紧。在两工件之间垫上等高垫铁，作用是留出加工时的退刀和排屑空间，垫铁高度应该满足镗刀镗孔时的刀尖超越定位底面的安全行程，同时垫铁的位置也应该离开最终加工出孔的有效范围一定距离（最小应偏离镗刀刀尖3毫米，以免在镗孔时刀具伤到垫铁而影响定位精度）。根据模板零件孔的位置尺寸、孔径尺寸及其公差的要求，进行配钻、同扩、同镗孔。虽然这种方法加工的零件互换性差，但是，这是保证加工精度，降低加工难度的有效措施，是单件生产的模具板类零件孔加工的常用方法。在现场条件受限制的情况下，也可以在立式铣床上进行同镗加工，但是加工精度要低一些。

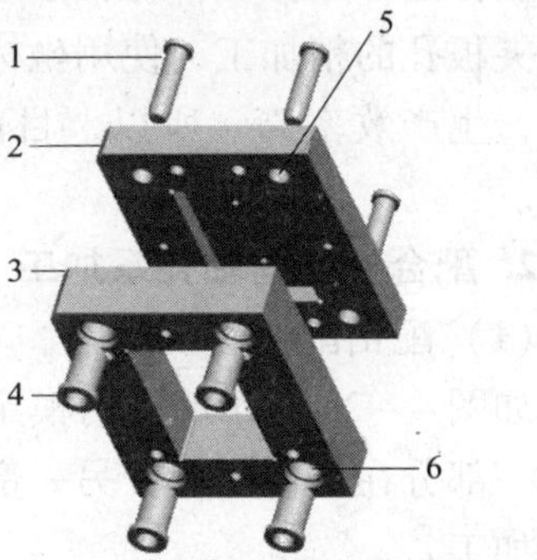

图4－29　注射模动模板和定模板上的导向孔

1—导柱；2—动模板；3—定模板；4—导套；5—导柱孔；6—导套孔

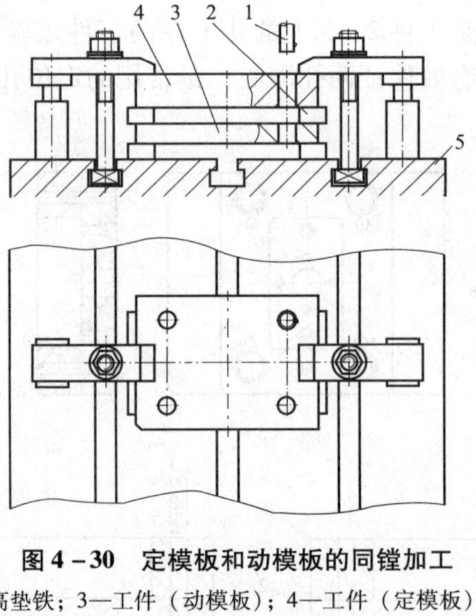

图4－30　定模板和动模板的同镗加工

1—镗杆；2—等高垫铁；3—工件（动模板）；4—工件（定模板）；5—机床工作台

4.4　板类零件工艺路线的拟定及工艺方案比较

本课题的最终目的是编制板类零件的机械加工工艺规程，使得零件的加工满足其质量和经济性等方面的要求。工艺规程的制订大体上可按如下步骤进行：①分析零件图和模具装配图；②确定毛坯；③拟订加工的工艺路线；④确定每道工序的工序尺寸及公差；⑤确定各工序所用设备及工艺装备；⑥确定切削用量和工时定额；⑦确定主要工序的技术要求及检验方法；⑧填写工艺文件。

工艺路线的拟定就是对工艺过程进行总体布局。其主要任务是选择各个表面的加工方法和加工方案，确定各个表面的加工顺序以及整个工艺过程中工序数目等。拟定工艺路线主要考虑表面加工方法、加工阶段的划分、工序的集中与分散、加工顺序和定位基准等方面。

4.4.1　平面和孔加工方案的选择

对于板类零件的平面和孔的加工方法的选择，本章前面已经做了详细的介绍。而加工阶段的划分、工序的集中与分散、加工顺序的安排等基本知识在第一章中也有详细介绍。下面重点讲讲平面和孔的加工方案的选择。

零件上较精确的表面是通过粗加工、半精加工和精加工逐步实现的，这些表面仅根据质量要求选择相应的终了加工方法是不够的，还应该合理地确定工件从毛坯到成品的加工路线，即确定加工方案。表4－4中列示了常见平面加工方案，而表4－5中列示了常用的孔加工方案，可供制订工艺规程时参考。

表4－4　板类零件平面加工方案

序号	加工方案	经济精度	经济粗糙度 $Ra/\mu m$	适用范围
1	粗刨（或粗铣）	IT13～IT11	25～6.3	精度要求较低的不淬硬平面
2	粗刨（或粗铣）—精刨（或精铣）	IT9～IT7	6.3～1.6	精度要求一般的不淬硬平面
3	粗刨（或粗铣）—精刨（或精铣）—刮研	IT7～IT5	0.8～0.1	精度要求较高的不淬硬平面
4	粗刨（或粗铣）—精刨（或精铣）—宽刃精刨	IT6	0.8～0.2	
5	粗刨（或粗铣）—精刨（或精铣）—磨削	IT7	0.8～0.2	精度要求高的淬硬平面或不淬硬平面
6	粗刨（或粗铣）—精刨（或精铣）—粗磨—精磨	IT7～IT6	0.4～0.02	
7	粗铣—精铣—磨削—研磨	IT6以上	0.1～0.006	高精度平面

表4－5　板类零件孔加工方案

序号	加工方案	经济精度	经济粗糙度 $Ra/\mu m$	适用范围
1	钻	IT13～IT11	12.5	加工未淬火钢及铸铁板件的孔，孔径小于15～20 mm
2	钻—铰	IT9～IT8	3.2～1.6	
3	钻—粗铰—精铰	IT8～IT7	1.6～0.8	

续表

序号	加工方案	经济精度	经济粗糙度 $Ra/\mu m$	适用范围
4	钻—扩	IT11 ~ IT10	12.5 ~ 6.3	加工未淬火钢及铸铁板件的孔，孔径小于15 ~ 20 mm，但孔径大于15 ~ 20 mm
5	钻—扩—铰	IT9 ~ IT8	3.2 ~ 1.6	
6	钻—扩—粗铰—精铰	IT7	1.6 ~ 0.8	
7	钻—扩—机铰—手铰	IT7 ~ IT6	0.4 ~ 0.1	
8	（钻—）粗镗	IT12 ~ IT11	12.5 ~ 6.3	除淬火钢外的各种材料
9	（钻—）粗镗—半精镗	IT9 ~ IT8	3.2 ~ 1.6	
10	（钻—）粗镗—半精镗—精镗	IT8 ~ IT7	1.6 ~ 0.8	
11	（钻—）粗镗—半精镗—精镗—浮动镗刀精镗	IT7 ~ IT6	0.8 ~ 0.4	
12	（钻—）粗镗—半精镗—磨	IT8 ~ IT7	0.8 ~ 0.2	用于淬火钢或未淬火钢，但不适合有色金属
13	（钻—）粗镗—半精镗—粗磨—精磨	IT7 ~ IT6	0.2 ~ 0.1	
14	（钻—）粗镗—半精镗—精镗—金刚镗	IT7 ~ IT6	0.4 ~ 0.05	主要用于有色金属板类零件的孔
15	钻—（扩—）粗铰—精铰—研磨；（钻—）粗镗—半精镗—精镗—研磨	IT6 级以上	<0.1	精度要求很高的孔

4.4.2 板类零件机械加工工艺路线的拟定

板类零件的加工主要是平面和孔的加工。下面以图 4 – 4 所示定模板的加工为例来说明其机械加工工艺路线的拟定。由图 4 – 4 可知，定模板材质为 45 钢，最终热处理要求为调质处理 240 ~ 280 HBS，可将热处理安排在半精加工之后，精加工之前。上下两大平面粗糙度要求 *Ra* 值为 0.4 μm，根据表 4 – 4 可选磨削作为大平面的终了加工方法。2 × ϕ8H7 两孔为定位孔，采用与定模座板配钻配铰的加工方法，为了达到 *Ra* 值为 0.4 μm 的要求，孔最终加工方法采用手工配铰。导套孔 $\phi18^{+0.02}_{0}$ 采用坐标镗床加工，然后在坐标磨床上磨削，来保证其加工精度。定模板的机加工工艺路线为：

下料→（锻造→）（退火→）粗铣六面→半精铣六面、倒角→磨大平面及两侧面 *B*、*C*→钳工划线、钻孔、攻丝→粗铣、半精铣方孔→调质处理→磨大平面→配钻配铰定位孔→锪孔、镗导套孔→坐标磨导套孔及方孔→与配合件研配→（消磁→）终检→涂防锈油。

在上面讨论的工艺路线中，要根据被加工零件的实际情况对锻造和退火工序实行取舍。如果板类零件长期承受交变载荷的作用，而且模具设计寿命要求较长，此时就应该选用锻件作为毛坯，有利于提高零件抵抗疲劳破坏的能力。如果选用锻件做毛坯，锻造后必须退火以调整其硬度便于后续机械加工。若磨平面时采用电磁吸盘做夹具，机加工后必须消磁；若采用对工件不产生磁化的夹具，则消磁工序可省略。

目前，市场上采购的塑料注射模的模坯有粗料和精料两种。所谓粗料指的是表面较粗糙、所留加工余量较大的模坯。而精料的表面较平整，所留加工余量较小。上面讨论的是基于粗料毛坯的工艺路线。若选用精料毛坯，则前面的几道工序可省略，购进已调质处理的精料模坯后，机加工工艺路线应为：半精铣六面、倒角→磨大平面及两侧面 *B*、*C*→钳工划线、钻孔、攻丝→粗铣、半精铣方孔→磨大平面→配钻配铰定位孔→锪孔、镗导套孔→坐标磨导套孔及方孔→与配合件研配→（消磁→）终检→涂防锈油。

板类模具零件一般为单件生产，采用工序集中的方式生产，即工序数量少而每一工序的加工内容较多。但是当零件结构复杂，加工难度较大时，要适当减少单道工序的内容而增加工序数量。

在上面的工艺路线中，还体现了先面后孔的原则。先加工平面，以便保证后续加工的孔与面的位置精度（如垂直度）要求。调质处理安排在精加工之前。这样，因热处理而引起的工件变形等缺陷可在后续加工中得以消除。

另外，在如上所述的工艺过程中，用到的毛坯有如下几种，可根据实际需要选用：

塑料注射模模板毛坯类型 {锻造毛坯；板材下料 {粗料；精料}}

图 4－31　注射模模板毛坯

4.4.3　板类零件机械加工工艺方案比较

下面对定模板机械加工工艺的几个方案做对比，来说明板类零件的工艺方案的制订。

1. 工艺方案一

若用板材下料，图 4－4 所示定模板可按此工艺路线加工：下料—粗铣六面→半精铣六面、倒角→磨大平面及两侧面 *B*、*C*→钳工划线、钻孔、攻丝→粗铣、半精铣方孔→调质处理→磨大平面→配钻配铰定位孔→锪孔、镗导套孔→坐标磨导套孔及方孔→与配合件研配（→消磁）→终检→涂防锈油。详细的机械加工工艺过程见表 4－6。

表 4－6　定模板机械加工工艺过程（方案一）

序号	工序名称	工序内容及要求
1	下料	下料 165×130×37 mm
2	粗铣六面	粗铣两大平面到尺寸 34.4 mm，粗铣四小平面到尺寸 161.8×126.8 mm
3	半精铣六面及倒角	铣两大平面到尺寸 33.0 mm，铣四小平面到 160.3×125.3 mm，倒角 *C*3、*C*2，
4	磨大平面及两侧面 *B*、*C*	磨两大平面到尺寸 32.4mm；磨 *B*、*C* 两平面到尺寸 160×125 mm，并保证面 *B*、*C* 垂直
5	钳工划线、钻孔、攻丝	划线确定各孔位置，钻导套孔 ϕ14、螺纹底孔 ϕ6.7，攻丝 M8，
6	粗铣、半精铣方孔	铣方孔到尺寸 94.7×54.7 mm
7	热处理	调质：240～280 HBS
8	磨大平面	磨大平面到尺寸 $32.0_{-0.05}^{\ 0}$ mm 并达到粗糙度要求
9	配钻配铰	配钻配铰定位孔 ϕ8H7，采用手铰达到质量要求

续表

序号	工序名称	工序内容及要求
10	锪孔、镗导套孔	锪导套孔 $\phi22\times4$；与动模板一起镗导套孔到尺寸 $\phi17.7$，用坐标镗床加工
11	磨导套孔、方孔	坐标磨导套孔到尺寸 $\phi18^{+0.02}_{0}$，磨方孔到尺寸 $95^{+0.02}_{0}\times55^{+0.02}_{0}$ mm
12	配研	与配合件研配
13	消磁	
14	终检	
15	涂防锈油	

2. 工艺方案二

尺寸为95 mm×55 mm的方孔加工也可以采用电火花线切割，线切割前必须先钻引线孔。若用快走丝线切割加工，加工精度一般为0.01～0.02 mm，表面粗糙度 *Ra* 值一般为1.25～2.5 μm，达不到设计要求，可留0.1 mm左右的单边余量，然后用磨削作为精加工。磨削还可以去除因放电加工而产生的表面缺陷层，例如熔化层、热影响层及显微裂纹等。

若用慢走丝线切割加工，加工精度可达0.005 mm，表面粗糙度 *Ra* 值<0.4 μm，因其精度高、表面粗糙度低，故可作为最终加工工序。

综上所述，定模板的工艺路线可改为：

①下料→粗铣六面→半精铣六面、倒角→磨大平面及两侧面 *B*、*C*→钳工划线、钻孔、攻丝，钻穿丝孔→调质处理→快走丝线切割方孔→磨大平面→配钻配铰定位孔→锪孔、镗导套孔→坐标磨导套孔及方孔→与配合件研配（→消磁）→终检→涂防锈油。

或者②下料→粗铣六面→半精铣六面、倒角→磨大平面及两侧面 *B*、*C*→钳工划线、钻孔、攻丝，钻穿丝孔→调质处理→磨大平面→慢走丝线切割方孔→配钻配铰定位孔→锪孔、镗导套孔→坐标磨导套孔→与配合件研配（→消磁）→终检→涂防锈油。

或者③下料→粗铣六面→半精铣六面、倒角→磨大平面及两侧面 *B*、*C*→钳工划线、钻孔、攻丝，钻穿丝孔→调质处理→磨大平面→线切割方孔、导套孔→配钻配铰定位孔→导套孔锪孔→与配合件研配（→消磁）→终检→涂防锈油。

慢走丝线切割加工成本较高，加工效率较低，可根据实际情况选用。在企业缺乏坐标镗等高精度机床的情况下，方案③不失为一个较好的选择。

3. 工艺方案三

定模板的方孔、螺纹底孔、攻丝和导套圆孔的粗加工和半精加工若采用加工中心来实现，则机械加工工艺路线可改为：下料→粗铣六面→半精铣六面、倒角→磨大平面及两侧面 *B*、*C*→钳工划线→加工中心钻孔、锪孔、镗孔、铣方孔→调质处理→磨大平面→配钻配铰定位孔→坐标磨导套孔及方孔→与配合件研配（→消磁）→终检→涂防锈油。特点是钳工劳动强度低，加工效率高，加工精度高。当企业的加工中心工作量不是很饱满的时候，可考虑选用该方案。

当板类模具零件上的孔较多时（有的多达几百个），可采用CAD软件（如UG、Pro/E等）3D造型，再用CAM软件（如UG、MasterCAM等）自动编程，驱动加工中心加工。与手工编程比较，自动编程不易出错、效率高，是复杂模具零件加工的首选方法。这部分内容在其他章节有详细介绍。

4.5　冲压模模座机械加工工艺规程的编制

塑料注射模具和冲压模具在模具行业所占的份额高达70%左右，所以我们把这两种模具零件的加工作为学习的重点。上一节以塑料注射模具零件为例，对板类零件机械加工工艺方案做了详细的分析。本节再以冲压模模座的加工为例来说明其机械加工工艺规程的编制。由图4-1可知，典型的冲压模模座包括上模座和下模座。根据上、下模座材料的不同，冲压模模架分为铸铁模架和钢板模架。铸铁模架上、下模座的材料为灰口铸铁HT200；钢板模架上、下模座用45钢制造。下面主要介绍钢板模架上模座的机械加工工艺规程的编制。

4.5.1　机械加工工艺参数的选择及工艺计算

图4-32所示为一冲压模的上模座零件图，要重点保证的是上下两大平面之间的平行

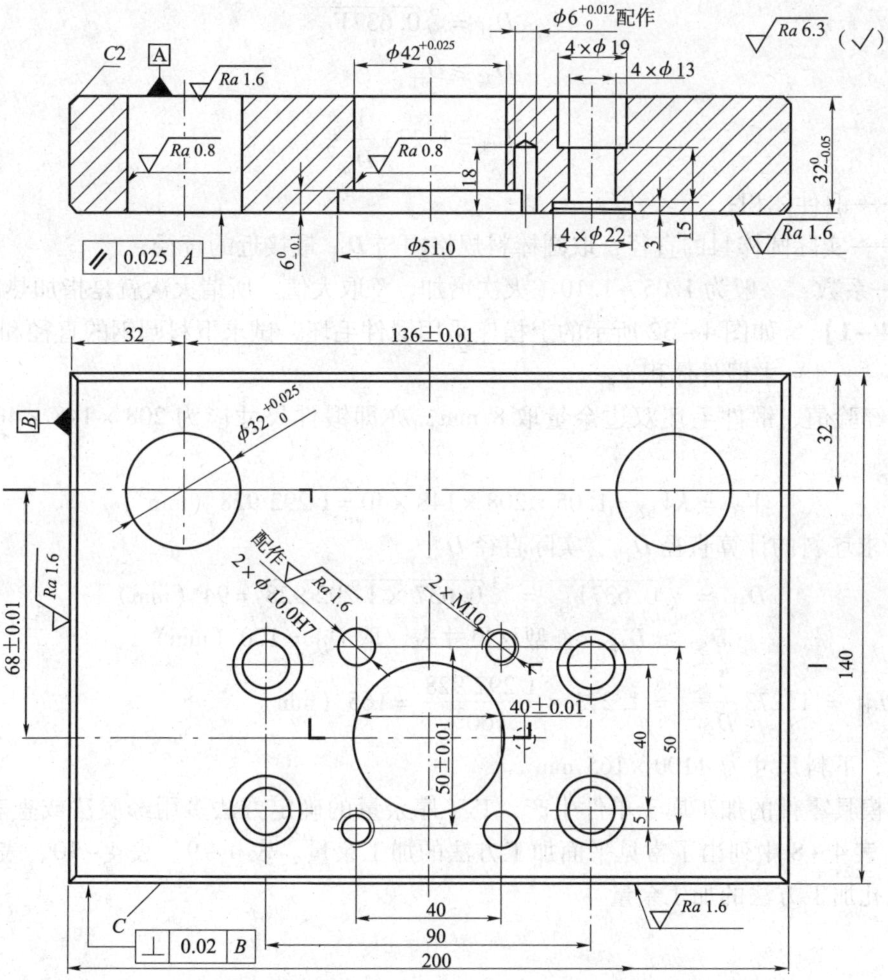

技术要求

1. 材料：45钢。调质：20~25HRC。

2. 未注倒角均为C1。

图4-32　上模座零件图

度、厚度尺寸 $32.0_{-0.05}^{0}$、模柄孔 $\phi42.0_{0}^{+0.025}$、导套孔 $\phi32.0_{0}^{+0.025}$ 和定位孔 $2\times\phi10H7$ 等部位的质量要求。

1. 毛坯的选择及加工余量的确定

模座毛坯有锻造毛坯及板材切割而成的毛坯两种。订购毛坯时有两种选择——粗料或精料。上模座精料毛坯的粗加工已经由供应商完成，上下大平面的粗糙度已达到 $Ra3.2\ \mu m$ 左右，厚度尺寸只留有精加工的余量。

$$\text{上模座板毛坯}\begin{cases}\text{锻件毛坯}\\\text{板材下料}\end{cases}\begin{cases}\text{粗料}\\\text{精料}\end{cases}$$

图 4-33　上模座板毛坯

若采用锻件毛坯，需计算锻件毛坯的下料尺寸。先求坯料体积 $V_{坯}$，再求坯料的计算直径 $D_{计}$，然后求料长 $L_{料}$。

$$V_{坯}=KV_{锻}$$

$$D_{计}=\sqrt[3]{0.637V_{坯}}$$

$$D_{实}\geqslant D_{计}$$

$$L_{料}=1.273\frac{V_{坯}}{D_{实}^{\ 2}}$$

$V_{锻}$——锻件体积；

$D_{实}$——实际圆棒料的直径，取圆棒料规格中与 $D_{计}$ 最接近的直径；

K——系数，一般为 1.05～1.10，火次增加，K 取大值。所谓火次就是指加热次数。

【例 4-1】　如图 4-32 所示的上模座采用锻件毛坯，试求下料圆钢的直径和长度。

【解】　(1) 求锻件体积 $V_{锻}$

根据经验值，锻件毛坯双边余量取 8 mm，亦即锻件尺寸应为 208×148×40 mm，取 $K=1.05$

所以　$V_{坯}=KV_{锻}=1.05\times208\times148\times40=1\ 292\ 928\ (mm^3)$

(2) 求坯料的计算直径 $D_{计}$、实际直径 $D_{实}$

$$D_{计}=\sqrt[3]{0.637V_{坯}}=\sqrt[3]{0.637\times1\ 292\ 928}=94\ (mm)$$

所以　$D_{实}\geqslant D_{计}$，查型材尺寸表，取 $D_{实}=100$ (mm)

(3) $L_{料}=1.273\dfrac{V_{坯}}{D_{实}^{\ 2}}=1.273\times\dfrac{1\ 292\ 928}{100^2}=165\ (mm)$

所以，下料尺寸为 $\phi100\times165$ mm。

板类模具零件的加工属于单件生产，其工序余量的确定方法多用经验法或查表修正法。表 4-7、表 4-8 中列出了常见平面加工方法的加工余量。表 4-9、表 4-10、表 4-11 列出了常见孔加工方法的加工余量。

表 4－7　平面粗刨、粗铣后精铣的加工余量　　mm

平面长度	平面宽度		
	≤100	>100～200	>200
≤100	0.6～0.7	—	—
>100～250	0.6～0.8	0.7～0.9	—
>250～500	0.7～1.0	0.75～1.0	0.8～1.1
>500	0.8～1.0	0.9～1.2	0.9～1.2

表 4－8　热处理后磨平面的加工余量　　mm

零件厚度	粗　磨						半精磨					
	宽度≤200			宽度>200～400			宽度≤200			宽度>200～400		
	加工表面不同长度下的加工余量											
	≤100	>100～250	>250～400	≤100	>100～250	>250～400	≤100	>100～250	>250～400	≤100	>100～250	>250～400
>6～30	0.2	0.2	0.3	0.2	0.3	0.3	0.1	0.1	0.2	0.1	0.2	0.2
>30～50	0.3	0.3	0.3	0.3	0.3	0.3	0.2	0.2	0.2	0.2	0.2	0.2
>50	0.3	0.3	0.3	0.3	0.3	0.3	0.2	0.2	0.2	0.2	0.2	0.2

表 4－9　孔加工余量　　mm

孔的基本尺寸	直径的余量						
	钻孔后				扩孔或镗孔后		粗铰孔后半精铰
	扩孔	粗镗孔	半精镗孔	铰孔	铰孔	粗铰孔	
>3～6	—	—	—	0.15	—	0.15	0.05
>6～10	—	—	—	0.2	0.2	0.2	0.1
>10～18	0.8	0.8	0.5	0.3	0.2	0.2	0.1
>18～30	1.2	1.2	0.8	0.3	0.3	0.2	0.1
>30～50	1.5	1.5	1.0	—	—	—	—
>50～80	—	2.0	1.0	—	—	—	—
>80～120	—	2.0	1.3	—	—	—	—
>120～180	—	2.0	1.5	—	—	—	—

表 4-10　半精镗后磨孔的加工余量　　mm

孔的基本尺寸	直径的余量				
	第一种	第二种		第三种	
	终磨经热处理或未经热处理的零件	热处理后		热处理前之粗磨	热处理后之半精磨
		粗　磨	半精磨		
>6~10	0.2	—	—	—	—
>10~18	0.3	0.2	0.1	0.2	0.3
>18~30	0.3	0.2	0.1	0.2	0.3
>30~50	0.3	0.2	0.1	0.3	0.4
>50~80	0.4	0.3	0.1	0.3	0.4
>80~120	0.5	0.3	0.2	0.3	0.5
>120~180	0.5	0.3	0.2	0.5	0.5

表 4-11　研磨孔加工余量　　mm

孔的基本尺寸	加工余量	
	铸铁	钢
≤25	0.010~0.020	0.005~0.015
>25~125	0.020~0.100	0.010~0.040
>125~300	0.080~0.160	0.020~0.050
>300~500	0.120~0.200	0.040~0.060

2. 工序尺寸及其公差的确定

由图 4-32 可知，上模座的这些尺寸需要重点保证：两定位销孔的位置精度由配钻配铰加工来保证，而其孔径精度由铰刀及铰孔操作来保证。以上均不用计算工序尺寸及其公差。需要进行工序尺寸及其公差计算的尺寸是 $32.0_{-0.05}^{\ 0}$、$\phi42.0_{\ 0}^{+0.025}$、$\phi32.0_{\ 0}^{+0.025}$、$136_{-0.01}^{+0.01}$、$68_{-0.01}^{+0.01}$，下面以导套孔为例进行说明。

【例 4-2】　导套孔的设计尺寸为 $\phi32.0_{\ 0}^{+0.025}$，表面粗糙度要求 $Ra0.8$ μm，用查表法选择加工工艺路线，并确定毛坯尺寸、各工序尺寸及其公差。

【解】　(1) 查表确定设计尺寸 $\phi32.0_{\ 0}^{+0.025}$ 的精度等级

设计尺寸的要求是由最后一道工序来实现的，所以最后一道工序的工序尺寸就是 $\phi32.0_{\ 0}^{+0.025}$。查标准公差值表可知该尺寸的精度等级为 IT7。

(2) 选择加工工艺路线，确定各工序尺寸的精度等级

查板类模具零件孔加工方案表 4-5，既要满足技术要求，又要有较低的加工成本，加工工艺路线可选为：钻—粗镗—半精镗—磨。各工序加工精度等级：磨后达到 IT7 级，半精镗后达到 IT8 级，粗镗后达到 IT11 级，钻后达到 IT12 级。

(3) 用查表法选择各工序的余量

查半精镗后磨孔的加工余量表 4-10，磨削工序的工序余量为 0.3 mm。

查孔加工余量表4－9，半精镗工序的工序余量为1.0 mm；粗镗工序的工序余量为1.5 mm。

由以上余量可计算出钻孔直径为32.0－（0.3＋1.0＋1.5）＝29.2 mm。如果采用ϕ29.0的钻头钻孔，则总余量增加了0.2 mm，故对余量重新分配如下：

磨削的工序余量为0.5 mm，半精镗的工序余量为1.0 mm，粗镗的工序余量为1.5 mm。

（4）根据上述步骤所选加工余量，计算出工序基本尺寸。根据精度等级查表得到工序尺寸公差，见表4－12。

表4－12　加工导套孔各工序尺寸及其公差的计算

工序名称	工序余量/mm	工序尺寸公差（等级）/mm	工序尺寸/mm
磨内孔	0.5	0.025（IT7）	$\phi32.0^{+0.025}_{0}$
半精镗孔	1.0	0.039（IT8）	$\phi31.5^{+0.039}_{0}$
粗镗孔	1.5	0.160（IT11）	$\phi30.5^{+0.160}_{0}$
钻孔		0.210（IT12）	$\phi29.0^{+0.210}_{0}$

（5）验算精加工工序余量

最大双边余量＝32.025－31.5＝0.525（mm）

最小双边余量＝32.0－31.539＝0.461（mm）

该余量值均大于表4－10中的值0.3 mm。验算结果表明磨削余量的选择合适。

有关上模座的厚度尺寸$32.0^{\ 0}_{-0.05}$，工序尺寸及其公差的确定方法可参照【例4－2】。下面介绍上下两大平面的平行度保证方法。

【例4－3】　上下两大平面的平行度公差要求达到0.025 mm，查表4－13可知平行度公差等级为5级，再查表4－14可知对应的加工方法可用磨削就能达到平行度要求。根据表4－5，板类零件平面加工方案可定为粗刨（或粗铣）→精刨（或精铣）→磨削。

表4－13　平行度、垂直度、倾斜度公差值

主参数 L，d（D）/mm	公差等级											
	1	2	3	4	5	6	7	8	9	10	11	12
	公差值/μm											
≤10	0.4	0.8	1.5	3	5	8	12	20	30	50	80	120
＞10～16	0.5	1	2	4	6	10	15	25	40	60	100	150
＞16～25	0.6	1.2	2.5	5	8	12	20	30	50	80	120	200
＞25～40	0.8	1.5	3	6	10	15	25	40	60	100	150	250
＞40～63	1	2	4	8	12	20	30	50	80	120	200	300
＞63～100	1.2	2.5	5	10	15	25	40	60	100	150	250	400
＞100～160	1.5	3	6	12	20	30	50	80	120	200	300	500
＞160～250	2	4	8	15	25	40	60	100	150	250	400	600
＞250～400	2.5	5	10	20	30	50	80	120	200	300	500	800
＞400～630	3	6	12	25	40	60	100	150	250	400	600	1 000
说明：对于板类零件，表中主参数指的是板的长度。												

表 4-14 平行度的经济精度等级

加工方法	公差等级
研磨、超精研、高精度金刚石加工、高精度刮	1~2
研磨、磨、刮、珩	3~4
磨、坐标镗、高精度铣	5~6
铣、刨、拉、磨、镗	7~8
铣及镗、按导套钻铰	9~10
各种粗加工	11~12

磨削时，先磨上平面，再以上平面定位磨下平面，即所谓互为基准原则。这样就能保证平行度公差值 0.025 mm 的要求。另外由表 4-15 铣及磨平面时的厚度公差可知，最后一道工序选用磨削也能满足厚度尺寸的精度要求。

表 4-15 铣及磨平面时的厚度公差 mm

零件厚度	粗铣（IT12~IT13）	半精铣（IT11）	精磨（IT8~IT9）
>3~6	-0.12~-0.18	-0.075	-0.018~-0.030
>6~10	-0.15~-0.22	-0.09	-0.022~-0.036
>10~18	-0.18~-0.27	-0.11	-0.027~-0.043
>18~30	-0.21~-0.33	-0.13	-0.033~-0.052
>30~50	-0.25~-0.39	-0.16	-0.039~-0.062
>50~80	-0.30~-0.46	-0.19	-0.046~-0.074
>80~120	-0.35~-0.54	-0.22	-0.054~-0.087
>120~180	-0.43~-0.63	-0.25	-0.063~-0.100

由【例 4-1】可知下料尺寸 $\phi100\times165$，亦即把直径为 $\phi100$ 的圆棒按 165 的长度锯断，然后将棒料锻造至尺寸为 208 mm×148 mm×40 mm 的板。经过锻造的毛坯因加工硬化难以切削，所以必须进行退火处理使硬度达到 170~200 HBS，这是最适合机械加工的硬度。太软则易粘刀；太硬又切不动。采用锻造毛坯的上模座机械加工工艺过程如表 4-16 所示。

表 4-16 上模座机械加工工艺过程

序号	工序名称	工序内容及要求
1	粗铣六面	粗铣两大平面到尺寸 34.4 mm，铣四小平面到尺寸 201.7 mm×141.7 mm
2	半精铣六面	铣两大平面到尺寸 33 mm，铣四小平面到尺寸 200.3 mm×140.3 mm
3	磨平面	磨两大平面到尺寸 32.4 mm，磨两基准平面 *B*、*C* 到零件要求：200 mm×140 mm，并保证两基准平面 *B*、*C* 垂直。
4	倒角	倒角 *C*2
5	钳工划线	划线确定孔位

续表

序号	工序名称	工序内容及要求
6	钻孔、锪孔、攻丝	钻底孔 $\phi8.5$，攻丝 2×M10；钻、扩、锪孔 $\phi19$、$\phi13$、$\phi22$ mm
7	钻、扩、锪、镗孔	钻、镗导套孔；钻、扩、锪、镗模柄孔。采用坐标镗床加工，留单边余量 0.3 mm，倒角 $C1$
8	热处理	调质：20～25 HRC
9	检验	检验热处理硬度是否达到要求
10	磨大平面	磨大平面到尺寸 $32.0_{-0.05}^{0}$ 并达到粗糙度要求
11	配钻配铰定位孔	配钻配铰定位孔 $\phi10.0$H7
12	配钻、配铰限位孔	配钻孔 $\phi5.8$，配铰孔 $\phi6_{0}^{+0.012}$
13	磨导套孔、模柄孔	坐标磨导套孔到尺寸 $\phi32_{0}^{+0.025}$，磨模柄孔到尺寸 $\phi42_{0}^{+0.025}$ mm
14	研配	与配合件模柄研配
15	消磁	消除磨削时电磁吸盘对工件的磁化
16	终检	检验各尺寸精度、形位精度、表面质量是否达到要求
17	涂防锈油	

4.5.2 冲压模模座《机械加工工艺过程卡片》的填写

在《机械加工工艺过程卡片》中，工序内容的描述不够详细，一般不直接指导工人操作，但可用于生产管理。而《机械加工工序卡片》是直接指导现场操作人员的工艺技术文件。

一般地，模具零件的生产属于单件生产，在编制模具零件的机械加工工艺规程时，要求填写机械加工工艺过程卡片和重要工序、复杂工序的机械加工工序卡片。按照表 4-16 的工艺过程，填写《机械加工工艺过程卡片》如表 4-17 所示。下面就《机械加工工艺过程卡片》的编写分工序做一些说明。

工序 1、2，粗加工和精加工分开且先粗后精，在这两道工序中得到了体现。

工序 3，本道磨平面工序为什么不一次将板厚磨到尺寸 $32_{-0.05}^{0}$ 呢？留 0.4 mm 的余量主要目的是淬火、回火后再磨掉，以便消除热处理变形。本道工序还必须保证两基准平面 B、C 垂直，这两个平面是划线、测量、定位等的工艺基准。

工序 4，倒角 $C2$，可在立式铣床上进行，也可用专用的倒角机进行倒角，后者效率高，劳动强度小。

工序 5，在钳工划线工序中，不但要初步确定各圆孔的中心位置，而且要初步确定方孔的位置和形状。

工序 6，可在摇臂钻床上进行机动攻丝，为了防止丝锥在负荷过大或攻制不通孔螺纹到达底部时折断丝锥和损坏工件，必须用保险夹头夹持丝锥。如图 4-34 所示是一种应用广泛的离合器式保险夹头。

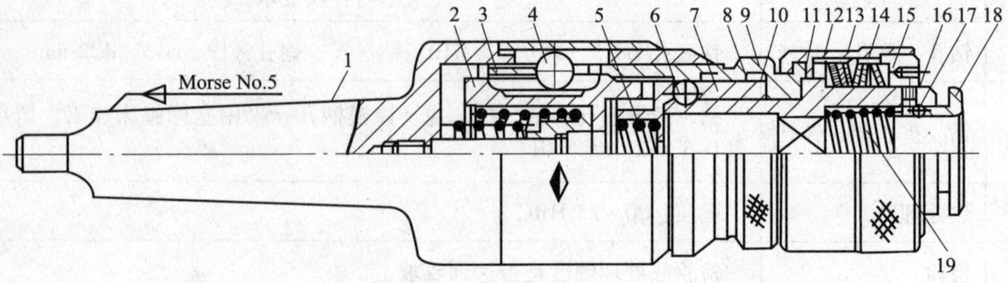

图4-34 离合器式保险夹头

1—夹头体；2—传动心套；3—保持器；4—大钢球；5—弹簧；6—钢球；
7—短心套；8—卡簧；9—定位套；10—凸爪；11—离合器；12—离合器座；13—外圈；
14—蝶形弹簧；15—调整螺母；16—丝锥外套；17—钢球；18—丝锥内套；19—压缩弹簧

工序7、8、9、10，略。

工序11，配钻配铰两定位孔 $2\times\phi10.0\text{H}7$ 时，要保证孔与底面垂直，可用大平面和 *B*、*C* 两侧面定位。在工件淬火后硬度较高时，可选用线切割的方法加工定位孔，这是一种加工定位孔的常用方法；若硬度不高可采用坐标镗床加工或采用传统的配钻配铰加工方法。

工序12、13、14、略。

工序15，增加消磁工序目的是消除磨削时电磁吸盘对工件的磁化。如果不消磁，给冲压模具的使用带来后患——铁屑会吸附在模座上影响冲压加工，特别是冲压模的凹模、凸模和下模座等零件更应该消磁。

工序16，略。

工序17，机械加工后的上模座必须做防锈处理。如果表面做发黑处理，氧化膜厚度一般只有 0.5~3μm，膜层不耐磨。目前应用较广泛的方法是涂防锈油，工作的模具涂一次油可保持2个月左右的防锈效果；储存的模具涂防锈油后用塑料薄膜包封，可储存半年以上。这种防锈方法成本低，操作方便，是一种模具制造企业广泛使用的模具防锈方法。

4.5.3 冲压模模座《机械加工工序卡片》的填写

冲压模模座的生产一般为单件生产，只需填写重要工序的机械加工工序卡片。下面着重编写了1、2、3、7、10、11、12、13 等几道工序的《机械加工工序卡片》，参见表4-18、表4-19、表4-20、表4-21、表4-22、表4-23、表4-24、表4-25。有关工序卡片的填写注意事项在前面章节中有详细介绍，在此不再赘述。

表 4－17　冲模上模座《机械加工工艺过程卡片》

<table>
<tr><td colspan="2" rowspan="2">××××××公司</td><td colspan="2" rowspan="2">机械加工工艺过程卡片</td><td colspan="2">产品型号</td><td>×××</td><td>零（部）件图号</td><td>×××</td><td colspan="2">共 2 页</td></tr>
<tr><td colspan="2">产品名称</td><td>××落料模</td><td>零（部）件名称</td><td>上模座</td><td colspan="2">第 1 页</td></tr>
<tr><td>材料牌号</td><td>45</td><td>毛坯种类</td><td>锻件</td><td>毛坯外型尺寸</td><td>208×148×40</td><td>每坯件数</td><td>1</td><td>每台件数</td><td>1</td><td>每坯质量 ×××</td></tr>
<tr><td colspan="2" rowspan="2">工序号</td><td rowspan="2">工序名称</td><td rowspan="2">工序内容</td><td rowspan="2">车间</td><td rowspan="2">工段</td><td rowspan="2">设备</td><td rowspan="2">工艺装备</td><td colspan="2">工时</td></tr>
<tr><td>准终</td><td>单件</td></tr>
<tr><td colspan="2">1</td><td>粗铣六面</td><td>铣两大平面到尺寸 34.4 mm，铣四小平面到尺寸 201.7×141.7 mm。</td><td>机加工</td><td>铣</td><td>立式铣床</td><td>立铣刀、卡尺、机用平口钳、平行垫铁</td><td></td><td></td></tr>
<tr><td colspan="2">2</td><td>半精铣六面</td><td>铣两大平面到尺寸 33 mm，铣四小平面到尺寸 200.3×140.3 mm</td><td>机加工</td><td>铣</td><td>立式铣床</td><td>立铣刀、卡尺、机用平口钳</td><td></td><td></td></tr>
<tr><td>描图</td><td>3</td><td>磨平面</td><td>磨两大平面到尺寸 32.4 mm，磨两基准平面 B、C 到零件要求：200×140 mm，并保证两基准平面 B、C 垂直。</td><td>机加工</td><td>磨</td><td>平面磨床</td><td>砂轮、百分表、定位块、电磁吸盘、精密平口钳</td><td></td><td></td></tr>
<tr><td>×××</td><td>4</td><td>倒角</td><td>倒角 C2</td><td>机加工</td><td>铣</td><td>倒角机 YT－300A</td><td></td><td></td><td></td></tr>
<tr><td>描校</td><td>5</td><td>钳工划线</td><td>划线确定孔的位置</td><td>机加工</td><td>钳</td><td></td><td>钳工台、划线平板、划规、划针、样冲、高度尺等</td><td></td><td></td></tr>
<tr><td>×××</td><td>6</td><td>钻孔、锪孔、攻丝</td><td>钻底孔 $\phi8.5$，攻丝 2×M10；钻、扩、锪孔 $\phi19$、$\phi13$、$\phi22$ mm</td><td>机加工</td><td>钳</td><td>摇臂钻床</td><td>$\phi8.5$ 等钻头、M10 丝锥、锪孔钻等、卡尺、机用平口钳</td><td></td><td></td></tr>
<tr><td>底图号</td><td>7</td><td>钻、扩、锪、镗孔</td><td>钻、镗导套孔；钻、扩、锪、镗模柄孔。留单边余量 0.3mm，倒角 C1</td><td>机加工</td><td>镗</td><td>坐标镗床</td><td>镗刀、钻头、扩孔钻、卡尺、内径千分尺、机用平口钳、平行垫铁</td><td></td><td></td></tr>
<tr><td>×××</td><td>8</td><td>热处理</td><td>调质：20～25 HRC</td><td>热处理</td><td>热处理</td><td>箱式炉</td><td></td><td></td><td></td></tr>
<tr><td>装订号</td><td colspan="9"></td></tr>
<tr><td rowspan="2">×××</td><td colspan="6"></td><td>编制（日期）</td><td>审核（日期）</td><td>会签（日期）</td></tr>
<tr><td colspan="9"></td></tr>
<tr><td></td><td>标记</td><td>处数</td><td>更改文件号</td><td>签字</td><td>日期</td><td>标记</td><td>处数</td><td>更改文件号</td><td>签字 日期</td></tr>
</table>

续表

××××××公司	机械加工工艺过程卡片	产品型号	×××	零（部）件图号	×××	共 2 页
		产品名称	××落料模	零（部）件名称	上模座	第 2 页

材料牌号	45	毛坯种类	锻件	毛坯外型尺寸	208×148×40	每坯件数	1	每台件数	1	每坯质量	×××

	工序号	工序名称	工序内容	车间	工段	设备	工艺装备	工时：准终	工时：单件
	9	检验	检验热处理硬度是否达到要求		品检	硬度计	工作台		
	10	磨大平面	磨大平面到尺寸 $32.0_{-0.05}^{0}$ 并达到粗糙度要求	机加工	磨	平面磨床	砂轮、千分尺、电磁吸盘		
描图	11	配钻配铰定位孔	配钻配铰定位孔 $2\times\phi10.0H7$	机加工	钳	摇臂钻床	钻头、铰刀、内径千分尺、机用平口钳、平行垫铁		
×××	12	配钻、配铰限位孔	与模柄配钻孔 $\phi5.8$，配铰孔 $\phi6_{0}^{+0.012}$	机加工	钳	摇臂钻床	$\phi5.8$ 钻头、$\phi6H7$ 铰刀、内径千分尺、机用平口钳、平行垫铁		
描校	13	磨导套孔、模柄孔	磨导套孔到尺寸 $\phi32_{0}^{+0.025}$，磨模柄孔到尺寸 $\phi42_{0}^{+0.025}$ mm	机加工	磨	坐标磨床	砂轮、内径千分尺		
×××	14	研配	与配合件模柄、凸模固定板试装、研配	装配	钳		装配工具及研磨工具		
底图号	15	消磁	消磁	装配	钳	消磁机			
×××	16	终检	检验各尺寸精度、形位精度、表面质量是否达到要求		品检		工作台、内径千分尺、千分尺、粗糙度仪等		
装订号	17	涂防锈油		装配	钳				

×××											编制（日期）	审核（日期）	会签（日期）	
	标记	处数	更改文件号	签字	日期	标记	处数	更改文件号	签字	日期				

表 4-18 冲模上模座粗铣六面《机械加工工序卡片》

××××××公司	机械加工工序卡片	产品型号	×××	零（部）件图号	×××	共 1 页
		产品名称	××落料模	零（部）件名称	上模座	第 1 页

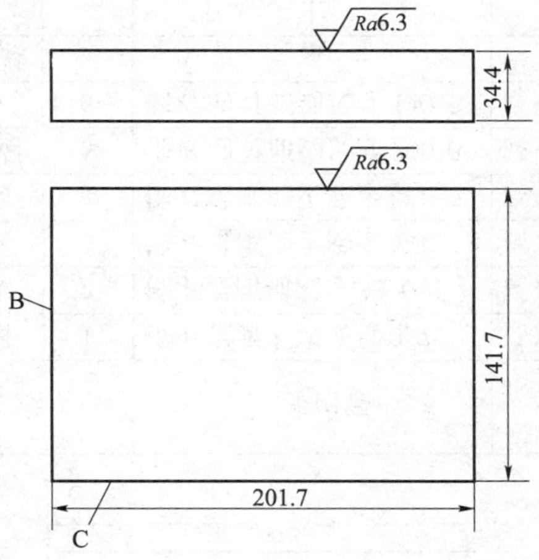

工序号	工序名称		
01	粗铣六面		
车间	工段	材料牌号	
机加工	铣	45	
毛坯种类	毛坯外形尺寸	每坯件数	每台件数
锻件	208×148×40	1	1
设备名称	设备型号	设备编号	同时加工件数
立式铣床	X5032	××××	1
夹具编号	夹具名称	切削液	
××××	机用平口钳	乳化液	
	平行垫铁	工时定额	
		准终	单件
		××	××

工步号		工步内容	工艺装备	主轴转速 /(r·min^{-1})	切削速度 /(m·min^{-1})	进给量 /(mm·z^{-1})	背吃刀量 /mm	走刀次数	工时定额 机动	工时定额 辅助
描图	1	铣上表面去除余量 2.8	高速钢 4 齿立铣刀 $\phi50$、卡尺	150	23.6	0.12	2.8	5	××	
××	2	铣下表面到尺寸 34.4	高速钢 4 齿立铣刀 $\phi50$、卡尺	150	23.6	0.12	2.8	5	××	
描校	3	铣 *B* 基准面去除余量 3.15	高速钢 4 齿立铣刀 $\phi50$、卡尺	150	23.6	0.12	3.15	1	××	
××	4	铣 *C* 基准面去除余量 3.15	高速钢 4 齿立铣刀 $\phi50$、卡尺	150	23.6	0.12	3.15	1	××	
底图号	5	铣 *B* 的对面到尺寸 201.7	高速钢 4 齿立铣刀 $\phi50$、卡尺	150	23.6	0.12	3.15	1	××	
××	6	铣 *C* 的对面到尺寸 141.7	高速钢 4 齿立铣刀 $\phi50$、卡尺	150	23.6	0.12	3.15	1	××	
装订号										

										编制（日期）	审核（日期）	会签（日期）	
	标记	处数	更改文件号	签字	日期	标记	处数	更改文件号	签字	日期			

表 4－19　上模座半精铣六面《机械加工工序卡片》

××××××公司	机械加工工序卡片	产品型号	×××	零（部）件图号	×××	共 1 页
		产品名称	××落料模	零（部）件名称	上模座	第 1 页

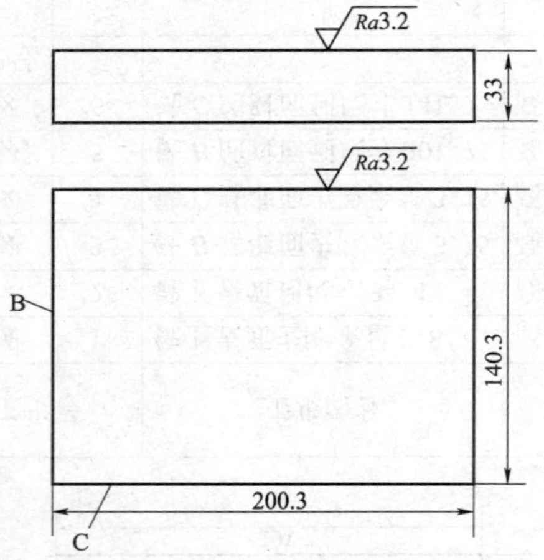

工序号	工序名称		
02	半精铣六面		
车间	工段	材料牌号	
机加工	铣	45	
毛坯种类	毛坯外形尺寸	每坯件数	每台件数
锻件	208×148×40	1	1
设备名称	设备型号	设备编号	同时加工件数
立式铣床	X5032	××××	1
夹具编号	夹具名称	切削液	
××××	机用平口钳	乳化液	
	平行垫铁	工时定额	
		准终	单件
		××	××

	工步号	工步内容	工艺装备	主轴转速 /(r·min^{-1})	切削速度 /(m·min^{-1})	进给量 /(mm·z^{-1})	背吃刀量 /mm	走刀次数	工时定额 机动	工时定额 辅助
描图	1	铣上表面去除余量 0.7	高速钢 4 齿立铣刀 ϕ50、卡尺	300	47	0.1	0.7	5	××	
××	2	铣下表面到尺寸 33.0	高速钢 4 齿立铣刀 ϕ50、卡尺	300	47	0.1	0.7	5	××	
描校	3	铣 *B* 基准面去除余量 0.7	高速钢 4 齿立铣刀 ϕ50、卡尺	300	47	0.1	0.7	1	××	
××	4	铣 *C* 基准面去除余量 0.7	高速钢 4 齿立铣刀 ϕ50、卡尺	300	47	0.1	0.7	1	××	
底图号	5	铣 *B* 的对面到尺寸 200.3	高速钢 4 齿立铣刀 ϕ50、卡尺	300	47	0.1	0.7	1	××	
××	6	铣 *C* 的对面到尺寸 140.3	高速钢 4 齿立铣刀 ϕ50、卡尺	300	47	0.1	0.7	1	××	
装订号										

											编制（日期）	审核（日期）	会签（日期）	
	标记	处数	更改文件号	签字	日期	标记	处数	更改文件号	签字	日期				

表 4-20　上模座磨平面《机械加工工序卡片》

××××××公司	机械加工工序卡片	产品型号	×××	零（部）件图号	×××	共 1 页
		产品名称	××落料模	零（部）件名称	上模座	第 1 页

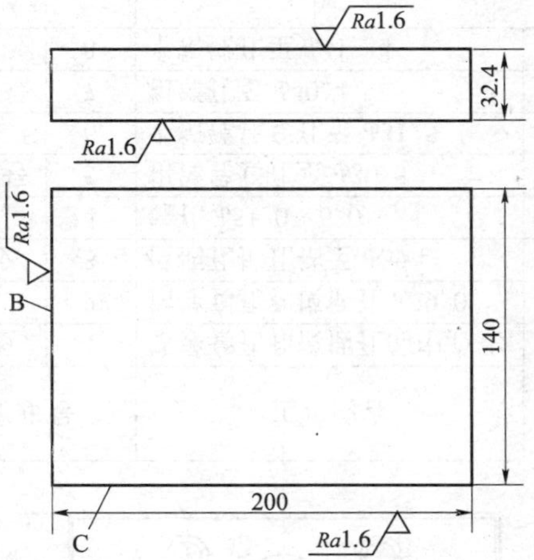

工序号	工序名称		
03	磨平面		
车间	工段	材料牌号	
机加工	磨	45	
毛坯种类	毛坯外形尺寸	每坯件数	每台件数
锻件	208×148×40	1	1
设备名称	设备型号	设备编号	同时加工件数
卧轴矩台平面磨床	M7120A	××××	1

夹具编号	夹具名称	切削液	
×××	电磁吸盘	乳化液	
×××	精密平口钳	工时定额	
		准终	单件
		××	××

	工步号	工步内容	工艺装备	主轴转速 /(r·min^{-1})	切削速度 /(m·s^{-1})	轴向进给量 /(mm·st^{-1})	径向进给量 /mm	走刀次数	工时定额 机动	工时定额 辅助
描图	1	磨上表面，去除余量 0.3	砂轮 ϕ250×25×75-60，卡尺	3000	39.3	15	0.06	60	××	
××	2	磨下表面到尺寸 32.4	砂轮 ϕ250×25×75-60，卡尺	3000	39.3	15	0.06	60	××	
描校	3	磨 *B* 面到尺寸 200	砂轮 ϕ250×25×75-60，卡尺	3000	39.3	15	0.06	12	××	
××	4	磨 *C* 面到尺寸 140	砂轮 ϕ250×25×75-60，卡尺	3000	39.3	15	0.06	12	××	
底图号										
装订号										

										编制（日期）	审核（日期）	会签（日期）	
	标记	处数	更改文件号	签字	日期	标记	处数	更改文件号	签字	日期			

表4-21　上模座钻、扩、锪、镗孔《机械加工工序卡片》

××××××公司	机械加工工序卡片	产品型号	×××	零（部）件图号	×××	共1页
		产品名称	××落料模	零（部）件名称	上模座	第1页

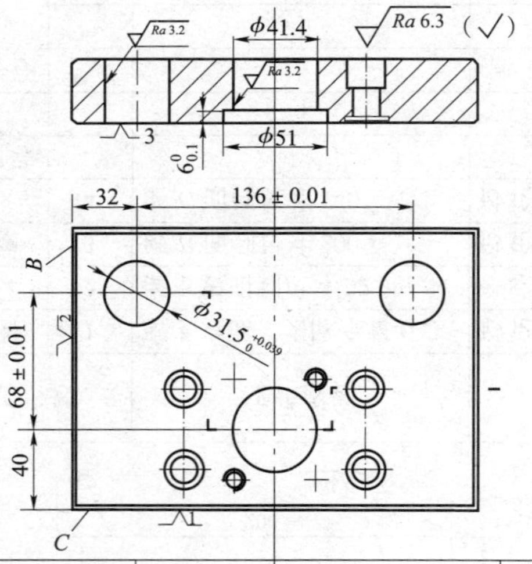

工序号	工序名称		
07	钻、扩、锪、镗孔		
车间	工段	材料牌号	
机加工	钳	45	
毛坯种类	毛坯外形尺寸	每坯件数	每台件数
锻件	208×148×40	1	1
设备名称	设备型号	设备编号	同时加工件数
单立柱数显坐标镗床	TG4145B	××××	1

夹具编号	夹具名称	切削液	
××××	机用平口钳	乳化液、	
	平行垫铁	工时定额	
		准终	单件
		××	××

	工步号	工步内容	工艺装备	主轴转速/(r·min^{-1})	切削速度/(m·min^{-1})	进给量/(mm·r^{-1})	背吃刀量/mm	走刀次数	工时定额 机动	工时定额 辅助
描图	1	钻导套孔和模柄孔的中心孔	中心孔钻 ϕ5.0	1200	18.8	0.1	2.5	3	××	××
	2	钻导套孔和模柄孔 ϕ29.0	麻花钻头 ϕ29.0，卡尺	220	20.0	0.2	14.5	3	××	××
描校	3	模柄孔扩孔钻至 ϕ39	扩孔钻头 ϕ39.0，卡尺	165	20.0	0.3	5.0	1	××	××
	4	锪孔 ϕ51.0×6.0	锪钻 ϕ51.0×6.0，卡尺	62	10.0	0.1	0.1	1	××	××
底图号	5	粗镗导套孔至 ϕ30.5	镗刀 ϕ30.5，刀杆长<100，卡尺	210	20.0	0.2	0.7	2	××	××
	6	半精镗导套孔至 ϕ31.5	镗刀 ϕ31.5，刀杆长<100，卡尺	210	20.0	0.1	0.5	2	××	××
装订号	7	粗镗孔至 ϕ40.4	镗刀 ϕ40.4，刀杆长<100，卡尺	158	20.0	0.2	0.7	1	××	××
	8	半精镗孔至 ϕ41.4	镗刀 ϕ41.4，刀杆长<100，卡尺	154	20.0	0.1	0.5	1	××	××

标记	处数	更改文件号	签字	日期	标记	处数	更改文件号	签字	日期	编制（日期）	审核（日期）	会签（日期）

表 4-22　上模座磨平面《机械加工工序卡片》

××××××公司	机械加工工序卡片	产品型号	×××	零（部）件图号	×××	共 1 页
		产品名称	××落料模	零（部）件名称	上模座	第 1 页

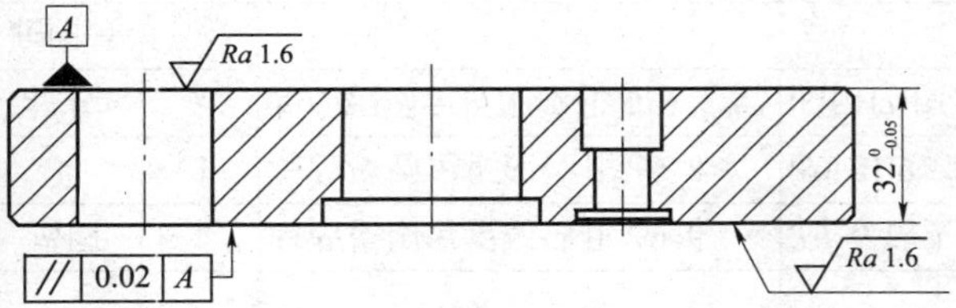

工序号	工序名称		
10	磨平面		
车间	工段	材料牌号	
机加工	磨	45	
毛坯种类	毛坯外形尺寸	每坯件数	每台件数
锻件	208×148×40	1	1
设备名称	设备型号	设备编号	同时加工件数
卧轴矩台平面磨床	M7120A	××××	1

夹具编号	夹具名称	切削液	
×××	电磁吸盘	乳化液	
		工时定额	
		准终	单件
		××	××

工步号		工步内容	工艺装备	主轴转速 /(r·min^{-1})	切削速度 /(m·s^{-1})	轴向进给量 /(mm·st^{-1})	径向进给量 /mm	走刀次数	工时定额 机动	工时定额 辅助
描图	1	磨上表面，去除余量 0.2	砂轮 $\phi250\times25\times75-60$，千分尺	3000	39.3	15	0.05	50	××	××
	2	磨下表面到尺寸 $32.0^{0}_{-0.05}$	砂轮 $\phi250\times25\times75-60$，千分尺	3000	39.3	15	0.06	60	××	××
描校										
底图号										
装订号										

										编制（日期）	审核（日期）	会签（日期）
标记	处数	更改文件号	签字	日期	标记	处数	更改文件号	签字	日期			

表 4-23　上模座与凸模固定板配钻配铰定位孔《机械加工工序卡片》

××××××公司	机械加工工序卡片	产品型号	×××	零（部）件图号	×××	共 1 页
		产品名称	××落料模	零（部）件名称	上模座	第 1 页

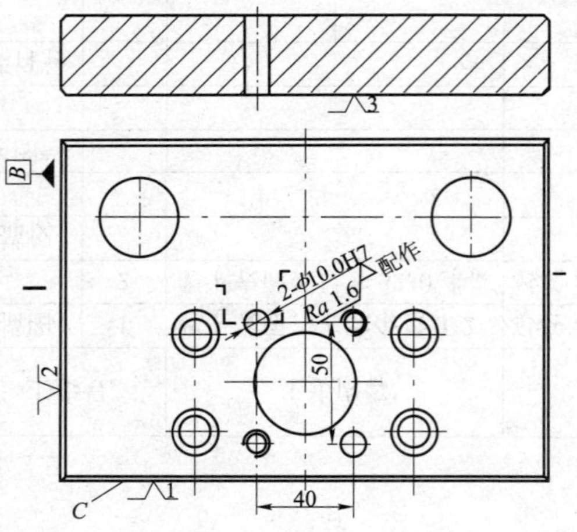

工序号	工序名称		
11	配钻配铰定位孔		
车间	工段	材料牌号	
机加工	钳	45	
毛坯种类	毛坯外形尺寸	每坯件数	每台件数
锻件	208×148×40	1	1
设备名称	设备型号	设备编号	同时加工件数
摇臂钻床	Z3040×10/2	××××	1

夹具编号	夹具名称	切削液	
××××	机用平口钳	乳化液、	
××××	等高垫铁	工时定额	
		准终	单件
		××	××

	工步号	工步内容	工艺装备	主轴转速 /(r·min^{-1})	切削速度 /(m·min^{-1})	进给量 /(mm·r^{-1})	背吃刀量 /mm	走刀次数	工时定额 机动	工时定额 辅助
描图	1	与凸模固定板配钻孔 $\phi9.6$	$\phi9.6$ 钻头	800	24.1	0.2	4.8	1	××	××
	2	与凸模固定板配铰孔 $\phi9.8$	$\phi9.8$H9 铰刀、内径千分尺	125	3.9	0.8	0.1	1	××	××
描校	3	与凸模固定板配铰孔 $\phi10^{+0.018}_{0}$	$\phi10$H7 铰刀、内径千分尺	100	3.1	0.5	0.1	1	××	××
底图号										
装订号										

										编制（日期）	审核（日期）	会签（日期）	
标记	处数	更改文件号	签字	日期	标记	处数	更改文件号	签字	日期				

表 4－24　上模座与模柄配钻配铰限位孔《机械加工工序卡片》

××××××公司	机械加工工序卡片	产品型号	×××	零（部）件图号	×××	共 1 页
		产品名称	××落料模	零（部）件名称	上模座	第 1 页

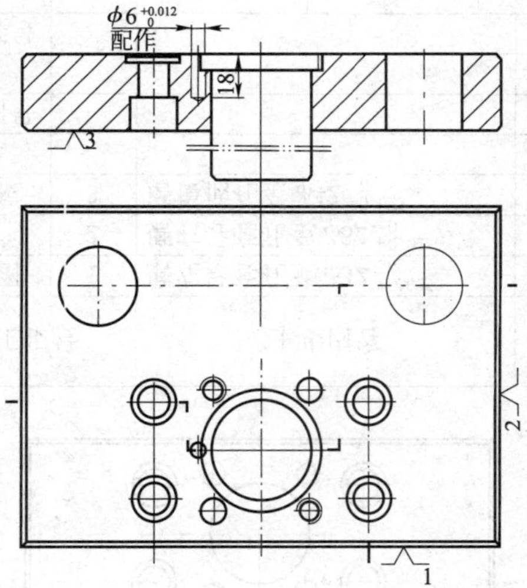

工序号	工序名称		
12	配钻、配铰限位孔		
车间	工段	材料牌号	
机加工	钳	45	
毛坯种类	毛坯外形尺寸	每坯件数	每台件数
锻件	208×148×40	1	1
设备名称	设备型号	设备编号	同时加工件数
摇臂钻床	Z3040×10/2	××××	1

夹具编号	夹具名称	切削液	
××××	机用平口钳	乳化液、	
××××	等高垫铁	工时定额	
		准终	单件
		××	××

	工步号	工步内容	工艺装备	主轴转速 /(r·min^{-1})	切削速度 /(m·min^{-1})	进给量 /(mm·r^{-1})	背吃刀量 /mm	走刀次数	工时定额 机动	工时定额 辅助
描图	1	与模柄配钻孔 $\phi 5.8\times 18$	$\phi 5.8$ 钻头	1250	22.8	0.5	2.9	1	××	××
	2	与模柄配铰孔 $\phi 6^{+0.012}_{0}$	$\phi 6$H7 铰刀、内径千分尺	125	2.4	0.5	0.1	1	××	××
描校										
底图号										
装订号										

										编制（日期）	审核（日期）	会签（日期）
标记	处数	更改文件号	签字	日期	标记	处数	更改文件号	签字	日期			

表 4-25　上模座磨导套孔、模柄孔《机械加工工序卡片》

××××××公司	机械加工工序卡片	产品型号	×××	零（部）件图号	×××	共 1 页
		产品名称	××落料模	零（部）件名称	上模座	第 1 页

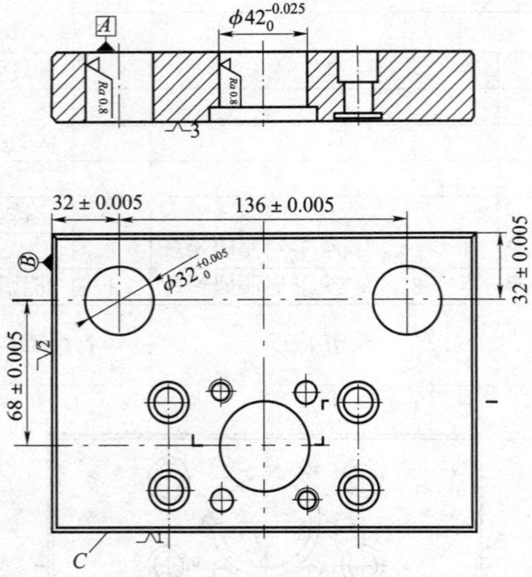

工序号	工序名称		
13	磨导套孔、模柄孔		
车间	工段	材料牌号	
机加工	磨	45	
毛坯种类	毛坯外形尺寸	每坯件数	每台件数
锻件	208×148×40	1	1
设备名称	设备型号	设备编号	同时加工件数
高精度坐标磨床	Hauser S35-200	××××	1

夹具编号	夹具名称	切削液	
××××	压板等	乳化液	
		工时定额	
		准终	单件
		××	××

工步号		工步内容	工艺装备	主轴转速 /(r·min^{-1})	切削速度 /(m·s^{-1})	轴向进给量 /(mm·st^{-1})	径向进给量 /mm	走刀次数	工时定额 机动	工时定额 辅助
描图	1	磨左导套孔至 $\phi 32_{0}^{+0.025}$	砂轮 ϕ20、内径千分尺	16，000	16.7	20	0.003	102	××	××
	2	磨右导套孔至 $\phi 32_{0}^{+0.025}$	砂轮 ϕ20、内径千分尺	16，000	16.7	20	0.003	102	××	××
描校	3	磨模柄孔至 $\phi 42_{0}^{+0.025}$	砂轮 ϕ20、内径千分尺	16，000	16.7	20	0.003	102	××	××
底图号										
装订号										

										编制（日期）	审核（日期）	会签（日期）	
标记	处数	更改文件号	签字	日期	标记	处数	更改文件号	签字	日期				

复习与思考题

4-1　模具零件的加工质量一般用哪几项指标表示？各项指标分别包括哪些内容？

4-2　为什么冲模模座工艺设计时要强调上下大平面的平行度要求？试分析如果该指标达不到要求，将可能导致什么后果？

4-3　参见图4-3，为什么工艺设计时要强调注射模板类零件上下大平面的平行度要求？试分析如果该指标达不到要求，将可能导致什么后果？

4-4　试分析图4-2所示的冲模下模座两大平面及导柱孔的加工顺序，并说明这样安排的理由。

4-5　举例说明什么是经济精度？为什么选择加工方法时要选择与经济精度相适应的加工方法？

4-6　刨削一般作为板类零件的粗加工方法，试分析为什么用宽刃刨刀精刨可代替刮研？

4-7　简述平面粗加工方法。

4-8　简述平面精加工方法。

4-9　为什么铰孔时应该选择较低的切削速度？

4-10　简述研磨的原理。

4-11　什么是镗模法？为什么不适合用镗模法对板类模具零件的孔进行加工？

4-12　图4-2所示的冲模下模座零件图，单件生产，试完成下列各项任务：

（1）拟定机械加工工艺路线。

（2）确定各工序尺寸及公差。

（3）填写机械加工工艺过程卡片。

（4）填写重要工序、复杂工序的机械加工工序卡片。

项目五　型腔类模具零件机械加工工艺规程的编制

项目内容

- 型腔类模具零件机械加工工艺规程的编制

学习目标

- 能编制型腔类模具零件的机械加工工艺规程。

主要知识要点

- 型腔类模具零件的基本特点和基本精度要求
- 型腔类模具零件的平面加工
- 型腔类模具零件孔的加工
- 型腔类模具零件工艺路线的拟定及工艺方案的比较

5.1　型腔类模具零件的基本特点和基本精度要求

成型制件外形的模具零件称为型腔类模具零件。采用型腔类模具零件成型（成形）制件的应用领域非常广泛，IT 类产品零件，如显示器外壳套件、鼠标套件、键盘套件、主机箱套件、打印机、扫描仪外壳套件等塑料注塑件，通信产品，如手机、电话机、传真机、寻呼机等外壳塑料件，家电产品，如电视机、电冰箱、洗衣机、录像机、VCD 与 DVD、音响、热水器的外壳，以及桶、盆等塑料注塑件。汽车和摩托车，如发动机缸体、左右曲轴箱、链轮盖、气缸头、变速箱体、轮毂、大巴座椅扶手等铝合金压铸件。

5.1.1　型腔类模具零件的结构特点

型腔类模具零件为模具的工作零件，如：冲压模的凸凹模、塑料模的型腔型芯，它的表面尺寸精度和粗糙度决定制品的形状和质量的好坏。其工作表面的加工方法与其形状、尺寸及精度有关。随着人们欣赏水平的提高，制品的款式繁多，精度、美观程度也在不断地更新提高。促使我们要生产出形状更加复杂、尺寸精度和粗糙度更高的型腔来配合生产出更精美的产品。

1. 冲压模的型腔类模具零件

型腔类模具零件是冲压模成型零件的一种，主要有凹模、凸凹模、型腔、型腔镶块等。

（1）冲压模的型腔类模具零件

冲压模的型腔类模具零件主要有凹模、凸凹模等，包括以下几种主要结构形式。

1）直通式凹模

如图 5 - 1 所示直通式凹模，优点是刃口强度高，冲裁刃口磨损后可进行修复，刃口尺寸保持不变，能延长模具使用寿命。此类结构适用于有顶出装置的冲裁加工。不足之处是孔口内容易积存冲裁件，增加了冲裁力，对凸模的刚性强度要求更高，对凹模的外形尺寸要大一点，以足够抵抗积存件的胀模力。

2）台阶式凹模

如图5－2所示台阶式凹模，优点是刃口强度较高，冲裁刃口磨损后有一定的修磨量，在预留的修磨量内刃口尺寸虽变，仍能冲出合格制件，延长了模具的使用寿命，冲裁件积存在刃口内的数量不多，因此胀模力不大，工件容易漏下。其不足之处是刃口部分直线长度尺寸的大小，直接影响着胀模力大小和模具使用寿命，因此设计时需综合考虑，该凹模结构一般运用于较小的工件冲裁加工。

3）锥形凹模

如图5－3所示锥形结构凹模，优点是锥形凹模在冲压加工中冲裁件容易漏下，无冲裁件积存引起的胀模力。其不足之处是冲裁刃口磨损修磨余量小，磨损会直接影响刃口尺寸，导致冲裁件尺寸精度不准确，该结构只适宜制作精度不高、形状简单的冲裁件加工，模具寿命较短。

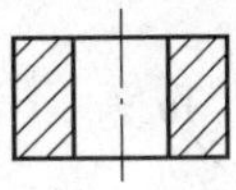

图5－1　直通式凹模

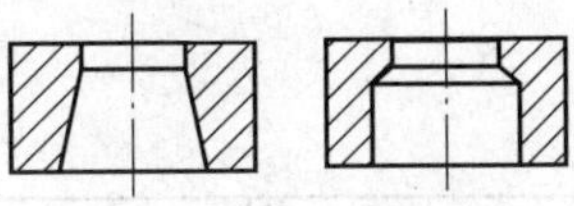

图5－2　台阶式凹模

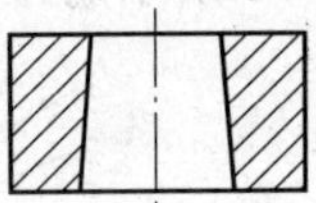

图5－3　锥形凹模

（2）拉深模的型腔类模具零件

拉深模的结构是根据制件的形状和尺寸精度来确定成型工序的。成型工序要求不同，其结构形式也不相同。如有的制件为直筒拉深工序；有的制件为拉深压边工序；有的制件为拉深翻边工序；有的制件为拉深挤压工序；而有的制件为落料拉深复合工序。

图5－4所示拉深模的成型零件如图5－5所示。

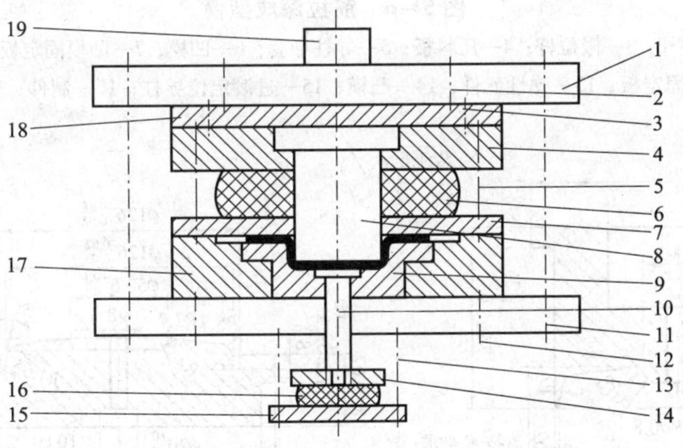

图5－4　拉深模示意图

1—上模座；2，3，12—紧固螺钉；4—凸模固定板；5—压料调节螺钉；6，16—橡胶；7—压料板；8—凸模；9—凹模；10—顶料杆；11—导柱；13—顶料调节杆，14—顶料垫板；15—垫块；17—凹模固定板；18—上模板；19—模柄

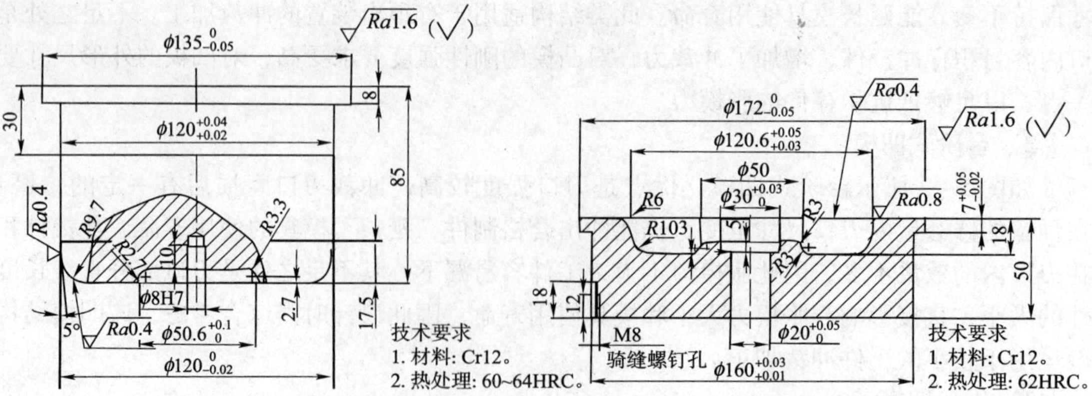

(a) (b)

图 5-5 拉深模的成型零件

(a) 拉深凸模；(b) 拉深凹模

（3）筋拉深成型模的成型零件

图 5-6 所示筋拉深成型模的成型零件，如图 5-7 所示。

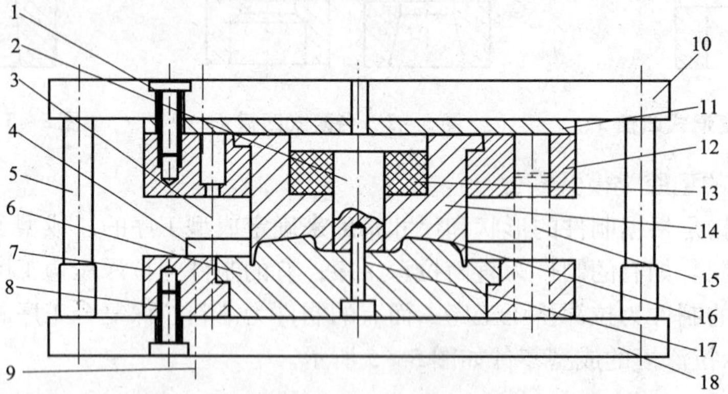

图 5-6 筋拉深成型模

1，8—紧固螺钉；2—推件杆；3—限位杆；4—压料板；5—导柱导套；6—凹模；7—凹模固定板；9—定位销，10—上模座；11—上模板；12—凸模固定板；13—弹性元件；14—凸模；15—过渡定位导柱；16—制件；17—定位销；18—下模座

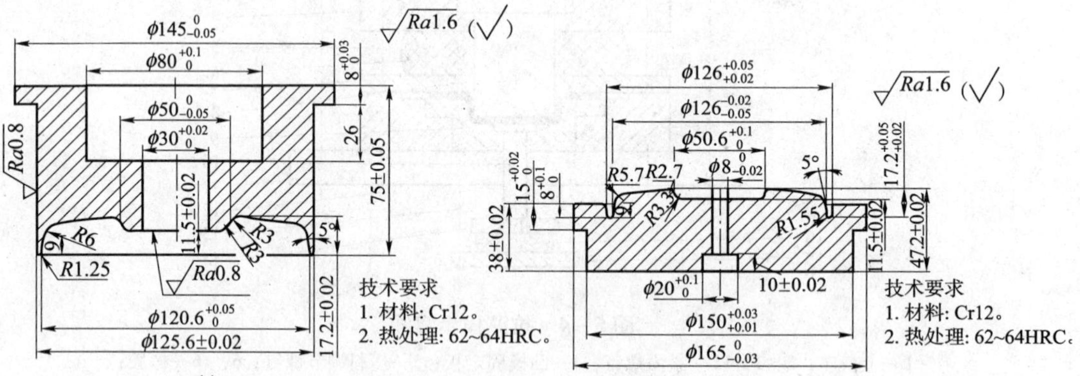

(a) (b)

图 5-7 筋拉深成型模的成型零件

(a) 凸模；(b) 凹模

2. 塑料模的型腔类模具零件

成型零件通常包括凹模、凸模、型芯、螺纹型芯、螺纹型环等。塑料模的型腔类模具零件主要是凹模、凹模镶块等。凹模又称阴模，它是成型塑件外表面的零件。根据塑件成型的需要和加工与装配的工艺要求，凹模包括以下几种主要结构形式。

(1) 整体式凹模

整体式凹模由整块材料加工制成，如图5－8所示。其特点是结构简单牢固、强度高、成型的塑件质量较好。但对于形状复杂的凹模，只适宜采用电火花成型加工，这样加工工艺性较差，且凹模局部受损后维修也困难。因此，整体式凹模适用于小型且形状简单、尺寸精度不高的塑件的成型。

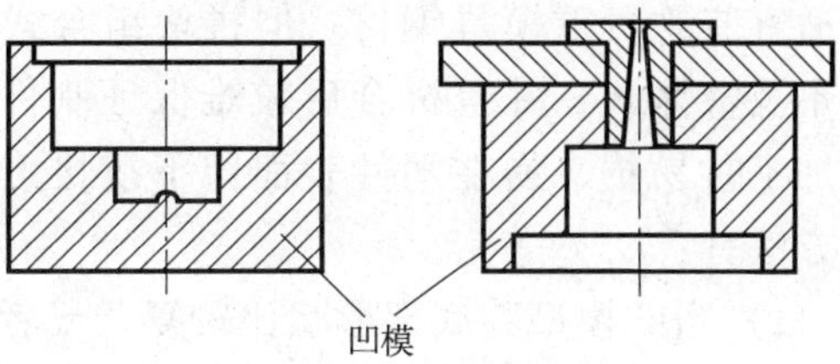

图5－8　整体式凹模

(2) 整体嵌入式凹模

对于小型塑件采用多型腔塑料模成型时，各单个凹模一般采用冷挤压、电加工、电铸等方法制成，然后整体嵌入模中，其结构如图5－9所示。其中图5－9(a)、(b)、(c)称为通孔台肩式，凹模带有台肩，从下面嵌入凹模固定板，再用垫板螺钉紧固。如果凹模镶件是回转体，而型腔是非回转体，则需要用销钉或键止转定位。图5－9(b)是销钉定位，结构简单，装拆方便；图5－9(c)是键止转定位，接触面大，止转可靠；图5－9(d)是通孔无台肩式，凹模嵌入固定板内用螺钉与垫板固定；图5－9(e)是非通孔的固定形式，凹模嵌入固定板后直接用螺钉固定在固定板上，为了不影响装配精度，使固定板内部的气体充分排除及装拆方便，常常在固定板下部设计有工艺通孔，这种结构可省去垫板。这种凹模形状及尺寸的一致性好，更换方便，加工效率高，可节约贵重金属，但模具整体体积较大，需用特殊的加工法。

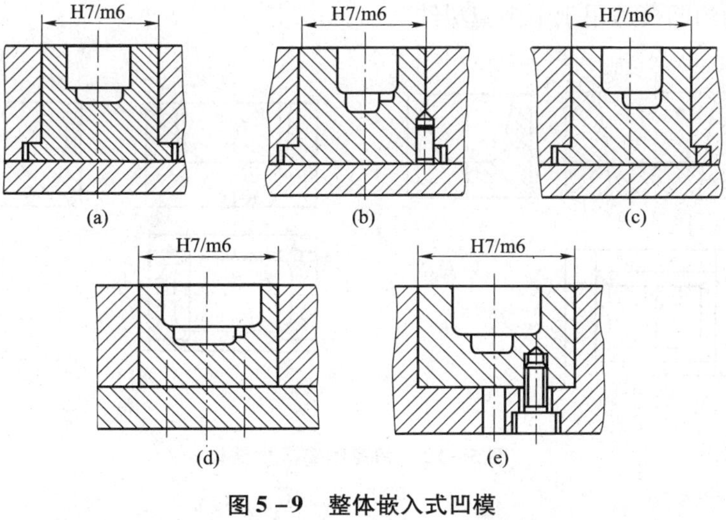

图5－9　整体嵌入式凹模

(3) 局部镶嵌式凹模

为了便于加工和便于更换凹模中容易磨损的某一部位，常把凹模易磨损部位做成镶件，然后嵌入模体，如图 5－10 所示为局部镶嵌式凹模。

（4）拼块式组合凹模

拼块式组合凹模是由许多拼块镶制而成的凹模。拼块式组合凹模可以满足大型塑件成型凸凹形的需要，便于机加工、维修、抛光、研磨、热处理，特别适宜节约贵重模具钢材。但拼块组合式凹模的刚性不及整体式，并且拼合后较难保证制件精度，成型加工时易损、易在塑件表面留下拼接痕迹。镶拼的方法有：

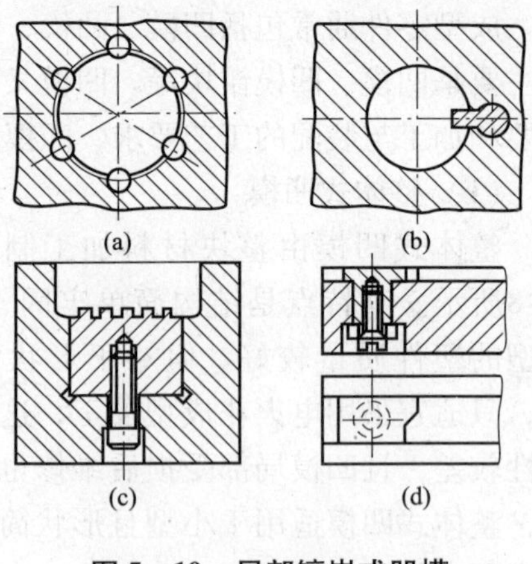

图 5－10　局部镶嵌式凹模

1）当凹模型腔底部形状比较复杂或者尺寸较大时，可将凹模做成穿孔，再镶上底部，如图 5－11 所示。图 5－11（a）所示的镶拼式结构简单，但结合面要求平整，以防挤入塑料，飞边加厚，造成脱模困难，同时还要求底板应有足够的强度及刚度，以免变形而挤入塑料。图 5－11（b）、（c）所示的结构，采用圆柱形配合面，塑料不易挤入，但制造比较费时。

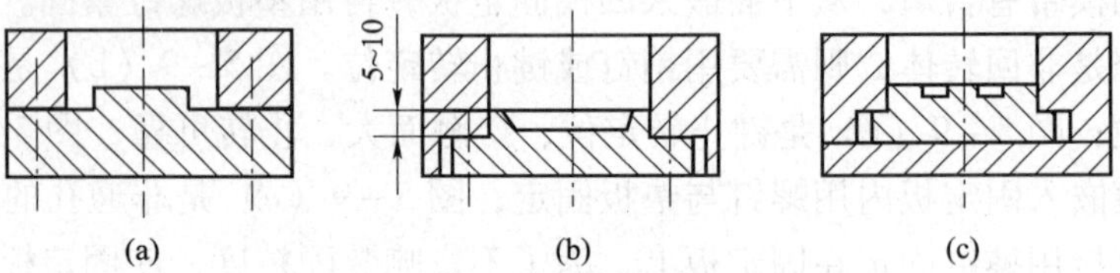

图 5－11　凹模底部镶拼结构

2）如塑件结构需要，也可将凹模侧壁做成镶拼的，如图 5－12 所示，其中 U 形部分为穿孔的槽形，便于加工和抛光，侧壁镶块配合面经磨削抛光后，用销钉和螺钉定位坚固。这种侧壁镶拼结构的凹模适用于中小型塑件。

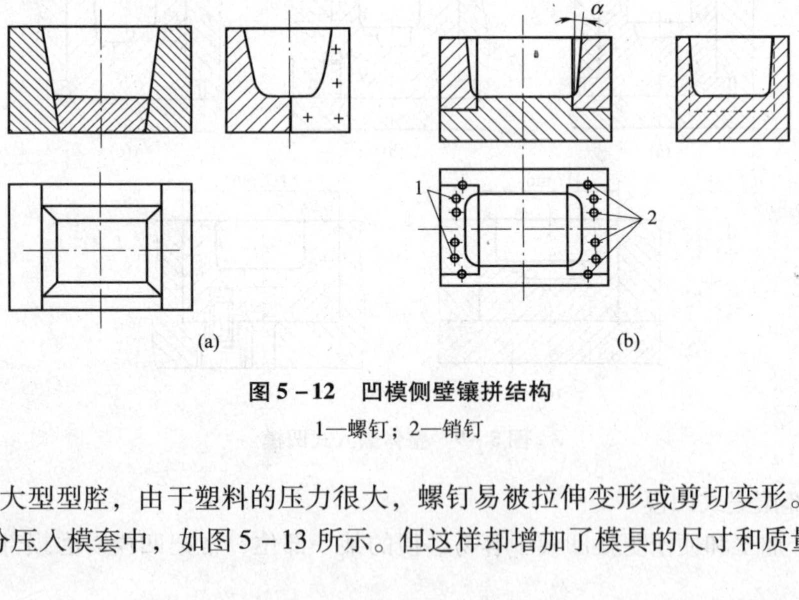

图 5－12　凹模侧壁镶拼结构

1—螺钉；2—销钉

3）对于大型型腔，由于塑料的压力很大，螺钉易被拉伸变形或剪切变形。为此，可将侧壁镶拼部分压入模套中，如图 5－13 所示。但这样却增加了模具的尺寸和质量。

对于大型和形状复杂的凹模，可将它的四壁和底部分别加工后压入模板，如图 5－14 所示。侧壁之间采用扣锁连接以保证装配的准确性，减少塑料挤入。在侧壁连接处的外侧做成 0.3～0.4 mm 的间隙，使内侧连接紧密。此外，四角镶件的转角半经 R 应大于模板的转角半径。

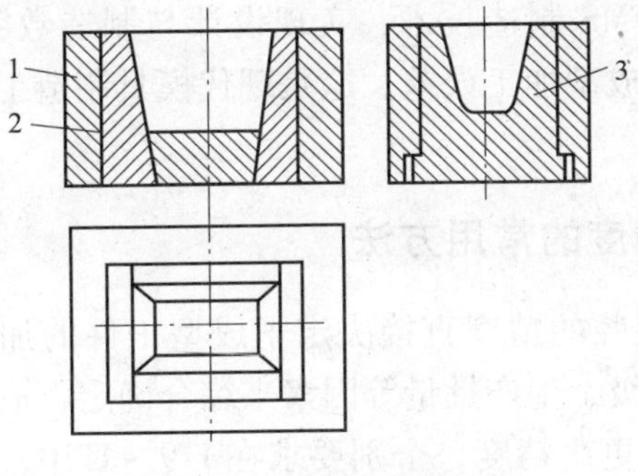

图 5－13　凹模侧壁镶拼结构

1—模套；2，3—侧壁镶拼块

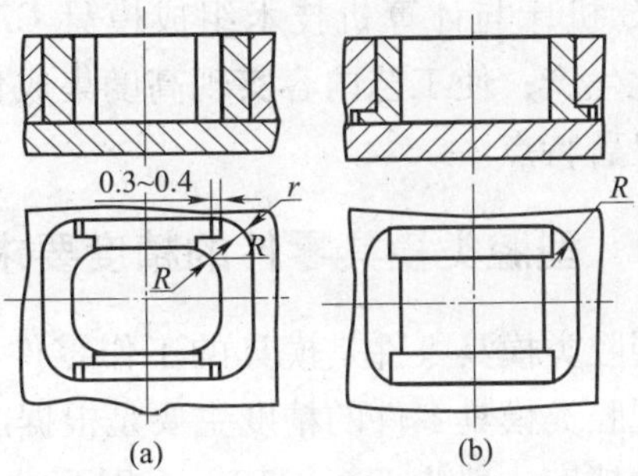

图 5－14　凹模四壁镶拼结构

3. 型腔类模具成型零件的结构特点

由于制品的结构复杂高质量要求，型腔类模具成型零件的制造困难、工艺复杂，有时必须借助特种加工才能完成型腔类零件的制造。型腔类模具零件的结构特点有：

（1）加工质量要求高。模具制造不仅要求加工精度高，而且还要求加工表面质量要好。一般来说，工作部分的制造公差都应控制在 ±0.01 mm 以内，有的甚至要求在微米范围内；加工后的表面不仅不允许有任何缺陷，而且工作部分的表面粗糙度 Ra 都要求小于 0.8 μm。

（2）形状复杂。一般是二维或三维混成的复杂曲面，而不是一般机械加工的简单几何体。

（3）材料硬度高。其硬度要求较高，一般都是用淬火工具钢或硬质合金等材料制成，若用传统的机械加工方法制造，往往感到十分困难，甚至无法加工。

（4）单件生产。一般生产某个制品，一般只需要一两副模具，所以模具工作部分零件都是单件生产。每制造一副模具，都必须从模具设计开始，到模具制造大约需要一二十天甚至几个月的时间才能完成整个模具生产周期。其中模具工作部分零件的生产占到 40%～60% 的工作量。

型腔类模具零件的类型很多，但是从结构上可分为型孔和型腔两大类。型孔主要是冷冲压模，型腔主要应用于塑料模、拉伸模、压铸模等。本书主要介绍这两种型腔类模具零件。

5.1.2　型腔类模具零件的工艺特点

根据型腔类模具零件的型腔是否贯穿，又可细分为型腔和型孔，须采取不同的加工方法和工艺路线。

由于模具是专用精密成型工具，只能进行单件或小批量生产，所以其工艺与工艺规程将具有以下特殊性：

（1）构成现代模具的零件和部件，多采用互换性的标准件，所以现代模具制造工艺过程中的突出重点为：模具成型件制造和模具装配。

（2）模具成型件制造工艺过程的精饰加工（如抛光和研磨等）工序和模具装配工序，

主要依赖手工作业。其所占工时比例很大，有时与机加工工时相近。因此，制定成型件加工工艺规程时，合理提高成型件的成型加工精度及其型面粗糙度，力求减少手工作业工时，是为重点。

（3）根据模具成型件结构及其型面制造精度要求高，须进行精密成型加工的特点，采用 CNC 机床与计算机技术组成模具 CAD/CAM、FMS 制造技术，实现设计与制造数字化，一体化生产；使工艺内容实现高度集成化，以减少成型加工误差。这是现代模具制造工艺技术的显著特点。

5.1.3 型腔类模具零件的精度要求及保证精度的常用方法

型腔类模具零件是模具的工作零件，型孔和型腔的精度直接决定了成型工件的加工质量。型腔类模具零件的精度主要是根据产品精度等级、生产批量等因素来综合确定，成型部位尺寸精度一般为 IT6 ~ IT8，个别要求达 IT5 甚至更高精度，个别要求在 IT9 ~ IT10，与其他零件的配合部位尺寸精度为 IT7 ~ IT8。

型孔和型腔的主要精度要求保证型腔、型孔的形状精度和表面质量。常用的保证形状精度的方法有仿形法（如在车床上用仿形装置加工回转型腔、利用仿形铣加工型腔等）、成型法（如用电火花加工型腔，以电极的形状来保证型腔的形状；用挤压法加工型腔，以工艺凸模的形状来保证型腔的形状；超声波加工型腔，以抛光工具的形状来保证型腔的形状等）、数控加工。使用数控机床，利用数字程序控制走刀路线加工型腔。加工的型腔精度高，表面粗糙度值低，无需制造仿形靠模，对于单件生产的模具零件非常顺利。

型腔类模具零件的表面质量与成型工件的表面质量关系非常密切，一些型腔成型的工件表面质量要求很高，例如，纯净水瓶的表面要求光滑透明，瓶身不允许有瑕疵，成型纯净水瓶的模具型腔表面粗糙度要求达 $Ra = 0.08 \sim 0.025\ \mu m$，达到了镜面的要求。型腔表面的形状不规则，不能用磨削加工的方法来提高表面质量。常用的提高表面质量的方法有：研磨、抛光、表面处理等。型腔类模具零件的非成型表面，主要根据是否为配合表面、装配表面以及是否有密封等具体情况来选择，表面粗糙度一般为 $Ra = 0.8 \sim 1.6\ \mu m$，其他表面的表面粗糙度一般为 $Ra = 1.6 \sim 6.3\ \mu m$。

5.2 型孔类模具零件的加工

型孔一般是指通孔模具零件，按凹模形状形孔可分为圆形型孔和异型型孔两类。

5.2.1 型孔的加工方法

1. 圆形型孔的加工

单个圆形内孔表面加工方法较多，常用的有钻孔、扩孔、铰孔、镗孔等加工方法进行和半精加工，经过热处理后，再在内圆磨床上精加工。

多圆形型孔的加工属于孔系加工。如在多孔冲裁模或连续模中，凹模往往带有一系列圆孔，各孔的尺寸及相对位置都有一定的精度要求。加工时，除保证各型孔的尺寸及形状精度外，还要保证各型孔之间的相对位置。一般采用高精度的坐标镗床和立式铣床进行半精加工，再用坐标磨床进行精加工。

2. 异形型孔的加工

异形凹模及模具中的卸料板、固定板及推板等零件上，常需加工各种矩形与异形型孔，并要求保证尺寸精度和形位公差。常用的加工方法：铣削、插床加工、钳工修正、数控加工和特种加工。

型孔的制造精度直接影响模具的精度和使用寿命，型孔的制造要求比较高。所以加工型孔类零件首先应该考虑型孔的加工。型孔的常用加工方法，见表 5－1。

表 5－1　型孔的常用加工方法

型孔形式		常用加工方法	适应场合
圆形型孔	单型孔	钻床加工：粗钻后进行扩孔、铰孔	没有刃口要求的圆形单型孔类零件，如拉伸凹模孔
		车削加工：精车内孔后热处理，再在车床上抛光型孔表面	
		磨削加工：精车内孔后热处理，到内圆磨床上磨出型孔尺寸	要求刃口锋利的圆形单型孔零件，如圆形落料凹模孔
		线切割：钻好穿丝孔，热处理，精加工线切割装夹基准，到线切割机上加工出型孔	要求刃口锋利的圆形单型孔（特别是小孔）零件，如圆形冲孔凹模孔
	多型孔	线切割：钻好穿丝孔，热处理，精加工线切割装夹基准，到线切割机上加工出型孔	各种有刃口要求的多型孔类零件，如多孔冲孔模凹模孔
		坐标磨削：钻铰或镗后热处理，精加工装夹基准，到坐标磨床上精磨各型孔	要求较高的多型孔类零件，如连续模圆形孔的加工
非圆形型孔	整体式	线切割：钻好穿丝孔，热处理，精加工线切割装夹基准，到线切割机上加工出型孔	要求刃口锋利的各异型孔，如异型件落料凹模孔
		坐标磨削：钻铰或镗后热处理，精加工装夹基准，到坐标磨床上精磨各型孔	要求较高的适合坐标磨床加工的型孔，如长圆形落料凹模孔
	镶拼式	线切割方法一：钻好穿丝孔，热处理，精加工线切割装夹基准，线切割各镶块，然后装配到模框中	各镶块互换性要求较高的镶拼型孔，其模框的加工精度要求也较高
		线切割方法二：将热处理好，上下表面磨平的各镶块装配到模板中，再整体线切割	大型的型孔板加工
		成型磨削：粗加工、热处理，磨平上下表面，用成型磨削磨好各镶块，然后装配到模框中	各镶块互换性要求较高的镶拼型孔，其模框的加工精度要求也较高

5.2.2　型孔的常规加工

单圆形孔加工比较简单，一般在普通钻床上进行，采用钻、扩、铰等方法进行粗加工和半精加工。经过热处理后，用内圆磨床进行精加工。我们重点讲述多圆形孔和异形型孔的加工。

1. 多圆孔的镗削加工

坐标镗床是利用坐标法原理工作的高精密机床，主要应用于孔及孔系的精密加工。如加工上、下模座的导柱导套孔等模板类零件，也可加工复杂的型腔尺寸和角度，在多孔冲模、连续模及塑料成型模的制造中，坐标镗削得到了相当广泛的应用。坐标镗床的孔加工坐标定位精度可达0.004~0.01 mm，加工面的表面粗糙度值小于*Ra*0.8 μm。坐标镗床是高精度机床的一种。它的结构特点是有坐标位置的精密测量装置。坐标镗床可分为单柱式坐标镗床、双柱式坐标镗床和卧式坐标镗床。另外，坐标镗床上的千分表中心校准器、光学中心显微镜、标准校正棒、端面定位工具等附件可供找正工件用；弹簧样冲、精密夹头及镗杆等工具可供装夹刀具用。

1）单柱式坐标镗床。主轴带动刀具作旋转主运动，主轴套筒沿轴向作进给运动。特点是结构简单，操作方便，特别适宜加工板状零件的精密孔，但它的刚性较差，所以这种结构只适用于中小型坐标镗床。

2）双柱式坐标镗床。主轴上安装刀具作主运动，工件安装在工作台上随工作台沿床身导轨作纵向直线移动，刚性较好，目前大型坐标镗床都采用这种结构。双柱式坐标镗床的主参数为工作台面宽度。

3）卧式坐标镗床。工作台能在水平面内做旋转运动，进给运动可以由工作台纵向移动或主轴轴向移动来实现，加工精度较高。

（1）镗削前的准备

① 选择加工工件的工艺基准、工艺基准精度及表面粗糙度，必须符合图样要求。

② 确定原始点位置。可以选择相互垂直的两基准面的交线，也可利用光学显微镜对准模板上的基准轮廓来确定原始点。还可以用中心找正器找出以加工好的中心作为原始点。

③ 按照坐标加工的要求，将零件图原图标注尺寸的形式转换成坐标标注尺寸的形式，如图5－15所示。

④ 工件在加工前应放在恒温室内，以减少工件受环境温度影响而产生变形。

（2）工件的定位与找正

将工件在坐标镗床上正确定位并夹紧，然后对工件找正。找正有以下几种方法：

① 用千分表找正。如图5－16所示，利用千分表的横向和纵向运动，使工件基准面与工作台移动方向平行，并使工件的上平面与机床主轴垂直。

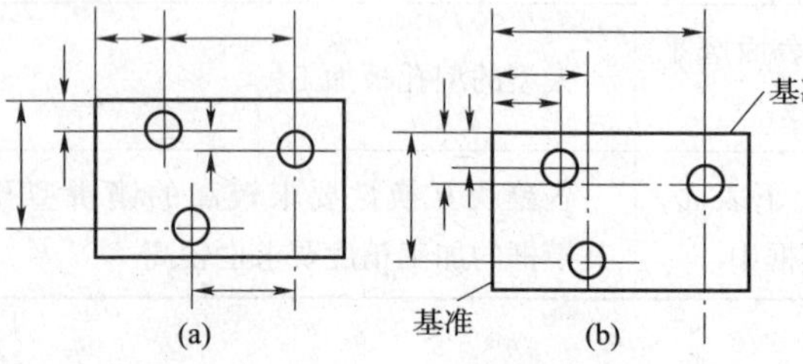

图5－15　尺寸标注形式的转换

（a）原图纸标注的尺寸；（b）按坐标标注的尺寸

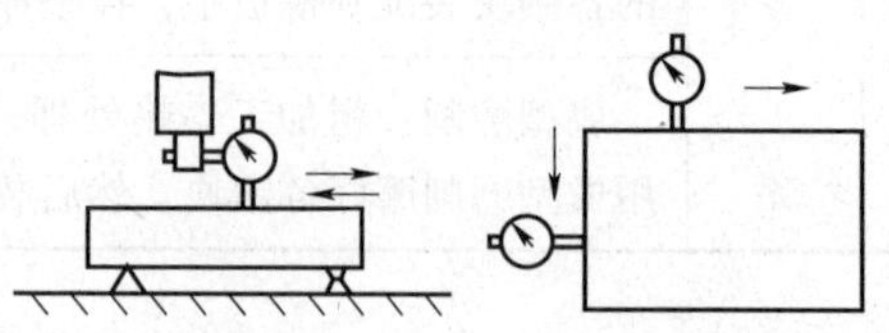

图5－16　用千分尺找正

② 用中心显微镜找正。如图5－17所示，将它装在坐标镗床的主轴上，在中心显微镜

面上刻有十字中心线和同心圆，移动工件（工作台）使工件的侧基准面或孔的轴心线对正中心显微镜中的十字中心线或同心圆。为了保证正确位置，可在180°方向上找正重合后即可固定。这种方法可以找正工件侧基准面或孔的轴心线与主轴中心重合的位置。

③ 用L形端面规找正。当工件侧基准面的垂直度低或工件被测棱边不清晰时，可用L形端面规2靠在工件1的基准面上，移动工件使L形端面规标线对准中心显微镜的十字中心线，即表示工件基准面与主轴中心线重合，找正后工件即可固定，如图5－18所示。

④ 用芯棒和量块找正。图5－19所示为用芯棒和量块找正主轴中心与工件端面的位置的方法。

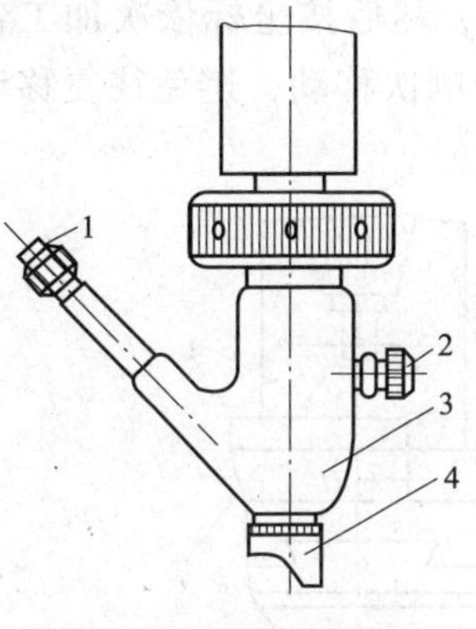

图5－17　中心显微镜

1—目镜；2—螺纹照明灯；3—镜体；4—物镜

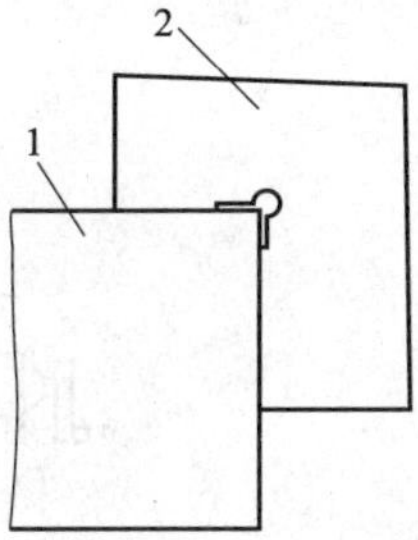

图5－18　用L形端面规找正

1—工件；2—L形端面规

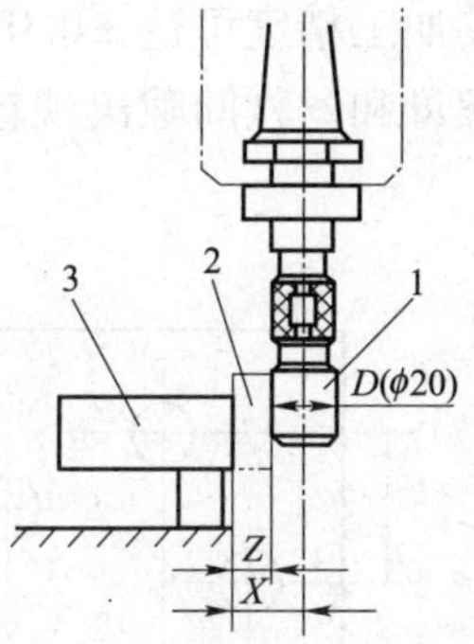

图5－19　用芯棒量块找正

1—芯棒；2—量块；3—工件

（3）坐标镗削加工

在工件定位夹紧后并做好镗削准备的基础上，可按下述步骤进行镗削加工：

① 根据已换算的坐标尺寸移动工作台，在坐标镗床主轴内安装弹簧样冲器，如图5－20所示，在各型孔中心逐点打出样冲眼。打中心样冲眼时转动手轮2，手轮上的斜面将栓销4向上推。顶尖3被提升并压缩弹簧1。当栓销4到达斜面最高点位置时继续转动手轮2，则弹簧1将顶尖3弹下，即打出中心样冲眼。

②根据各型孔中心的定位尺寸和坐标转换值，对各个要求加工的型孔钻出适当大小的定心孔。中心钻必须刚性好，刃磨正确。

③ 对以钻出的定心孔进行钻、扩、铰、镗等孔系加工。为防止切削热影响孔距精度，应先钻孔距较近的大型空，然后钻较小型孔。

坐标镗床主要加工孔间距离要求精度较高的孔系型孔，也可用于对已加工的零件孔进行测量及用装在镗床上的立铣刀对复杂的型腔进行加工，在多孔冲模、连续模及塑料模的制造中得到广泛应用。

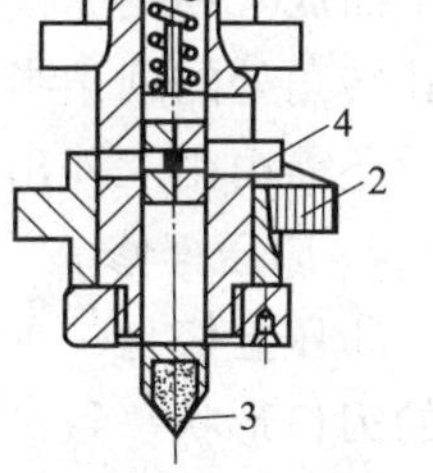

图5－20　弹簧样冲器

1—弹簧；2—手轮；3—顶尖；4—栓销

2. 多圆孔立式铣床加工

在没有上述高精度坐标镗床的条件下，也可采用普通立式铣床加工多圆凹模型孔。加工时，在铣床工作台的纵横移动方向上安装量块和表分表测量装置，按坐标法进行多圆凹模型孔的加工，以保证各型孔中心距要求。图 5－21 中的零件上有三个圆形凹模型孔。坐标法的加工步骤是：先加工型孔 1 后，将工作台横向移动 M 距离，纵向移动 N 距离后再加工型孔 2。然后用同样的方法加工型孔 3。

采用这种方法的加工特点是：将各型孔间的尺寸转化为直角坐标上的尺寸进行加工。为了提高型孔的加工位置精度，可在立式铣床的纵横滑板上装上千分表、量块等测量装置，用以准确地控制工作台的移动距离。图 5－22 为立式铣床加工孔系的示例。加工前，在铣床主轴孔中装一根检验棒 2（直径为 d），以找正工件相对于立式铣床主轴的中心位置。工作台沿纵向、横向移动找正工件位置，刀具中心与立式铣床主轴同轴，然后按坐标依次加工各孔，其加工精度可达 ±0. 01 mm。移动坐标时，应注意沿同一方向顺次移动，避免往复移动造成螺母和丝杠间隙出现较大误差。

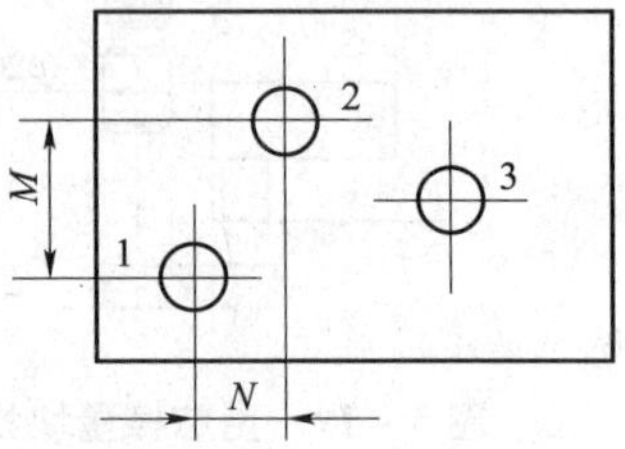

图 5－21　型孔的加工

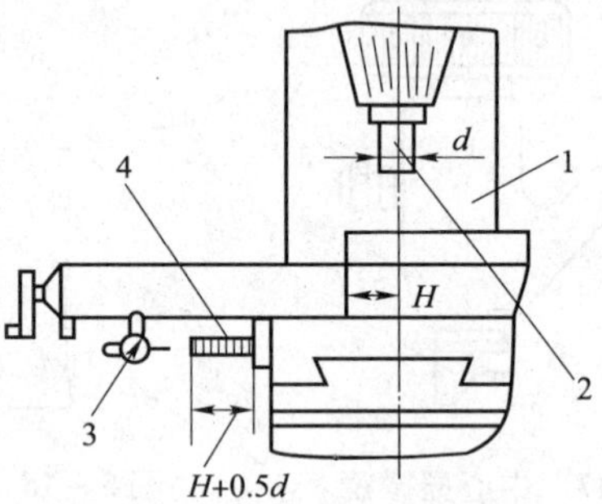

图 5－22　用立式铣床加工孔系

1—立铣床；2—检验棒；3—千分表；4—量块组

3. 异形孔铣削加工

在立式铣床上利用靠模铣削，图 5－23 是在立式铣床上使用简单靠模装置精加工异形凹模型孔的实例。精加工前应先进行粗加工。粗加工后，精加工时将样板 1、垫板 3、5 和凹模 4 一起紧固在铣床工作台上。在铣刀 6 的刀柄装有一个钢制的已淬硬的滚轮 2，加工异形凹模型孔时，用手操纵铣床台面的纵向和横向移动，使滚轮始终与样板接触并沿着样板的轮廓运动，使能加工出与靠模形状一致的异形凹模型孔。靠模样板通常用 0. 5 ~1 mm 厚的钢板、铝板或塑料板来制作，由钳工画线加工而成。利用靠模装置加工时，铣刀的半径应小于异形凹模型孔转角处的圆角半径，这样才能加工出完整的轮廓。铣削完毕后还需由钳工锉出型孔的斜度。

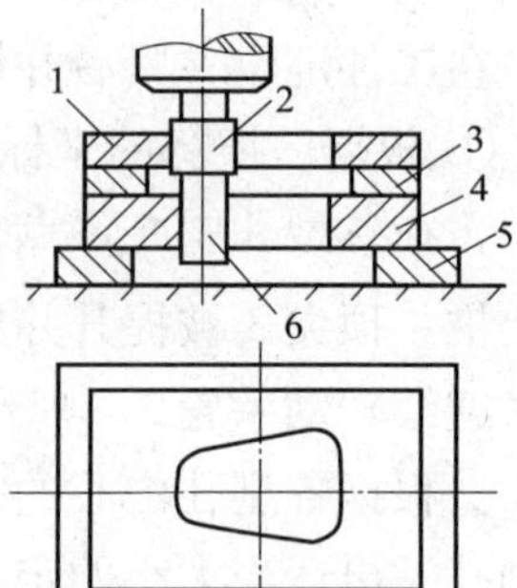

图 5－23　成型铣削

1—样板；2—滚轮；3、5—垫板；4—异形凹模；6—铣刀

4. 印压挫修

印压挫修是一种钳工加工方法，最适合加工无间隙的冲模，这种加工方法能保证凸、凹模的刃口形状一致。

（1）印压加工工艺方法

用已经加工的成品凸模，垂直放置在相应凹模型孔处，施加压力，通过凹模挤压与切削作用，在凹模上产生印痕，钳工按印痕挫去型孔的部分加工余量后再压印，再挫修，反复进行，直到加工出相应的型孔。用作压印的凸模称为压印基准件。

压印挫修加工也可以成品凹模做压印基准件加工凸模。

（2）压印加工工艺要点

1）凹模在压印前应先加工好外形轮廓，按划出的型孔轮廓线，在立式铣床上将型孔内部材料去除，留出0.2～0.8 mm的单边加工余量。去除废料后的孔壁应进行修整使压印挫修余量均匀。

2）首次压印深度不宜过大，应控制在0.2 mm左右，以后各次压印深度可大一些，每次压印都应用角尺校准基准件和压印件间的垂直度。

5.2.3 型孔的线切割加工

随着工业生产的发展和科学技术的进步，具有高熔点、高硬度、高强度、高韧度的新型模具材料不断涌现，而且结构复杂和工艺要求特殊的模具越来越多。这样，仅仅采用传统的机械加工方法来加工各种模具，就感到十分困难，甚至无法加工。因此，人们除进一步完善和发展模具机械加工方法以外，还借助于现代科技的发展，开发了一种有别于传统机械加工的新型加工方法——模具特种加工，也称电加工或非传统加工。模具特种加工与机械加工有本质不同，它不要求工具材料比工件材料更硬，也不需要在加工过程中施加明显的机械力，而且直接利用电能、化学能、光能和声能对工件加工，以达到一定的形状尺寸和表面粗糙度要求。对于模具中特殊、复杂的成型零件，除采用切削进行加工外广泛应用电火花加工。

1. 型孔的线切割加工

电火花加工又称放电加工（Electrical Discharge Machining，EDM），在20世纪40年代开始研究并逐步应用于生产。它是在加工过程中，利用两极（工具电极和工件电极）之间不断产生脉冲性的火花放电，靠放电时局部、瞬时产生的高温把金属蚀除下来，以使零件的尺寸、形状和表面质量达到预定要求的加工方法。因放电过程中可见到火花，故称之为电火花加工，也称电蚀加工。加工中工件和电极都会受到电腐蚀作用，只是两极的蚀除量不同，这种现象成为极性效应。工件接正极的加工方法称为正极性加工；反之，称为负极性加工。

电火花加工的质量和加工效率不仅与极性选择有关，还与电规准（即电加工的主要参数）、工作液、工件、电极的材料、放电间隙等因素有关。

电火花放电加工按工具电极和工件的相互运动关系的不同，可以分为电火花穿孔成型加工、电火花线切割、电火花磨削、电火花展成加工、电火花表面强化和电火花刻字等。其中，电火花穿孔成型加工和电火花线切割在模具加工中应用最广泛。

型孔的特种加工主要是利用电火花线切割加工。电火花线切割加工（Wire Cut EDM，简称WEDM）是在电火花加工的基础上于20世纪50年代末发展起来的一种工艺，它利用线状金属丝做电极靠火花放电对工件进行切割，从而获得需要的工件轮廓。此项工艺在我国已经得到广泛应用，目前国内、外的线切割机床已占有电加工机床的60%以上。

（1）基本原理

电火花线切割加工的基本原理是利用不断移动的细金属丝（铜丝或钼丝）作为工具电极，其与工件之间形成脉冲性放电，产生电腐蚀，工件按预定的轨迹运动，实现对工件的尺寸加工。

图 5－24 所示为高速走丝电火花线切割工艺及装置的示意图。利用钼丝 4 作工具电极进行切割，储丝筒 7 使钻丝做正、反向交替移动，加工能源有脉冲电源 3 供给。在电极丝和工件之间浇注工作介质，工作台在水平面两个坐标方向各自按预订的控制程序，根据火花间隙状态做伺服进给移动，从而形成各种曲线轨迹，把工件切割成型。

2. 电火花线切割机床分类

（1）控制方式可分为靠模仿型控制、光电跟踪控制、数字程序控制及微机控制等。

（2）电源形式可分为 *RC* 电源、晶体管电源、分组脉冲电源及自适应控制电源等。

（3）加工特点可分为大、中、小型以及普通直壁切割型与锥度切割型等。

（4）根据电极丝的运行速度，电火花线切割机床通常分为两大类：一类高速走丝电火花线切割机（WEDM－HS）如图 5－25 所示，采用钼丝（直径为 0.08～0.22 mm）或铜丝（直径为 0.3 mm 左右）作电极，往复循环使用。电极丝做高速往复运动，走丝的速度为 8～10 m/s，可达到的加工精度为 ±0.01 mm，表面粗糙度 *Ra* 值为 6.3～3.2 μm。这是我国生产和使用的主要机种，也是我国独创的电火花切割加工模式；另一类是低速走丝电火花线切割机床（WEDM－LS），采用铜丝（直径约为 0.03～0.35 mm）作电极，不可往复循环使用。电极丝做低速单向运动，走丝的速度为 3～15 m/s，可达到的加工精度为 ±0.001 mm，表面粗糙度 *Ra* 值可小于 0.4 μm。这是国外生产和使用的主要机种。

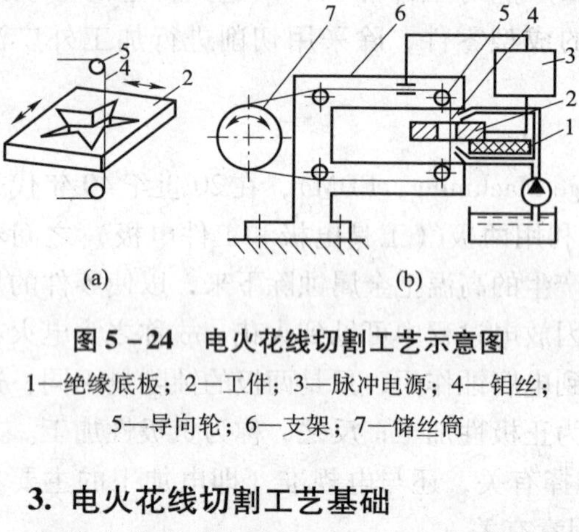

图 5－24　电火花线切割工艺示意图

1—绝缘底板；2—工件；3—脉冲电源；4—钼丝；5—导向轮；6—支架；7—储丝筒

图 5－25　快走丝数控电火花线切割设备

1—储丝筒；2—走丝溜板；3—丝架；4—纵向滑板；5—横向滑板；6—床身；7—控制箱

3. 电火花线切割工艺基础

数控电火花线切割加工，一般是作为工件尤其是模具加工中的最后工序。要达到加工零件的精度及表面粗糙度要求，应合理控制线切割加工时的各种工艺参数（电参数、切割速度、工件装夹等），同时应安排好零件的工艺路线及线切割加工前的准备加工。有关模具加工的线切割加工工艺准备和工艺过程，如图 5－26 所示。

4. 模坯准备

（1）工件材料及毛坯

模具工作零件一般采用锻造毛坯，其线切割加工常在淬火与回火后进行。由于受材料淬透性的影响，当大面积去除金属和切断加工时，会使材料内部残余应力的相对平衡状态遭到破坏而产生变形，影响加工精度，甚至在切割过程中造成材料突然开裂。为减少这种影响，除在设计时应选用锻造性能好、淬透性好、热处理变形小的合金工具钢（如 Cr12、Cr12MoV、CrWMn）作模具材料外，对模具毛坯锻造及热处理工艺也应正确进行。

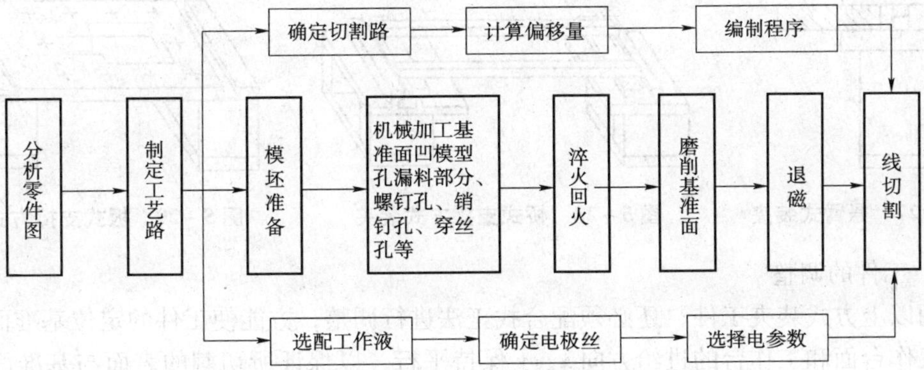

图 5-26　线切割加工的工艺准备和工艺过程

（2）凹模坯准备工序

1）下料。用锯床切断所需材料。

2）锻造。改善内部组织，并锻成所需的形状。

3）退火。消除锻造内应力，改善加工性能。

4）刨（铣）。刨六面，并留磨削余量 0.4 ~ 0.6 mm。

5）磨。磨出上下平面及相邻两侧面，对角尺。

6）划线。划出刃口轮廓线和孔（螺孔、销孔、穿丝孔等）的位置。

7）加工型孔部分。当凹模较大时，为减少线切割加工量，需将型孔漏料部分铣出，只切割刃口高度；对淬透性差的材料，可将型孔的部分材料去除，留 3 ~ 5 mm 切割余量.

8）孔加工。加工螺孔、销孔、穿丝孔等。

9）淬火。达设计要求。

10）磨。磨削上下平面及相邻两侧面，对角尺。

11）退磁处理。

5. 工件的装夹与调整

（1）工件的装夹

装夹工件时，必须保证工件的切割部位位于机床工作台纵向、横向进给的允许范围之内，避免超出极限。同时应考虑切割时电极丝运动空间。夹具应尽可能选择通用（或标准）件，所选夹具应便于装夹，便于协调工件和机床的尺寸关系。在加工大型模具时，要特别注意工件的定位方式，尤其在加工快结束时，工件的变形、重力的作用会使电极丝被夹紧，影响加工。

1）悬臂式装夹。图 5-27 所示是悬臂方式装夹工件，这种方式装夹方便、通用性强。但由于工件一端悬伸，易出现切割表面与工件上、下平面间的垂直度误差。仅用于加工要求不高或悬臂较短的情况。

2）桥式支撑方式装夹。这种方式是在通用夹具上放置垫铁后再装夹工件，如图 5-28 所示。这种方式装夹方便，对大、中、小型工件都能采用。

3）板式支撑方式装夹。图 5-29 所示是板式支撑方式装夹工件。根据常用的工件形状和尺寸，采用有通孔的支撑板装夹工件。这种方式装夹精度高，但通用性差。

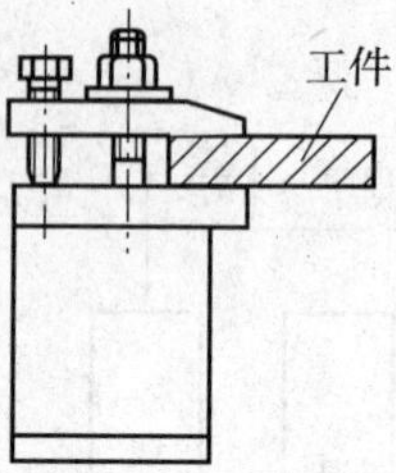

图 5 – 27　悬臂式装夹

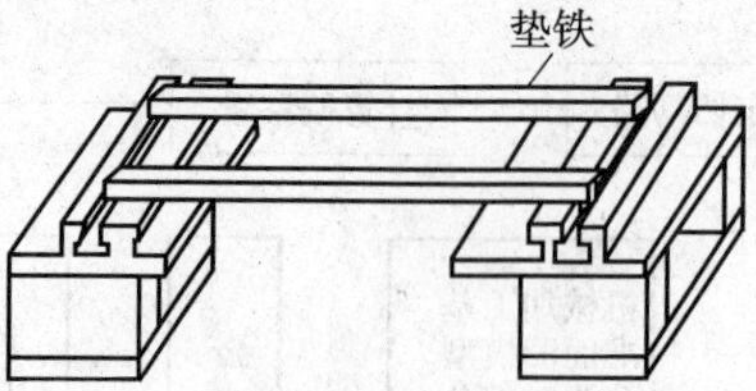

图 5 – 28　桥式支撑方式装夹

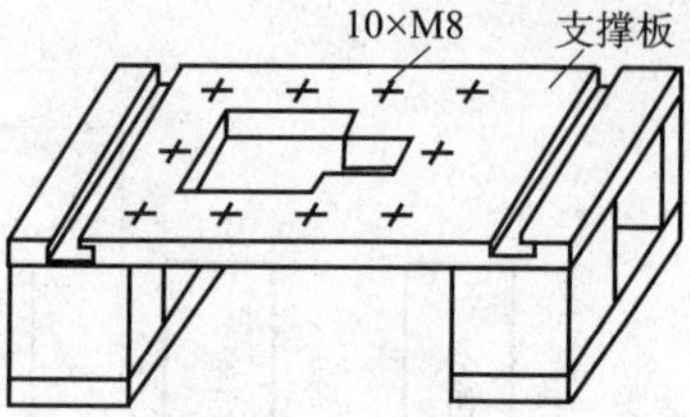

图 5 – 29　板式支撑方式装夹

（2）工件的调整

采用以上方式装夹工件，还必须配合找正法进行调整，方能使工件的定位基准面分别与机床的工作台面和工作台的进给方向 x、y 保持平行，以保证所切割的表面与基准面之间的相对位置精度。常用的找正方法有：

1）用百分表找正

用磁力表架将百分表固定在丝架或其他位置上，百分表的测量头与工件基面接触，往复移动工作台，按百分表指示值调整工件的位置，直至百分表指针的偏摆范围达到所要求的数值，找正应在相互垂直的三个方向上进行。详见项目二。

2）划线法找正

工件的切割图形与定位基准之间的相互位置精度要求不高时，可采用划线法找正。利用固定在丝架上的划针对准工件上划出的基准线，往复移动工作台，目测划针、基准间的偏离情况，将工件调整到正确位置。详见项目二。

6. 电极丝的选择和调整

（1）电极丝的选择

电极丝应具有良好的导电性和抗电蚀性，抗拉强度高、材质均匀。常用电极丝有钼丝、钨丝、黄铜丝和包芯丝等。钨丝抗拉强度高，直径在（0.03 ~ 0.1 mm）范围内，一般用于各种窄缝的精加工，但价格昂贵。黄铜丝适合于慢速加工，加工表面粗糙度和平直度较好，蚀屑附着少，但抗拉强度差，损耗大，直径在 0.1 ~ 0.3 mm 范围内，一般用于慢速单向走丝加工。钼丝抗拉强度高，适于快速走丝加工，所以我国快速走丝机床大都选用钼丝作电极丝，直径在 0.08 ~ 0.2 mm 范围内。

电极丝直径的选择应根据切缝宽窄、工件厚度和拐角尺寸大小来选择。若加工带尖角、窄缝的小型模具宜选用较细的电极丝；若加工大厚度工件或大电流切割时应选较粗的电极丝。电极丝的主要类型、规格为：钼丝直径：0.08 ~ 0.2 mm；钨丝直径：0.03 ~ 0.1 mm；黄铜丝直径：0.1 ~ 0.3 mm；包芯丝直径：0.1 ~ 0.3 mm。

（2）穿丝孔和电极丝切入位置的选择

穿丝孔是电极丝相对工件运动的起点，同时也是程序执行的起点，一般选在工件上的基准点处。为缩短开始切割时的切入长度，穿丝孔也可选在距离型孔边缘 2 ~ 5 mm 处，如图5 – 30 所示。

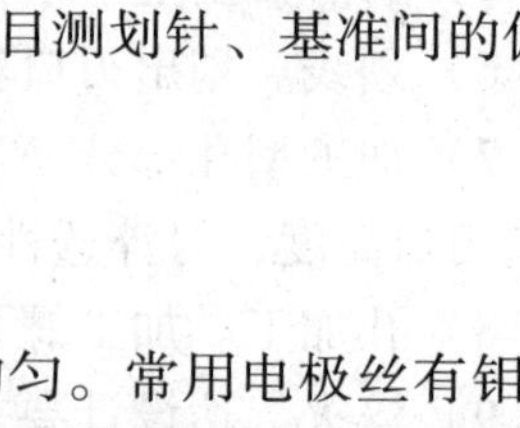

图 5 – 30　切入位置的选择

（3）电极丝初始位置的调整

线切割加工之前，应将电极丝调整到切割的起始坐标位置上，其调整方法有以下几种：

① 目测法

对于加工要求较低的工件，在确定电极丝与工件基准间的相对位置时，可以直接利用目测或借助 2 ~ 8 倍的放大镜来进行观察。图 5 – 31 是利用穿丝处划出的十字基准线，分别沿划线方向观察电极丝与基准线的相对位置，根据两者的偏离情况移动工作台，当电极丝中心分别与纵横方向基准线重合时，工作台纵、横方向上的读数就确定了电极丝中心的位置。

② 火花法

移动工作台使工件的基准面逐渐靠近电极丝，在出现火花的瞬时，记下工作台的相应坐标值，再根据放电间隙推算电极丝中心的坐标，如图 5 – 32 所示。此法简单易行，但往往因电极丝靠近基准面时产生的放电间隙，与正常切割条件下的放电间隙不完全相同而产生误差。

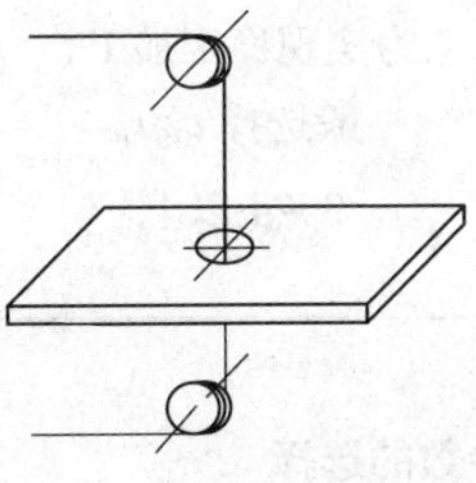

图 5 – 31　目测法调整电极丝位置

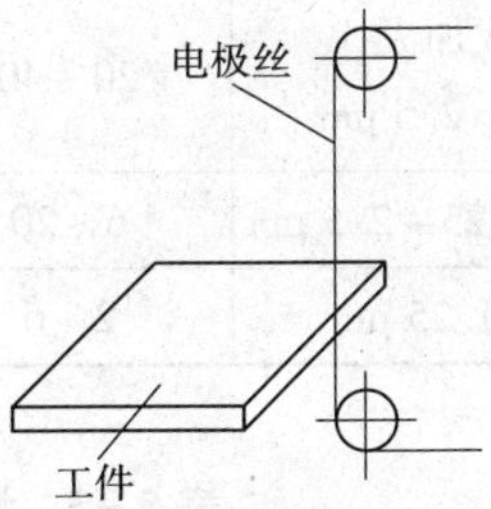

图 5 – 32　火花法调整电极丝位置

③ 自动找中心

所谓自动找中心，就是让电极丝在工件孔的中心自动定位。此法是根据线电极与工件的短路信号，来确定电极丝的中心位置。数控功能较强的线切割机床常用这种方法。首先让线电极在 X 轴方向移动至与孔壁接触（使用半程移动指令 G82），则此时当前点 X 坐标为 X_1，接着线电极往反方向移动与孔壁接触，此时当前点 X 坐标为 X_2，然后系统自动计算 X 方向中点坐标 X_0 ［$X_0 = (X_1 + X_2)/2$］，并使线电极到达 X 方向中点 X_0；接着在 Y 轴方向进行上述过程，线电极到达 Y 方向中点座标 Y_0 ［$Y_0 = (Y_1 + Y_2)/2$］，如图 5 – 33 所示。这样经过几次重复就可找到孔的中心位置。当精度达到所要求的允许值之后，就确定了孔的中心。

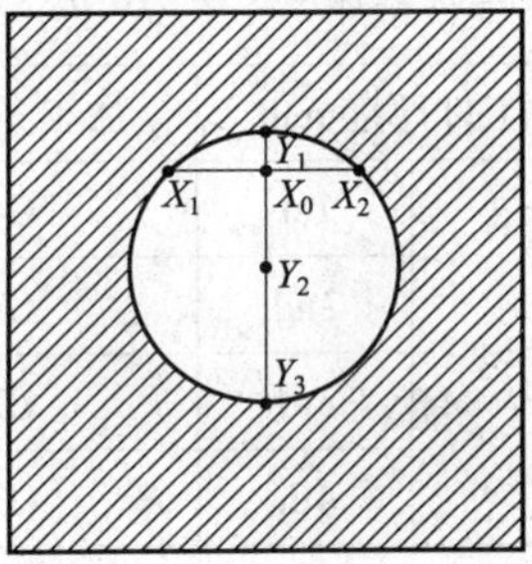

图 5 – 33　自动找中心

7. 电火花线切割加工特点

与电火花成型相比，电火花线切割加工有如下特点：

① 不需制造专用电极，可降低加工成本，缩短生产周期。

② 能加工出形状复杂、细小的通孔和外表面。

③ 加工过程中，电极损耗小（一般可忽略），可获得较高的加工精度。

④ 由于电极丝直径很细，切屑极少，对于贵金属加工更有意义。

⑤ 自动化程度高，操作简便，加工周期短，成本低。

⑥ 可以一模两用，加工件作凹模，切割下来的料作凸模。

8. 工艺参数的选择

（1）脉冲参数的选择

线切割加工一般都采用晶体管高频脉冲电源，用单个脉冲能量小、脉宽窄、频率高的脉冲参数进行正极性加工。加工时，可改变的脉冲参数主要有电流峰值、脉冲宽度、脉冲间隔、空载电压、放电电流。要求获得较好的表面粗糙度时，所选用的电参数要小；若要求获得较高的切割速度，脉冲参数要选大一些，但加工电流的增大受排屑条件及电极丝截面积的限制，过大的电流易引起断丝，快速走丝线切割加工脉冲参数的选择见表 5-2。慢速走丝线切割加工脉冲参数的选择见表 5-3。

表 5-2 快速走丝线切割加工脉冲参数的选择

切割加工脉冲参数的选择	脉冲宽度 t_i/μs	电流峰值 I_e/A	脉冲间隔 t_0/μs	空载电压/V
快速切割或加大厚度工件 $Ra>2.5\ \mu m$	20～40	大于 12	为实现稳定加工，一般选择 $t_0/t_i=$ 3～4 以上	一般为 70～90
半精加工 $Ra=1.25\sim2.5\ \mu m$	6～20	6～12		
精加工 $Ra<1.25\ \mu m$	2～6	4.8 以下		

表 5-3 慢速走丝线切割加工脉冲参数的选择

工件材料 WC		加工液电导率 $10\times10^4\ \Omega$			
电极丝直径 φ0.2 mm		加工液压力 第一次切割 12 kg/cm²；第二次切割 1～2 kg/cm²			
电极丝张力 0.2 A（1200 g）		加工液流量 第一次切割上/下 5～6 l/min；第二次切割上/下 1～2 l/min			
电极丝速度 6～10 m/s					
工件厚度 mm		加工条件编号	偏移量编号	电压/V	电流/A	速度/（mm·min⁻¹）

工件厚度 mm		加工条件编号	偏移量编号	电压/V	电流/A	速度/（$mm\cdot min^{-1}$）
20	1st	C423	H175	32	7.0	2.0～2.6
	2nd	C722	H125	60	1.0	7.0～8.0
	3rd	C752	H115	65	0.5	9.0～10.0
	4th	C782	H110	60	0.3	9.0～10.0
30	1st	C433	H174	32	7.2	1.5～1.8
	2nd	C722	H124	60	1.0	6.0～7.0
	3rd	C752	H114	60	0.7	9.0～10.0
	4th	C782	H109	60	0.3	9.0～10.0
40	1st	C433	H178	34	7.5	1.2～1.5
	2nd	C723	H128	60	1.5	5.0～6.0
	3rd	C753	H113	65	1.1	9.0～10.0
	4th	C783	H108	30	0.7	9.0～10.0

续表

工件厚度/mm		加工条件编号	偏移量编号	电压/V	电流/A	速度/（mm·min^{-1}）
50	1 st	C453	H178	35	7.0	0.9～1.1
	2 nd	C723	H128	58	1.5	4.0～5.0
	3 rd	C753	H113	42	1.3	6.0～7.0
	4 th	C783	H108	30	0.7	9.0～10.0
60	1 st	C463	H179	35	7.0	0.8～0.9
	2 nd	C724	H129	58	1.5	4.0～5.0
	3 rd	C754	H114	42	1.3	6.0～7.0
	4 th	C784	H109	30	0.7	9.0～10.0
70	1 st	C473	H185	33	6.8	0.6～0.8
	2 nd	C724	H135	55	1.5	3.5～4.5
	3 rd	C754	H115	35	1.5	4.0～5.0
	4 th	C784	H110	30	1.0	7.0～8.0
80	1 st	C483	H185	33	6.5	0.5～0.6
	2 nd	C725	H135	55	1.5	3.5～4.5
	3 rd	C755	H115	35	1.5	4.0～5.0
	4 th	C785	H110	30	1.0	7.0～8.0
90	1 st	C493	H185	34	6.5	0.5～0.6
	2 nd	C725	H135	52	1.5	3.0～4.0
	3 rd	C755	H115	30	1.5	3.5～4.5
	4 th	C785	H110	30	1.5	7.0～8.0
100	1 st	C493	H185	34	6.3	0.4～0.5
	2 nd	C725	H135	52	1.5	3.0～4.0
	3 rd	C755	H115	30	1.5	3.0～4.0
	4 th	C785	H110	30	1.0	7.0～8.0

（2）工艺尺寸的确定

丝切割加工时，为了获得所要求的加工尺寸，电极丝和加工图形之间必须保持一定的距离，如图5－34所示。

图中双点划线表示电极丝中心的轨迹，实线表示型孔或凸模轮廓。编程时首先要求出电极丝中心轨迹与加工图形之间的垂直距离ΔR（间隙补偿量），并将电极丝中心轨迹分割成单一的直线或圆弧段，求出各线段的交点坐标后，逐步进行编程。具体步骤如下：

1）设置加工坐标系

根据工件的装夹情况和切割方向，确定加工坐标系。为简化计算，应尽量选取图形的对称轴线为坐标轴。

2）间隙补偿量ΔR计算

按选定的电极丝半径r，放电间隙δ和凸、凹模的单面配合间隙$Z/2$引起的偏移距离，称为间隙补偿量ΔR。

① 凹模作为基准配作凸模时，其间隙补偿量计算如下（如图5－34（a）所示）：

$$\Delta R_{凹} = r + \delta$$

$$\Delta R_{凸} = r + \delta + \frac{Z}{2}$$

② 凸模作为基准配作凹模时，其间隙补偿量计算如下（如图5－34b所示）：

$$\Delta R_{凸} = r + \delta$$

$$\Delta R_{凹} = r + \delta - \frac{Z}{2}$$

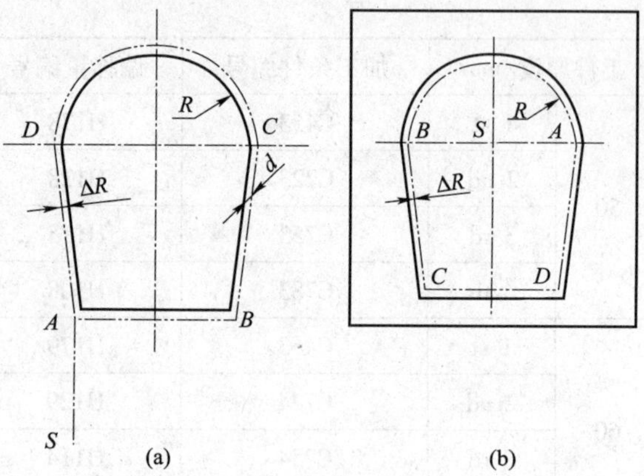

图5－34　电极丝中心轨迹

（a）凸模；（b）凹模

式中　$\Delta R_{凸}$——加工凸模时的间隙补偿量；

$\Delta R_{凹}$——加工凹模时的间隙补偿量。

3）电极丝中心轨迹分割成平滑的直线和单一的圆弧线，按型孔或凸模的平均尺寸计算出各线段交点的坐标值。

（3）工作液的选配

工作液对切割速度、表面粗糙度、加工精度等都有较大影响，加工时必须正确选配。常用的工作液主要有乳化液和去离子水。

① 慢速走丝线切割加工，目前普遍使用去离子水。为了提高切割速度，在加工时还要加进有利于提高切割速度的导电液，以增加工作液的电阻率。加工淬火钢，使电阻率在2×104 Ω·cm左右；加工硬质合金电阻率在30×104 Ω·cm左右。

② 对于快速走丝线切割加工，目前最常用的是乳化液．乳化液是由乳化油和工作介质配制（浓度为5％～10％）而成的。工作介质可用自来水，也可用蒸馏水、高纯水和磁化水。

9. 3B格式程序编写

数控程序用来控制机床，使机床按照预订的要求进行切割加工。将工件的图样尺寸经过人工计算（或使用计算机自动编程）变换成机器可以接受的指令码，这个全过程称为程序编写。电火花线切割数控机床所用的程序格式常用的有3B和ISO代码。

3B程序格式是电火花线切割数控机床上的一种常用的程序。在程序格式中无间隙补偿，但可通过机床的数控装置或一些自动编程软件，自动实行间隙补偿，具体格式见表5－4。

表5－4　3B程序格式

B	*X*	*B*	*Y*	*B*	*J*	*G*	*Z*
分隔符号	*X*坐标值	分隔符号	*Y*坐标值	分隔符号	计数长度	计数方向	加工指令

表5-4中各代号的含义如下：

（1）分隔符号 B

用来将 X、Y、J 的数码分开，以利于控制机识别。

（2）坐标值 X、Y

X、Y 坐标值的绝对值，单位为 μm，在 μm 以下的数值应四舍五入。

① 对于直线段，坐标原点移至线段起点，X、Y 分别取线段在对应方向上的增量，即该线段在相对坐标系中的终点坐标的绝对值，X、Y 允许取比值。X 或 Y 为零时，X、Y 值均可不写，但分隔符号保留。例如 $B2\ 000\ B0\ B2\ 000\ G_X\ L1$ 可写为 $B\ B\ B2\ 000\ G_X\ L1$。

② 对于圆弧，坐标原点移至圆心，X、Y 取圆弧起点坐标的绝对值，但不允许取比值。

（3）计数方向 G

当选取 X 方向进给总长度计数时，用 G_X 表示；当选取 Y 方向进给总长度计数时，用 G_Y 表示。计数方向应正确选择，否则加工时易疏漏步骤。计数方向的确定方法有如下两种：

① 加工直线段时的计数方向。用线段的终点坐标的绝对值进行比较，哪个方向绝对值大就取哪个方向作为计数方向，即（可按图5-35选取）：

$|X| > |Y|$ 时，取 G_X；

$|Y| > |X|$ 时，取 G_Y；

$|X| = |Y|$ 时，取 G_X 或 G_Y 均可，但有些机床对此有专门规定。

② 加工圆弧时的计数方向。用圆弧的终点坐标的绝对值进行比较，哪个方向绝对值小就取哪个方向作为计数方向。此情况与直线段相反，即（可按图5-36选取）：

$|X| < |Y|$ 时，取 G_X；

$|Y| < |X|$ 时，取 G_Y；

$|X| = |Y|$ 时，取 G_X 或 G_Y 均可，有些机床对此也有专门规定。

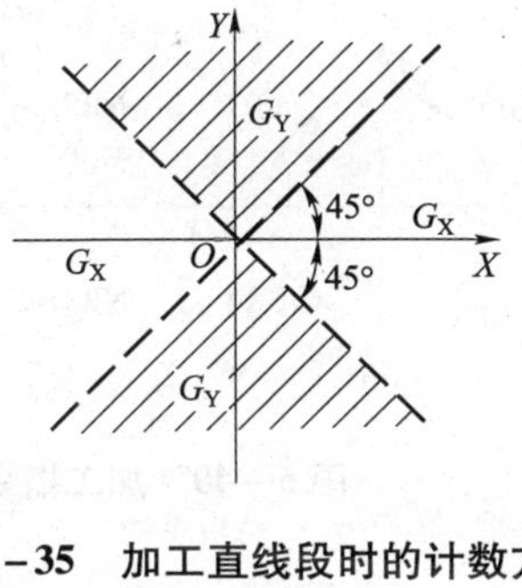

图5-35　加工直线段时的计数方向

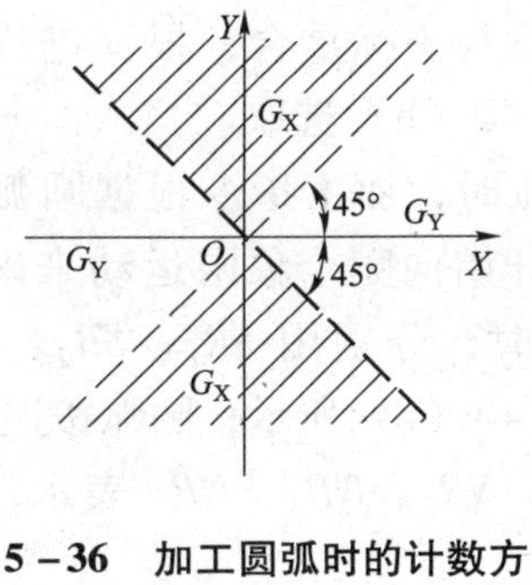

图5-36　加工圆弧时的计数方向

（4）计数长度 J

计数长度 J 是指被加工图形在计数方向上的投影长度（即绝对值）的总和，以 μm 为单位。

【例5-1】　加工图5-37所示直线 OA，其终点为 A（Xe，Ye），且 $Ye > Xe$，试确定 G 和 J。

【解】　因为 $|Y_e| > |X_e|$，OA 直线与 X 轴角大于45°计数方向取 G_Y，OA 直线在 Y 轴上的投影长度为 Y_e，故 $J = Y_e$。

【例 5－2】 加工图 5－38 所示圆弧，加工起点在第四象限，终点 B（X_e，Y_e）在第一象限，试确定 G 和 J。

【解】 加工终点靠近 Y 轴，$|Y_e|>|X_e|$，计数方向取 G_x；计数长度为各象限中的圆弧段在 X 轴上投影长度的总和，即：$J=Jx_1+Jx_2$。

【例 5－3】 加工图 5－39 所示圆弧，加工终点为 B（X_e，Y_e），试确定 G 和 J。

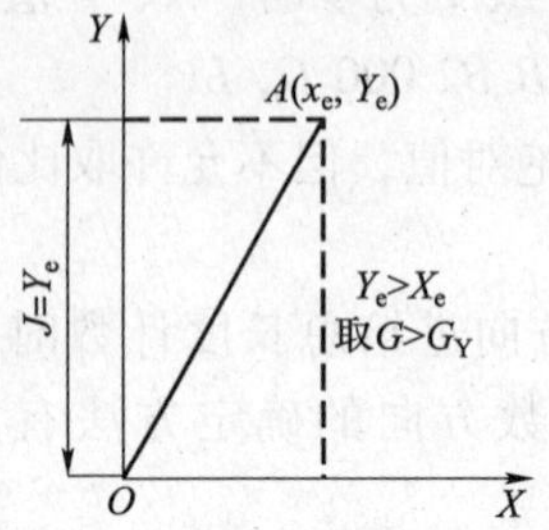

图 5－37 加工直线的 G 和 J

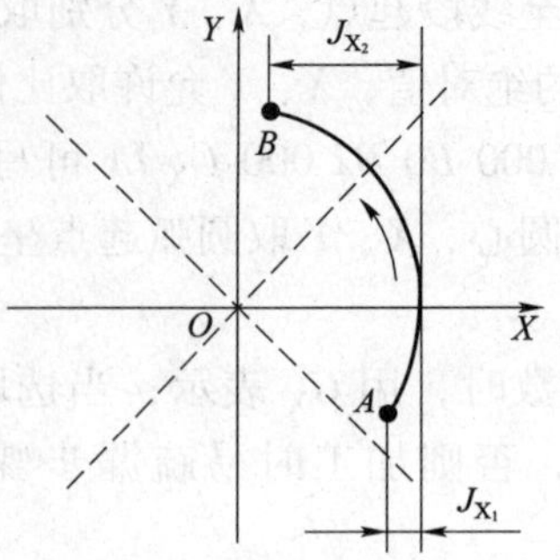

图 5－38 加工圆弧的 G 和 J

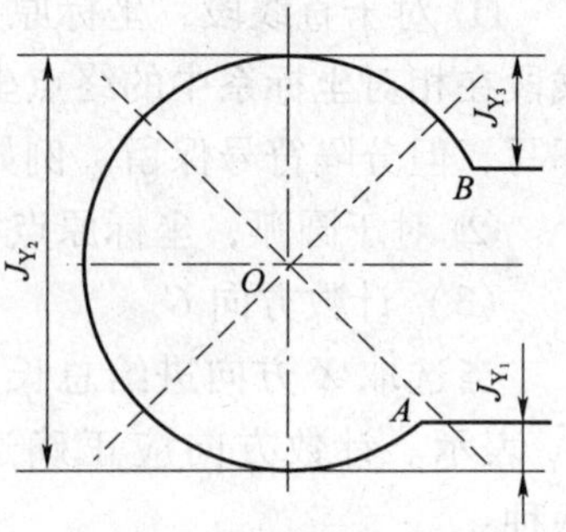

图 5－39 圆弧的 G 和 J

【解】 因加工终点 B 靠近 X 轴，$|X_e|>|Y_e|$，故计数方向取 G_Y，J 为各象限的圆弧段在 Y 轴上投影长度的总和，即：$J=J_{Y_1}+J_{Y_2}+J_{Y_2}$。

（5）加工指令 Z

加工指令 Z 根据被加工图形的形状所在象限和走向等确定。控制台根据这些指令，进行偏差计算，控制进给方向。加工指令共有 12 种，如图 5－40 所示。

加工直线段时，位于四个象限上的斜线，分别用 L_1、L_2、L_3、L_4 表示，如图 5－40（a）所示。若直线段与坐标重合，根据进给方向其加工指令按图 5－40（b）选取。

加工圆弧时，加工指令根据圆弧的走向以及圆弧从起点开始向哪个象限运动来确定。圆弧按顺时针插补时，分别用 SR_1、SR_2、SR_3、SR_4 表示，如图 5－40（c）所示；圆弧按逆时针插补时，分别用 NR_1、NR_2、NR_3、NR_4 表示，如图 5－40（d）所示。

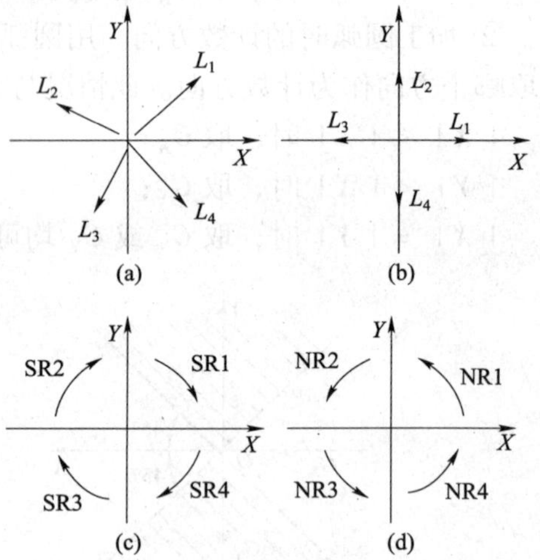

图 5－40 加工指令

【例 5－4】 线切割加工图 5－41 所示直线 OA，终点 A 的坐标为 $X_e=17$ mm，$Y_e=5$ mm，写出 3B 加工程序。

【解】 其程序为：$B17000B5000B017000GxL_1$。

【例 5－5】 线切割加工图 5－42 所示直线，其长度为 21.5 mm，写出 3B 程序。

【解】 相应的程序为：$BBB021500G_YL_2$。

【例 5－6】 线切割加工图 5－43 所示圆弧，加工起点的坐标为（－5，0），试编写 3B 程序。

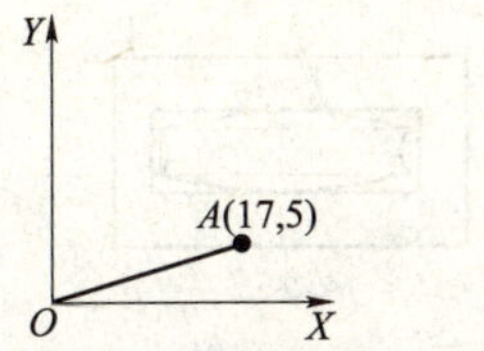

图 5-41　加工斜线

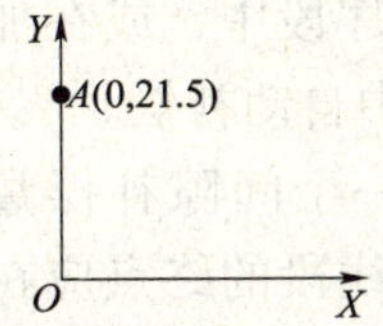

图 5-42　加工与 Y 轴正方向重合的直线

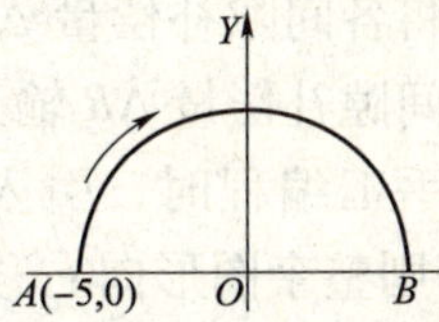

图 5-43　加工半圆弧

【解】　其程序为：$B5000BB010000G_YSR_2$。

【例 5-7】　线切割加工如图 5-44 所示 1/4 圆弧，加工起点为 A（0.707，0.707），试编写 3B 程序。

【解】　相应的程序为：$B707B707B001414GxNR_1$。

由于终点恰好在 45°线上，故也可取 G_Y，即：$B707B707B000586G_YNR_1$。

【例 5-8】　线切割加工图 5-45 所示圆弧，加工起点 A（-2，9），终点为 B（9，-2）试编写 3B 程序。

【解】　圆弧半径 $R=\sqrt{2\,000^2+9\,000^2}=9\,220\ (\mu m)$

计数长度　$JY_{AC}=9\,000\ \mu m$

$JY_{CD}=9\,220\ \mu m$

$JY_{DB}=R-2\,000\ \mu m=7\,220\ \mu m$

则 $J_Y=JY_{AC}+JY_{CD}+JY_{DB}=9\,000+9\,220+7\,220=25\,440\ (\mu m)$，程序为：$B2000B9000B025440G_YNR_2$。

（6）编程步骤

在编程前应了解电火花线切割数控机床的规格及主要技术参数、数控装置的功能及适应程序代码格式。要对工件的图样认真分析，将图样分成若干条单一直线段或圆弧，求出各线段的交点坐标，采用增量尺寸逐段进行编程。具体步骤如下：

① 正确选择穿丝孔和电极丝的位置。穿丝孔是电极丝切割的起点，也是程序的原点。图 5-46 中的 O 为穿丝孔，其一般选在工件的基准点附近。

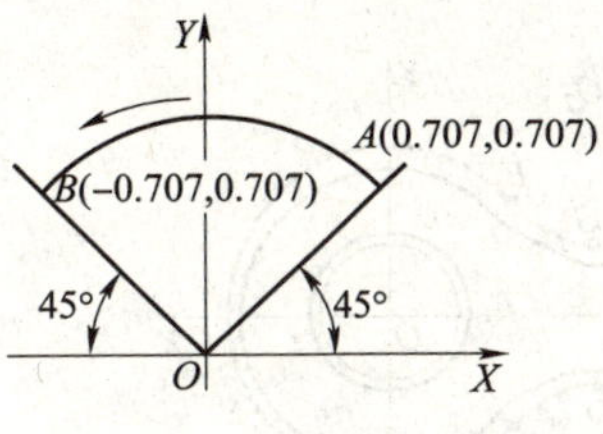

图 5-44　加工 1/4 圆弧

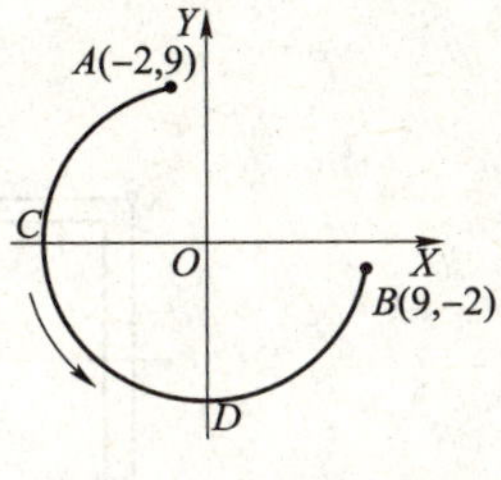

图 5-45　加工圆弧段

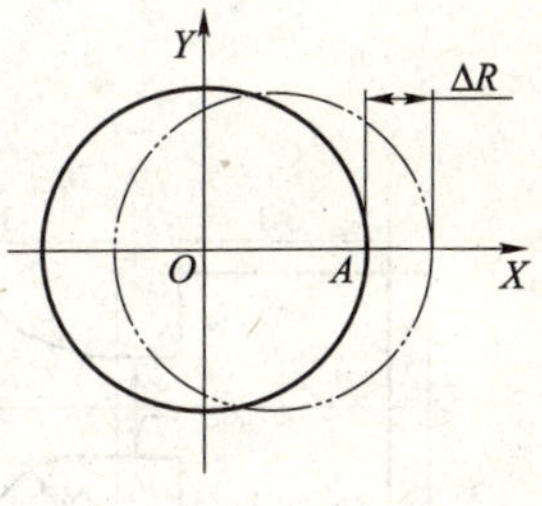

图 5-46　加工凹模时引入段 OA

穿丝孔到轮廓线之间有一条引入线段 OA，引入线段的起点为电极丝的切入位置。引入线段 OA 称为引入程序段；从原引入线段退出的程序段，称为引出程序段。

② 确定切割路线。为减少变形、提高加工精度，切割孔类工件可采用两次切割法，如图 5-47 所示。第一次粗加工型孔，诸边留量 0.1～0.5 mm，以补偿材料原来的应力平衡状态受到的破坏，待材料内应力充分释放后再进行第二次精加工切割。

③ 计算间隙补偿量 ΔR。在 3B 程序格式中无间隙补偿 ΔR，编程时需将间隙补偿，编

程时需将各间隙补偿量 ΔR 计算到各程序段中，或在加工前将间隙补偿量 ΔR 输入到数控装置中自动补偿。

在手工编程时，引入线段应减去一个间隙补偿量 ΔR，否则整个图形向右移动 ΔR。引入线段的终点应在圆弧的起点或在圆弧与直线段的交点处，这样便于计算各点的坐标值。

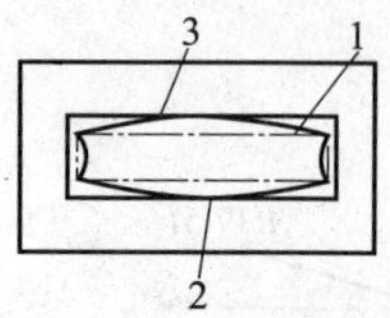

图 5－47　二次切割法示意图

1—第一次切割路线；2—第一次切割后的实际形状；3—第二次切割后的形状

④ 求各直线段和圆弧的交点坐标值。将图形分割成若干条单一的直线段和圆弧，按图样尺寸求出个各交点坐标值。

⑤ 编制线切割程序。根据各交点坐标，按一定切割路线编制线切割程序。

⑥ 程序检验。为防止出错，必须对切割程序进行必要的检验。常用的方法空运行，即将线切割程序输入数控装置后空走，以检查机床的回零误差。

以上工作若采用一般的计算工具由人工完成编程的各阶段工作，称为手工编程。当工件的形状十分复杂，就必须借助计算机和相关软件编程，称为自动编程。

(7) 编程实例

在手工编程时，间隙补偿量 ΔR 加在程序段中的方法，称为人工补偿法；程序段的尺寸是图样的名义尺寸，间隙补偿量 ΔR 由数控装置完成的方法，称为自动补偿法。

【例 5－9】　编制加工图 5－48 所示凸凹模（图示尺寸是根据刃口尺寸公差及凸凹模配合间隙计算出的平均尺寸）的数控线切割程序。电极丝为 $\phi0.1$ mm 的钼丝，单面放电极间隙为 0.01 mm。要求进行工艺计算，并编制 3B 线切割程序。

【解】　1）确定计算坐标系

由于图形上、下对称，孔的圆心在图形对称轴上，故选对称轴为计算坐标系的 X 轴，圆心为坐标圆点（如图 5－48）。因为图形对称于 X 轴，所以只需求出 X 轴上半部（或下半部）钼丝中心轨迹上各线段的交点坐标值，从而使计算过程简化。

2）确定补偿距离

补偿距离为：$\Delta R = \dfrac{0.1}{2} + 0.01 = 0.06(\text{mm})$。钼丝中心轨迹，如图 5－49 中双点划线所示。

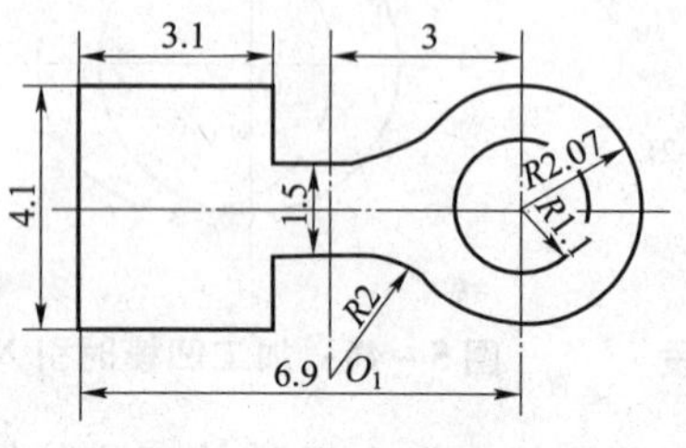

图 5－48　凸凹模

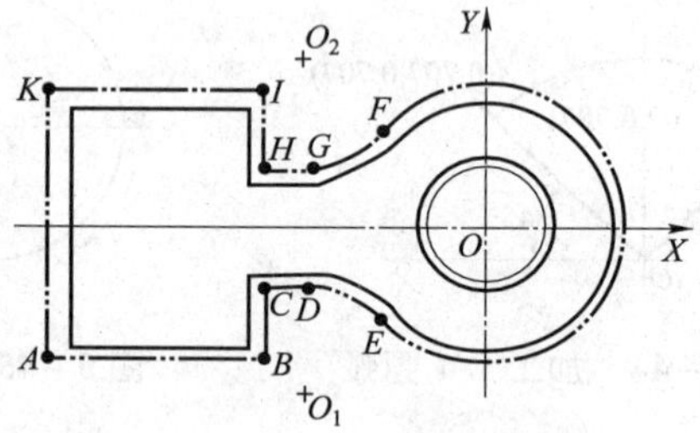

图 5－49　凸凹模编程示意图

3）计算交点坐标

将电极丝中心轨迹划分成单一的直线或圆弧段。

求 E 点的坐标值：因两圆弧的切点必定在两圆弧的连心线 OO_1 上。直线 OO_1 的方程为：$Y = \dfrac{2.75}{3}X$。故 E 点的坐标值 X、Y 可以通过解下面的方程组求得

$$\begin{cases}X^2+Y^2=2.13^2\\ 2.75X-3Y=0\end{cases}$$

$$X=-1.570\text{ mm}\quad Y=-1.4393\text{ mm}$$

其余交点坐标可直接从图形尺寸得到，如表 5－5 所示。

表 5－5　凸凹模电极丝中心轨迹各线段交点及圆心坐标

交点	X	Y	交点	X	Y	交点	X	Y
A	−6.96	−2.11	F	−1.57	1.439	O	0	0
B	−3.74	−2.11	G	−3	0.81	O_1	−3	−2.75
C	−3.74	−0.81	H	−3.74	0.81	O_2	−3	2.75
D	−3	−0.81	I	−3.74	2.11			
E	−1.57	−1.439	K	−6.96	2.11			

切割型孔时电极丝中心至圆心 O 的距离（半径）为：

$$R=1.1-0.06=1.04\text{（mm）}$$

4）编写程序单

切割凸凹模时，不仅要切割外表面，而且还要切割内表面，因此在凸凹模型孔的中心 O 处钻穿丝孔。先切割型孔，然后再按 $B\to C\to D\to E\to F\to G\to H\to I\to K\to A\to B$ 的顺序切割，其线切割程序单如表 5－6 所示。

表 5－6　凸凹模线切割程序单（3B 型）

序号	B	X	B	Y	B	J	G	Z	备　注
1	B		B		B	00 1040	G_X	L_3	穿丝切割
2	B	1 040	B		B	00 4160	G_Y	SR_2	
3	B		B		B	00 1040	G_X	SR_4	
4								D	拆卸钼丝
5	B		B		B	01 3000	G_Y	L_4	空　走
6	B		B		B	00 3740	G_X	L_3	空　走
7								D	重新装上钼丝
8	B		B		B	01 2090	G_Y	L_4	切入并加工 BC 段
9	B		B		B	00 0740	G_X	L_1	
10	B		B	1 940	B	00 0629	G_Y	SR_1	
11	B	1 570	B	1 430	B	00 5641	G_Y	NR_3	
12	B	1 430	B	1 311	B	00 1430	G_X	SR_4	
13	B		B		B	00 0740	G_X	L_3	
14	B		B		B	00 1300	G_Y	L_2	

续表

序号	B	X	B	Y	B	J	G	Z	备　注
15	B		B		B	00 3220	G_X	L_3	
16	B		B		B	00 4220	G_Y	L_4	
17	B		B		B	00 3220	G_X	L_1	
18	B		B		B	00 8000	G_Y	L_4	退　出
19								D	加工结束

加工程序单是按加工顺序依次逐段编制的，每加工一条线段就应编写一个程序段。加工程序单中除安排切割工件图形线段的程序外，还应安排切入、退出、空走以及停机、拆丝、装丝等程序。例如图 5－49 所示线切割路线的程序单中除切割图形线段的程序外，还应有从穿丝孔到图形起始切割点的切入程序；切割完成后使电极丝回到坐标原点 O 的退出程序；穿丝后加工外形轮廓的切入程序等。

切割图形上各条线段交点的坐标是按计算坐标系计算的。而加工程序中的数码和指令是按切割时所选的坐标系（即切割坐标系）来填写的。如切割直线 AB 时，切割坐标系的坐标原点为 A 点，切割 CD 圆弧时切割坐标系的坐标原点为 O_1 点。因此，在填写程序单时应根据各交点在计算坐标系中的坐标，利用坐标平移求得它们在相应切割坐标系中的坐标。

10. 4B 格式程序的编写

4B 格式编程用于具有间隙补偿功能的数控线切割机床的程序编制，具体格式见表5－7。

表 5－7　4B 程序格式

B	X	B	Y	B	J	B	R	G	D 或 DD	Z
分隔符号	X 坐标值	分隔符号	Y 坐标值	分隔符号	计数长度	分隔符号	圆弧半径	计数方向	曲线形式	加工指令

与 3B 格式程序相比，4B 格式程序只多了两项。

① R 为圆弧半径。R 通常是图形已知尺寸，如果图形中出现尖角，则应圆弧过渡，R 值取大于间隙补偿量。

② D 或 DD 为曲线线形状，凸圆弧用 D 表示，凹圆弧用 DD 表示，它决定补偿方向。

【例 5－10】　编制图 5－50 中凸凹模的电火花线切割加工程序。电极丝直径为 0.13 mm 的钼丝，单边放电间隙 0.01 mm。

【解】　1）建立如图所示的编程坐标系，穿丝孔的位置选择在 O，切割路线为：

内孔：O—A—O

外轮廓：B—C—D—E—F—C—B

2）确定间隙补偿量：

$$\Delta R = \frac{0.13}{2} + 0.01 = 0.075\ (\text{mm})$$

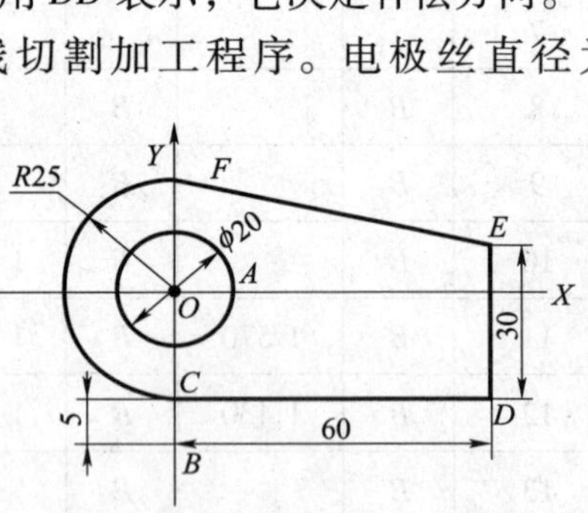

图 5－50　凸凹模

3）确定交点和圆心坐标

利用几何法或绘图软件求出各交点和圆心坐标，见表 5－8。

表 5－8　交点及圆心坐标

交点及圆心	X	Y
A	10	0
B	0	－30
C	0	－25
D	60	－25
E	60	5
F	8.46	23.53

4）编写程序

采用自动补偿时，图形中直线段 OA 和 BC 为引入线段，需减去自动补偿量。其余线段和圆弧不考虑间隙补偿。切割时，由数控装置根据补偿特征自动进行补偿，但 D、E 点需加过渡圆弧，取 $R=0.15$ mm。

加工顺序：线切割内孔，然后空走到外形 B 处，再按外轮廓字母标注顺序进行切割，加工程序单见表 5－9。

表 5－9　电火花线切割程序单（3B 程序格式）

序号	B	X	B	Y	B	J	B	R	G	D（DD）	Z	备　注
1	B		B		B	9 900	B		GX		L_1	OA 引入程序段
2	B	10 000	B	0	B	40 000	B	10 000	G_Y	DD	NR_1	内孔加工
3	B		B		B	9 900	B		G_X		L_3	AO 段
4											D	拆卸钼丝
5	B		B		B	3 000	B		G_Y		L_2	空走
6											D	重新装丝
7	B		B		B	4 900	B		G_Y		L_2	BC 段
8	B	59 850	B	0	B	59 850	B		G_X		L_1	CD 段
9	B	0	B	150	B	150	B	150	G_Y	D	NR_4	D 点过渡圆弧
10	B	0	B	29 745	B	29 745	B		G_Y		L_2	DE 段
11	B	150	B	0	B	150	B	150	G_X	D	NR_1	E 点过渡圆弧
12	B	51 445	B	18 491	B	51 445	B		G_X		L_2	EF 段
13	B	84 561	B	23 526	B	58 456	B	25 000	G_X	D	NR_1	FC 圆弧
14	B		B		B	4 900	B		G_Y		L_4	CB 引出程序段
15											D	加工结束

11. ISO 格式程序的编写

ISO 格式编程是采用国际通用的程序格式，与数控铣床指令格式基本相同，比 3B 编程更为简单，目前已得到广泛的应用。

1）常用指令．见表 5－10。

表 5－10　电火花线切割机床常用 ISO 代码

代码	功　能	代码	功　能
G00	快速定位	G55	加工坐标系 2
G01	直线插补	G56	加工坐标系 3
G02	顺圆插补	G57	加工坐标系 4
G03	逆圆插补	G58	加工坐标系 5
G05	*X* 轴镜像	G59	加工坐标系 6
G06	*Y* 轴镜像	G80	接触感知
G07	*X*、*Y* 轴交换	D82	半轴移动
G08	*X* 轴镜像、*Y* 轴镜像	G90	绝对坐标指令
G09	*X* 轴镜像，*X*、*Y* 轴交换	G91	增量坐标指令
G10	*Y* 轴镜像，*X*、*Y* 轴交换	G92	设定加工起点
G11	*X* 轴镜像、*Y* 轴镜像，*X*、*Y* 轴交换	M00	程序暂停
G12	消除镜像	M02	程序结束
G40	取消电极丝补偿	M05	接触感知解除
G41	电极丝左补偿	M98	调用子程序
G42	电极丝右补偿	M99	调用子程序结束
G50	取消锥度	T84	切削液开
G51	锥度左偏	T85	切削液关
G52	锥度右偏	T86	走丝机构开
G54	加工坐标系 1	T87	走丝机构关

2）基本编程方法

① 设置加工起点指令 G92。格式：G92X __ Y __。用于确定程序的加工起点。数控线切割 ISO 格式编程其准备功能中的 G00、G01、G02、G03 及一些辅助功能与数控铣床基本相同，在此不再重复介绍。

X、*Y* 表示起点在编程坐标系中的坐标。例如，G92 X8000 Y8000，表示起点在编程坐标系中为 *X* 方向 8 mm，*Y* 方向 8 mm。线切割加工编程中的坐标值采用整数，单位为 μm。加工整圆时，须分成两段以上圆弧进行编程才能加工。且要用 I、J 方式编程，不能用 R 方式编程。

② 电极丝半径补偿 G40、G41、G42。格式为：G40 取消电极丝补偿；G41 D __电极丝左补偿；G42 D __电极丝右补偿。其中：D——表示偏移量（补偿距离），如图 5－51 所示。左偏、右偏是沿加工方向看，电极丝在加工图左边为左偏；在加工图右边为右偏。一般数控线切割机床偏移量 ΔR 在 0～0.5 mm 之间。

③ 锥度加工指令 G50、G51、G52

常用的电火花切割机数控机床，在加工锥度时通过装在上导轮部分的 U、V 附加轴工作台实现。用该方法可以解决凹模的漏料问题。

格式为：G50　取消锥度指令；G51　A 锥度左偏指令；G52　A 锥度右偏指令。其中：D—表示偏移量（补偿距离），如图 5－51 所示。左偏、右偏是沿加工方向看，电极丝向左偏移为左偏；向右偏移为右偏。顺时针方向走丝时，锥度左偏加工的工件上大下小，右偏加工的工件上小下大；逆时针方向走丝时，反之。

在进行锥度加工时，还需输入工件及工作台参数如图 5－52 所示。

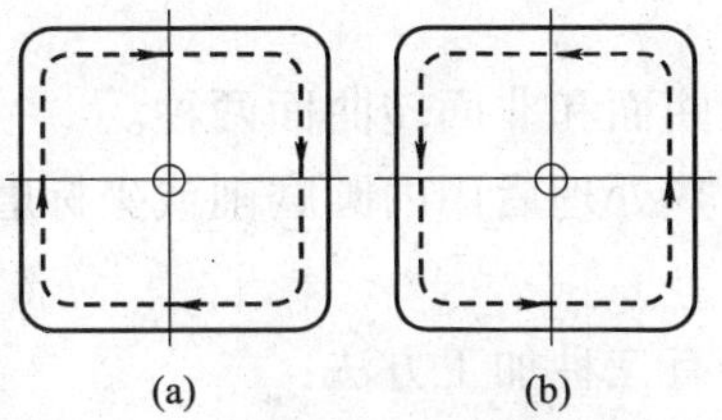

图 5－51　凹模加工间隙补偿指令的确定

（a）G41 加工；（b）G42 加工

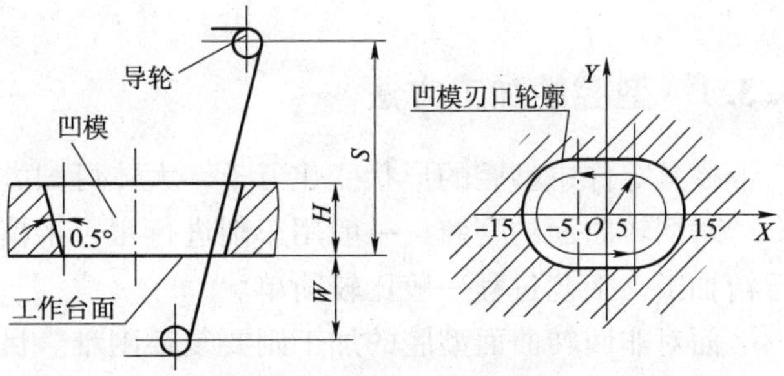

图 5－52　带锥度刃口凹模

W—下导轮到工作台的距离；H—工件厚度；

S—工件台面至上导轮中心高度

【例 5－11】　编制图 5－52 所示凹模的电火花线切割加工程序。电极丝直径为 0.12 mm，单边放电间隙为 0.01 mm，刃口斜度 $A=0.5°$，工件厚度 $H=15$ mm，下导轮中心到工作台的距离 $W=60$ mm，工作台到上导轮中心的高度 $S=100$ mm。

【解】　1）建立如图所示的编程坐标系，穿丝孔的位置选择在 O，切割路线如箭头所示。

2）确定间隙补偿量：

$$\Delta R=\frac{0.12}{2}+0.01=0.07(\text{mm})$$

3）编写加工程序如下：

```
P01
W60000
H15000
S100000
G52 A0.5
G92  X0  Y0        //设定加工起点
G41  D70        //电极丝左补偿，补偿量
```

```
G01  X5000  Y10000                    //进刀
G01  X-5000  Y10000                      //开始加工轮廓
G02  X-5000  Y-10000  I0  J-10000
G01  X5000  Y-10000
G02  X5000  Y10000  I0  J10000
G01  X5000  Y10000
G50
G40                           //取消补偿
G01  X0  Y0                   //退刀
M02                           //程序结束
```

5.3 型腔类模具零件的加工

5.3.1 型腔的加工方法

模具零件中型腔的形状变化万千，大体可归类为回转曲面和非回转曲面两种。

对回转曲面的型腔，一般用车削进行粗、半精加工，热处理后用内圆磨削或坐标磨削进行精加工，工艺过程一般比较简单。

而对非回转曲面型腔的加工则要复杂困难。目前主要有三种加工方法：

（1）不需要特殊的加工设备，采用通用的车、铣、刨、磨进行型腔大部分多余材料的切除，再由钳工进行精加工修整。它的缺点是劳动强度大，生产效率低，制造周期长，质量不易保证。

（2）应用如仿形、电火花、超声波、化学和电化学以及挤压成型加工等。这类加工方法采用专用设备和工装进行加工，可以大大提高生产效率，易保证型腔的加工质量。但工艺准备周期长，在加工中工艺控制复杂，成本也稍高，而且化学和电化学加工还会对环境产生污染等。

（3）应用计算机辅助设计和制造模具（即模具 CAD/CAM）。它是用程序模拟整个人工设计制造的过程，加快了模具研制速度，缩短了模具生产准备时间，优化了模具制造工艺和结构参数，提高了模具质量和寿命，是模具制造发展的必然方向。

5.3.2 型腔的常规加工及加工质量保证

这里的常规加工指的是车、铣、刨加工，型腔加工用到的主要是车和铣。车削加工主要用于加工回转曲面的型腔或型腔中的回转曲面；铣用于加工非回转曲面型腔。

1. 型腔的车削加工及加工质量保证

车削加工主要用于加工回转曲面的型腔或型腔中的回转曲面。通常在仿形车床上加工或在普通车床上利用专用刀具加工。

（1）仿形加工

型腔的仿形可采用仿形车床或在普通车床上利用仿形装置加工。图 5-53 是一种车削曲面的靠模装置。这类装置的类型很多如车锥度装置、车球面装置等。仿形加工需要专用装置，且装置一般为较为复杂的机构，所以常用于批量生产或关键工序的加工。

型腔车削加工中，除内形表面为圆柱、圆锥表面可以应用普通的内孔车刀进行车削外，对于车削单件小批且较精密的如球形面，半圆面或圆弧面型腔，为了保证尺寸、形状等精度的要求，一般都采用样板刀进行最后的成型车削。该方法劳工强度大，生产效率低，加工精度很大程度上取决于样板刀或样板。常用的样板刀有车刀式样板刀、成型样板刀和弹簧式样板刀。

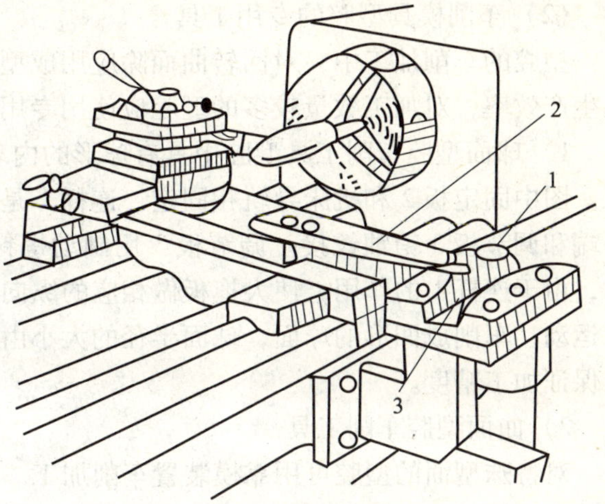

图 5－53　靠模装车成型面

1—靠模　2—连接板　3—滚子

1）车刀式样板刀

如图 5－54（a）所示，它是用高速钢或在普通硬质合金车刀的基础上磨制而成的。磨制前应根据型腔所要求的曲面形状、尺寸制造成样板，然后再根据样板的曲面磨制成样板车刀，最后用油石磨光刃口。样板车刀制造简单，使用方便，可磨制成各种形状。使用中如有磨损可重新刃磨多次应用。但它不能有效地单独控制型腔的表面形状，必须配合样板校对型腔的形状。

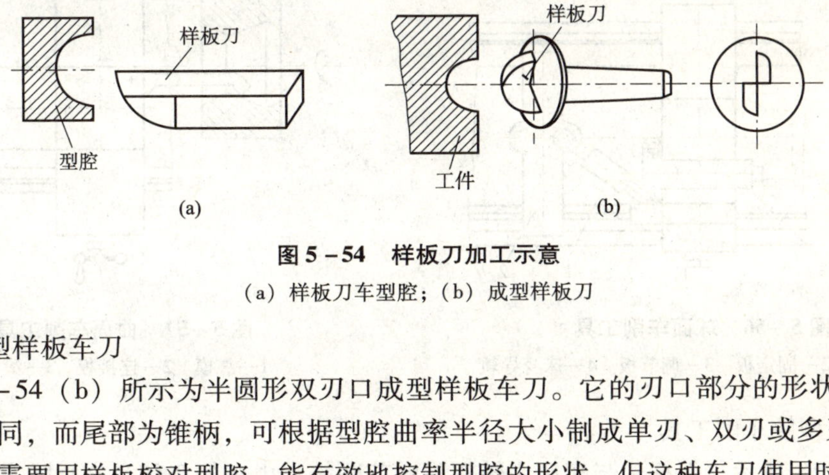

图 5－54　样板刀加工示意

（a）样板刀车型腔；（b）成型样板刀

2）成型样板车刀

如图 5－54（b）所示为半圆形双刃口成型样板车刀。它的刃口部分的形状完全和型腔加工曲面相同，而尾部为锥柄，可根据型腔曲率半径大小制成单刃、双刃或多刃的样板刀。在加工时不需要用样板校对型腔，能有效地控制型腔的形状。但这种车刀使用时必须使尾座套筒的中心和车床主轴中心一致，否则会造成扭坏刀具或造成型腔尺寸的扩大。

3）弹簧刀杆样板车刀

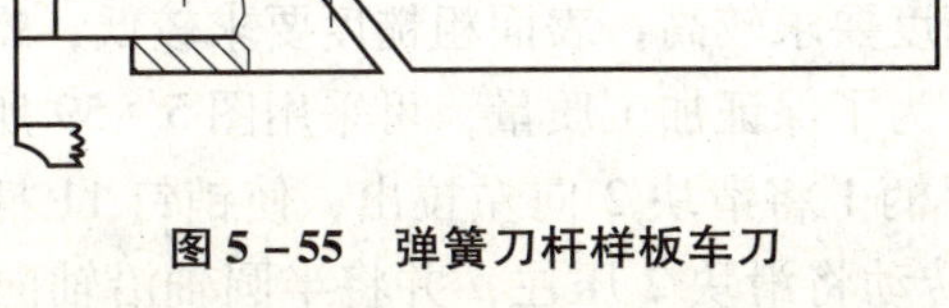
图 5－55　弹簧刀杆样板车刀

样板车刀在车削过程中，因切削面积较大容易引起振动，造成车削表面粗糙度达不到要求。因此，将样板车刀安装在弹簧刀杆上而成为弹簧式样板车刀，如图 5－55 所示，这种车刀可有效地减少或消除车削过程中的振动，降低加工表面的粗糙度。

（2）车削模具型腔的专用工具

型腔的车削加工中，对回转曲面除应用成型样板车刀进行车削加工外，为保证质量和提高生产效率，对加工数量较多的型腔应使用专用的车削工具进行加工。

1）球面型腔车削工具型腔中具有球形的内表面，可以用图 5－56 所示方法进行车削加工。图中固定板 2 和机床导轨相固定，连杆 1 是可以调节的，它一端与固定板销轴铰接，另一端和调节板 3 销轴铰接。调节板 3 用制动螺钉紧固在中拖板上，当中拖板横向自动进刀时，由于连杆 1 的作用，使大拖板做相应的纵向移动。而连杆绕固定板销轴回转使刀尖做圆弧运动，车削成凹形的球面，球面半径的大小由连杆调节。该工具结构简单，操作方便，可以保证加工精度。

2）曲面型腔车削工具

对特殊型面的型腔可用靠模装置车削加工。靠模的种类较多，图 5－57 所示为靠模安装在机床导轨后面。靠模 1 上有曲线沟槽，槽的形状、尺寸与型腔面曲线形状、尺寸一致。中拖板上有一连接板 2，连接板端部装有一个与靠模曲线沟槽紧密配合的滚子 3。加工时，中拖板的丝杆被取走，大拖板移动时中拖板和车刀随靠模作横向移动，车出和靠模曲线沟槽完全相同的型腔表面。

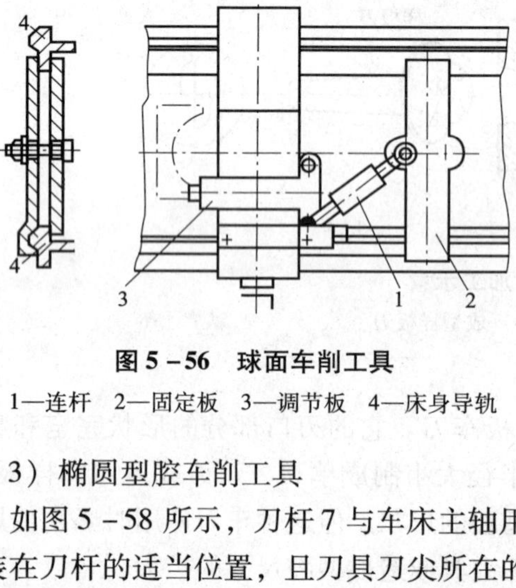

图 5－56　球面车削工具

1—连杆　2—固定板　3—调节板　4—床身导轨

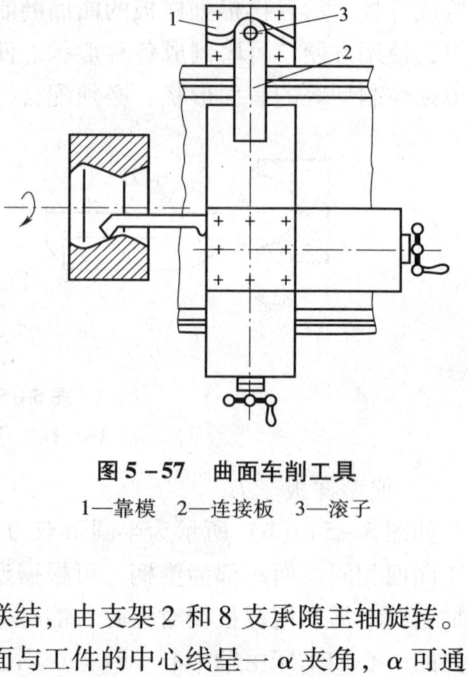

图 5－57　曲面车削工具

1—靠模　2—连接板　3—滚子

3）椭圆型腔车削工具

如图 5－58 所示，刀杆 7 与车床主轴用万向节联结，由支架 2 和 8 支承随主轴旋转。车刀装在刀杆的适当位置，且刀具刀尖所在的旋转平面与工件的中心线呈一 α 夹角，α 可通过调节支架 2 和 8 来改变大小。工件安装在中拖板上，随大拖板一起纵向自动进给，通过改变刀具伸出的长度和 α 的大小以适应加工不同形状和大小的椭圆。

（3）盲孔内螺纹加工车削工具

塑料模具中的型腔有的为盲孔内螺纹型腔，精度要求较高，表面粗糙度要求较低，螺纹退刀部分的表面粗糙度和长度同样有严格的要求。为了保证加工质量，可采用图 5－59 所示的自动退刀工具。此工具装在车床刀架上，扳动手柄 1 将滑块 2 向左拉出，使销钉 11 插进滑块 2 的定位槽内。同时扳动手柄 3 使半圆轴 4 转动将滑块 2 压住，并将半圆轴沿轴向推

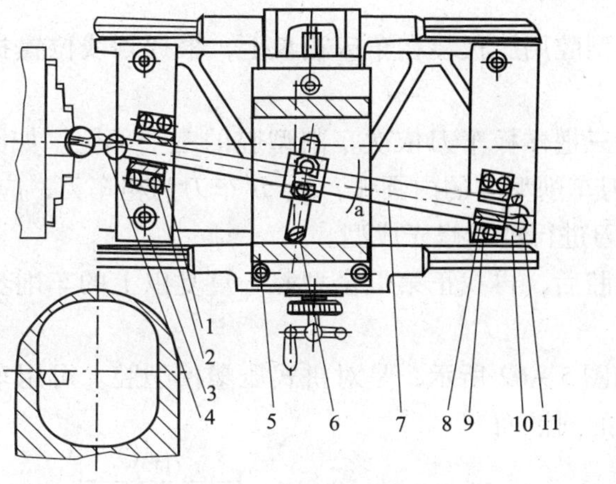

图 5－58　椭圆型腔的车削

1、8—轴瓦；2、9—支架；3、11—底板；4—万向节接头；5－工件；6—车刀；7—刀杆　10—锁母

动，使销钉 5 插入盖板 6 的孔内。调节刀头与半圆轴端部滚动轴承 7 的距离后即可进行车削。当车至接近要求的螺纹长度时滚动轴承 7 撞在工件端面上，向后推动半圆轴。当销钉 5 被推出盖板 6 时，在弹簧 8 的作用下，通过滚珠 9，将滑块 2 沿横向推动，使半圆轴的平面转为水平状态。此时销钉 11 和滑块 2 的定位槽脱开。在拉力弹簧 10 的作用下，将滑块 2 拉回，使刀具退出型腔，完成一次车削的退刀。重复以上操作即可以完成内螺纹的车削。

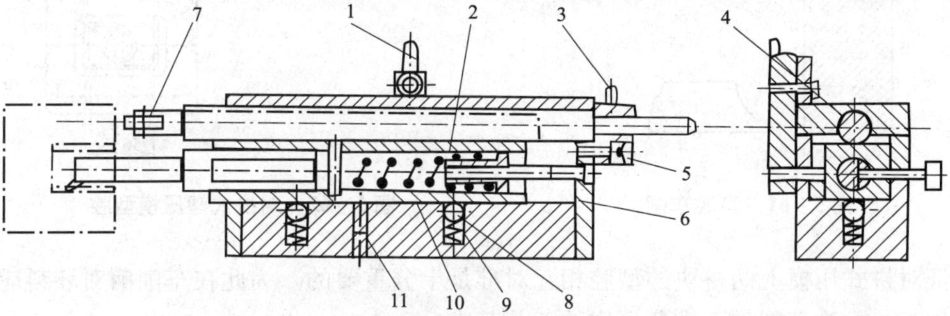

图 5－59　盲孔内螺纹加工车削工具

1、3—手柄；2—滑块；4—半圆轴；5、11—销钉；6—盖板；
7—滚动轴承；8—弹簧；9—滚珠；10—拉力弹簧

（4）型腔的车削实例

【例 5－12】　图 5－60 所示为一模多腔塑料纽扣压制模，根据图纸要求，可应用成型样板车刀进行车削加工型腔的曲面，车削工艺过程如下：

① 预加工。在车削型腔前，按图纸要求尺寸、精度进行刨削、铣削、磨削平面达到尺寸要求。

② 钳工划线。按型腔的布置、数量、尺寸由钳工进行划线，确定各型腔相对位置。

③ 制造样板和样板车刀。按图纸要求的型面分别制造

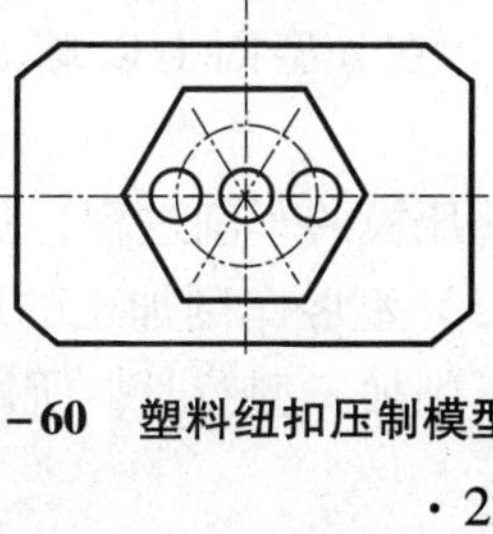

图 5－60　塑料纽扣压制模型腔

样板和样板车刀。

④ 装卡工件。将型腔用压板装在车床花盘上，根据划线位置找正其中一个型腔与车床主轴中心重合。

⑤ 型腔车削。用三把样板车刀依次车削型腔的三个部位。如图 5－61 所示，*A* 车刀车削型腔外圆弧，*B* 车刀车削型腔的内圆弧，*A*、*B* 车刀为粗车刀，应留 0.05～0.1 mm 的精加工余量，随后用 *C* 车刀进行精车修光成型。

⑥ 加工好一个型腔后，再找正第二个型腔，重复以上的车削步骤，完成第二个型腔和全部型腔的车削加工。

【例 5－13】 如图 5－62 所示，是对拼式压塑模型腔。可用车削方法加工 Sϕ44.7 mm 的圆球面和 21.7 mm 的圆锥面。

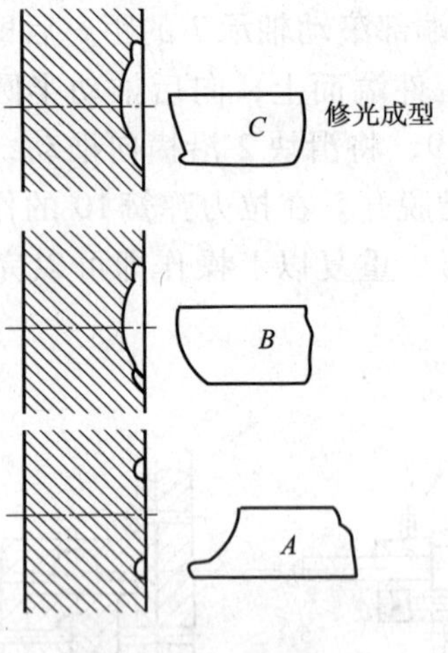

图 5－61 型腔车削

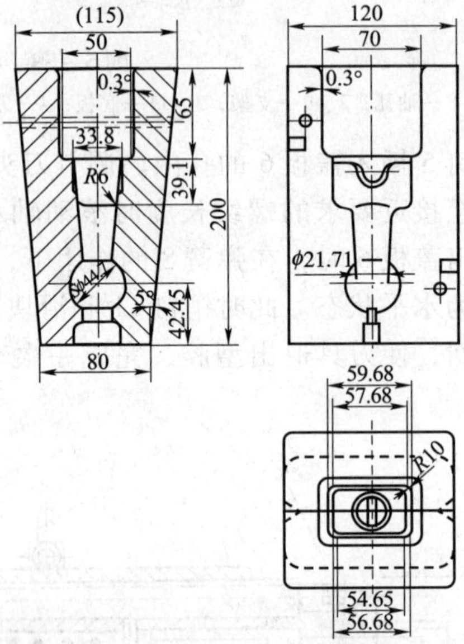

图 5－62 对拼式塑压模型腔

保证对拼式压模上两拼块的型腔相互对准是十分重要的。为此在车削前对坯料应预先完成下列加工，并为车削加工准备可靠的工艺基准。

1）将坯料加工为平行六面体，5°斜面暂不加工。

2）在拼块上加工出导钉孔和工艺螺孔（见图 5－63），为车削时装夹用。

3）将分型面磨平，在两拼块上装导钉，一端与拼块 *A* 过盈配合，一端与拼块 *B* 间隙配合，如图 5－63 所示。

4）将两块拼块拼合后磨平四侧面及一端面，保证垂直度（用 90°角尺检查），要求两拼块厚度保持一致。

5）在分型面上以球心为圆心，以 44.7 mm 为直径划线，保证 H_1、H_2，如图 5－64 所示。

塑压模的车削过程，见表 5－11。

（5）型腔车削加工的质量保证

车削加工型腔时，所用的加工方法不同，其加工质量的保证方法也不同。

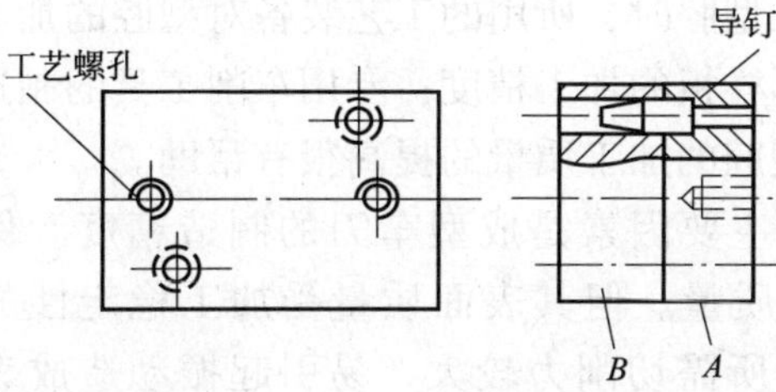

图 5－63　拼块上的工艺螺孔和导钉孔

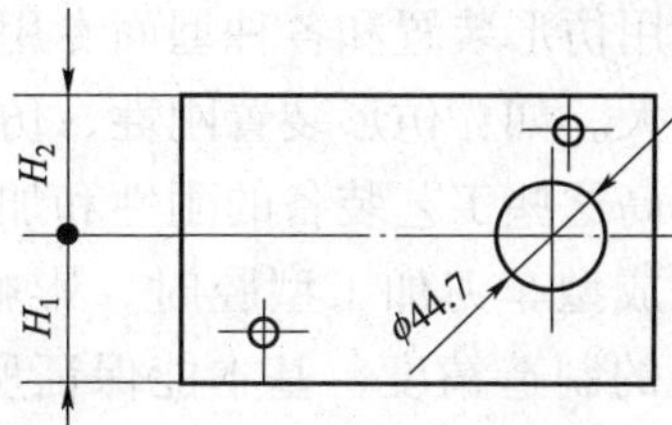

图 5－64　划线

表 5－11 对拼式塑压模型腔车削过程

顺序	工艺内容	简　图	说　明
1	装夹	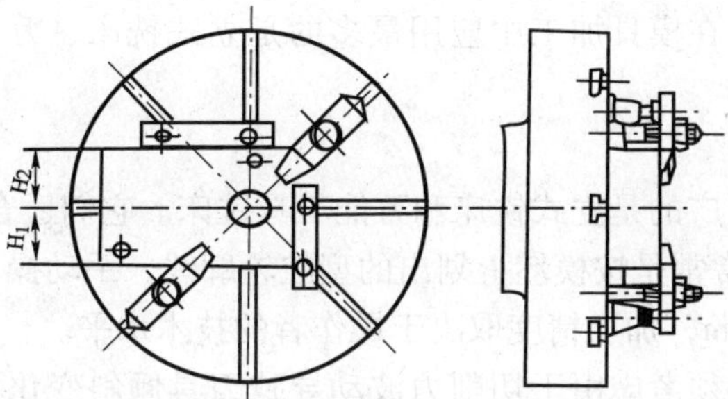	1. 将工件压在花盘上，按ϕ44.7 mm的线找正后，再用百分表检查两侧面使 H_1、H_2 保持一致 2. 靠紧工件的一对垂直面压上两块定位块，以备车另一件时定位
2	车球面	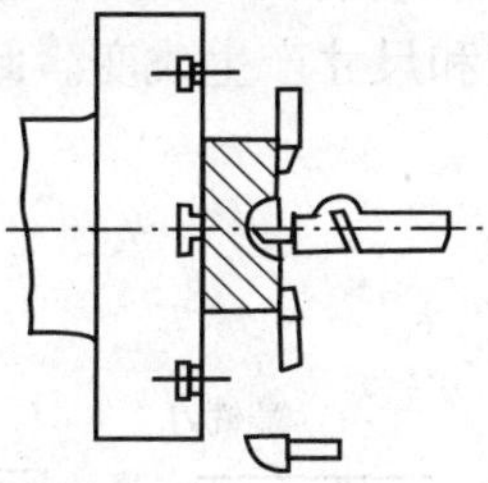	1. 粗车球面 2. 使用弹簧刀杆和成型车刀精车球面
3	装夹工件	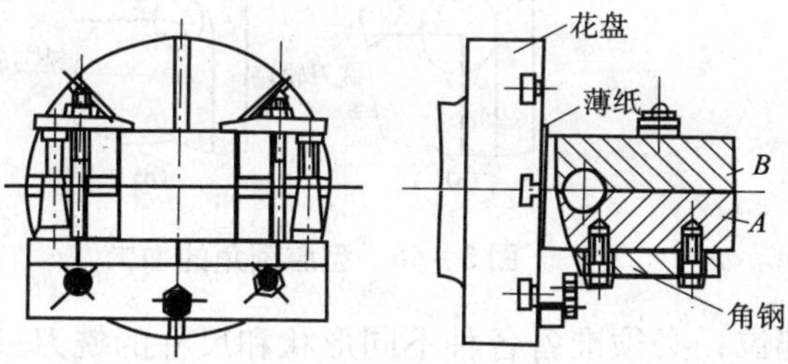	1. 用花盘和角铁装夹工件 2. 用百分表按外形找正工件后将工件和角铁压紧（在工件与花盘之间垫一薄纸的作用是便于卸开拼块）
4	车锥孔	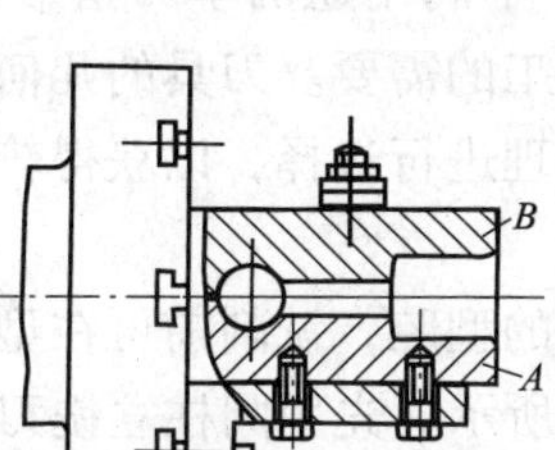	1. 钻、镗孔至 ϕ21.71 mm（松开压板卸下拼块 B 检查尺寸） 2. 车削锥度（同样卸下拼块 B 观察及检查）

利用仿形装置和各种型面专用车削工具加工型腔时，所用的工艺装备对型腔的加工质量影响很大。如：仿形装置刚性、仿形精度；仿形样板的加工精度；专用车削工具的制造精度等。提高这些工艺装备的刚性和加工精度，对型腔的加工质量的提高很有帮助。

用成型车刀加工型腔时，影响加工质量和主要因素是成型车刀的制造精度。保证成型车刀的制造精度，基本能保证所加工型腔的质量。但其表面质量受加工稳定性的影响较大。成型面较宽时，工件切削的加工面宽，所需切削力较大，易引起振动造成表面粗糙，加工较宽的成型面时，可使用带弹簧刀杆的成型车刀，减小加工时的振动，提高表面质量。

直接在普通车床上加工型腔时，主要靠工人的操作技术和辅助工序来保证加工质量。如实例 2 中工序 2、3、4 都是为保证型腔加工质量而设的辅助工序。

2. 型腔的铣削加工

铣床种类很多，加工范围较广，在模具加工中应用最多的是立式铣床、万能工具铣床、仿形铣床和数控铣床。

（1）立式铣床加工型腔

用普通铣床加工型腔时，使用最广的是立式铣床和万能工具铣床。它们适合于加工平面结构的型腔（如图 5－65）。加工时常常是按模坯上划出的型腔轮廓线，手动操作进行加工。加工表面的粗糙度一般约 $Ra=1.6\ \mu m$，加工精度取决于操作者的技术水平。

加工型腔时，由于刀具加长，必须考虑由于切削力波动导致刀具倾斜变化造成的误差。如图 5－66 所示，当刀具半径与型腔圆角半径 R 相吻合时，大多一次进刀便停止在圆角上，刀具在圆角上的倾斜变化，导致加工部位的斜度和尺寸产生改变。此时，应选用比型腔圆弧半径 R 小的铣刀半径进行加工。

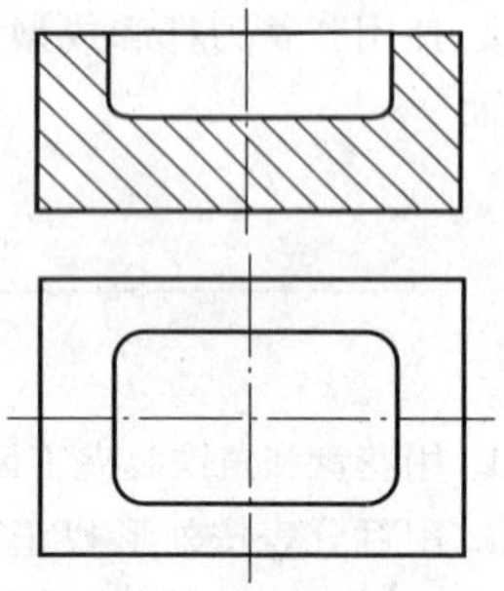

图 5－65　平面结构的型腔

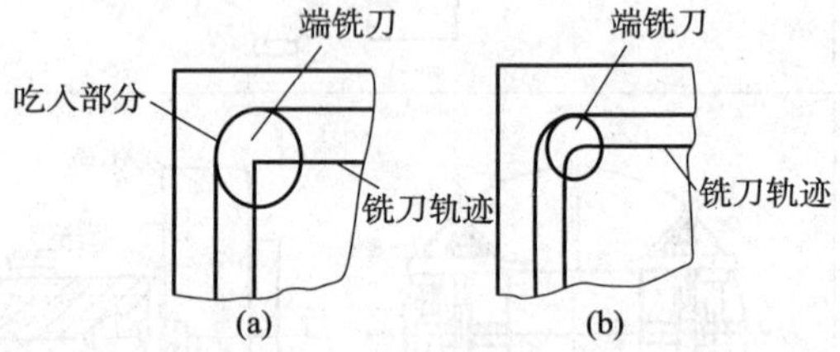

图 5－66　型腔圆角的加工

为了能加工出某些特殊的形状部位，必须准备各种不同形状和尺寸的铣刀。在无适合的标准铣刀可选时，可采用图 5－67 所示适合于不同用途的单刃指形铣刀。这种铣刀制造方便，能用较短的时间制造出来，可及时满足加工的需要。刀具的几何参数应根据型腔和刀具材料、刀具强度、耐用度以及其他切削条件合理进行选择，以获得较理想的生产效率和加工质量。

为了提高铣削效率，对某些铣削余量较大的型腔，铣削前可在型腔轮廓线的内部连续钻孔，孔的深度和型腔的深度接近，如图 5－68 所示。先用圆柱立铣刀粗铣，去除大部分加工余量后，再采用特形铣刀精铣。铣刀的斜度和端部形状应与型腔侧壁和底部转角处的形状相吻合。

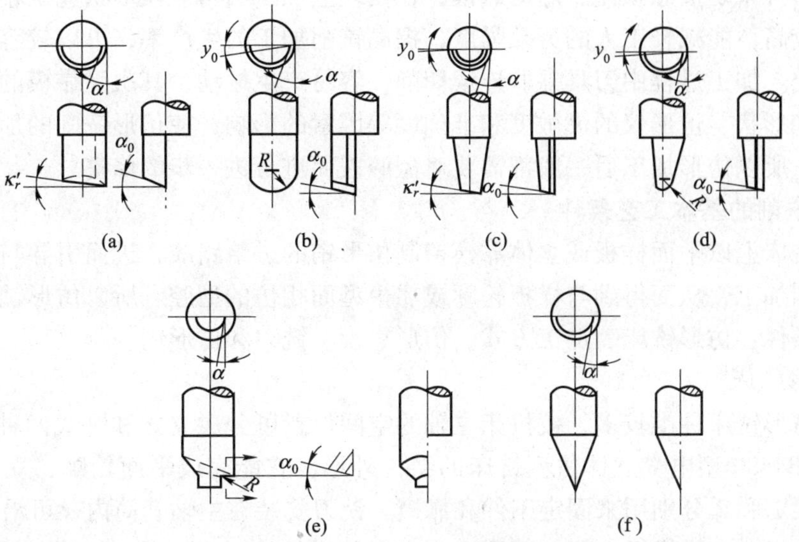

图 5－67　单刃指形铣刀

（a）用于平底、侧面为垂直平面工件的铣削；（b）用于加工半圆槽及侧面垂直、底部为圆弧工件的铣削圆弧槽工件的铣削；（c）用于平底斜侧面的铣削；（d）用于斜侧面、底部有；（e）用于铣凸圆弧面约用于刻铣细小文字及花纹

α——后角（一般 $\alpha=25°$），α_0——副后角（一般 $\alpha_0=15°$）

$\kappa_r{}'$——副偏角（一般 $\kappa_r{}'=15°$）　γ_0——前角（一般 $\gamma_0=15°$）

（2）立式铣床加工型腔时的质量保证

立式铣床加工型腔时，其加工精度主要依靠工人手工操作来保证，不易达到达到高的加工精度，对于一些特定的型面，如圆弧、燕尾、T 形槽等，可用成型铣刀加工，以提高其形状精度。型腔的加工过程中，劳动强度大，加工精度低，对操作者的技术水平要求高。随着数控铣床、数控仿形铣床、加工中心等设备的采用日趋广泛，过去用普通铣床加工的模具工作零件，大多要向加工中心等现代加工设备转移。但立式铣床加工平面的能力强，能提高生产效率，作为一种辅助加工设备的必要性是不会改变的，也是今后模具车间中不可缺少的一种加工设备。

5.3.3　型腔的仿形加工及加工质量保证

仿形铣床可以加工各种结构形状的型腔，特别适合于加工具有曲面结构的型腔（如图 5－69），和数控铣床加工相比两者各有特点。

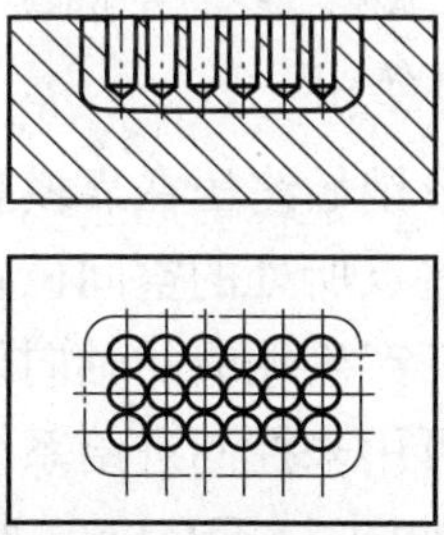

图 5－68　型腔钻孔示意图

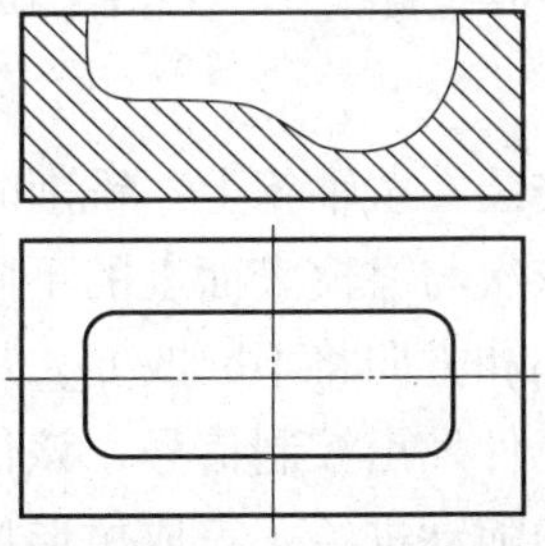

图 5－69　曲面结构型腔

使用仿形铣床是按照预先制好的靠模，在模坯上加工出与靠模形状完全相同的型腔，其自动化程度较高，能减轻工人的劳动强度，提高铣削加工的生产率，可以较容易的加工出形状复杂的型腔。加工过程中刀具并非连续切削，容易产生振动，其次受靠模的制造精度、仿形销的尺寸和形状、仿形仪的灵敏度和准确度等因素的影响，使仿形铣削的加工精度受到相当大的影响。所以仿形加工后一般都需要对型腔表面进行进一步的修整。

1. 仿形铣削的基本工艺条件

在仿形铣床上以平面样板或立体靠模控制仿形销的进给路线，进而引导与仿形销联动的铣刀进行切削加工，从而得到与样板轮廓或靠模型面相仿的型腔。所以仿形铣削必须具备四个基本工艺条件：仿形铣床、加工方式、仿形靠模、铣刀和仿形销。

（1）仿形铣床

现有的仿形铣床种类较多，按机床主轴的空间位置可分成立式和卧式两种类型。图 5－70（a）是 XB4480 型电气立体仿型铣床的结构外形，它能完成平面轮廓、立体曲面等的仿形加工。支架 1 和 2 分别用来固定工件和靠模。铣刀安装在主轴套筒内，可沿横梁 7 上的导轨作横向进给运动，横梁沿立柱 3 可作垂直方向的进给运动。滑座 12 可沿床身导轨作纵向进给运动。利用三个方向进给运动的相互配合，可加工形状复杂的型腔。

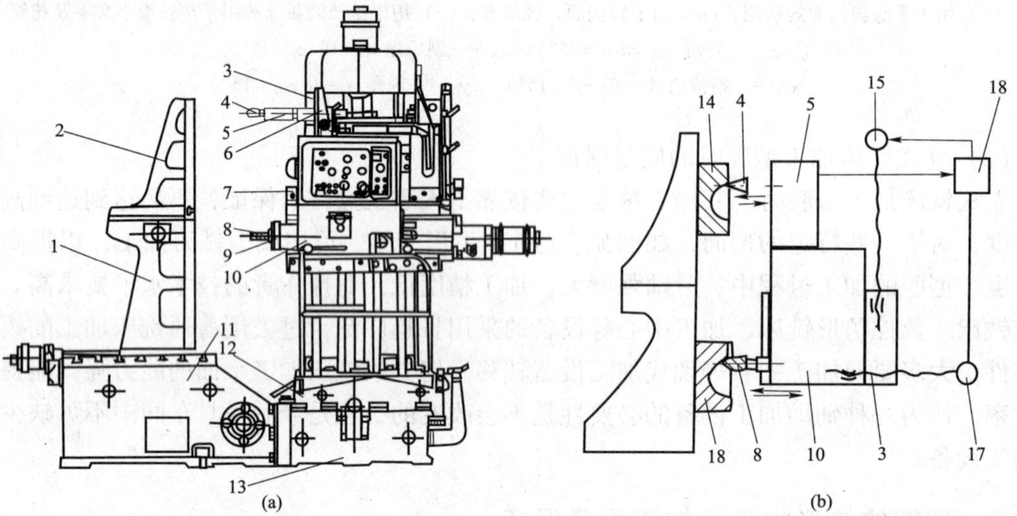

图 5－70　XB4480 型电气立体仿型铣床

（a）结构外形图；（b）控制原理图

1—下支架；2—上支架；3—立柱；4—仿形销；5—仿形仪；6—仿形仪座；7 横梁；8—铣刀；9—主轴；10—主轴箱；11—工作台；12—滑座；13—床身；14—靠模；15、17—驱动装置；16—仿形信号放大装置；18—工件

仿形仪 5 安装在主轴箱上。铣削时仿形仪左侧的仿形销始终压在靠模表面，当刀具进给时，仿形销将依次与靠模表面上的不同点接触，由于这些点所处的空间位置不同，仿形销所受作用力的大小和方向将不断改变，从而使仿形销的轴杆产生相应的轴向位移和摆动，推动仿形仪的信号元件发出控制信号，该信号经过放大后就可用来控制进给系统的驱动装置，使刀具产生相应的随动进给，完成仿形加工。其控制原理如图 5－70（b）所示。加工时纵向进给运动图中未绘出。

（2）加工方式

仿形铣削的加工方式，常见的有以下两种：

① 按样板轮廓仿形。铣削时靠模销沿着靠模外形运动，不作轴向运动，铣刀也只沿工件的轮廓铣削，不作轴向进给，如图 5－71（a）所示。这种加工方式可用来加工具有复杂轮廓形状，深度不变的型腔或凹模的型孔、凸模的口轮廓等。

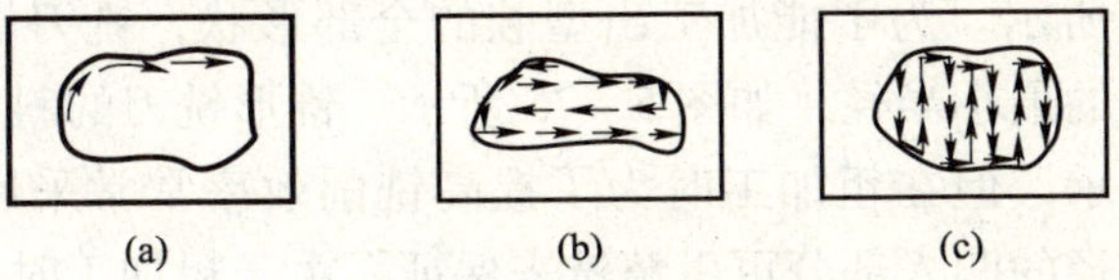

图 5－71　仿形铣削方式

（a）按样板轮廓仿形；（b）按立体轮廓水平分行仿形；（c）按立体轮廓垂直分行仿形

② 按照立体模型仿形。按切削运动的路线分为水平分行和垂直分行两种：

水平分行：即工作台作连续的水平进给，铣刀对型腔毛坯上一条水平的狭长表面进行加工，到达型腔的端部时工作台作反向进给。在工作台反向前，主轴箱在垂直方向作一次进给运动（周期进给）。如此反复进行（如图 5－71（b）），直到加工出所要求的表面。

垂直分行：主轴箱作连续的垂直进给，当加工到型腔端部时主轴箱反向进给，在主轴箱反向前，工作台在水平方向作一次横向水平进给，如图 5－71（c）所示。

选用哪种加工方式，应根据型腔的形状特点来决定。加工图 5－72 所示截面为半圆形的型腔，可以有以下两种方式：

周期进给的方向与半圆柱面的轴线方向平行，如图 5－72（a）所示。

周期进给的方向与半圆柱面的轴线方向垂直，如图 5－72（b）所示。

在周期进给量相等的情况下，按图 5－72（a）加工，所获得加工表面的粗糙度较小。当采用图 5－72（a）所示加工时，周期进给是沿着一次水平直线进行，如图 5－73（a）所示。两次周期进给所形成的残留面积的高度为

$$h = R - \sqrt{R^2 - \left(\frac{f}{2}\right)^2}$$

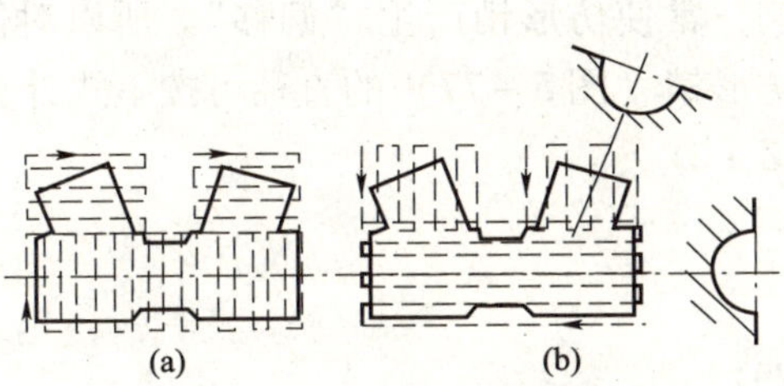

图 5－72　具有半圆形截面的型腔

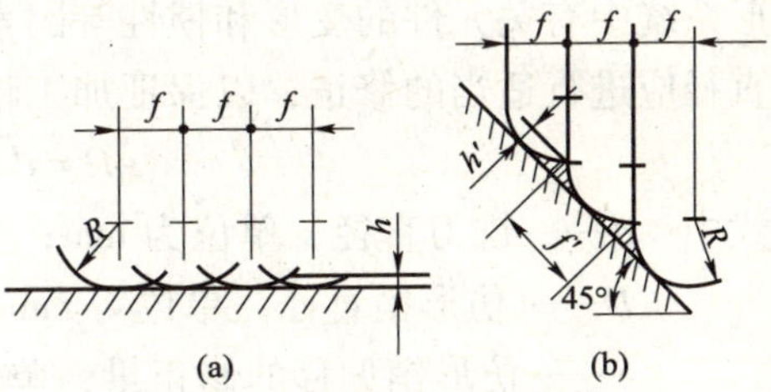

图 5－73　铣削的残留面积

采用图 5－73（b）的加工方式，周期进给类似于沿一条与水平方向成一定夹角的斜线进行。两次周期进给所形成的残留面积高度为

$$h' = R - \sqrt{R - \left(\frac{f'}{2}\right)^2} \qquad f' = \sqrt{2}f$$

在周期进给量相同的情况下 $h' > h$。

式中　f——铣刀的周期进给，单位为 mm；

R——铣刀圆头半径，单位为 mm；

h、h'——残留面积高度，单位为 mm。

（3）铣刀和仿形销

铣刀的形状应根据加工型腔的形状选择，加工平面轮廓的型腔可用端头为平面的立铣刀，如图 5－74（a）所示。加工立体曲面的型腔，采用锥形立铣刀或端部为球形的立铣刀，如图 5－74（b）、（c）所示。为了能加工出型腔的全部形状，铣刀端部的圆弧半径必须小于被加工表面凹入部分的最小半径，如图 5－75 所示。锥形铣刀的斜度应小于被加工表面的倾斜角，如图 5－76 所示。但在粗加工时为了提高铣削效率常常采用大半径的铣刀进行铣削，工件上小于铣刀半径的凹入部分可由精铣来保证。由于粗加工时金属切除量较大，应将铣刀圆周齿的螺旋角做得大些，以改善铣刀的切削性能。精加工时宜采用齿数较多的立铣刀，以便于降低已加工表面的粗糙度。由于立体仿形加工中铣刀的切削运动比较复杂，因此应保证铣刀在任何方向切入时，其端部的切削刃能起到良好的钻削和铣削作用，这在粗铣时尤为重要。

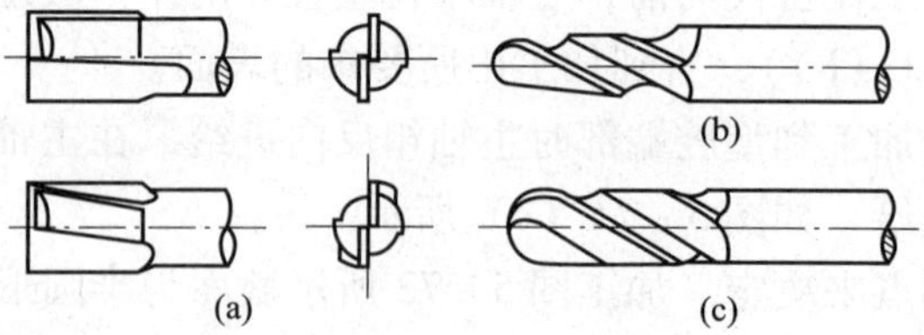

图 5－74　仿形加工用的铣刀

（a）平头端铣刀；（b）圆头锥铣刀；（c）圆头立铣刀

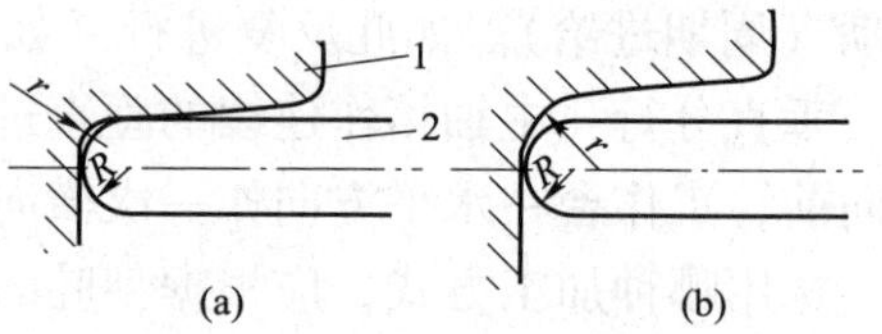

图 5－75　铣刀端部圆角

（a）$R>r$ 不正确；（b）$r>R$ 正确

仿形销的形状应与靠模的形状相适应，和铣刀的选择一样，为了保证仿形精度，仿形销的倾斜角应小于靠模型槽的最小斜角，仿形销端头的圆弧半径应小于靠模凹入部分的最小圆角半径，否则，将带来加工误差。

仿形销与铣刀的形状、尺寸，理论上应当相同。但是，由于仿形铣削是由仿形销受到径向和轴向力的作用，推动仿形仪的信号元件发出控制信号，使进给系统产生仿形运动。又由于仿形系统中有关元件的变形和惯性等因素的影响，常使仿形销产生“偏移”。所以对仿形销的直径应进行适当的修正，以保证加工精度。仿形销（图 5－77）的直径可按下式计算

$$D=d+2\times(Z+e)$$

式中　d——铣刀直径，单位为 mm；

D——仿形销直径，单位为 mm；

e——仿形销偏移的修正量，单位为 mm；

Z——型腔加工后留下的钳工修正余量，单位为 mm。

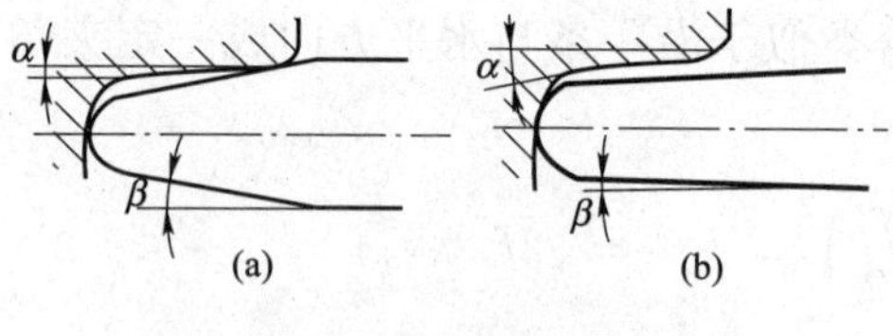

图 5－76　铣刀斜度

（a）$\beta>\alpha$ 不正确；（b）$\alpha>\beta$ 正确

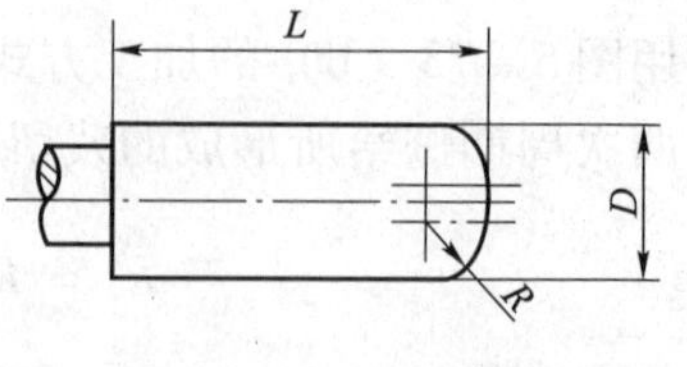

图 5－77　仿形销

由于仿形销的修正量召受设备、铣削用量、仿形销结构尺寸等多种因素的影响，因此可靠、正确的修正值应通过机床的实际调试测得。

仿形销常采用钢、铝、黄铜、塑料等材料制造，工作表面的粗糙度 $Ra<0.8\ \mu m$。常需进行抛光。仿形销的重量不宜过大，过重的仿形销会使机床的随动系统工作不正常。仿形销装到仿形仪上时，要用百分表进行检查，使仿形销对仿形仪轴的同轴度误差不大于0.05 mm。

(4) 仿形靠模

仿形靠模是仿形加工的主要装置，靠模工作表面除保证一定的尺寸、形状和位置精度外，应具有一定的强度和硬度，以承受仿形销施加给靠模表面的压力。根据模具形状和机床构造不同，仿形销施加给靠模表面的压力约几克至几百克。所以根据具体情况可采用石膏、木材、塑料、铝合金、铸铁或钢板等材料作靠模，靠模工作表面应光滑，工作时应施润滑剂。为方便装夹，在靠模上必须设置装夹部位。

2. 加工实例

【例5-14】 用仿形铣床加工图5-78所示的锻模型腔。

在仿形铣削前将模坯加工成六面体，划出中心线。型腔铣削过程，见表5-12。

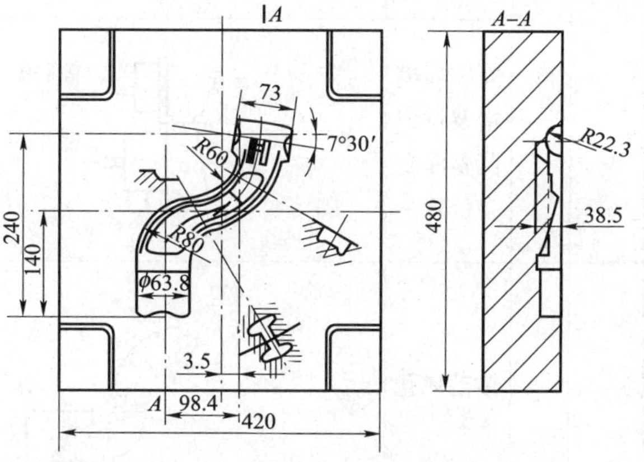

图5-78 锻模型腔（飞边槽未表示出来）

表5-12 锻模型腔仿形铣削过程

顺序	工艺内容	简图	说明
1	校正工件水平位置	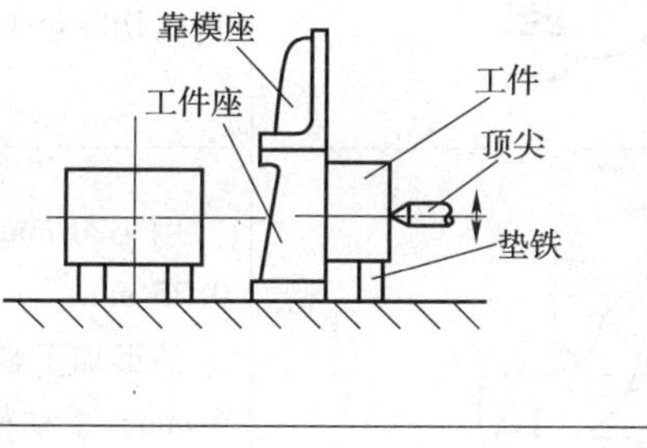	工件用平行垫铁初步定位于工件座的中央，用压板初步压紧。 在主轴上装顶尖，调整主轴的上、下位置使顶尖对准工件中心线。 移动工作台，用顶尖校正工件的水平位置，将工件紧固
	校正靠模水平位置	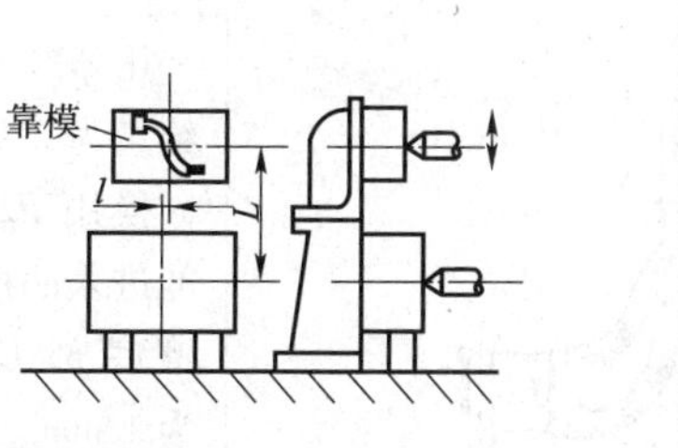	初步安装靠模于靠模座上，使靠模与工件的中心距离在机床的允许调节范围内。 在靠模仪触头轴内安装顶尖，调整靠模仪垂直滑板，使顶尖与靠模中心线对准。 移动工作台用顶尖校正靠模的水平位置加以紧固

续表

顺序	工艺内容		简图	说明
1		调整靠模销与铣刀相对位置	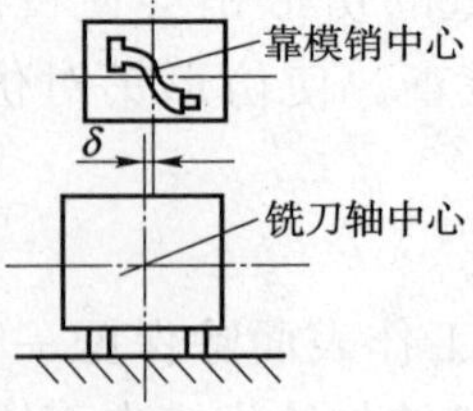	工件与靠模安装后，中心位置在水平方向的偏差为δ（此值应小于靠模仪滑板水平方向的可调范围值）。 移动机床工作台使铣刀轴中心对准工件中心，然后调整靠模仪水平滑板，使靠模销轴轴线对准靠模中心，以保证两轴中心偏差值为δ
		安装靠模销及铣刀调整深度位置	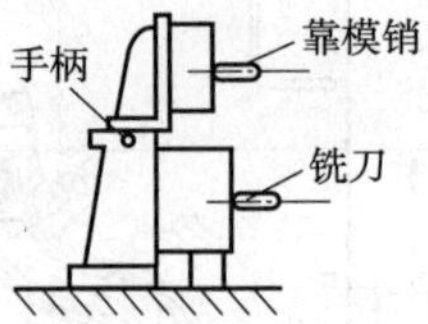	装上靠模销及ϕ32 mm 铣刀，分别与靠模及工件接触，通过手柄依靠齿轮、齿条调整两者的深度相对位置。 在以后的加工中，凡每换一次铣刀与靠模销，都需进行一次调整
	粗加工	钻毛坯孔	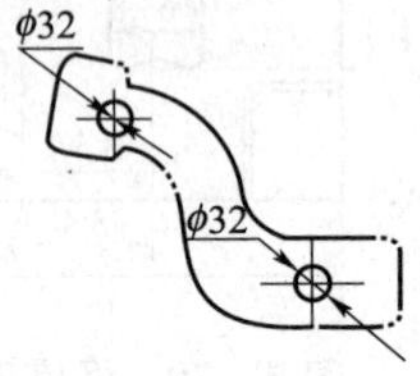	按图示位置钻ϕ32 mm 毛坯沉孔
		梳状加工	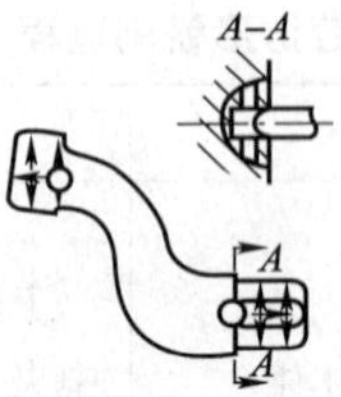	用ϕ32 mm 铣刀，进入ϕ32 mm 孔内，按水平方向铣完深槽，铣刀返回原来位置再进入槽内按垂直分行开始周期进给切除余量每边留余量 1 mm
		粗铣整个型腔	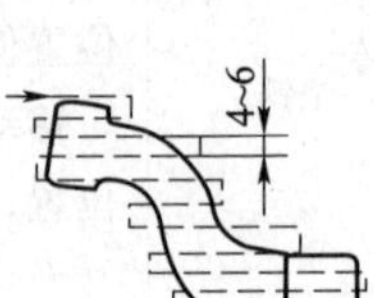	用ϕ20 mm 圆头铣刀，每边留余量 0.25 mm。 仿形加工整个型腔，周期进给量 4～6 mm，手动行程控制。
		粗加工凹槽及底部	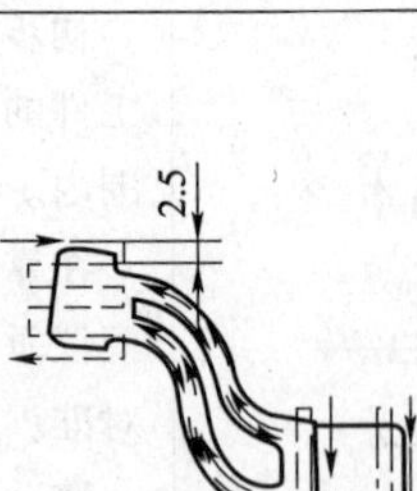	用ϕ32 mm 圆头铣刀粗加工，周期进给量为 2.5 mm。 换用 R2.5 mm（此尺寸根据靠模销能进入凹槽为准）圆头锥度铣刀加工凹槽底部及型腔底脚，周期进给量为 1 mm。 加工凹槽时可采用轮廓仿形形式

续表

顺序	工艺内容		简　图	说　明
	精加工	精铣整个型腔	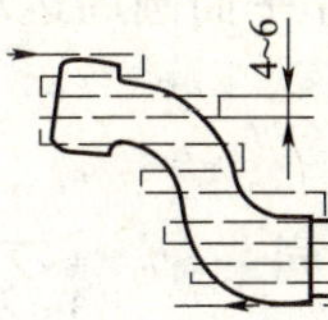	用 $R2.5$ mm 圆头锥度铣刀精铣 根据型腔形状分四个区域采用不同的周期进给方向 周期进给量取 0.6 mm，型腔侧壁与工作台轴线成角度时，周期进给量应减小，取 0.3 mm
		补铣底脚圆角	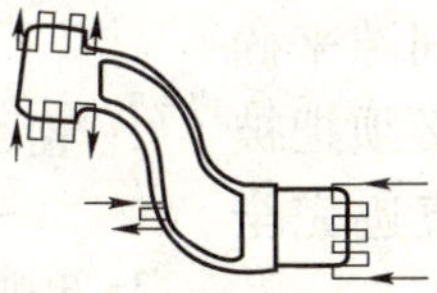	精铣时型腔壁部底脚铣削的周期进给方向与壁部垂直 为减小底脚粗糙度，改变周期进给方向进行补铣

3. 型腔的仿形加工的质量保证

用仿形铣床加工型腔，被加工表面并不十分平滑，有刀痕、型腔的窄槽和某些转角部位需钳工加以修整。对不同的工件需要制造相应的靠模，使模具的生产周期增长。且靠模易变形，影响加工精度。

5.3.4　型腔的电火花加工及加工质量保证

用电火花加工方法进行型腔加工比加工凹模型孔困难得多。型腔加工属于盲孔加工，金属蚀除量大，工作液循环困难，电蚀产物排除条件差，电极损耗不能用增加电极长度和进给来补偿；加工面积大，加工过程中要求电规准的调节范围也较大；型腔复杂，电极损耗不均匀，影响加工精度。因此，型腔加工要从设备、电源、工艺等方面采取措施来减小或补偿电极损耗，以提高加工精度和生产率。

与机械加工相比，电火花加工的型腔具有加工质量好、粗糙度小、减少了切削加工和手工劳动，使生产周期缩短。特别是近年来由于电火花加工设备和工艺的日臻完善，它已成为解决型腔中、精加工的一种重要手段。

1. 型腔加工方法及质量保证

（1）单电极加工法

单电极加工法是指用一个电极加工出所需型腔。用于下列几种情况：

1）用于加工形状简单、精度要求不高的型腔。

2）用于加工经过预加工的型腔。为了提高电火花加工效率，型腔在电加工之前采用切削加工方法进行预加工，并留适当的电火花加工余量，在型腔淬火后用一个电极进行精加工，达到型腔的精度要求。一般型腔可用立式铣床进行预加工；复杂型腔或大型型腔可先用立式铣床去除大量的加工余量，再用仿形铣床精铣。在能保证加工成型的条件下电加工余量越小越好。一般型腔侧面余量单边留 0.1～0.5 mm，底面余量 0.2～0.7 mm。如果是多台阶复杂型腔则余量应适当减小。电加工余量应均匀，否则将使电极损耗不均匀，影响成型精度。

3）用平动法加工型腔。对有平动功能的电火花机床，在型腔不预加工的情况下也可用一个电极加工出所需型腔。在加工过程中，先采用低损耗、高生产率的电规准进行粗加工，然后启动平动头带动电极（或数控坐标工作台带动工件）作平面圆周运动，同时按粗、中、精的加工顺序逐级转换电规准，并相应加大电极作平面圆周运动的回转半径，将型腔加工到所规定的尺寸及表面粗糙度要求。

（2）多电极加工法

多电极加工法是用多个电极，依次更换加工同一个型腔，如图 5－79 所示。每个电极都要对型腔的整个被加工表面进行加工，但电规准各不相同。所以设计电极时必须根据各电极所用电规准的放电间隙来确定电极尺寸。每更换一个电极进行加工，都必须把被加工表面上由前一个电极加工所产生电蚀痕迹完全去除。

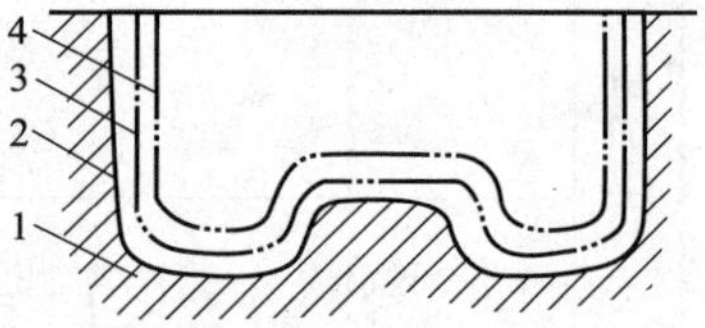

图 5－79　多电极加工示意图

1—模块；2—精加工后的型腔；
3—中加工后的型腔；4—粗加工后的型腔

用多电极加工法加工的型腔精度高，尤其适用于加工尖角、窄缝多的型腔。其缺点是需要制造多个电极，并且对电极的制造精度要求很高，更换电极需要保证高的定位精度。因此，这种方法一般用于精密和复杂型腔的加工。

（3）分解电极法

分解电极法是根据型腔的几何形状，把电极分解成主型腔电极和副型腔电极分别制造。先用主型腔电极加工出型腔的主要部分，再用副型腔电极加工型腔的尖角、窄缝等部位。此法能根据主、副型腔的不同加工条件，选择不同的电规准，有利于提高加工速度和加工质量，使电极易于制造和修整。但主、副型腔电极的安装精度要求高。

2. 电极设计

（1）电极材料和结构选择

1）电极材料

型腔加工常用电极材料主要是石墨和纯铜。纯铜组织致密，适用于形状复杂、轮廓清晰、精度要求较高的塑料成型模、压铸模等，但机械加工性能差，难以成型磨削；由于密度大、价贵、不宜作大、中型电极。石墨电极容易成型，密度小，所以宜作大、中型电极。但机械强度较差，在采用宽脉冲大电流加工时，容易起弧烧伤。

铜钨合金和银钨合金是较理想的电极材料，但价格贵，只用于特殊型腔加工。

2）电极结构

整体式电极，适用于尺寸大小和复杂程度一般的型腔。镶拼式电极，适用于型腔尺寸较大、单块电极坯料尺寸不够或电极形状复杂，将其分块才易于制造的情况。组合式电极，适于一模多腔时采用，以提高加工速度，简化各型腔之间的定位工序。易于保证型腔的位置精度。

（2）电极尺寸的确定

加工型腔的电极，其尺寸大小与型腔的加工方法、加工时的放电间隙、电极损耗及是否采用平动等因素有关。电极设计时需确定的电极尺寸如下：

1）电极的水平尺寸：电极在垂直于主轴进给方向上的尺寸称为水平尺寸。当型腔经过预加工，采用单电极进行电火花精加工时，其电极的水平尺寸确定与穿孔加工相同，

只需考虑放电间隙即可。当型腔采用单电极平动加工时，需考虑的因素较多，其计算公式为

$$a = A \pm Kb$$

式中　a——电极水平方向上的基本尺寸，单位为 mm；

A——型腔的基本尺寸，单位为 mm；

K——与型腔尺寸标注有关的系数；

b——电极单边缩放量，单位为 mm；

$$b = e + \delta_1 - \gamma_1$$

式中　e——平动量，一般取 0.5 ~ 0.6 mm；

δ_1——精加工最后一档规准的单边放电间隙。最后一档规准通常指粗糙度 $Ra <$ 0.8 μm 时的 δ_1 值，一般为 0.02 ~ 0.33 mm；

γ_1——精加工（平动）时电极侧面损耗（单边），一般不超过 0.1 mm，通常忽略不计。

式"$a = A \pm Kb$"中的"±"号及 K 值按下列原则确定：如图 5－80 所示，与型腔凸出部分相对应的电极凹入部分的尺寸（如图 5－80 中 r_2、a_2）应放大，即用"+"号；反之，与型腔凹入部分相对应的电极凸出部分的尺寸（如图 5－80 中 r_1、a_1）应缩小，即用"－"号。

当型腔尺寸以两加工表面为尺寸界线标注时，若蚀除方向相反（如图 5－80 中 A_1）取 $K=2$；若蚀除方向相同（如图 5－80 中 C），取 $K=0$。当型腔尺寸以中心线或非加工面为基准标注（如图 5－80 中 R_1、R_2）时，取 $K=1$；凡与型腔中心线之间的位置尺寸以及角度尺寸相对应的电极尺寸不缩不放，取 $K=0$。

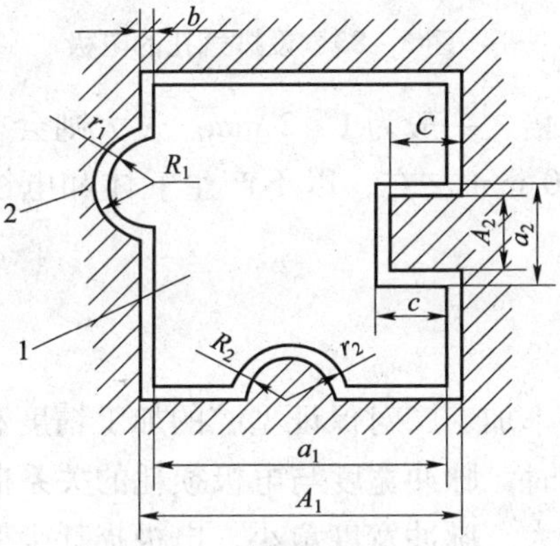

图 5－80　电极水平截面尺寸缩放示意图

1—电极；2—型腔

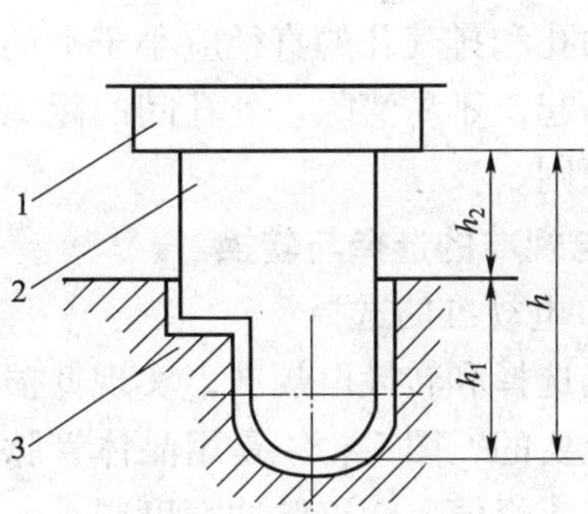

图 5－81　电极垂直方向尺寸

1—电极固定板；2—电极；3—工件

2）电极垂直方向尺寸：即电极在平行于主轴轴线方向上的尺寸，如图 5－81 所示。可按下式计算

$$h = h_1 + h_2$$

$$h_1 = H_1 + C_1 H_1 + C_2 S - \delta_1$$

式中　h——电极垂直方向的总高度，单位为 mm；

h_1——电极垂直方向的有效工作尺寸，单位为 mm；

H_1——型腔垂直方向的尺寸（型腔深度），单位为 mm；

C_1——粗规准加工时，电极端面相对损耗率，其值小于 1%，只适用于未预加工的型腔；

C_2——中、精规准加工时电极端面相对损耗率，其值一般为 20% ~25%；

S——中、精规准加工时端面总的进给量，一般为 0.4 ~0.5 mm；

δ_1——最后一档精规准加工时端面的放电间隙，一般为 0.02 ~0.03 mm，可忽略不计；

h_2——考虑加工结束时，为避免电极固定板和模块相碰，同一电极能多次使用等因素而增加的高度，一般取 5 ~20 mm。

（3）排气孔和冲油孔

由于型腔加工的排气、排屑条件比穿孔加工困难，为防止排气、排屑不畅，影响加工速度、加工稳定性和加工质量，设计电极时应在电极上设置适当的排气孔和冲油孔。一般情况下，冲油孔要设计在难于排屑的拐角、窄缝等处，如图 5 -82 所示。排气孔要设计在蚀除面积较大的位置（如图 5 -83 所示）和电极端部有凹入的位置。

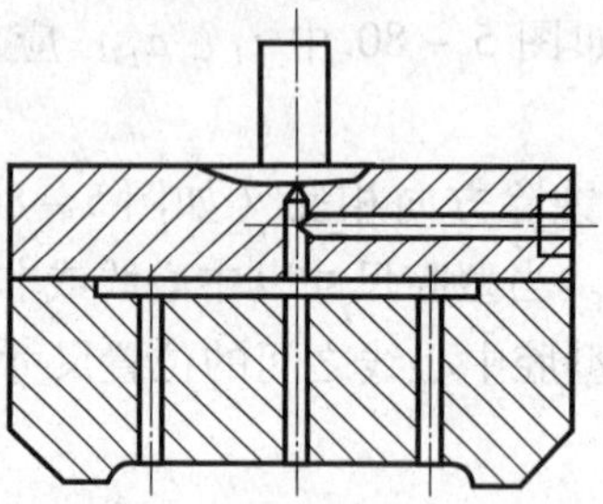

图 5 -82　设强迫冲油孔的电极

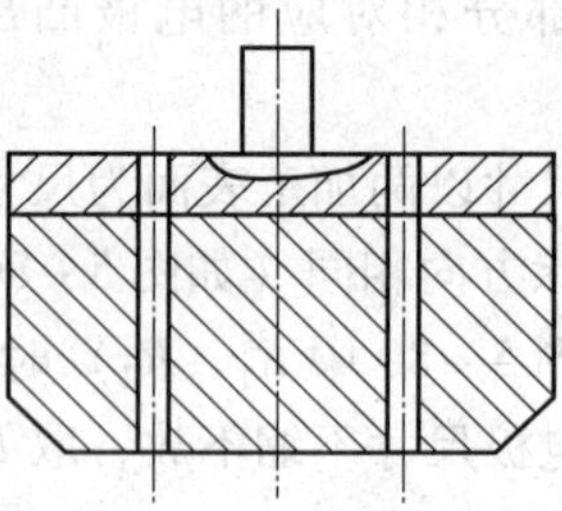

图 5 -83　设排气孔的电极

冲油孔和排气孔的直径应小于平动偏心量的二倍，一般为 1 ~2 mm。过大则会在电蚀表面形成凸起，不易清除。各孔间的距离约为 20 ~40 mm 左右，以不产生气体和电蚀产物的积存为原则。

3. 电规准的选择与转换

（1）电规准的选择

正确选择和转换电规准，实现低损耗、高生产率加工，对保证型腔的加工精度和经济效益是很重要的，图 5 -84 是用晶体管脉冲电源加工时，脉冲宽度与电极损耗的关系曲线。对一定的电流峰值，随着脉冲宽度减小，电极损耗增大。脉冲宽度愈小，电极损耗上升趋势越明显。当 $t_i > 500$ μs 时电极损耗可以小于 1%。

电流峰值和生产率的关系如图 5 -85 所示。增大电流峰值使生产率提高，提高的幅度与脉冲宽度有关。但是，电流峰值增加会加快电极的损耗，据有关实验资料表明，电极材料不同电极损耗随电流峰值变化的规律也不同，而且和脉冲宽度有关。因此，在选择电规准时应综合考虑这些因素的影响。

1）粗规准。要求粗规准以高的蚀除速度加工出型腔的基本轮廓，电极损耗要小，电蚀表面不能太粗糙，以免增大精加工的工作量。为此，一般选用宽脉冲（$t_i > 500$ μs），大的

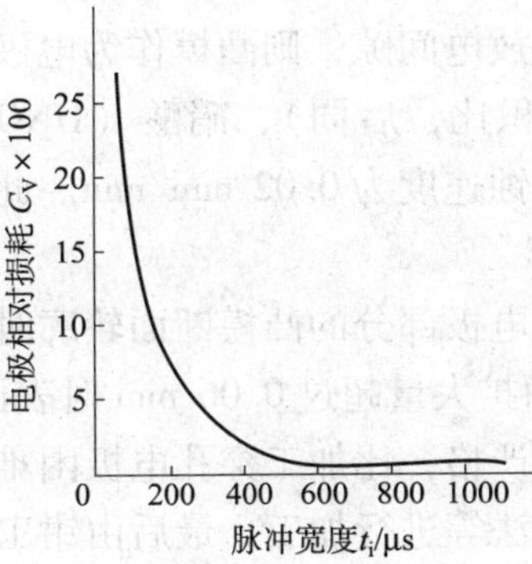

图 5－84 脉冲宽度对电极损耗的影响

电极－Cu，工件－CrWMn，负极性加工－Ie＝80A

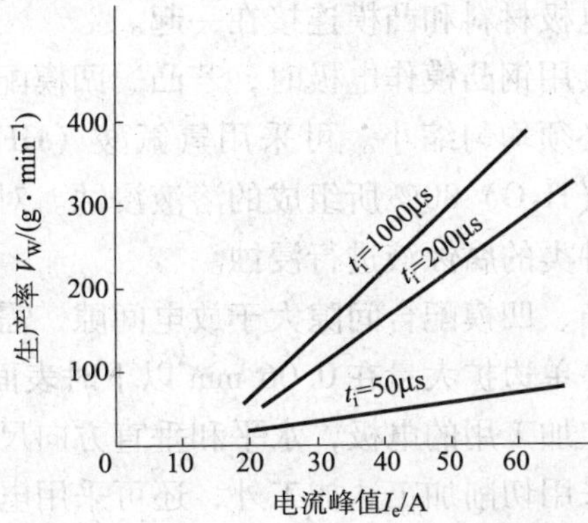

图 5－85 脉冲峰值电流对生产率的影响

电极－Cu，工件－CrWMn，负极性加工

峰值电流，用负极性进行粗加工。但应注意加工电流与加工面积之间的关系，一般用石墨电极加工钢的电流密度为 3～5 A/cm^2，用紫铜电极加钢的电流密度可稍大一些。

2）中规准。中规准的作用是减小被加工表面的粗糙度（一般中规准加工时 Ra＝6.3～3.2 μm），为精加工作准备。要求在保持一定加工速度的条件下，电极损耗尽可能小。一般选用脉冲宽度 t_i＝20～400 μs，用比粗加工小的电流密度进行加工。

3）精规准。用于型腔精加工，所去除的余量一般不超过 0.1～0.2 mm。因此，常采用窄的脉冲宽度（t_i＜20 μs）和小的峰值电流进行加工。由于脉冲宽度小，所以电极损耗大（约 25% 左右）。但因精加工余量小，故电极的绝对损耗并不大。

近几年来广泛使用的伺服电动机主轴系统，能准确地控制加工深度，因而精加工余量可减小到 0.05 mm 左右，加上脉冲电源又附有精微加工电路，精加工可达到 Ra 小于 0.4 μm 的良好工艺效果，而且精修时间较短。

（2）电规准的转换

电规准转换的挡数，应根据加工对象确定。加工尺寸小、形状简单的浅型腔，电规准转换挡数可少些；加工尺寸大、深度大、形状复杂的型腔，电规准转换挡数应多些。粗规准一般选择一档；中规准和精规准选择 2～4 档。

开始加工时，应选粗规准参数进行加工，当型腔轮廓接近加工深度（大约留 1 mm 的余量）时，减小电规准，依次转换成中、精规准各档参数加工，直至达到所需的尺寸精度和表面粗糙度。

型腔的侧面修光，是靠调节电极的平动量来实现的。当采用单电极平动加工时，在转换电规准的同时，应相应调节电极的平动量。

4. 电极制造

电极制造应根据电极类型、尺寸大小、电极材料和电极结构的复杂程度等进行考虑。穿孔加工用电极的垂直尺寸一般无严格要求，而水平尺寸要求较高。对这类电极，若适合于切削加工，可用切削加工方法粗加工和精加工。对于纯铜、黄铜一类材料制作的电极，其最后加工可用刨削或由钳工精修来完成。也可采用电火花线切割加工来制作电极。

需要将电极和凸模连接在一起进行成型磨削时（如图 5－86 所示），可采用环氧树脂或聚乙烯醇缩醛胶粘合。当粘合面积小不易粘牢时，为了防止磨削过程中脱落，可采用锡焊的方法将电极材料和凸模连接在一起。

直接用钢凸模作电极时，若凸、凹模配合间隙小于放电间隙，则凸模作为电极部分的断面轮廓必须均匀缩小。可采用氢氟酸（HF）6%（体积比，后同）、硝酸（HNO_3）14%、蒸馏水（H_2O）80%所组成的溶液浸蚀。对钢电极的侵蚀速度为0.02 mm/min。此外还可采用其他种类的腐蚀液进行浸蚀。

当凸、凹模配合间隙大于放电间隙，需要扩大用作电极部分的凸模断面轮廓时，可采用电镀法。单边扩大量在0.06 mm以下时表面镀铜；单面扩大量超过0.06 mm时表面镀锌。

型腔加工用的电极，水平和垂直方向尺寸要求都较严格，比加工穿孔电极困难。对紫铜电极除采用切削加工法加工外，还可采用电铸法、精锻法等进行加工，最后由钳工精修达到要求。由于使用石墨坯料制作电极时，机械加工、抛光都很容易，所以以机械加工方法为主。当石墨坯料尺寸不够时可在固定端采用钢板螺栓连接或用环氧树脂、聚氯乙烯醋酸液等粘结，制造成拼块电极。拼块要用同一牌号的石墨材料，要注意石墨在烧结制作时形成的纤维组织方向，避免不合理拼合（如图5－87）引起电极的不均匀损耗，降低加工质量。

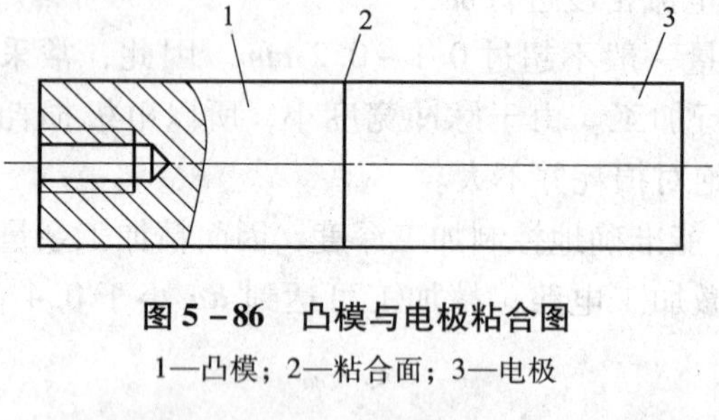

图5－86　凸模与电极粘合图

1—凸模；2—粘合面；3—电极

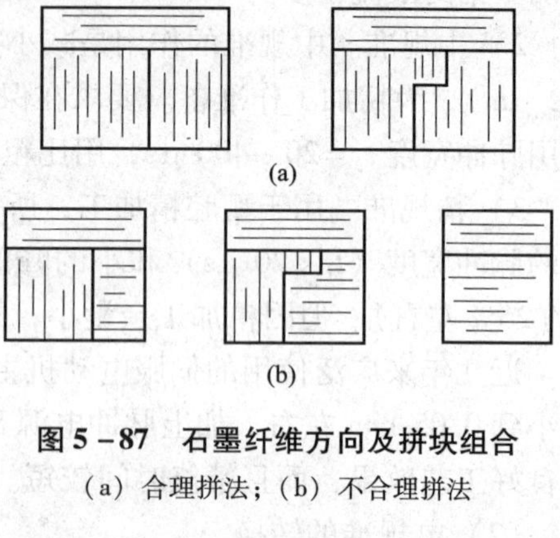

图5－87　石墨纤维方向及拼块组合

（a）合理拼法；（b）不合理拼法

5.3.5　型腔的挤压成型及加工质量保证

挤压成型是将工艺凸模压入模坯，使坯料产生塑性变形，以获得与工艺凸模工作表面形状相同的内成型表面的加工方法。

挤压成型在型腔的加工中占有较强的优势。其特点是：

1）可以方便地加工形状复杂的型腔，尤其适合于加工某些难于进行切削加工的形状复杂的型腔。

2）挤压过程简单迅速，生产率高；一个工艺凸模可以多次使用。对于多型腔凹模采用这种方法，生产效率的提高更明显。

3）加工精度高（可达IT7或更高），表面粗糙度小（$Ra=0.16\ \mu m$左右）。

4）冷挤压的型腔，材料纤维未被切断，金属组织更为紧密，型腔强度高。

常用的挤压成型方法有冷挤压成型、热挤压成型和超塑成型。

1. 冷挤压成型

冷挤压成型是在常温条件下进行的，适于加工以有色金属、低碳钢、中碳钢、部分有一定塑性的工具钢为材料的塑料模型腔、压铸模型腔、锻模型腔和粉末冶金压模的型腔。

(1) 冷挤压方式

型腔的冷挤压加工分为封闭式冷挤压和敞开式冷挤压。

1）封闭式冷挤压。封闭式冷挤压是将坯料放在冷挤压模套内进行挤压加工，如图 5－88 所示。在将工艺凸模压入坯料的过程中，由于坯料的变形受到模套的限制，金属只能朝着工艺凸模压入的相反方向产生塑性流动，迫使变形金属与工艺凸模紧密贴合，提高了型腔的成型精度。由于金属的塑性变形受到限制，所以需要的挤压力较大。

对于精度要求较高、深度较大、坯料体积较小的型腔宜采用这种挤压方式加工。

由于封闭式冷挤压是将工艺凸模和坯料约束在导向套与模套内进行挤压，除使工艺凸模获得良好的导向外，还能防止凸模断裂或坯料崩裂飞出。

2）敞开式冷挤压。敞开式冷挤压在挤压型腔毛坯外面不加模套，如图 5－89 所示。这种方式在挤压前，其工艺准备较封闭式冷挤压简单。被挤压金属的塑性流动，不但沿工艺凸模的轴线方向，也沿半径方向（如图 5－89 中箭头所示）流动。因此敞开式冷挤压只宜在模坯的端面积与型腔在模坯端面上的投影面积之比较大，及模坯厚度和型腔深度之比较大的情况下采用。否则，坯料将向外胀大或产生很大翘曲，使型腔的精度降低甚至使坯料开裂报废。所以，敞开式冷挤压，只在加工要求不高的浅型腔时采用。

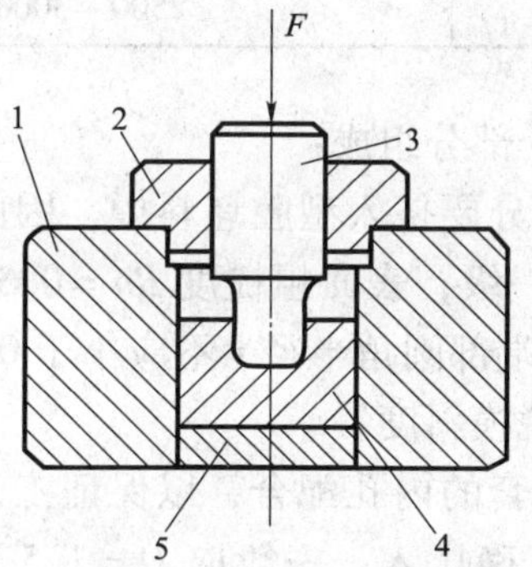

图 5－88　封闭冷挤压

1—模套艺凸模封闭冷挤压；2—导向套；
3—工艺凸模；4—模坯；5—垫板

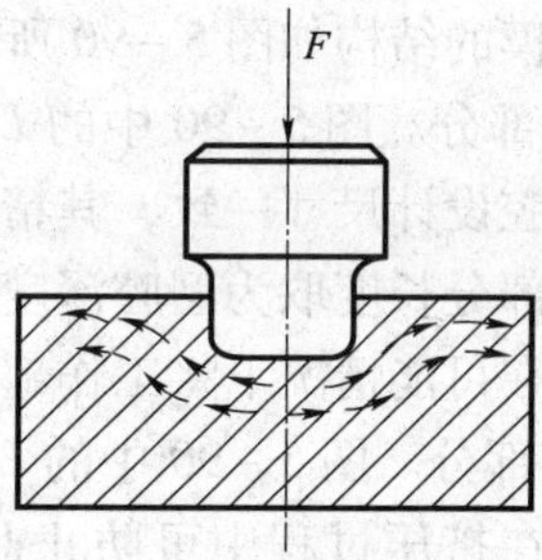

图 5－89　敞开式冷挤压

(2) 冷挤压的工艺准备

1）冷挤压设备的选择

型腔冷挤压所需的力，与冷挤压方式、模坯材料及其性能、挤压时的润滑情况等许多因素有关，一般采用下列公式计算

$$F = pA$$

式中　F——挤压力，单位为 N；

A——型腔投影面积，单位为 mm^2；

p——单位挤压力，单位为 MPa，见表 5－13。

表 5－13　坯料抗拉强度与单位挤压力的关系

坯料抗拉强度 σ_b/MPa	250～300	300～500	500～700	700～800
单位挤压力 p/MPa	1500～2000	2000～2500	2500～3000	3000～3500

由于型腔冷挤压所需的工作运动简单、行程短、挤压工具和坯料体积小、单位挤压力大、挤压速度低，所以冷挤压一般选用结构不太复杂的小型专用油压机作为挤压设备。要求油压机刚性好、活塞运动时导向准确；工作平稳，能方便观察挤压情况和反映挤入深度；有安全防护装置（防止工艺凸模断裂或坯料崩裂时飞出）。

2）工艺凸模和模套设计

①工艺凸模。工艺凸模在工作时要承受极大的挤压力，其工作表面和流动金属之间作用着极大的摩擦力。因此，工艺凸模应有足够的强度、硬度和耐磨性。在选择工艺凸模材料及结构时，应满足上述要求。此外，凸模材料还应有良好的切削加工性。表 5-14 列出了根据型腔要求选用工艺凸模材料及所能承受的单位挤压力。其热处理硬度应达到 61～64HRC。

表 5-14　工艺凸模材料的选用

工艺凸模形状	选用材料	能承受的单位挤压力 p/MPa
简单	T8A、T10A、T12A	2000～2500
中等	CrWMn、9CrSi	
复杂	Cr12V、CrlZMoV、CrTiV	2500～3000

工艺凸模的结构如图 5-90 所示。它由以下三个部分组成：

a. 工作部分。图 5-90 中的 L_1 段。工作时这部分要挤入型腔坯料中，因此，这部分的尺寸应和型腔设计尺寸一致，其精度比型腔精度高一级；表面粗糙度 $Ra=0.32\sim0.08$ μm。一般将工作部分长度取为型腔深度的 1.1～1.3 倍。端部圆角半径 r 不应小于 0.2 mm。为了便于脱模，在可能情况下将工作部分作出 1∶50 的脱模斜度。

b. 导向部分。图 5-90 中的 L_2 段。用来和导向套的内孔配合，以保证工艺凸模和工作台面垂直，在挤压过程中可防止凸模偏斜，保证正确压入。一般取 $D=1.5d$；$L_2>(1\sim1.5)D$。外径 D 与导向套配合为 H8/h7，表面粗糙度 Ra1.25 μm。端部的螺孔是为了便于将工艺凸模从型腔中脱出而设计的。脱模情况如图 5-91 所示。

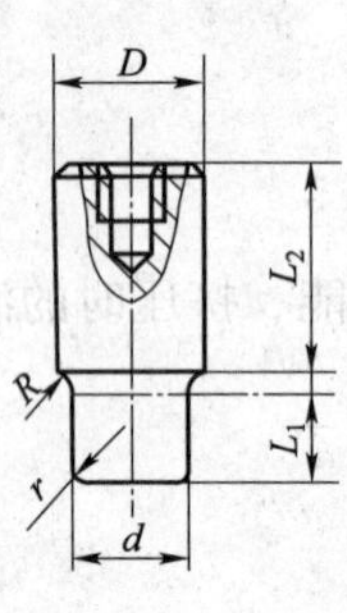

图 5-90　工艺凸模

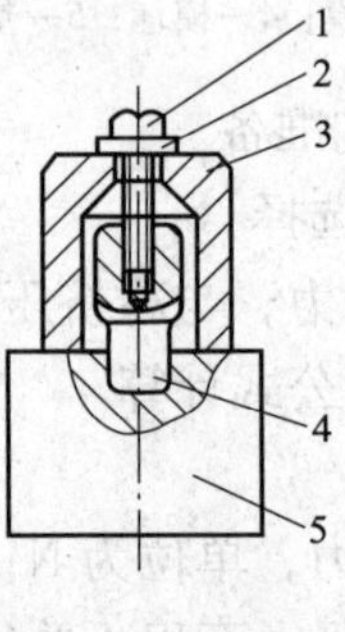

图 5-91　螺钉脱模

1—脱模螺钉；2—垫圈；3—脱模套；4—工艺凸模；5—模坯

c. 过渡部分。过渡部分是工艺凸模工作端和导向端的连接部分，为减少工艺凸模的应力集中，防止挤压时断裂，过渡部分应采用较大半径的圆弧平滑过渡，一般 $R\geqslant5$ mm。

②模套。在封闭式冷挤压时，将型腔毛坯置于模套中进行挤压。模套的作用是限制模坯

金属的径向流动，防止坯料破裂。模套有以下两种：

a. 单层模套。图 5－92 所示为单层模套。实验证明，对于单层模套，比值 r_2/r_1 越大则模套强度越大。但当 $r_2/r_1>4$ 以后，即使再增加模套的壁厚，强度的增大已不明显，所以实际应用中常取 $r_2=4r_1$。

b. 双层模套。图 5－93 所示为双层模套。将有一定过盈量的内、外层模套压合成为一个整体，使内层模套在尚未使用前，预先受到外层模套的径向压力而形成一定的预应力。这样就可以比同样尺寸的单层模套承受更大的挤压力。由实践和理论计算证明，双层模套的强度约为单层模套的 1.5 倍。各层模套尺寸分别为：$r_3=(3.5\sim4)\ r_1$；$r_2=(1.7\sim1.8)\ r_1$。内模套与坯料接触部分的表面粗糙度为 $Ra=1.25\sim0.16\ \mu m$。

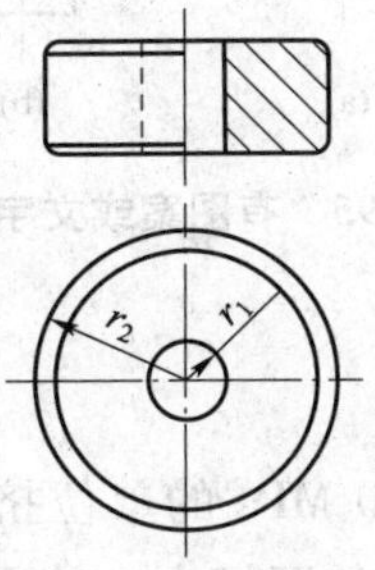

图 5－92　单层模套

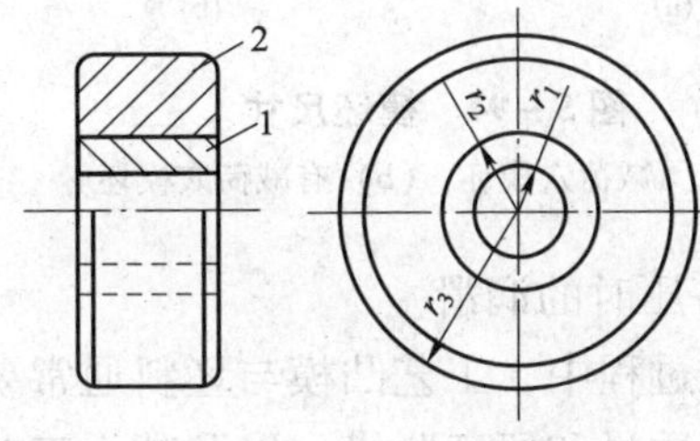

图 5－93　双层模套

1—内模套；2—外模套

单层模套和内模套的材料一般选用 45 钢、40Cr 等材料制造，热处理硬度 43～48 HRC。外层模套材料为 Q235 或 45 钢。

③模坯准备。冷挤压加工时，模坯材料的性能、组织以及模坯的形状、尺寸和表面粗糙度等对型腔的加工质量都有直接影响。为了便于进行冷挤压加工，模坯材料应具有低的硬度和高的塑性，型腔成型后其热处理变形应尽可能小。

宜于采用冷挤压加工的材料有：铝及铝合金、铜及铜合金、低碳钢、中碳钢、部分工具钢及合金钢。如 10、20、20Cr、T8A、T10A、3Cr2W8V 等。

坯料在冷挤压前必须进行热处理（低碳钢退火至 100～160HBS，中碳钢球化退火至 160～200 HBS），提高材料的塑性、降低强度以减小挤压时的变形抗力。

在决定模坯的形状尺寸时，应同时考虑模具的设计尺寸要求和工艺要求，模坯的厚度尺寸与型腔的深度，以及模坯的端面积与型腔在端面上投影面积之间的比值要足够大，以防止在冷挤压时模坯产生翘曲或开裂。

封闭式冷挤压坯料的外形轮廓，一般为圆柱体或圆锥体，其尺寸按以下经验公式确定（如图 5－94a 所示）。

$$D=(2\sim2.5)\ d$$
$$h=(2.5\sim3)\ h_1$$

式中　D——坯料直径，单位为 mm；

d——型腔直径，单位为 mm；

h——坯料高度，单位为 mm；

h_1——型腔深度，单位为 mm。

有时为了减小挤压力，可在模坯底部加工出减荷穴，如图 5－94（b）所示。减荷穴的直径 $d_1 = (0.6 \sim 0.7)\ d$，减荷穴处切除的金属体积约为型腔体积的60%，但当型腔底面需要同时挤出图案或文字时，坯料不能设置减荷穴。相反应将模坯顶面作成球面，如图5－95（a）所示，或在模坯底面垫一块和图案大小一致的垫块，如图 5－95（b）所示，以使图案文字清晰。

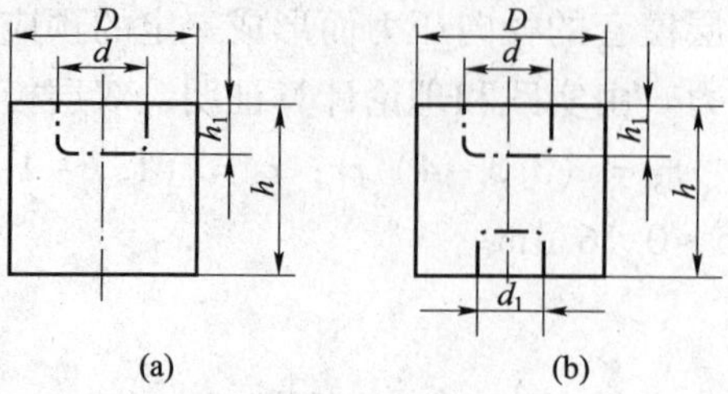

图 5－94　模坯尺寸

（a）无减荷穴模坯；（b）有减荷穴模坯

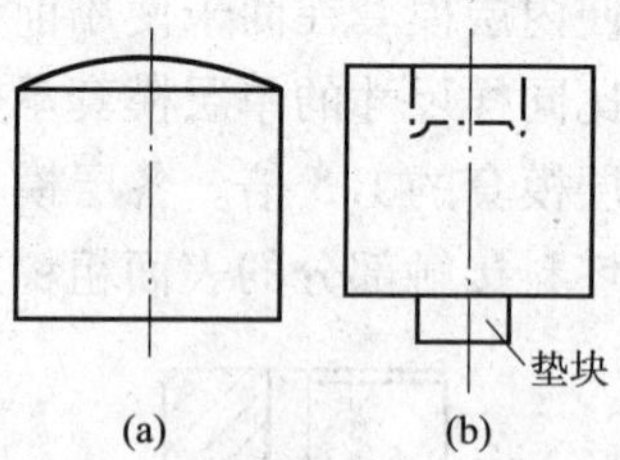

图 5－95　有图案或文字的模坯

（3）冷挤压时的润滑

在冷挤压过程中，工艺凸模与坯料通常要承受 2000～3500 MPa 的单位挤压力。为了提高型腔的表面质量和便于脱模，以及减小工艺凸模和模坯之间的摩擦力，从而减少工艺凸模破坏的可能性，应当在凸模与坯料之间施以必要的润滑。为保证良好润滑，防止在高压下润滑剂被挤出润滑区，最简便的润滑方法是将经过去油清洗的工艺凸模与坯料在硫酸铜饱和溶液中浸渍 3～4 s，并涂以凡士林或机油稀释的二硫化钼润滑剂。

另一种较好的润滑方法是将工艺凸模进行镀铜或镀锌处理，而将坯料进行除油清洗后，放入磷酸盐溶液中进行浸渍，使坯料表面产生一层不溶于水的金属磷酸盐薄膜、其厚度一般为 5～15 μm，这层金属磷酸盐薄膜与基体金属结合十分牢固，能承受高温（其耐热能力可达 600℃）、高压，具有多孔性组织，能储存润滑剂。挤压时再用机油稀释的二硫化铝作润滑，涂于工艺凸模和模坯表面，就可以保证高压下坯料与工艺凸模隔开，防止在挤压过程中产生凸模和坯料粘附的现象。在涂润滑剂时，要避免润滑剂在文字或花纹内堆积，影响文字、图形的清晰。

2. 热挤压成型

将毛坯加热到锻造温度，用预先准备好的工艺凸模压入毛坯而挤压出型腔的制模方法称为热挤压法或热反印法。热挤压制模方法简单、周期短、成本低。所成型的模具，内部纤维连续，组织致密。因此，耐磨性好、强度高、寿命长。但由于热挤压温度高，型腔尺寸不易掌握，且表面容易出现氧化。故常用于尺寸精度要求不高的锻模制造。其制模工艺过程如图 5－96 所示。

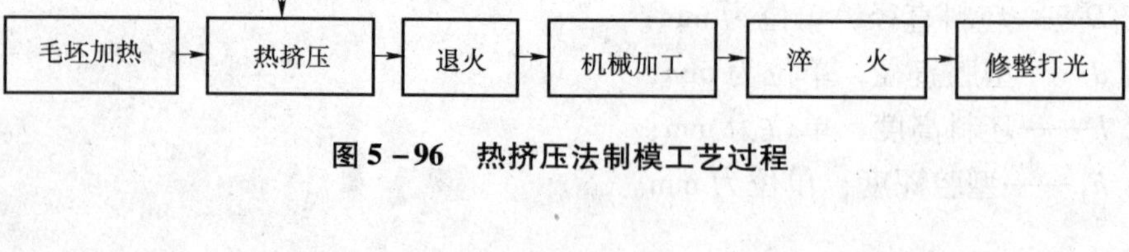

图 5－96　热挤压法制模工艺过程

（1）工艺凸模

热挤压成型可采用锻件做工艺凸模。由于未考虑冷缩量，作出的锻模只能加工形状、尺寸精度要求较低的锻件，如起重吊钩、吊环螺钉等产品。零件较复杂而精度要求较高时，必须事先加工好工艺凸模。工艺凸模材料可用 T7、T8 或 5CrMnMo 等。所有尺寸应按锻件尺寸放出锻件本身及型腔的收缩量，一般取 1.5% ~2.0%，并作出拔模斜度。在高度方向应加放 5 ~15 mm 的加工余量，以便加工分模面。

（2）热挤压工艺

图 5 –98 为挤压吊钩锻模的示意图。以锻件成品作工艺凸模，先用砂轮打磨表面并涂以润滑剂；按要求加工出锻模上下模坯，经充分加热保温后，去掉氧化皮，放在锤砧上；将工艺凸模置于上下模坯之间，施加压力锻出型腔。

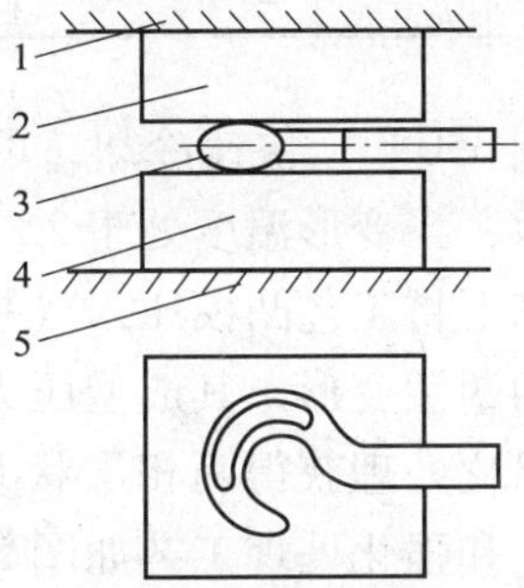

图 5 –97　热挤压法制造吊钩锻模示意图

1—上砧；2—上模坯；3—工艺凸模；4—下模坯；5—下砧

（3）后续加工

热挤压成型的模坯，经退火、机械加工（刨分模面、铣飞边槽等）、淬火及磨光等工序制成模具。

3. 超塑成型

模具型腔超塑成型是近十多年来发展起来的一种制模技术，除了用锌基和铝基合金超塑性成型塑料模具外，钢基型腔超塑成型也取得了进展。

（1）超塑成型原理和应用

目前，实用的超塑成型技术多是在组织结构上经过处理的金属材料，这种材料具有晶粒直径在 5 μm 以下的稳定超细晶粒，它在一定的温度和变形速度下，具有很小的变形抗力和远远超过普通金属材料的塑性——超塑性，其伸长率可达 100% ~2000%，凡伸长率超过 100% 的材料均称为超塑性材料。

利用工艺凸模慢慢挤压具有超塑性的模具坯料，并保持一定的温度就可在较小的压力下获得与凸模工作表面吻合很好的型腔，这就是模具型腔超塑成型的基本原理。

用超塑性成型制造型腔，是以超塑性金属为型腔坯料，在超塑性状态下将工艺凸模压入坯料内部，以实现成型加工的一种工艺方法。采用这种方法制造型腔，由于材料变形抗力低，不会因大的塑性变形而断裂，也不硬化，对获得形状复杂的型腔十分有利，与型腔冷挤压相比，可大大降低挤压力。此外，模具从设计到加工都得到简化。

锌铝合金 ZnA122、ZnA127、ZnA114 等均具有优异的超塑性能。ZnA122 是制作塑料模具的材料。利用超塑性成型型腔，对缩短制造周期，提高塑料制品质量，降低产品成本，加速新产品的研制，都有突出的技术经济效益。

近年来，国内将超塑性挤压技术应用于模具钢获得成功，Cr12MoV、3Cr2W8V 等钢的锻模型腔，用超塑性挤压方法可一次压成，经济效益十分显著。

（2）超塑性合金 ZnA122 的性能

超塑性合金 ZnA122 的成分和性能见表 5 –15。

这种材料为锌基中含铝（$w_{Al}=22\%$），在 275℃以上时是单相的 α 固溶体，冷却时分解成两相，即 α（Al）$+\beta$（Zn）的层状共析组织（也称为珠光体）。如在单相固溶体时（通

表 5-15　ZnA122 的主要成分和性能

主要成分×100				性能										
w_{Al}	w_{Cu}	w_{Mg}	w_{Zn}	熔点 θ/℃	密度 ρ (g·cm^{-3})	在 250℃时 σ_b/MPa	在 250℃时 $\delta\times100$	恢复正常温度时 σ_b/MPa	恢复正常温度时 $\delta\times100$	恢复正常温度时 HBS	强化处理后 σ_b/MPa	强化处理后 $\delta\times100$	强化处理后 HBS
20~24	0.4~1	0.001~0.1	余量	420~500	5.4	8.6	1125	300~330	28~33	60~80	400~430	7~11	86~112

常加热到350℃）快速冷却，可以得到 5 μm 以下的粒状两相组织。在获得 5 μm 以下的超细晶粒后，当变形温度处于250℃时，其伸长率占可达1000%以上，即进入超塑性状态。在这种状态下将工艺凸模压入（挤压速度在 0.01~0.1 mm/min）合金材料内部，能使合金产生任意的塑性变形，其成型压力远小于一般冷挤压时所需的压力。经超塑性成型后，再对合金进行强化处理获得两相层状共析组织，其强度 σ_b 可达 400~430 MPa。超塑合金 ZnA122 的超塑性和强化处理工艺如图 5-98 和图 5-99 所示。

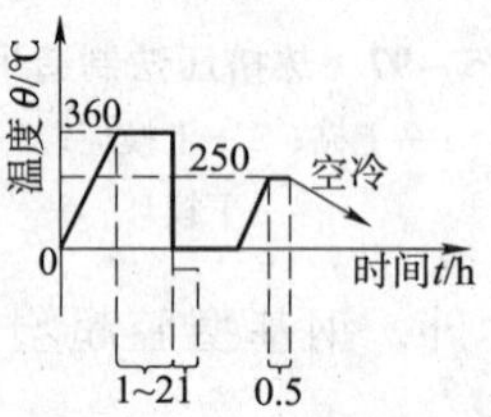

图 5-98　ZnA122 超塑性处理工艺

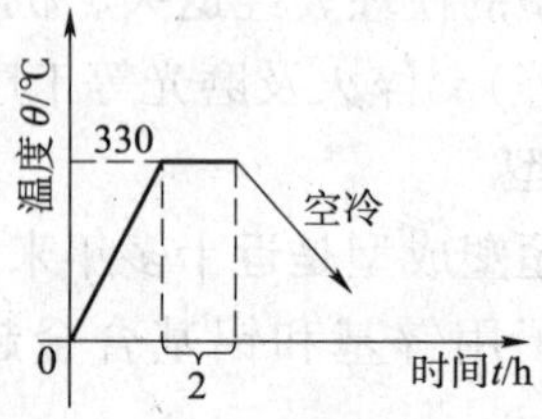

图 5-99　ZnA122 强化处理工艺

与常用的各种钢料相比，ZnA122 的耐热性能和承压能力比较差，所以多用于制造塑料注射成型模具，为增强模具的承载能力，常在超塑性合金外围用钢制模框加固。在注射成型模具温度较高的浇口部位采用钢制镶件结构来弥补合金熔点较低的缺点。

（3）超塑性成型工艺

用 ZnA122 制造塑料模型腔的工艺过程如下：

图 5-100　用 ZnA122 制造塑料模型腔的工艺过程

1）坯料准备。由于以 ZnA122 为型腔材料的凹模大都作成组合结构。型腔的坯料尺寸可按体积不变原理（即模坯成型前后的体积不变），根据型腔的结构尺寸进行计算。在计算时应考虑适当的切削加工余量（压制成型后的多余材料用切削加工方法去除）。坯料与工艺凸模接触的表面，其粗糙度 $Ra<0.63$ μm。

一般 ZnA122 合金在出厂时均已经过超塑性处理。因此只需选择适当类型的原材料，切削加工成型腔坯料后即可进行挤压。若材料规格不能满足要求，可将材料经等温锻造成所需形状，在特殊情况下还可用浇铸的方法来获得大规格的坯料，但是，经重新锻造或浇铸的

ZnA122 已不具有超塑性能，必须进行超塑性处理。

2）工艺凸模。工艺凸模可以采用中碳钢、低碳钢、工具钢或 HPb59－1 等材料制造，工艺凸模一般可不进行热处理，其制造精度和表面粗糙度的要求应比型腔的要求高一级。在确定工艺凸模的尺寸时，要考虑模具材料及塑料制件的收缩率，其计算公式如下

$$d = D[1 - \alpha_{l_1} \cdot t_1 + \alpha_{l_2}(t_1 - t_2) + \alpha_{l_3} \cdot t_3]$$

式中　d——工艺凸模的尺寸，单位为 mm；

D——塑料制件尺寸，单位为 mm；

al_1——凸模的线（膨）胀系数，单位为℃$^{-1}$；

al_2——ZnA122 的线（膨）胀系数，单位为℃$^{-1}$；

al_3——塑料的线（膨）胀系数，单位为℃$^{-1}$；

t_1——挤压温度，单位为℃；

t_2——塑料注射温度，单位为℃。

al_2可在 0.003～0.006 的范围内选取，al_1、al_2可按照工艺凸模及塑料类别从有关手册查得。

3）护套。ZnA122 在超塑性状态，屈服极限低、伸长率高，工艺凸模压入毛坯时，金属因受力会发生自由的塑性流动而影响成型精度。因此，应按图 5－101 所示使型腔的成型过程在防护套内进行。由于防护套的作用，变形金属的塑性流动方向与工艺凸模的压入方向相反，使变形金属与凸模表面紧密贴合，从而提高了型腔的成型精度。防护套的内部尺寸由型腔的外部形状尺寸决定，可比坯料尺寸大 0.01～0.2 mm，内壁粗糙度 $Ra < 0.63$ μm，并加工成 1：50 的锥度，以保证易于脱模，防护套可采用普通结构钢制造，壁厚不小于 25 mm。护套高度应略高于模坯高度。护套的热处理硬度为 42HRC 以上。

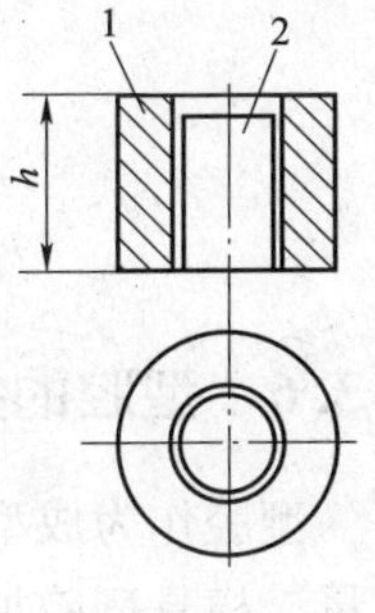

图 5－101　护套

1—防护套；2—坯料

4）挤压设备及挤压力的计算。对 ZnA122 的挤压，可以在液压机上进行，根据合金材料的特性和工艺要求，压制型腔的液压机必须设置加热装置，以便将 ZnA122 加热到 250℃后保持恒温，并以一定的压力实现超塑性成型。挤压力与挤压速度、型腔复杂程度等因素有关。可采用下列经验公式进行计算。

$$F = pA\eta$$

式中　F——挤压力，单位为 N；

p——单位挤压力，单位为 MPa，一般在 20～100 MPa；

A——型腔的投影面积，单位为 mm^2；

$\eta = \eta_1\eta_2$——修正系数。

η_1根据型腔的形状复杂程度在 1～1.2 的范围内选取；η_2根据型腔的尺寸大小在 1～1.3 的范围内选取；η_3根据挤压速度在 1～1.6 的范围内选取。

5）润滑。合理的润滑可以减小 ZnA122 流动时与工艺凸模之间的摩擦阻力，降低单位挤压力，同时可以防止金属粘附，易于脱模，以获得理想的型腔尺寸和表面粗糙度。所用润滑剂应能耐高温，常用的有 295 硅脂、201 甲基硅油、硬脂酸锌等。但使用时其用量不能过多，并应涂抹均匀，否则在润滑剂堆积部位不能被 ZnA1 全部充满，影响型腔精度。

图 5-102（a）是用 ZnA122 注射模制作的尼龙齿轮。制造尼龙齿轮注射模型腔的加工过程，如图 5-102（b）所示。

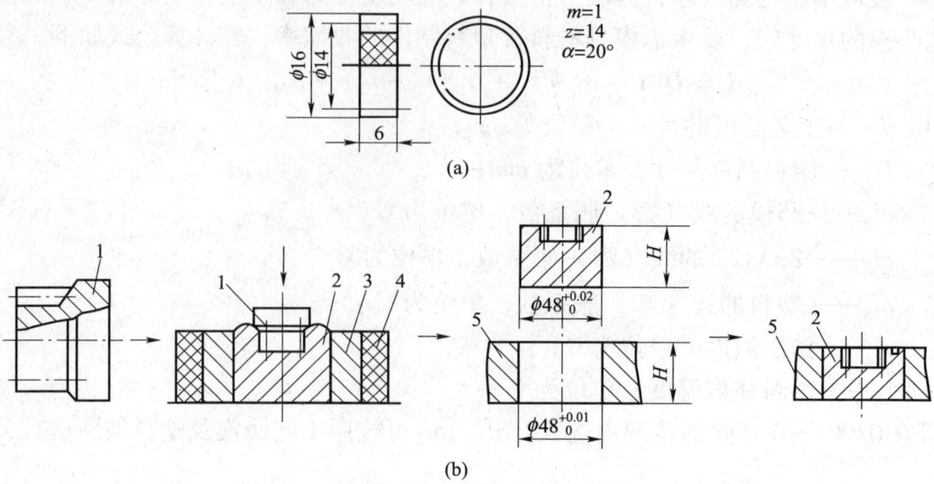

图 5-102　尼龙齿轮型腔的加工过程

（a）尼龙齿轮；（b）型腔加工过程

1—工艺凸模；2—模坯；3—护套；4—电阻式加热圈；5—固定板

5.3.6　型腔的抛光和表面硬化技术

型腔作为成型制件表面的零件，其自身的表面质量一定要很好才能保证制件有好的表面质量。模具型腔加工中常用抛光和表面硬化处理来提高表面质量。

1. 型腔的抛光和研磨

模具型腔（型芯）经切削加工后，在它的表面上残留有切削的痕迹。为了去除切削加工痕迹，就需对其进行抛光。抛光的程度包括各种等级，从修去切削痕迹开始，直到加工成镜面状态的研磨等。抛光和研磨在型腔加工中所占工时比重很大，特别是那些形状复杂的塑料模型腔其抛光工时的比重可达约 45%。

抛光工序在模具制造中非常重要，它不仅对成型制件的尺寸精度、表面质量影响很大，也影响模具的使用寿命。

抛光加工大致可分为手工抛光和采用抛光机具进行抛光。

（1）手工抛光

手工抛光有以下几种操作方法：

1）用砂纸抛光

手持砂纸，压在加工表面上作缓慢的运动，以去除机械加工的切削痕迹，使表面粗糙度减小，这是一种常见的抛光方法。操作时也可用软木压在砂纸上进行。根据不同的抛光要求可采用不同的粒度号数的氧化铝、碳化硅及金刚石砂纸。抛光过程中必须经常对抛光表面和砂纸进行清洗，并按照抛光的程度依次改变砂纸的粒度号数。

2）用油石抛光

与用砂纸抛光相似，不同的仅是使用油石作抛光工具。用油石主要是对型腔的平坦部位和槽的直线部分进行抛光。抛光前应做好以下准备工作：

①选择适当种类的磨料、粒度、形状的油石，油石的硬度可参考图 5－103 选用。

②应根据抛光面大小选择适当大小的油石，以使油石能纵横交叉运动。当油石形状与加工部位的形状不相吻合时，须用砂轮修整器对油石形状进行修整，图 5－104 所示是修整后用于加工狭小部位的油石。

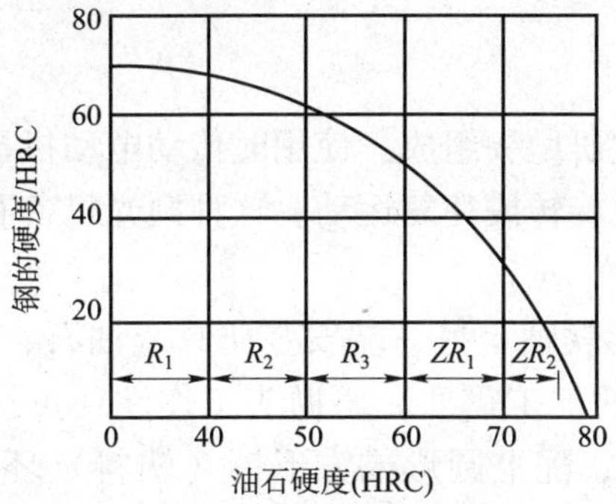

图 5－103　油石的选用

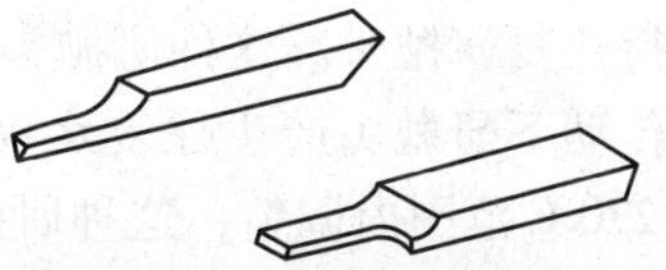

图 5－104　经过修整的油石

抛光过程中由于油石工件紧密接触，油石的平面度将因磨损而变差，对磨损变钝的油石应即时在铁板上用磨料加以修整。

用油石抛光时为获得一定的润滑冷却作用，常用 L－AN15 全损耗系统用油作抛光液。精加工进可用 L－AN15 全损耗系统用油 1 份、煤油 3 份、透平油或锭子油少量，再加入适量的轻质矿物油或变压器油。

在加工过程中要经常用清洗油对油石和加工表面进行清洗，否则会因油石气孔堵塞而使加工速度下降。

3）研磨

研磨是在工件和工具之间加入研磨剂，在一定压力下由工具和工件间的相对运动，驱动大量磨粒在加工表面上滚动或滑擦，切下微细的金属层而使加工表面的粗糙度减小。同时研磨剂中加入的硬脂酸或油酸下工件表面的氧化物薄膜产生化学作用，使被研磨表面软化，从而促进了研磨效率的提高。

研磨剂由磨料、研磨液（煤油或煤油与桐油的混合液）及适量辅料（硬脂酸、油酸或工业甘油）配制而成。研磨钢时，粗加工用碳化硅或白刚玉，淬火后的精加工则使用氧化铬或金刚石粉作磨料，磨料粒度可按表 5－16 选择。

表 5－16　磨料的粒度选择

粒度	能达到的表面粗糙度 $Ra/\mu m$	粒度	能达到的表面粗糙度 $Ra/\mu m$
100～120	0.8	W28～W14	0.2～0.1
120～320	0.8～0.2	≤W14	≤0.10

（2）机械抛光

由于机械抛光要消耗很长的加工时间，劳动消耗大。因而对抛光的机械化自动化要求非常强烈，随着现代技术的发展，在抛光加工中相继出现了电动抛光、电解抛光、气动抛光、超声波抛光以及机械－超声抛光、电解－机械－超声抛光等复合抛光。应用这些工艺可以减轻劳动强度，提高抛光的速度和质量。

1）圆盘式磨光机

图 5－105 是一种常见的电动工具，用手握住对一些大型模具去除仿形加工后的走刀痕迹及倒角，抛光精度不高，其抛光程度接近粗磨。

2）电动抛光机

这种抛光机主要由电动机、传动软轴及手持式研抛头组成。使用时传动电动机挂在悬挂架上，电动机启动后通过软轴传动手持抛光头产生旋转或往复运动。这种抛光机备有以下三种不同的研抛头，以适应不同的研抛工作：

手持往复研抛头。这种研抛头工作时一端连接软轴，另一端安装研具或油石、锉刀等。在软轴传动下研抛头产生往复运动，可适应不同的加工需要。研抛头工作端还可按加工需要，在 270℃ 范围内调整，这种研抛头装上球头杆，配上圆形或方形铜（塑料）环作研具，手持研抛头沿研磨表面不停地均匀移动，可对某些小曲面或复杂形状的表面进行研磨。如图 5－106 所示，研磨时常采用金刚石研磨膏作研磨剂。

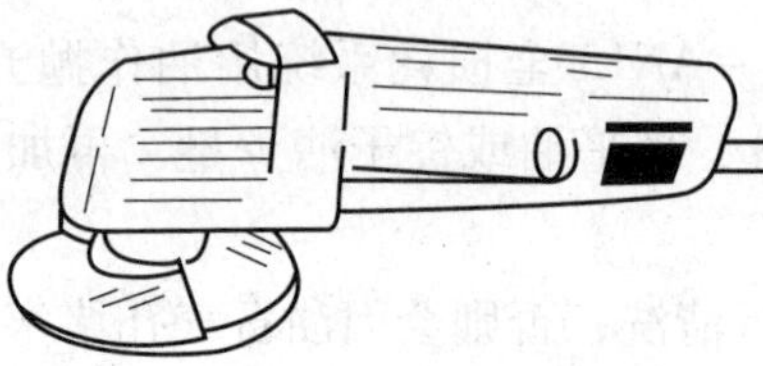

图 5－105　圆盘式磨光机

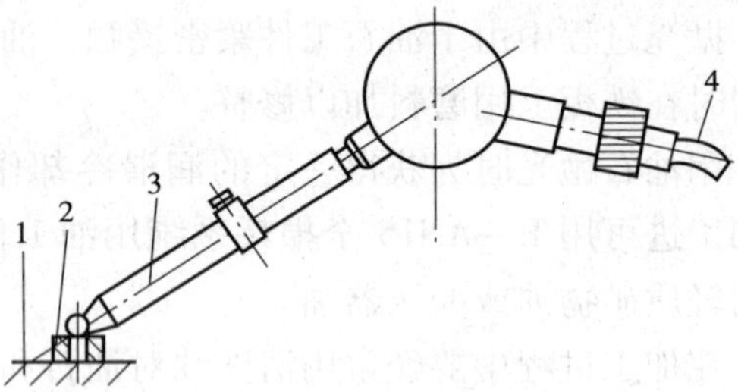

图 5－106　手持往复式研抛头的应用

1—工件；2—研磨环；3—球头杆；4—软轴

手持直式旋转研抛头。这种研抛头可装夹 $\phi2 \sim \phi12$ mm 的特形金刚石砂轮，在软轴传动下作高速旋转动，加工时就像握笔一样握住研抛头进行操作，可对型腔的细小复杂的凹弧面进行修磨，如图 5－107 所示。取下特形砂轮，装上打光球用的轴套，用塑料研磨套可研抛圆弧部位。装上各种尺寸的羊毛毡抛光头可进行抛光工作。

手持角式旋转研抛头。与手持直式研抛头相比，这种研抛头的砂轮回转轴与研抛头的直柄部成一定夹角，便于对型腔的凹入部分进行加工，与相应的抛光及研磨工具配合，可进行相应的研磨和抛光工序。

使用电动抛光机进行抛光或研磨时，应根据被加工表面的原始粗糙度和加工要求，选用适当的研抛工具和研磨剂，由粗到细逐步进行加工。在进行研磨操作时移动要均匀，在整个表面不能停留；研磨剂涂布不宜过多，要均匀散布在加工表面上，采用研磨膏时必须添加研磨液；每次改变不同粒度的研磨剂都必须将研具及加工表面清洗干净。

（3）电解修磨抛光

电解修磨抛光是在抛光工件和抛光工具之间施以直流电压，利用通电后工件（阳极）与抛光工具（阴极）在电解液中发生的阳极溶解作用来进行抛光的一种工艺方法，如图 5－108 所示。

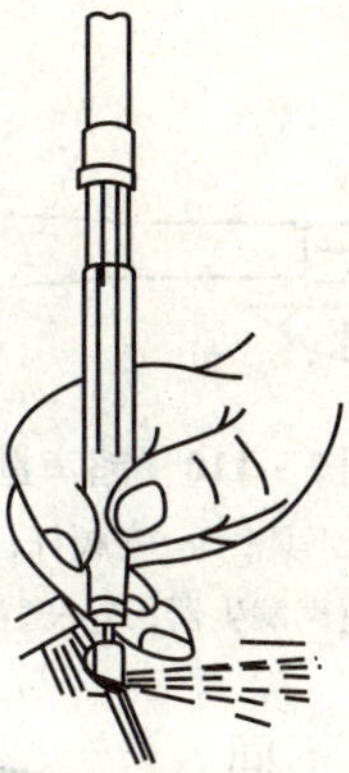

图 5－107　用手持直式研抛头进行加工

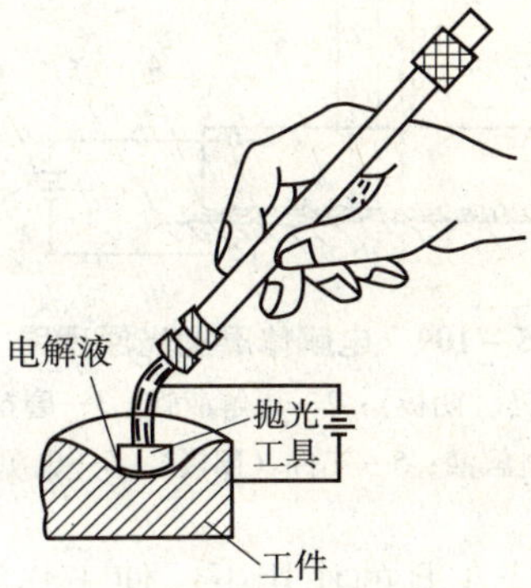

图 5－108　电解修磨抛光

电解修磨抛光工具可采用导电油石制造。这种油石以树脂作粘结剂与石墨和磨料（碳化硅或氧化铝）混合压制而成，应将导电油石修整成与加工表面相似的形状。抛光时，手持抛光工具在零件表面轻轻摩擦，由于电解作用，加工效率高。

图 5－109 是电解修磨抛光的原理图。从图中可以看出，加工时仅工具表面凸出的磨粒与加工表面接触，而磨粒不导电，防止了两极间发生短路现象。砂轮基体（含石墨）导电，当电流及电解液从两极间通过时，工件表面产生电化学反应，溶解并生成很薄的氧化膜，这层氧化膜不断地被移动的抛光工具上的磨粒刮除，使加工表面重新露出新的金属表面，并继续被电解。电解作用和刮除氧化膜交替进行，从而使加工表面的粗糙度逐渐减小，工件被抛光。

加工电源可采用全波桥式整流，晶闸管调压，最大输出电流 10 A，电压 0～24 V。也可采用一般直流稳压电源。

电解液常采用每立升水溶入硝酸钠（$NaNO_3$）150 g，氯酸钠（$NaClO_3$）50 g 制成。

电解修磨抛光有以下特点：

1）电解修磨抛光不会使工件产生热变形或应力。

2）工件硬度不影响加工速度。

3）对型腔中用一般方法难以修磨的部位及形状（如深槽、窄缝及不规则圆弧等），可采用相应形状的修磨工具进行加工，操作方便、灵活。

4）修磨抛光后，模具表面粗糙度一般为 *Ra*6.3～3.2 mm，对粗糙度指标小于上述范围的表面再采用其他方法加工较容易达到。

5）装置简单，工作电压低，电解液无毒，生产安全。

（4）超声波抛光

超声波抛光是超声加工的一种形式，是利用超声振动的能量，通过机械装置对型腔表面进行抛光加工的一种工艺方法。

图 5－110 是超声波抛光的原理图。超声发生器能将 50Hz 的交流电转变为具有一定功率输出的超声频电振荡。换能器将输入的超声频电振荡转换成超声机械振动，并将这种振动传递给变幅杆加以放大，最后传至固定在变幅杆端部的抛光工具，使工具也产生超声频振动。

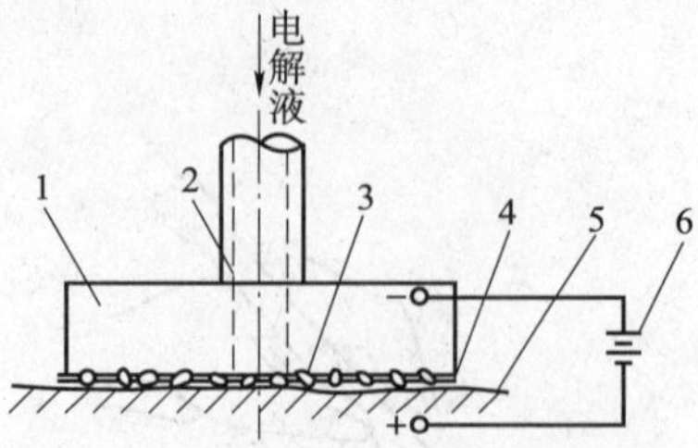

图 5－109　电解修磨抛光原理图

1—工具（阴极）；2—电解液管；3—磨粒；
4—电解液；5—工件（阳极）；6—电源

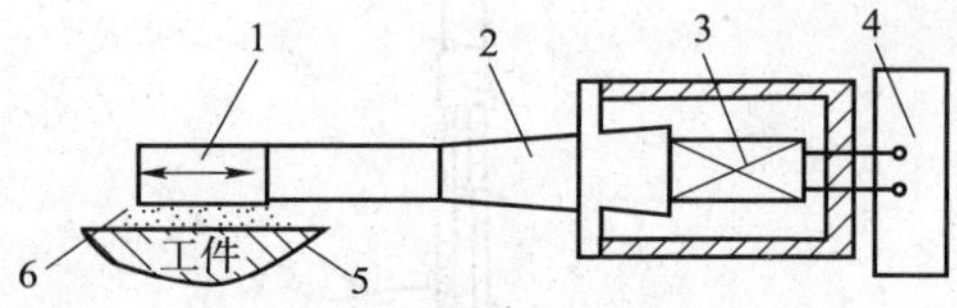

图 5－110　超声抛光原理图

1—抛光工具；2—变幅杆；3—超声换能器；
4—超声发生器；5—磨粒；6—工作液

在抛光工具的作用下，使工作液中悬浮的磨粒产生不同的剧烈运动，大颗粒的磨粒高速旋转，小磨粒产生上下左右的高速跳跃，均对加工表面有微细的切削作用，使加工表面微观不平度的高度减小，表面光滑平整。按这种原理设计的抛光机称为散粒式超声抛光机。也可以将磨料与工具制成一个整体，如同油石一样，使用这种工具抛光，不需要另加磨料，只要加入工作液即可。图 5－111 是这种形式的超声波抛光机。

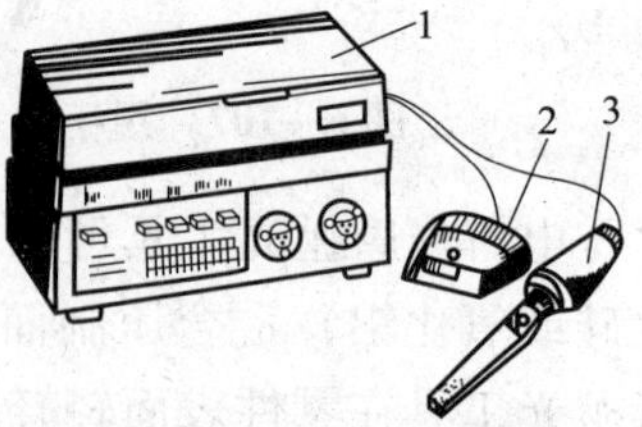

图 5－111　超声波抛光机

1—超声波发生器；2—脚踏开关；
3—手持工具头

超声抛光常采用碳化硅、碳化硼、金刚砂等作磨料，粗、中抛光用水做工作液，精细抛光一般用煤油做工作液。超声抛光前，工件的表面粗糙度不应大于 $Ra = 1.25 \sim 2.5\ \mu m$，经抛光后粗糙度可达 $Ra = 0.63 \sim 0.08\ \mu m$ 或更高。抛光精度与操作者的经验和技术熟练程度有关。超声抛光的加工余量，与抛光前被抛光表面的质量及抛光后的表面质量有关。最小抛光余量应保证能完全消除，由上道工序形成的表面的微观几何形状误差或变质层的深度。如对于采用电火花加工成型的型腔，对应于粗、精加工规准，所采用的抛光余量也不一样。电火花中、精规准加工后的抛光余量一般为 0.02 ~ 0.05 mm。

超声波抛光具有以下优点：

1）抛光效率高，能减轻劳动强度。

2）适用于各种型腔模具，对窄缝、深槽、不规则圆弧的抛光尤为适用。

3）适用于不同材质的抛光。

2. 型腔的表面硬化处理。

模具表面硬化处理的目的是提高模具的耐用度。一般，如果预先按照用途选择优质的模具材料进行适当的热处理后，其结果并不能获得满意的耐用度时，就应该采用硬化处理。但是，在硬化处理时必须选择能保持模具精度、不影响其心部强度的工艺方法。

模具的表面硬化方法，除人们熟悉的镀硬铬、氮化处理外，在 20 世纪 70 年代到 80 年代间，硬质化合物涂覆技术已被推广应用到模具上。现在，对模具进行硬质化合物涂覆处理已成为提高模具寿命有效的方法之一。大力推广这项技术，对于提高模具的加工效率和质量，减少昂贵模具材料的消耗有着十分深远的意义。目前，适用于模具的硬质化合物涂覆方法主要有：化学气相沉积法（CVD）、物理气相沉积法（PVD）和在盐浴中向工件表面浸镀碳化物的方法（TD），见表 5－17。

表 5－17　适用于模具的几种硬质化合物涂覆方法

工艺和性能	方法	CVD	PVD	TD
工艺	处理温度 θ/℃	800～1100	400～600	800～1100
	处理时间 t/h	2～8	1～2	0.5～10
	介　质	真空中 $(2.6\sim6.6)\times10^{-3}$Pa	真空中 $1.3\times(10^{-1}\sim10^{-2})$ Pa	盐浴中（常压）
	原　料	金属的卤化物 碳氢化合物、N_2等	纯金属 碳氢化合物、N_2等	纯金属 铁合金等的粉末
涂层性质	涂覆物质	碳化物、氮化物 氧化物、硼化物	碳化物、氮化物 氧化物、硼化物	VC、NbC、TiC 铬的 碳化物、硼化物
	厚度 δ/μm	1～15	1～10	1～15
	硬度/HV	2000～3500 随沉积物而异	2000～3500 随沉积物而异	2000～3500 随沉积物而异
	与基体的结合性	良好（有扩散层）	欠佳	良好（有扩散层）
	结晶组织	柱状晶粒	细晶粒	等轴晶粒
基体性质	形　状	可用于复杂形状	背对蒸发源部分涂不上	可用于复杂形状
	化学成分	不限制（最好是高碳钢）	不限制（低温 回火材料不宜用）	含碳量 w_C 大于 0.3% 的钢
	热处理（后处理）	须再淬火—回火	高温回火材料 不需要再热处理	须再淬火—回火
	变　形	涂覆处理后有变形	涂覆处理后变形很小	涂覆处理后有变形

（1）CVD 法

在高温下将盛放工件的炉内抽成真空或通入氢气，再导入反应气体。气体的化学反应在工件表面形成硬质化合物涂层。对于模具主要是气相沉积 TiC，其次是 TiN 和 Al_2O_3。气相沉积 TiC 是将工件在氢气保护下加热到 900～1100℃，再以氢气作载流气体将四氯化钛和碳氢化合物（如 CH_4）输入盛放工件的反应室内，使之在基体表面发生气相化学反应，得到 TiC 涂层。

用 CVD 法处理模具的优点是：

1）处理温度高，沉积物和基体之间发生碳与合金元素间的相互扩散，使涂层与基体之间的结合比较牢固。

2）由于气相反应，用于形状复杂的模具也能获得均匀的涂层。

3）设备简单，成本低，效果好（CVD 法处理的模具一般可提高模具寿命 2～6 倍），易于推广。

其缺点是：

1）处理温度高，易引起模具变形。

2）由于涂层厚度较薄（不超过 15 μm），所以处理后不允许研磨修正。

3）由于处理温度高，模具的基体会软化，对高速钢和高碳高铬钢模具，必须涂覆处理后于真空或惰性气体中再进行淬火、回火处理。

（2）PVD 法

在真空中把 Ti 等活性金属熔融蒸发离子化后，在高压静电场中使离子加速并沉积于工件表面形成涂层。PVD 法大致有离子镀、蒸气镀和溅射三种。由于离子镀沉积效果最明显，并具有沉积速率高、离子绕射性好、附着力强等优点，所以，目前有关模具 PVD 处理的研究应用主要集中于离子镀方面。处理时先将工件置于真空室中，使真空室达 $10^{-2} \sim 10^{-4}$Pa 真空度，然后通入反应气体（如 H_2或 C_2H_2+Ar）。在工件和蒸发源（涂覆用金属，如 Ti）之间加有 3 ~ 5 kV 的加速电压，在工件周围形成一个阴极放电的等离子区。工件因气体正离子的轰击而被加热。这时，以电子枪轰击蒸发源的金属（Ti），使之熔融、蒸发，并部分离子化，同时在离子化电极加上数十至数百伏的正电压来促进离子化。Ti 离子、原子和气体离子在加速电压的作用下飞向工件（经过等离子区时，尚未电离的 Ti 原子被气体离子、电子碰撞而电离为 Ti 离子），在工件表面发生反应而成为 TiC 涂层：

$$2Ti + C_2H_2 \longrightarrow 2TiC + H_2$$

用 PVD 法处理模具的优点是：

1）处理温度一般为 400 ~ 600℃，这一温度在采用二次硬化法处理的 Cr12 型模具钢的回火温度附近，因此这种处理不会影响 Cr12 型模具钢原先的热处理效果。

2）处理温度低，模具变形小。

其主要缺点是：

1）涂层与基体的结合强度较低。

2）如涂覆处理温度低于 400℃，涂层性能下降，故不适于低温回火的模具。

3）由于采用一个蒸发源，对形状复杂的模具覆盖性能不好。若采用多个蒸发源或使工件绕蒸发源旋转来弥补，又会使设备复杂、成本提高。

（3）TD 法

将工件浸入添加有质量分数为 15% ~ 20% 的 Fe – V、Fe – Nb、Fe – Cr 等铁合金粉末的高温（800 ~ 1250℃）硼砂盐浴炉中，保持 0.5 ~ 10 μm（视要求的涂层厚度、工件材料和盐浴温度而定），在工件表面上形成 1 ~ 10 μm 或更厚些的碳化物涂覆层，然后进行水冷、油冷或空气冷却（尽量与基体材料的淬火结合在一起进行）。在 TD 法中碳化物形成和成长的机理如下：

1）碳化物形成元素的原子在高温下以活化原子状态溶于硼砂熔液中，使 BZO_3还原，还原后的 B 向基体内扩散，产生渗硼反应。

2）碳化物形成元素与基体表面的碳原子结合，形成几个分子厚度的碳化物薄层。

3）由于碳化物的形成，基体表面的碳原子减少，同时基体内的碳原子相继向表面层扩散，与碳化物形成元素的原子结合，使碳化物层不断增厚。

4）部分碳化物形成元素的原子向基体内扩散，形成固熔体。碳化物形成与成长过程中，盐浴温度愈高，处理时间愈长，基体材料的含碳量愈高，碳化物涂覆层愈厚。TD 法的优点与 CVD 法类似。其处理设备非常简单（外热式蒸锅盐炉，不必密封），生产率高，适合于处理各种中小型模具。但是，由于 TD 法中碳化物形成需消耗基体中的碳，对于含碳量 w_C小于 0.3% 的钢或尺寸过小的模具零件不宜采用。

5.4　型腔类模具零件工艺路线的拟定及工艺方案比较

一般塑料件外形精度要求不是很高，所以型腔型面的加工尺寸精度要求也不是很高。但分型面、型腔与其他零件的配合面尺寸精度、形状位置精度往往要求比较高，如导柱导套孔、前模与后模的扣合表面等。如果采用镶拼结构，镶拼结合处的加工精度要求也很高，所以在确定型腔加工工艺的时候要注意这些因素。

【例 5－15】　请确定图 5－112 所示哈夫型腔块零件的加工工艺路线。

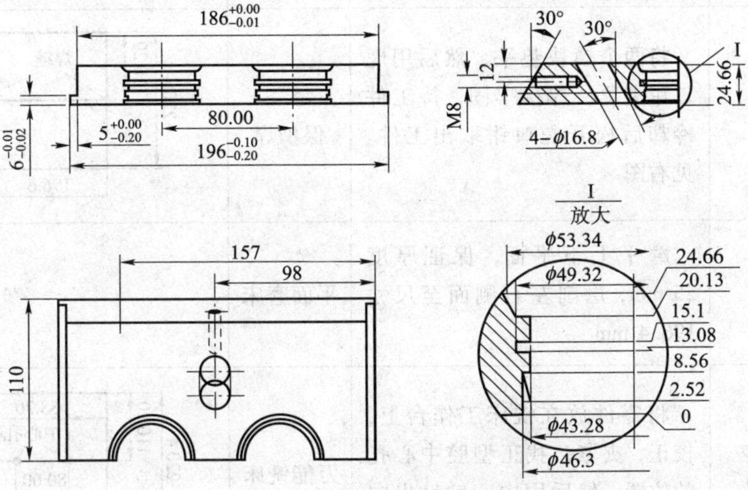

图 5－112　哈夫型腔块凹模

【解】　图 5－112 所示哈夫型腔块的凹模结构，其加工工艺过程一般有以下两种工艺方案。

（1）工艺方案（一）

工艺方案（一）的加工工艺过程为：备料→粗铣外形及焊接坡口→磨削基准面→划线钻孔攻牙→焊接→磨削基准面→铣中心定位孔→车削型腔孔→拆分→铣导向台阶→钻铰斜孔→铣斜面→热处理→磨外形→磨削斜面→抛光。

工艺方案（一）实施时，型面的加工工艺采用两件拼合车削加工，分开后热处理淬火、抛光，可保证外形加工精度。但型面的精度不高。其具体加工工艺过程见表 5－18。

表 5－18　侧滑块型腔的加工工艺过程（方案一）

工序号	工序名称	工序内容	加工设备	工序简图
1	备料	外购坯料：198 × 112 × 26（两块，已锻造后回火处理）		
2	铣削	铣削 4 个侧面，单面预留加工余量 0.4 mm。铣削焊接坡口 3 × 45°，见右简图	万能铣床	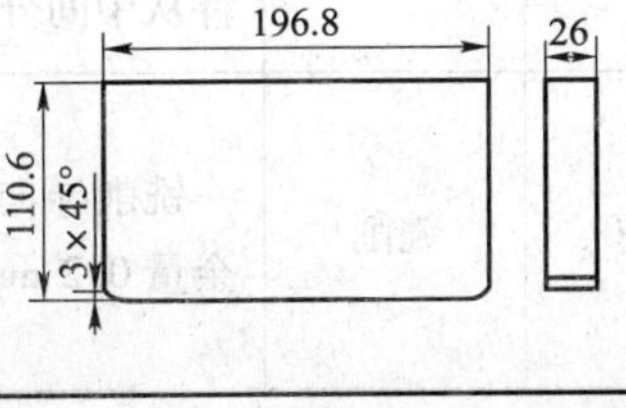

续表

工序号	工序名称	工序内容	加工设备	工序简图
3	磨削	磨削零件的6个表面，见右图	平面磨床	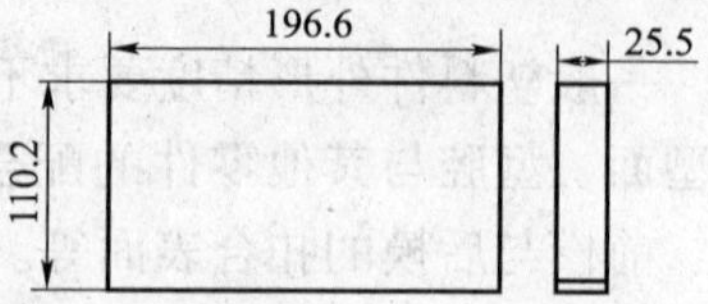
4	攻牙	划线钻孔改牙 M8，牙深20 mm	钻床	
5	焊接	将两个模块垫平、然后用虎口钳夹紧，焊接牢固，待工件冷却后松开虎口钳取出工件。见右图	氩气保护焊	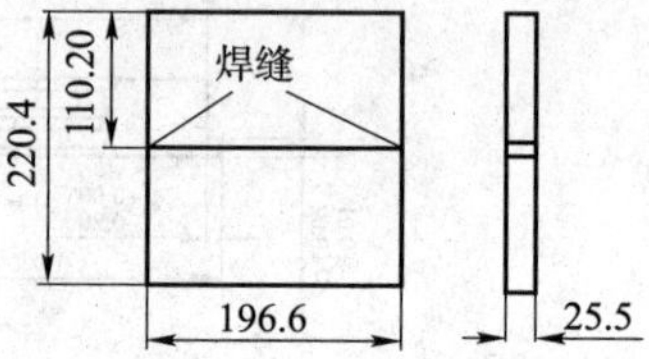
6	磨削	磨平上下平面，保证厚度25 mm，磨削左右侧面至尺寸196.4 mm	平面磨床	
7	钻型腔中心孔	将零件放在铣床工作台上，校正，夹紧，找正型腔中心孔的位置，然后用中心钻钻出中心孔，见右图	万能铣床	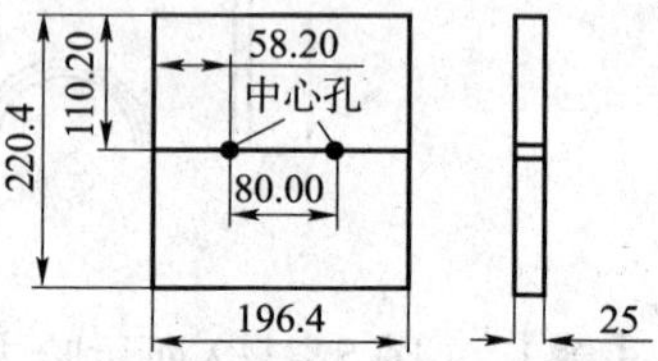
8	车削	将零件装夹在四爪卡盘上，见图5-113，找正、校正型腔中心，夹紧。然后撤出辅助顶尖和尾座顶尖。在尾座装上钻头钻、扩孔，用车刀镗孔至ϕ42.28，然后用成型车刀（一般要自己修模）镗型孔达尺寸要求，见右图。车好一个型孔后，重新装夹，按以上方法车削另一个孔。	车床	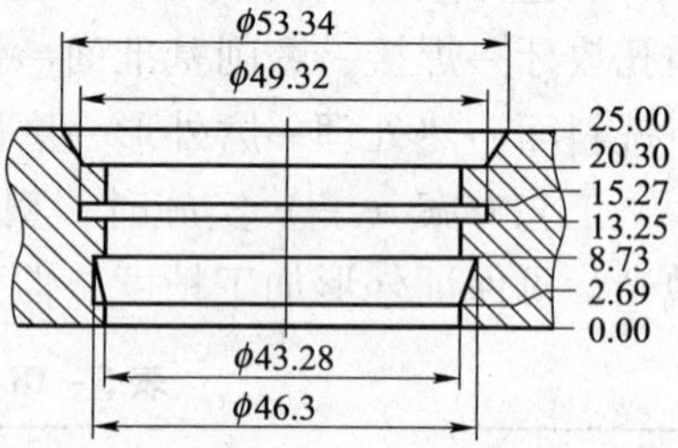
9	拆分	用手持式砂轮机（或铣床）打磨（或铣削）焊接处直到工件从中间分为两件		
10	铣削	铣削导向台阶，每面留加工余量0.2 mm，见右图	铣床	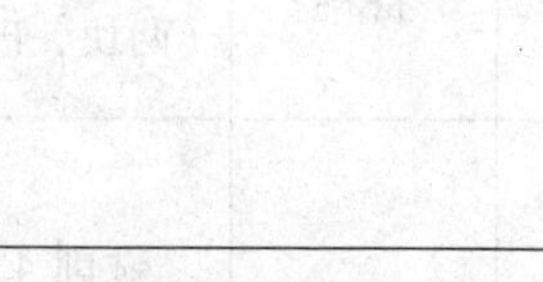

续表

工序号	工序名称	工序内容	加工设备	工序简图
11	钻、扩、铰斜孔	划线并在斜孔中心打好样冲眼，将工件装夹在万向可倾平口钳上，夹紧并调整好倾斜的角度，先用中心钻找正样冲眼，如右图所示，然后换上铣刀，铣平钻孔位，最后一次换上钻头和铰刀钻铰斜孔达尺寸要求	铣床	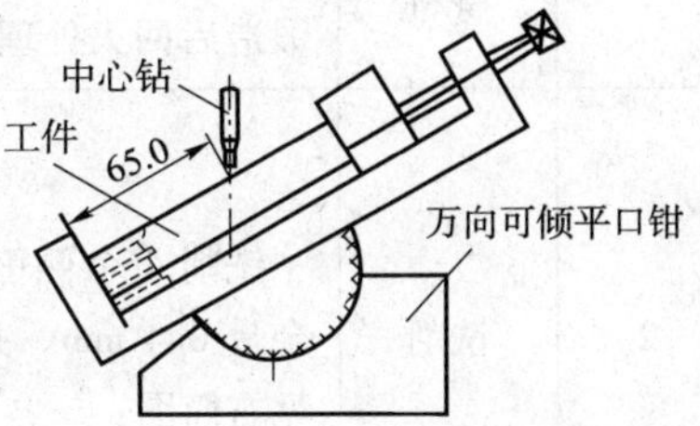
12	铣斜面	将工件装夹在万向可倾平口钳上，夹紧并调整好倾斜的角度，铣削斜面留加工余量 0.2 mm，如右图所示	万能铣床	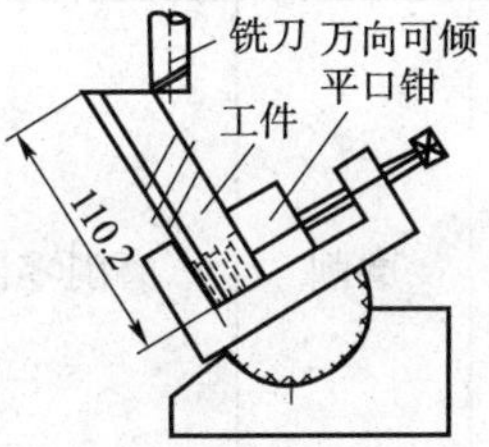
13	热处理	淬火 + 回火，HRC48 ~ 52	热处理炉	
14	磨削	磨削上下平面、导向侧面，每面磨削 0.2 mm 至尺寸。直至平面垂直度 < 0.01 mm，平行平面平行度 < 0.01 mm	平面磨床	
15	磨削斜面	将工件夹紧在万向可倾平口钳上（如工序 12 简图），调整好角度，磨削斜面到尺寸要求	平面磨床	
16	抛光	研磨抛光型面达要求（手动完成）		

（2）工艺方案（二）

工艺方案（二）的加工工艺过程为：备料→粗铣外形→磨削基准面→划线钻孔攻牙→数控铣削型腔孔→钻铰斜孔→铣斜面→热处理→磨外形→磨削斜面→电火花加工型面→抛光。其具体加工工艺过程见表 5 – 19。

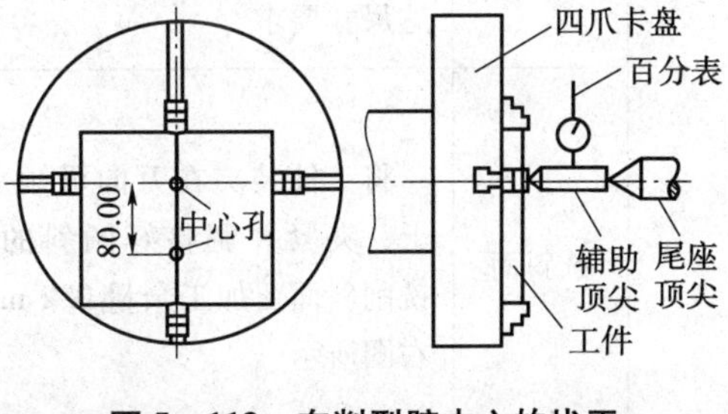

图 5 – 113　车削型腔中心的找正

表 5－19　侧滑块型腔的加工工艺过程（方案二）

工序号	工序名称	工序内容	加工设备	工序简图
1	备料	外购坯料：198 × 112 × 26（已锻造后回火处理）		
2	铣削	铣削 4 个侧面，单面预留加工余量 0.4 mm。并铣削导向台阶，见右简图	万能铣床	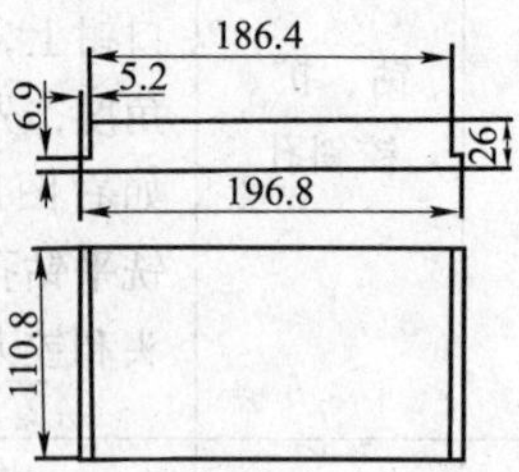
3	磨削	磨削零件的 6 个表面，见右图	平面磨床	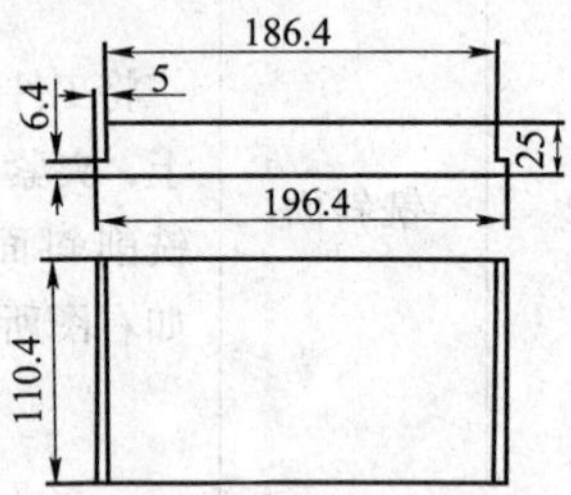
4	攻牙	划线钻孔改牙 M8，牙深 20 mm	钻床	
5	数控铣削	数控铣削型孔，预留单边余量 0.5 mm，尺寸见右图	数控加工中心	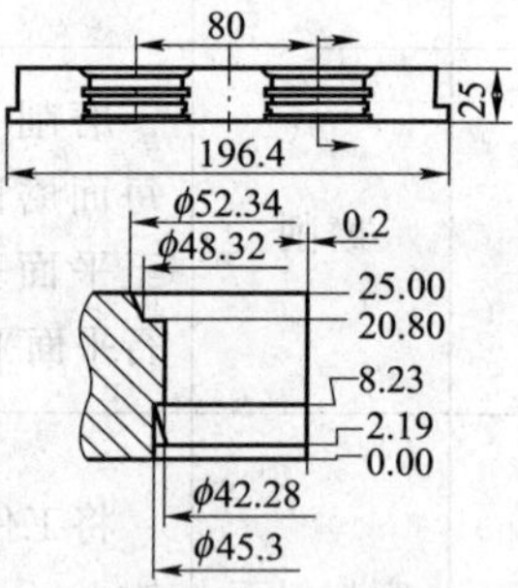
6	钻、扩、铰斜孔	划线并在斜孔中心打好样冲眼，将工件装夹在万向可倾平口钳上，夹紧并调整好倾斜的角度，先用中心钻找正样冲眼，如右图所示，然后换上铣刀，铣平钻孔位，最后一次换上钻头和铰刀钻铰斜孔达尺寸要求		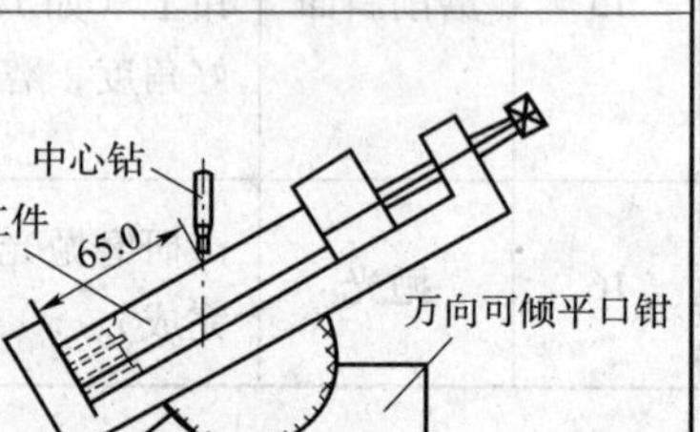
7	铣斜面	将工件装夹在万向可倾平口钳上，夹紧并调整好倾斜的角度，铣削斜面留加工余量 0.2 mm，如右图所示	万能铣床	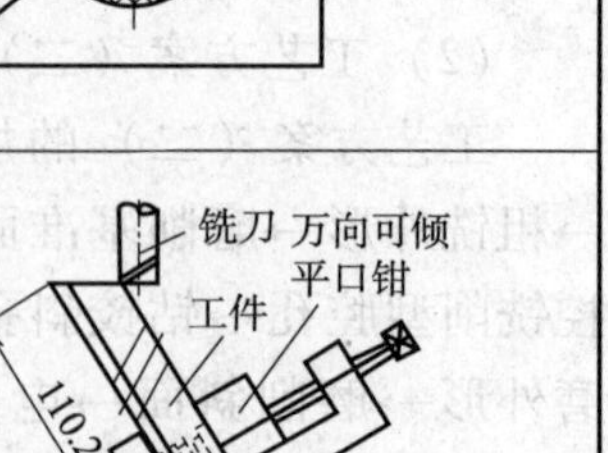

续表

工序号	工序名称	工序内容	加工设备	工序简图
8	热处理	淬火+回火，HRC48~52	热处理炉	
9	磨削	磨削上下平面、导向侧面，每面磨削 0.2 mm 至尺寸。直至平面垂直度 <0.01 mm，平行平面平行度 <0.01 mm	平面磨床	
10	磨削斜面	将工件夹紧在万向可倾平口钳上（如工序 7 简图），调整好角度，磨削斜面到尺寸要求	平面磨床	
11	电火花加工	电火花成型加工型腔至尺寸要求	电火花机	
12	抛光	研磨抛光型面达要求（手动完成）		

工艺方案（二）实施时，可满足较高的型面精度要求，但需使用现代加工设备数控铣、电火花成型机。但零件制造成本高。一般条件下，我们建议采用方案（一）完成零件的制造过程。

5.5 型腔零件机械加工工艺规程的编制

一般塑料件外形精度要求不是很高，所以型腔型面的加工尺寸精度要求也不是很高。但分型面、型腔与其他零件的配合面尺寸精度、形状位置精度往往要求比较高，如导柱导套孔、前模与后模的扣合表面等。如果采用镶拼结构，镶拼结合处的加工精度要求也很高，所以在确定型腔加工工艺的时候要注意这些因素。

1. 零件分析

图 5-112 所示是一个哈夫型腔块的零件图，如下是对其加工要求分析。

（1）加工分析

这是注射模活动的型腔块，要求硬度高、耐磨性能好，材料为 S316，热处理要求 HRC48~52。在一般的加工设备上加工，一般先粗加工后淬火处理再精加工才达到使用要求。如果用高速铣削或电加工，则采用预硬钢来加工。如果使用预硬钢，机械加工完毕抛光型面即可使用。

（2）表面加工要求

几乎所有的表面加工要求都比较高，导向台肩有配合要求，型面部分要求抛光。

（3）型面部分的加工

哈夫型腔块内有两个型面，腔面部分是半个回转体，形状比较复杂，有一处较深的细槽。如果精度要求不同，可以考虑用两块拼接后车加工型面，加工后再分开成两件。精度要求高的情况可采用高速铣加工，热处理后电火花成型加工。

（4）其他部分的加工

包括导向台肩的加工、斜孔的加工、斜面的加工、螺孔的加工。导向台肩和斜面的加工要求比较高，为了避免热处理变形对精加工造成不良影响，可以先粗铣加工、热处理淬火后精磨加工达到要求。螺孔应在热处理淬火之前加工好。斜孔精度要求不高，但表面粗糙度要求较高，可以在热处理之前钻铰或镗孔到尺寸，热处理后抛光使表面粗糙度达到要求。

2. 加工阶段的划分

通过以上零件分析，如果使用预硬钢加工，需采用高速铣削或电加工，而且螺纹孔将很难加工，所以本例不采用预硬钢，采用常用机械加工方法加工。为提高加工效率，应在热处理淬火之前完成所有的加工，淬火后再进行精加工。根据这些分析，可以初步确定零件加工过程的五个阶段：备料，淬火前加工，热处理淬火，淬火后精加工，光整加工。

（1）备料

S136 的材料比较贵重，所以一般采用外购坯料，外购回来的坯料都比较规整，坯料的加工余量不需太大，一般预留单边余量 1 mm 就可以了。本例坯料的规格为 198×112×26。

（2）淬火前加工

包括上下底面的粗加工、斜孔的粗加工、螺纹孔的加工导向台肩和斜面粗铣加工、型面的粗加工。

（3）热处理后精加工

各外形表面和型面的精加工，因为热处理后较硬，所以一般采用磨削加工。

（4）光整加工

型面的抛光。

3. 加工工艺方案的比较

根据上面的分析，可以制定出如下几种加工方案。

（1）方案（一）

哈夫型腔块和其他表面有较高的配合要求，因此外形要求比较高，为了保证加工精度，外形表面的最终加工方法采用热处理后再磨削加工。如果型面的精度要求不是很高，型面的加工工艺则可以采用两件拼合车削加工→分开后热处理淬火→抛光。因此确定方案一的加工工艺路线为：备料→粗铣外形及焊接坡口→磨削基准面→划线钻孔攻牙→焊接→磨削基准面→铣中心定位孔→车削型腔孔→拆分→铣导向台阶→钻铰斜孔→铣斜面→热处理→磨外形→磨削斜面→抛光。机械加工工艺过程卡，见表 5-20。

（2）方案（二）

如果型腔的精度要求很高，型面的加工会采用热处理后在精加工的方法，热处理后由于材料比较硬，一般只能采用电加工、磨削加工或高速铣。但实际上，本例不适合磨削加工，所以只能考虑用电加工。由于高速铣成本较高，目前应用不是很广，所以方案二将探讨一下采用电火花加工型面的加工工艺方案。方案二的加工工艺路线为：备料→粗铣外形→磨削基准面→划线钻孔攻牙→数控铣削型腔孔→钻铰斜孔→铣斜面→热处理→磨外形→磨削斜面→电火花加工型面→抛光。机械加工工艺过程卡，见表 5-21。

表 5－20 哈夫型腔块凹模机械加工工艺过程卡片（方案一）

××公司	机械加工工艺过程卡	产品型号及名称	××	零件生产批量	××	第 页	
		零件名称	哈夫型腔块凹模	零件图号	××	共 页	
毛坯种类	锻件	材料名称及型号	S316	每件毛坯制坯数	2	成品外形尺寸	196×110×24
毛坯外形尺寸	198×112×26	零件重量	××	毛坯重量	××	每台产品件数	2

工序号	工种	工序内容	车间	工段	设备	工艺装备	工时	
							准终	单件
1	备料	外购 198 mm×112 mm×26 mm	准备	准备				
2	铣	铣削 4 个侧面，单面预留加工余量 0.4 mm。铣削焊接坡口 3×45°	铣	铣	万能铣床	圆形回转工作台、百分表		
3	磨平面	磨削零件的 6 个表面，磨削余量 0.2 mm	磨	磨	平面磨床	百分表，定位块		
4	攻牙	划线钻孔攻牙 M8，牙深 20 mm	钻	攻牙	钻床	丝锥、样冲器		
5	焊接	将两个模块垫平、然后用虎口钳夹紧，焊接牢固，待工件冷却后松开虎口钳取出工件	焊	焊	氩气保护焊	虎口钳		
6	磨削	磨平上下平面，保证厚度 25 mm，磨削左右侧面至尺寸 196.4 mm	磨	磨	平面磨床	百分表，定位块		
7	钻型腔中心孔	将零件放在铣床工作台上，校正，夹紧，找正型腔中心孔的位置，然后用中心钻钻出中心孔	钻	钻	万能铣床	圆形回转工作台、百分表		
8	车	将零件找正、校正型腔中心，夹紧。然后撤出辅助顶尖和尾座顶尖。在尾座装上钻头钻、扩孔，用车刀镗孔至 ϕ42.28，然后用成形车刀镗型孔达尺寸要求	车	车	车床	四爪卡盘、百分表		
9	拆分	用手持式砂轮机打磨焊接处直到工件从中间分为两件			手持式砂轮机	垫块		

续表

工序号	工种	工序内容	车间	工段	设备	工艺装备	工时	
							准终	单件
10	铣削	铣削导向台阶，每面留加工余量0.2 mm	铣	铣	普通铣床	百分表		
11	钻、扩、铰斜孔	划线并在斜孔中心打好样冲眼，将工件装夹在万向可倾平口钳上，夹紧并调整好倾斜的角度，先用中心钻找正样冲眼，然后换上铣刀，铣平钻孔位，最后一次换上钻头和铰刀钻铰斜孔达尺寸要求	钻	钻	普通铣床	样冲器，万向可倾平口钳，百分表		
12	铣斜面	将工件装夹在万向可倾平口钳上，夹紧并调整好倾斜的角度，铣削斜面留加工余量0.2 mm	铣	铣	万能铣床	圆形回转工作台、百分表		
13	热处理	淬火+回火，HRC48~52	热处理	热处理	热处理炉	淬火池、回火炉		
14	检验	检验热处理是否达到要求	检验	检验	硬度计	检验台		
15	磨削	磨削上下平面、导向侧面，每面磨削0.2 mm至尺寸。直至平面垂直度<0.01 mm，平行平面平行度<0.01 mm	磨	磨	平面磨床	百分表，定位块		
16	磨削斜面	将工件夹紧在万向可倾平口钳上调整好角度，磨削斜面到尺寸要求	磨	磨	平面磨床	百分表，定位块		
17	抛光	研磨抛光型面达要求						
18	检验	检验各尺寸精度、垂直度、平面度、表面粗糙度是否符合要求				检验台、百分表、游标卡尺、粗糙度仪		

										编制（日期）	审核（日期）	会签（日期）	×××
标记	处数	更改文件号	签字	日期	标记	处数	更改文件号	签字	日期	×年×月×日	×年×月×日	×年×月×日	

表 5-21 哈夫型腔块凹模机械加工工艺过程卡片（方案二）

××公司	机械加工工艺过程卡	产品型号及名称	××	零件生产批量	××	第 页	
		零件名称	哈夫型腔块凹模	零件图号	××	共 页	
毛坯种类	锻件	材料名称及型号	S316	每件毛坯制坯数	2	成品外形尺寸	196×110×24
毛坯外形尺寸	198×112×26	零件重量	××	毛坯重量	××	每台产品件数	2

工序号	工种	工序内容	车间	工段	设备	工艺装备	工时 准终	工时 单件
1	备料	外购 198 mm×112 mm×26 mm	准备	准备				
2	铣	铣削 4 个侧面，单面预留加工余量 0.4 mm。并铣削导向台阶	铣	铣	万能铣床	圆形回转工作台、百分表		
3	磨平面	磨削零件的 6 个表面，磨削余量 0.4 mm	磨	磨	平面磨床	百分表，定位块		
4	攻牙	划线钻孔攻牙 M8，牙深 20 mm	钻	攻牙	钻床	丝锥、样冲器		
5	数控铣削	数控铣削型孔，预留单边余量 0.5 mm	铣	铣	数控铣床	程序编写，试切		
6	钻、扩、铰斜孔	划线并在斜孔中心打好样冲眼，将工件装夹在万向可倾平口钳上，夹紧并调整好倾斜的角度，先用中心钻找正样冲眼，然后换上铣刀，铣平钻孔位，最后一次换上钻头和铰刀钻铰斜孔达尺寸要求	钻	钻	普通铣床	样冲器，万向可倾平口钳，百分表		
7	铣斜面	将工件装夹在万向可倾平口钳上，夹紧并调整好倾斜的角度，铣削斜面留加工余量 0.2 mm	铣	铣	万能铣床	圆形回转工作台、百分表		
8	热处理	淬火+回火，HRC48~52	热处理	热处理	热处理炉	淬火池、回火炉		
9	检验	检验热处理是否达到要求	检验	检验	硬度计	检验台		
10	磨削	磨削上下平面、导向侧面，每面磨削 0.2 mm 至尺寸。直至平面垂直度 <0.01 mm，平行平面平行度 <0.01 mm	磨	磨	平面磨床	百分表，定位块		

续表

工序号	工种	工序内容	车间	工段	设备	工艺装备	工时	
							准终	单件
11	磨削斜面	将工件夹紧在万向可倾平口钳上调整好角度，磨削斜面到尺寸要求	磨	磨	平面磨床	百分表，定位块		
12	抛光	研磨抛光型面达要求						
13	检验	检验各尺寸精度、垂直度、平面度、表面粗糙度是否符合要求				检验台、百分表、游标卡尺、粗糙度仪		

									编制（日期）	审核（日期）	会签（日期）	×××
标记	处数	更改文件号	签字	日期	标记	处数	更改文件号	签字	日期	×年×月×日	×年×月×日	×年×月×日

4. 计算与选择工艺参数、选择设备、填写工序卡

表 5－22　哈夫型腔块凹模机械加工工序卡（铣削加工工序）（方案一）

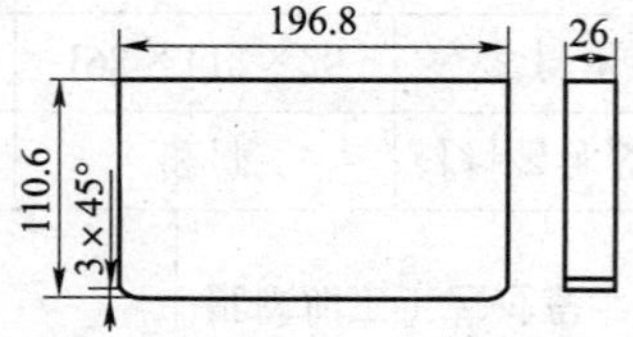

××公司	机械加工工序卡片	产品型号	××	零件图号	××			
		产品名称	××	零件名称	哈夫型腔块凹模	共 13 页	第 1 页	
		车间	工序号	工序名称	材料牌号			
			2	粗铣四面	S316			
		毛坯种类	毛坯外形尺寸	每毛坯可制件数	每台件数			
		外购坯料（锻件）	198×112×26	2	2			
		设备名称	设备型号	设备编号	同时加工件数			
		立式铣床	X52K		1			

续表

××公司	机械加工工序卡片	产品型号	××	零件图号	××		
		产品名称	××	零件名称	哈夫型腔块凹模	共 13 页	第 1 页

夹具编号	夹具名称	切削液	
	粗铣四面夹具		
工位器具编号	工位器具名称	工序工时（分）	
		准终	单件

工步号	工步内容	工艺装备	主轴转速/（$r\cdot min^{-1}$）	切削速度/（$m\cdot min^{-1}$）	进给量/（$mm\cdot r^{-1}$）	切削深度/mm	进给次数	工步工时 机动	工步工时 辅助
1	粗铣 N 面	专用铣夹具	118	74.1	2	3.5	1		
		可转位面铣刀 $\phi200$							

										设计（日期）	校对（日期）	审核（日期）	标准化（日期）	会签（日期）
标记	处数	更改文件号	签字	日期	标记	处数	更改文件号	签字	日期					

复习与思考题

5－1. 图 5－114 所示拉深凹模，材料 Cr12MoV，热处理：HRC60～65，数量 1 件，请完成以下各任务：

（1）拟定机械加工工艺路线，并写出选择该机械加工工艺路线的理由。

（2）选择毛坯，确定毛皮尺寸。

（3）写出电火花线切割加工的加工程序。

（4）若用电火花成型加工，请完成电极的设计。

（5）选择机床和工艺装备，填写机械加工工艺过程卡。

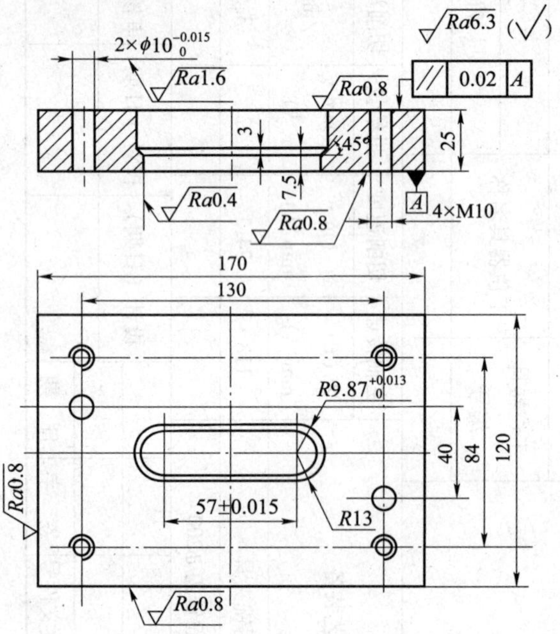

图 5－114　落料凹模

5－2. 编制图 5－115 所示凹模的机械加工工艺规程。

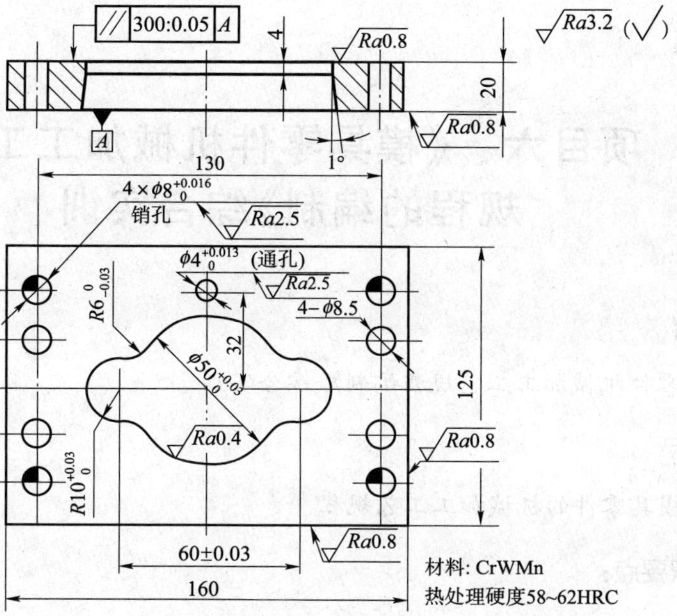
300:0.05 A
4
Ra0.8
Ra3.2 (√)
20
A
Ra0.8
1°
130
4×φ8 +0.016 0
销孔
Ra2.5
φ4 +0.013 0
(通孔)
Ra2.5
R6 0 -0.03
4−φ8.5
32
φ50 +0.03 0
94
50
125
Ra0.4
Ra0.8
R10 +0.03 0
Ra0.8
60±0.03
160
材料: CrWMn
热处理硬度58~62HRC

图 5－115　凹模

项目六 《模具零件机械加工工艺规程的编制》综合实训

项目内容

- 《模具零件机械加工工艺规程编制》综合实训

学习目标

- 能编制模具零件的机械加工工艺规程

主要知识要点：

- 模具零件的工艺分析
- 毛坯、基准、加工方法选择
- 模具零件机械加工工艺路线的拟定、比较与选择
- 模具零件机械加工工艺过程卡的填写
- 模具零件机械加工工艺参数的计算、选用
- 模具零件机械加工工序卡的填写

6.1 《模具零件机械加工工艺规程编制》综合实训的具体要求

零件机械加工工艺规程是规定零件机械加工工艺过程和方法等的工艺文件。它是在具体的生产条件下，将最合理或较合理的工艺过程，用图表（或文字）的形式制成文本，用来指导生产、管理生产的文件。

模具零件机械加工工艺规程编制综合实训是学生在学完《模具制造工艺学项目教程》前五个项目后，根据培养目标的要求而组织实施的一个综合实践性教学环节。通过模具零件工艺规程编制的综合实训能够使学生获得丰富的感性知识，掌握模具制造的基本操作方法和技能，巩固、深化已学过的专业知识，培养具有综合职业技能、高素质、适应生产一线需要的复合型模具制造技术人才，为学生毕业后从事模具设计和制造工作打下坚实的基础。

模具零件机械加工工艺规程编制综合实训安排在最后进行。由于学生在此之前通过专业基础课、专业课的学习，已经有一定的理论知识和实际操作经验，因此在模具零件工艺规程编制实训中贯彻以操作为主的原则，主要通过实例讲解示范，使学生能够很快掌握基本操作技能，达到独立编制零件工艺规程的目的。

6.1.1 综合实训的目的和要求

通过实训，使学生深入、全面和系统掌握已学习的基础理论，建立模具零件加工工艺规

程的整体概念，使学生通过图纸等资料获得原始数据和信息，进行具体模具零件工艺规程编制的基本操作训练。并将理论知识贯彻到实践应用中，完成“读图—零件工艺性分析—加工工艺路线拟订—模具零件的工艺编制”全过程。使学生熟悉模具制造的整个工艺流程，具有模具零件机械加工工艺规程制定方面的基本操作技能及基本知识，提高自己分析、研究和应用等实际动手能力。

具体要求来讲，主要有以下几个具体的方面：

（1）把岗位能力的培养作为核心目标，其他理论的学习都围绕着为岗位能力的培养服务。有较强的就业竞争力。

（2）熟悉典型模具的工艺制订方法，具有编制简单模具工艺规程的能力。完成手工绘图、工序卡片的绘制等。

（3）能完成中等复杂程度冷冲模、塑料模零件的工艺编制工作。

（4）具备分析和解决冲压、塑压工艺和模具零件制造过程中的技术问题的能力。具有产品结构的改进能力。

（5）能通过考核并达到模具零件工艺规程编制的总体良好规划。

综合实训完毕，必须进行应知及应会考核，同时结合学生实习中的工作情况，评定总成绩。在制定机械加工工艺规程的时候，需要遵循的基本原则是：保证以最低的成本和最高的效率来达到设计图上的全部技术要求。

6.1.2 综合实训的内容和步骤

1. 综合实训任务

每组编写 3 至 4 个模具零件制造工艺；

2. 综合实训基本内容

（1）熟悉车工、铣工、刨工、磨工、钳工、特种加工等机械加工各工种的特点，以及机床夹具设计知识，典型零件详细的加工步骤与方法等基本知识。

（2）模具零件的工艺分析：零件结构工艺性和技术要求的分析；

（3）制定零件的制造工艺方案：选择零件合理加工路线（方案）；确定工艺基准、夹紧方式；确定加工余量及工序尺寸；选择机床、夹具、刀具和量具；

（4）填写工艺卡片，编写设计说明书。

3. 考核方式

根据学生在设计过程及最后的表现，综合实训总成绩采取优秀、良好、中等、及格、不及格五级记分制。

4. 实训步骤

（1）分析装配图和零件图

清楚零件的技术要求和使用功能。了解产品的用途、性能和工作条件，熟悉零件在产品中的地位和作用。

（2）工艺审查

审查图纸上的尺寸、视图和技术要求是否完整、正确、统一，找出主要的技术要求和分析关键的技术问题；审查零件的结构工艺性。

（3）确定零件的生产类型和毛坯制造方法

（4）拟定工艺路线

选择定位基面、确定加工方法、划分加工阶段、安排加工顺序和决定工序内容。

（5）确定各工序的加工余量，计算工序尺寸及公差。

（6）确定各工序所使用的机床设备和工艺装备（含刀具、夹具、量具、辅具等）。

（7）确定各工序的技术要求及检验方法

（8）确定切削用量，计算工时定额和材料定额。

（9）填写工艺文件。

6.1.3 设计说明书的编写要求、内容及步骤

编写综合实训设计说明书是整个工作中的一个重要组成部分。它是工艺人员工艺思想的体现。是培养学生分析、总结、归纳和表达能力的重要方面。自实训开始时，学生即应将所要编制的零件工艺规程的内容记入说明书草稿本内，工艺规程编完以后，再将草稿本内容归纳后，编写成正式说明书。

说明书要求内容完整，分析透彻，文字简明通顺，计算结果准确，书写工整清晰，并按合理的顺序及规定的格式撰写，见表 6－1。

表 6－1 模具零件工艺规程编制实训设计说明书

系别________专业________班级________学号________姓名________ 指导老师________教研室主任________系主任________
一、工件零件图
二、模具零件图
三、综合实训内容 1. 零件的工艺分析 2. 零件的安装及定位基准的选择 3. 工艺路线的拟定 4. 加工余量及毛坯尺寸的确定 5. 工序尺寸及其公差的确定 6. 零件加工工艺规程的制定 7. 编写零件加工工艺卡
四、参考文献
五、感想与体会
六、其他需要说明的事项

设计说明书的内容及顺序建议如下：

（1）封面；

（2）项目名称；

（3）系别、专业、班级、学号、姓名；

（4）工艺方案的比较与确认；

（5）画出完整的工件图和模具零件图；

（6）实训内容；

① 零件的工艺分析；

② 零件的安装及定位基准的选择；

③ 工艺路线的拟定；

④ 加工余量及毛坯尺寸的确定；

⑤ 工序尺寸及其公差的确定；

⑥ 零件工艺规程的制定；

⑦ 编写加工工艺卡；

（7）指导老师、教研室主任、系主任；

（8）参考资料；

（9）收获、体会和建议；

（10）其他需要说明的内容。

6.2　《模具零件机械加工工艺规程编制》综合实训实例

6.2.1　凸凹模零件机械加工工艺规程的编制

分小组完成凸凹模零件机械加工工艺规程的编制实训任务，见表6－2。

表6－2　凸凹模零件机械加工工艺规程的编制实训任务书

系别________　专业________　班级________　学号________　姓名________
工件图
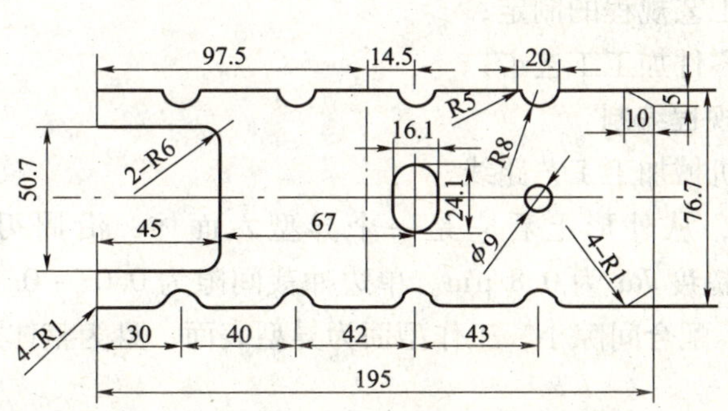 制件图

续表

系别________专业________班级________学号________姓名________
凸凹模具零件图
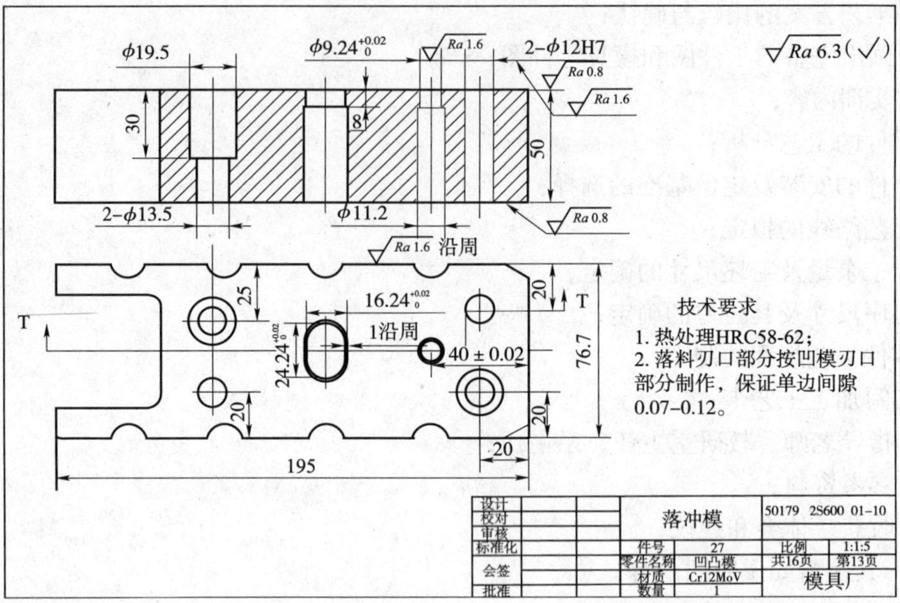

1. 实训课题

小组同学共同完成如上零件图所示冲压模具的非标准件零件——异型凸凹模加工工艺规程的编制。尽可能达到低成本、短周期制造高质量模具零件的要求。

2. 实训内容及任务

（1）凸凹模零件的工艺分析；

（2）凸凹模零件的安装及定位基准的选择；

（3）工艺路线的拟定；

（4）加工余量及毛坯尺寸的确定；

（5）工序尺寸及其公差的确定；

（6）凸凹模零件工艺规程的制定；

（7）编写凸凹模零件加工工艺卡；

3. 零件加工工艺规程编制

（1）异型凸凹模机械加工工艺路线

由凸凹模零件图，从外形上看它是一个异型六面体，沿周刃口面的粗糙度 *Ra* 为 1.6 μm，上下面的粗糙度 *Ra* 为 0.8 μm。单边冲裁间隙为 0.07 ~ 0.12 mm。因为凸凹模刃口尺寸精度要求较高，配合间隙小，工作型面为异型表面，且为整体式结构。可以按其加工要求分析如下：

1）因为凸凹模属于重要工作零件，所以材料采用机械性能良好的锻件作为毛坯，我们的材料选用 Cr12MoV。热处理要求 58 ~ 62HRC，由此断定最终热处理为：淬火 + 回火。淬火后硬度提高不易加工，所以只能在热处理淬火之前加工的最好优先考虑在淬火之前加工好。

2）工作部分。由零件图可以看出，该凸凹模为整体直通式结构。工作部分尺寸为：195 mm×76.7 mm×50 mm。有质量要求的表面主要有：

①上下平面：表面粗糙度 *Ra*0.8 μm，要保证这样的质量要求，上下平面可以通过磨削加工来保证。

②凸凹模四周刃口表面：粗糙度 *Ra*1.6 μm，且形状较为复杂。要保证这样的质量要求，在对工件进行淬火热处理之后，沿周的复杂形状和表面粗糙度要求可以用线切割加工来保证。

③凸凹模内孔表面粗糙度 *Ra*1.6 um，要保证这样的质量要求，首先要钻各孔，热处理完后对各孔进行线切割加工。

④精加工必须放在热处理之后。如果精加工后再热处理，热处理引起的变形和表面氧化将无法达到精度要求。所以上下平面的加工应该是半精加工后淬火，淬火后磨削上下面，并线切割四周。

（2）毛坯的选择

Cr12MoV 是一种高碳高铬合金钢，内部结构不均匀，热处理后也容易开裂。在加工前必须经过一定的处理。所以备料一般经过：锯圆棒料—锻造—退火。锻造的目的是使材料的内部组织更加均匀致密，另外，锻造后表面很容易硬化，不容易加工。所以要先经过退火后才能加工。

综上所述，可选择圆棒料 Cr12 作为该凸凹模的毛坯材料。

（3）加工阶段的划分

通过以上的零件分析，可以初步确定零件的加工过程的五个阶段，即备料、粗加工、热处理、精加工、线切割。

1）备料。选择圆钢 Cr12，然后锻造退火后作为毛坯。

2）粗加工。零件形状为异型六面体，粗加工一般采用刨削或者铣削的方法。用未加工过的表面作为定位基准称为粗基准。选择粗基准应保证各加工表面都有足够的加工余量，不加工的表面及尺寸、位置均应符合图样的要求。要注意以下几点：

① 如果要求保证加工表面与非加工表面之间的相互位置精度，则应选非加工面为粗基准。

② 如果要求保证工件上某重要表面的加工余量均匀，则应选择该表面为粗基准。

③ 如果零件上有多个不加工表面，则应以其中与加工表面相互位置精度较高的不加工表面作粗基准。

④ 若零件上每个表面都要加工，则应选加工余量最小的表面为粗基准。

⑤ 选作粗基准的表面，应尽可能平整，不能有飞边、冒口或其他缺陷。使工件定位稳定可靠，夹紧方便。

⑥ 一般情况下粗基准不重复使用。

3）热处理。产品的最终热处理为淬火+回火。

4）精加工。由于零件的质量要求比较高，最后上下平面采用磨削的方法。精加工时精基准的选择要遵循四个原则：即基准重合原则、基准统一原则、自为基准原则、互为基准原则。

5）线切割。至于凸凹模复杂的外形和内孔，要靠线切割加工来保证。

（4）加工工艺方案比较分析

根据上面的分析，根据选用毛坯种类不同，加工设备不同，六面体零件要求对面平行，还要求相邻面成直角。这类零件可以铣削加工，也可刨削加工。因此加工凸凹模可以考虑以下几种加工工艺方案。

1）方案（一）

选用 Cr12MoV 圆钢锻造六方体后作为毛坯，利用平口钳定位和装夹工件。其工艺路线为：下料→锻造→热处理（退火）→刨削六面体→磨→划线（钻孔）→热处理→精磨→整体线切割。

2）方案（二）

选用 Cr12MoV 圆钢锻造六方体后作为毛坯，利用平口钳定位和装夹工件。其工艺路线为：下料→锻造→热处理（退火）→粗铣六面体→磨→划线（钻孔）→热处理→精磨（上下面和四周刃口）→局部线切割。

比较上面两种加工工艺方案，由于方案（一）对毛坯采用的是刨削的方法粗加工，最后精磨完上下平面后进行刃口外缘的整体线切割加工。刨削加工的优点是切削后刀路纹理一致，切削后热应力较小。但它是一种单刃切削方法，缺点也显而易见——加工效率太低。最后对凸凹模落料刃口部分进行全部线切割加工。这样固然能保证刃口部分的精度，但是线切割加工完一周所耗得时间也是漫长的，且成本较高。所以采用此方案从生产效率方面来说是很低的，不经济的。方案（二）采用铣削方法粗加工，加工效率较高，虽然热应力集中，但是在热处理后会消除。最终的线切割对刃口曲线部分进行局部线切割，可以大大提高生产效率。故采用方案（二）。两种方案的机械加工工艺过程卡如表 6－3、表 6－4 所示：

（5）毛坯尺寸

1）锻坯尺寸的确定

凸凹模的长度为 195 mm，左右边各留 5 mm 的加工余量，取 205 mm。宽度为 76.7 mm，宽向取 85 mm。高度为 50 mm，上下各留 5 mm 的加工余量，取 60 mm。因此凸凹模毛坯的尺寸取：$205 \times 85 \times 60\ \mathrm{mm}^3$

2）圆棒料长度和直径的确定

根据经验公式，六面体毛坯体积与圆钢棒料的换算：$a \times b \times c \times 1.05 = \pi d^2 \quad h/4$（1.05 是保险系数）

$$205 \times 85 \times 60 \times 1.05 = \pi d^2 \quad h/4$$

一般 $h/d \leqslant 2.5$，我们取 $h/d = 2$

通过计算取得近似值，我们可以取 $\phi 90 \times 180$ 的 Cr12 棒料作为该零件的毛坯。

（6）工序余量及其公差的计算

由冲压件图可以看到，要冲压的制件有中间的一个长圆孔和右边一个圆孔组成。凸凹模相对应得尺寸有长圆孔长度 24.24 +0.020 mm，宽度 16.24 +0.020 mm，圆孔直径 ϕ9.24 +0.020 mm。下面对各尺寸加工的工序余量及其公差计算如下：

工作部分尺寸 24.24 +0.020 mm 和 16.24 +0.020 mm，该尺寸公差为 0.02 mm，查表得 24.24 +0.020 mm 的精度为 IT7，16.24 +0.020 mm 得精度表面粗糙度要求为 $Ra1.6\ \mu\mathrm{m}$。查内孔表面加工方法可知：必须经过“钻孔→粗镗→磨削”的加工可达到要求。但是考虑到这个内表面为长圆孔，加工不容易，所以不能采用常规的方法。最后决定这个长圆孔采用钻孔→铣长圆孔→线切割加工，可以达到尺寸和表面粗糙度要求。一般来讲，铣完后给线切割留 1～2 mm 的加工余量，最后靠线切割来保证精度。

表 6-3 凸凹模机械加工工艺过程卡片(方案一)

<table>
<tr><td colspan="3">××××公司</td><td colspan="3">机械加工工艺过程卡片</td><td colspan="2">产品型号</td><td>××</td><td colspan="2">零(部)件型号</td><td colspan="2">××××</td><td colspan="2">共×页</td></tr>
<tr><td colspan="3"></td><td colspan="3"></td><td colspan="2">产品名称</td><td>复合模</td><td colspan="2">零(部)件名称</td><td colspan="2">凸凹模</td><td colspan="2">第×页</td></tr>
<tr><td colspan="2">材料牌号</td><td>Cr12</td><td>毛坯种类</td><td>锻件</td><td>毛坯外型尺寸</td><td>φ90×180</td><td>每毛坯件数</td><td>1</td><td>每台件数</td><td>1</td><td colspan="2">每坯质量</td><td colspan="2">××</td></tr>
<tr><td colspan="2" rowspan="2">工序号</td><td rowspan="2">工序名称</td><td colspan="3" rowspan="2">工序内容</td><td colspan="2" rowspan="2">车间</td><td rowspan="2">工段</td><td colspan="2" rowspan="2">设备</td><td colspan="2" rowspan="2">工艺装备</td><td colspan="2">工时</td></tr>
<tr><td>准终</td><td>单件</td></tr>
<tr><td colspan="2">1</td><td>下料</td><td colspan="3">下料 φ90×180 mm</td><td colspan="2">准备</td><td>准备</td><td colspan="2">锯床</td><td colspan="2">锯条</td><td></td><td></td></tr>
<tr><td colspan="2">2</td><td>锻</td><td colspan="3">锻造保证 205×85×60</td><td colspan="2">锻</td><td>锻</td><td colspan="2">锻锤</td><td colspan="2">砧子</td><td></td><td></td></tr>
<tr><td colspan="2">3</td><td>热处理</td><td colspan="3">退火</td><td colspan="2">热处理</td><td>热处理</td><td colspan="2">高频炉</td><td colspan="2"></td><td></td><td></td></tr>
<tr><td colspan="2">4</td><td>刨</td><td colspan="3">粗刨六面,单边余量留 2 mm</td><td colspan="2">刨</td><td>刨</td><td colspan="2">刨床</td><td colspan="2">平口钳</td><td></td><td></td></tr>
<tr><td colspan="2">5</td><td>磨</td><td colspan="3">磨上、下平面,留磨削余量
0.3~0.4 mm,并出一基准角</td><td colspan="2">磨</td><td>磨</td><td colspan="2">平面磨床</td><td colspan="2"></td><td></td><td></td></tr>
<tr><td colspan="2">6</td><td>钳工</td><td colspan="3">划线,划凸凹模外形线及孔线</td><td colspan="2">钳</td><td>钳</td><td colspan="2">工作台</td><td colspan="2"></td><td></td><td></td></tr>
<tr><td>描图</td><td>7</td><td>钻</td><td colspan="3">钻穿丝孔 φ4 及其余各孔,钻漏料孔 φ11.2</td><td colspan="2">钻</td><td>钻</td><td colspan="2">台钻</td><td colspan="2"></td><td></td><td></td></tr>
<tr><td>×××</td><td>8</td><td>铣</td><td colspan="3">铣长圆孔漏料,铣刃口周边,
单边留线切割余量 1~2 mm</td><td colspan="2">铣</td><td>铣</td><td colspan="2">普通铣床</td><td colspan="2">平口钳</td><td></td><td></td></tr>
<tr><td>描校</td><td>9</td><td>热处理</td><td colspan="3">淬火+回火 达到 HRC 58—62</td><td colspan="2">热处理</td><td>热处理</td><td colspan="2">高频炉</td><td colspan="2">淬火池、回火炉</td><td></td><td></td></tr>
<tr><td>×××</td><td>10</td><td>检验</td><td colspan="3">检验热处理是否达到要求</td><td colspan="2">检验</td><td>检验</td><td colspan="2">硬度计</td><td colspan="2">检验台</td><td></td><td></td></tr>
<tr><td>底图号</td><td>11</td><td>磨平面</td><td colspan="3">平磨上下面至尺寸</td><td colspan="2">磨</td><td>磨</td><td colspan="2">平面磨床</td><td colspan="2"></td><td></td><td></td></tr>
<tr><td>×××</td><td>12</td><td>线切割</td><td colspan="3">线切割落料刃口部分及长圆孔刃口线</td><td colspan="2">电</td><td>电</td><td colspan="2">线切割
加工机床</td><td colspan="2"></td><td></td><td></td></tr>
<tr><td>装订号</td><td>13</td><td>检验</td><td colspan="3">检验各尺寸精度、表面粗糙度是否符合要求</td><td colspan="2">检验</td><td>检验</td><td colspan="2">检测仪</td><td colspan="2">检验台、游标卡、百分表</td><td></td><td></td></tr>
<tr><td rowspan="2">×××</td><td></td><td></td><td></td><td></td><td></td><td></td><td></td><td></td><td></td><td></td><td rowspan="2">编制(日期)</td><td rowspan="2">审核(日期)</td><td rowspan="2">会签(日期)</td><td rowspan="2">×××</td></tr>
<tr><td></td><td></td><td></td><td></td><td></td><td></td><td></td><td></td><td></td><td></td></tr>
<tr><td></td><td>标记</td><td>处数</td><td>更改文件号</td><td>签字</td><td>日期</td><td>标记</td><td>处数</td><td>更改文件号</td><td>签字</td><td>日期</td><td>×年×月×日</td><td>×年×月×日</td><td>×年×月×日</td><td></td></tr>
</table>

表 6-4　凸凹模机械加工工艺过程卡片（方案二）

××××公司		机械加工工艺过程卡片		产品型号	××	零（部）件型号	××××	共×页	
				产品名称	复合模	零（部）件名称	凸凹模	第×页	
材料牌号	Cr12	毛坯种类	锻件	毛坯外型尺寸		每毛坯件数 1	每台件数 1	每坯质量	××
工序号		工序名称	工序内容	车间	工段	设备	工艺装备	工时 准终	工时 单件
1		下料	下料 $\phi 90 \times 180$ mm	准备	准备	锯床	锯条		
2		锻	锻造保证 205×85×60	锻	锻	锻锤	砧子		
3		热处理	退火	热处理	热处理	高频炉			
4		铣	粗铣六面，单边余量留 2 mm	铣	铣	普通铣床	平口钳		
5		磨	磨上、下平面，留磨削余量 0.3～0.4 mm，并出一基准角	磨	磨	平面磨床			
6		钳工	划线，划凸凹模外形线及孔线	钳	钳	工作台			
描图	7	钻	钻穿丝孔 $\phi 4$ 及其余各孔，钻漏料孔 $\phi 11.2$	钻	钻	台钻			
×××	8	铣	铣长圆孔漏料，铣刃口周边，单边留线切割余量 1～2 mm	铣	铣	普通铣床	平口钳		
描校	9	热处理	淬火＋回火　达到 HRC 58—62	热处理	热处理	高频炉	淬火池、回火炉		
×××	10	检验	检验热处理是否达到要求	检验	检验	硬度计	检验台		
底图号	11	磨平面	平磨上下面至尺寸，磨刃口四周	磨	磨	平面磨床			
×××	12	线切割	局部线切割落料刃口部分、长圆孔刃口线	电	电	线切割加工机床			
装订号	13	检验	检验各尺寸精度、表面粗糙度是否符合要求	检验	检验	检测仪	检验台、游标卡、百分表		
×××							编制（日期）	审核（日期）	会签（日期） ×××
	标记	处数	更改文件号　签字　日期	标记	处数	更改文件号　签字　日期	×年×月×日	×年×月×日	×年×月×日

工作部分尺寸 $\phi9.24+0.020$ mm，尺寸公差为 0.02 mm，查表得 $\phi9.24+0.020$ mm 的精度为 IT8，表面粗糙度要求为 $Ra1.6$ μm。查内孔表面加工方法可知：必须经过“钻孔→扩孔→铰孔”的加工可达到要求。

6.2.2 落料凹模零件机械加工工艺规程的编制

凹模零件机械加工工艺规程的编制实训任务，见表 6－5。

表 6－5 落料凹模零件机械加工工艺规程的编制实训任务书

系别________专业________班级________学号________姓名________

工件图

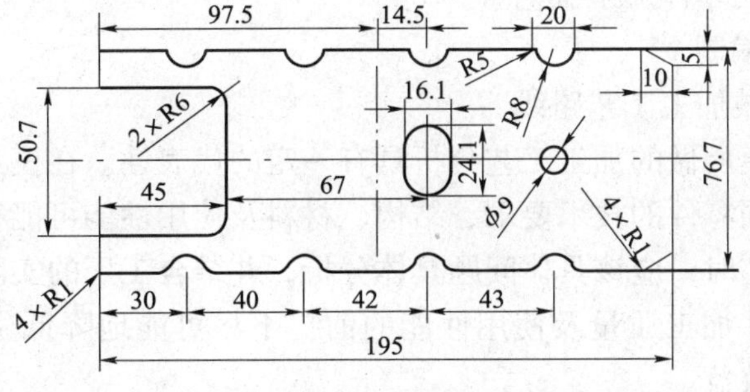

制件图

落料凹模零件图

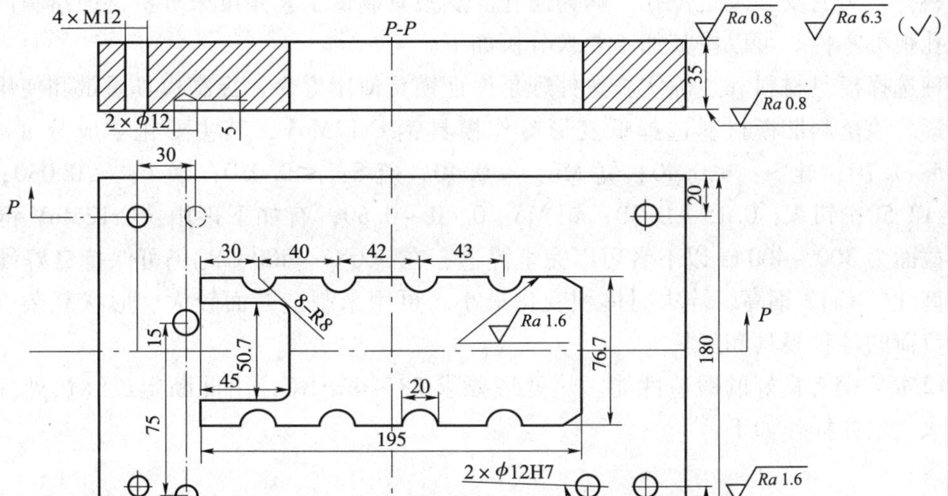

技术要求

1. 热处理HRC58-62；
2. 刃口部分尺寸保证IT8级（+0.02）精度制作；

设计	落冲模		50179 2S600 01-10
校对			
审核			
标准化	件号	14	比例 1:2
会签	零件名称	凹模	共16页 第8页
	材质	Cr12MoV	模具厂
批准	数量	1	

1. 实训课题

小组同学共同完成如上零件图所示冲压模具的非标准件零件——落料凹模加工工艺规程的编制。尽可能达到低成本、短周期制造高质量的模具零件的要求。

2. 实训任务

（1）落料凹模零件的工艺分析；

（2）落料凹模零件的安装及定位基准的选择；

（3）工艺路线的拟定；

（4）加工余量及毛坯尺寸的确定；

（5）工序尺寸及其公差的确定；

（6）落料凹模零件工艺规程的制定；

（7）编写落料凹模零件加工工艺卡。

3. 零件工艺规程编制

（1）落料凹模机械加工工艺路线

针对典型落料凹模所做的加工工艺分析具有一定的代表性。在模具加工行业，类似这样的零件很多，但是不同零件的技术要求、结构、材料及使用性能可能存在差异。因此，我们在考虑零件的加工工艺时，应该具体问题具体分析，并结合工厂的实际情况选择一种合适的工艺方案，在保证零件加工质量及使用性能的前提下尽可能地降低生产成本，缩短制造周期，力争更好的经济效益。

1）零件结构工艺与技术要求分析

由图可知该零件材料为 Cr12MoV，要求热处理后硬度为 58～62HRC。其外形尺寸为 300 mm×180 mm×35 mm，成型部分为不规则型孔，由线段和凸、凹圆弧组成，其下端加工有漏料孔，另有安装及定位孔，均为通孔。从模具制造工艺角度来分析，该落料凹模为典型的型孔板类零件。可以按其加工要求分析如下：

合理选择模具材料和正确实施热处理是保证模具使用寿命，提高模具质量和使用效能的关键因素。该落料凹模材料选择低变形冷作模具钢 Cr12MoV，其主要化学成分（*w*%）碳 C：1.45～1.70；硅 Si：≤0.40；锰 Mn：≤0.40；硫 S：≤0.030；磷 P：≤0.030；铬 Cr：11.00～12.50；钒 V：0.15～0.30；钼 Mo：0.40～0.60；有如下理由：Cr12MoV 钢有高淬透性，截面为 300～400 mm以下者可以完全淬透，在 300℃～400℃时仍可保持良好硬度和耐磨性，韧性较 Cr12 钢高，淬火时体积变化最小。可用来制造断面较大、形状复杂、经受较大冲击负荷的各种模具和工具。

Cr12MoV 钢有良好的锻造性能。热处理要求 58～62HRC，由此断定最终热处理为：淬火＋回火。具体操作如下：

淬火：

第一次预热：300℃～500℃，第二次预热：840℃～860℃；淬火温度：1 020℃～1 040℃；冷却介质：油，介质温度：20℃～60℃，冷却至油温；随后，空冷，HRC＝60～63。

回火：

经过以上淬火工艺，可以达到降低硬度的作用，具体回火工艺如下：

加热温度 400℃～425℃，得到 HRC＝57～63。淬火后硬度提高不易加工，所以只能在热处理淬火之前加工的最好优先考虑在淬火之前加工好。

2）工作部分。由零件图可以看出，落料凹模工作部分尺寸为：300 mm × 180 mm × 35 mm。有质量要求的表面主要有：

上下平面：表面粗糙度 *Ra*0.8 um，要保证这样的质量要求，上下平面可以通过磨削加工来保证。

凹模内沿周表面：粗糙度 *Ra*1.6 um，要保证这样的质量要求，先要钻各孔，热处理完后对各孔进行线切割加工。

精加工必须放在热处理之后。如果精加工后再热处理，热处理引起的变形和表面氧化将无法达到精度要求。所以上下平面的加工应该是半精加工后淬火，淬火后磨削上下面，并线切割凹模四周。

（2）毛坯的选择

根据该零件结构、材料及使用性能要求确定毛坯为 Cr12 圆钢锻件，锻造时采用多向镦拔法，锻造后进行等温球化退火。

（3）加工阶段的划分

通过以上的零件分析，可以初步确定零件的加工过程的五个阶段，即备料，粗加工，热处理，精加工，线切割。

1）备料。选择圆钢 Cr12，然后锻造退火后作为毛坯。

2）粗加工。零件形状为异型六面体，粗加工一般采用刨削或者铣削的方法。选择粗基准应保证各加工表面都有足够的加工余量，不加工的表面及尺寸、位置均应符合图样的要求，还要注意粗基准选择的几点原则。

3）热处理。产品的最终热处理为淬火 + 回火。

4）精加工。由于零件的质量要求比较高，最后上下平面采用磨削的方法。精加工时精基准的选择要遵循四个原则：基准重合原则、基准统一原则、自为基准原则、互为基准原则。

5）线切割。落料凹模的内孔，要靠线切割加工来保证。

（4）拟定工艺方案

对于复杂型面凹模制造工艺应根据凹模形状、尺寸、技术要求并结合现有设备情况等具体条件来进行制定。该落料凹模可考虑采用以下两种加工方案：

下料→锻造→退火→铣（刨）六面→平磨→划线（做各孔）→钳工压印→精铣内形→修钳至成品尺寸→热处理→平磨→钳研抛光。

下料→锻造→退火→铣（刨）六面→平磨→钳工划线→钻各孔→铣→热处理→平磨→线切割。

第一种方案为传统的加工方法做，先用仿形刨或精密铣床等设备将凸模加工出来，用凸模在凹模坯上压印，然后借助精铣和钳工研配的方法来加工凹模。

第二种方案采用电火花线切割设备加工。淬火前划线铣出漏料孔，淬火后电火花线切割成型部分；若凸模设计为直通式结构，也可使用同一线切割程序加工，这样可保证凸、凹模形状及配合间隙。

方案（一）、方案（二）的加工工艺过程，分别见表 6－6、表 6－7。

从加工精度和加工效率的角度来考虑，首选第二种加工工艺方案。

（5）毛坯尺寸

1）锻坯尺寸的确定

表 6-6　落料凹模机械加工工艺过程卡片(方案一)

××××公司		机械加工工艺过程卡片	产品型号	××	零(部)件型号	××××	共×页		
			产品名称	复合模	零(部)件名称	落料凹模	第×页		
材料牌号	Cr12	毛坯种类	锻件	毛坯外型尺寸	ϕ120×240	每毛坯件数	1	每台件数	1
每坯质量	××								
工序号		工序名称	工序内容	车间	工段	设备	工艺装备	工时 准终	工时 单件
	1	下料	下料 ϕ120×240	准备	准备	锯床	锯条		
	2	锻造	锻造保证 310×190×45	锻	锻	锻锤	铁砧		
	3	热处理	退火	热处理	热处理	高频炉			
	4	铣	粗铣六面,单边余量留 0.5 mm	铣	铣	铣床	平口钳		
	5	磨	磨上、下平面,留磨削余量 0.3 mm,并出一基准角	磨	磨	平面磨床			
	6	钳工	划落料凹模外形线及孔线,做孔,钳工压印	钳	钳	台钻			
描图	7	铣	精铣内形	铣	铣	铣床	平口钳		
×××	8	钳工	修钳至成品尺寸	钳	钳	工作台			
描校	9	热处理	淬火+回火	热处理	热处理	高频炉			
×××	10	磨	平磨	磨	磨	磨床			
底图号	11	抛光							
×××	12								
装订号	13								
×××							编制(日期)	审核(日期)	会签(日期) ×××
	标记	处数	更改文件号 签字 日期	标记	处数	更改文件号 签字 日期	×年×月×日	×年×月×日	×年×月×日

表 6-7 落料凹模机械加工工艺过程卡片(方案二)

××××公司	机械加工工艺过程卡片	产品型号	××	零(部)件型号	××××	共×页
		产品名称	复合模	零(部)件名称	落料凹模	第×页

材料牌号	Cr12	毛坯种类	锻件	毛坯外型尺寸	$\phi120\times240$	每毛坯件数	1	每台件数	1	每坯质量	××

	工序号	工序名称	工序内容	车间	工段	设备	工艺装备	工时 准终	工时 单件
	1	下料	下料 $\phi120\times240$ mm	准备	准备	锯床	锯条		
	2	锻	锻造保证 $310\times190\times45$	锻	锻	锻锤			
	3	热处理	退火	热处理	热处理	高频炉			
	4	铣	粗铣六面,单边余量留 0.5 mm	铣	铣	铣床			
	5	磨	磨上、下平面,留磨削余量 0.3 mm,并出一基准角	磨	磨	平面磨床			
	6	钳工	划线,划刃口线及各孔线	钳	钳	工作台			
描图	7	钻	钻铣刀孔,钻 $4\times$M12 底孔 $\phi10.5$,销孔 2—$\phi12$,留铰刀余量 0.1 mm。攻丝 $4\times$M12 成	钻	钻	台钻			
×××	8	铣	铣刃口部分,单边留线切割余量 1~2 mm	铣	铣	铣床			
描校	9	热处理	淬火+回火 达到 HRC 58~62	热处理	热处理	高频炉	淬火池、回火炉		
×××	10	检验	检验热处理是否达到要求	检验	检验	硬度计	检验台		
底图号	11	磨平面	平磨上下面至尺寸	磨	磨	平面磨床			
×××	12	线切割	线切割刃口部分	电		电线	切割加工机床		
装订号	13	检验	检验各尺寸精度、表面粗糙度是否符合要求	检验	检验	检测仪	检验台、游标卡、百分表		

×××											编制(日期)	审核(日期)	会签(日期)
													×××
	标记	处数	更改文件号	签字	日期	标记	处数	更改文件号	签字	日期	×年×月×日	×年×月×日	×年×月×日

落料凹模的长度为 300 mm，左右边各留 5 mm 的加工余量，取 310 mm。宽度为 180 mm，留余量后宽向取 190 mm。高度为 35 mm，上下各留 5 mm 的加工余量，取 45 mm。因此落料凹模毛坯的尺寸取：$310 \times 190 \times 45\ mm^3$

2）圆棒料长度和直径的确定

根据经验公式，六面体毛坯体积与圆钢棒料的换算：$a \times b \times c \times 1.05 = \pi d^2 \quad h/4$（1.05 是保险系数）

$$310 \times 190 \times 45 \times 1.05 = \pi d^2 \quad h/4$$

一般 $h/d \leqslant 2.5$ 我们取 $h/d = 2$

通过计算取得近似值，我们可以取 $\phi 120 \times 240$ mm 的 Cr12 棒料作为该零件的毛坯。

3）工序余量及其公差的计算（略）

6.2.3 斜导柱零件机械加工工艺规程的编制

斜导柱零件机械加工工艺规程的编制实训任务，见表 6－8。

表 6－8　斜导柱零件机械加工工艺规程的编制实训任务书

系别________专业________班级________学号________姓名________

斜导柱零件图：

件号	4	名称	斜导柱	件数	1	材料	45
工装编号	051-J02041	比例	1:1	淬火	HRC40-45		

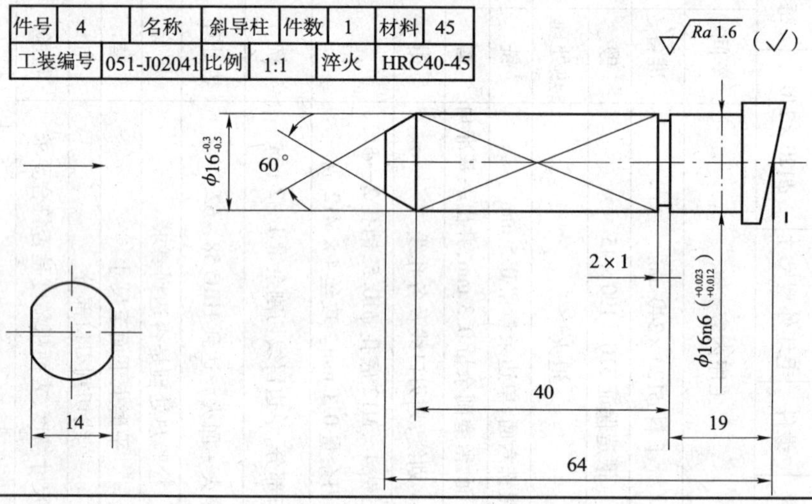

1. 实训课题

小组同学共同完成如下零件图所示塑料模具的非标准件零件——斜导柱加工工艺规程的编制。尽可能达到低成本、短周期制造高质量的模具零件的要求。

2. 实训任务

（1）斜导柱零件的工艺分析；

（2）斜导柱零件的安装及定位基准的选择；

（3）工艺路线的拟定；

（4）加工余量及毛坯尺寸的确定；

（5）工序尺寸及其公差的确定；

（6）斜导柱零件工艺规程的制定；

（7）编写斜导柱零件加工工艺卡。

3. 零件工艺规程编制

（1）斜导柱机械加工工艺路线

零件结构工艺与技术要求分析：

斜导柱抽芯广泛应用于型腔模设计中，是一种非常有效的侧抽芯成型手段。实际上，斜导柱就是为了分离侧抽芯形式的型芯。它的外形结构与普通的导柱很相似，也是主要由外圆柱面组成，因此采取车削为主要的加工方法。

1）材料及热处理

斜导柱采用45号钢作为毛坯材料。45钢是含碳量为0.45%的优质碳素钢。化学成分比例（w%）：碳C：0.42～0.50；铬Cr：≤0.25；锰Mn：0.50～0.80；镍Ni：≤0.25；磷P：≤0.035；硫S：≤0.035；硅Si：0.17～0.37。

这种钢的机械性能很好。但是这是一种中碳钢，淬火性能并不好，45钢淬火后没有回火之前，硬度大于HRC55（最高可达HRC62）为合格。实际应用的最高硬度为HRC55（高频淬火HRC58）。

调质处理后零件具有良好的综合机械性能，广泛应用于各种重要的结构零件，特别是那些在交变负荷下工作的连杆、螺栓、齿轮及轴类等。但表面硬度较低，不耐磨。可用调质+表面淬火提高零件表面硬度。

斜导柱的作用是起导向并且分离侧型芯滑块，且我们从设计图上可以看到，导柱工作部分有两个小平面，这样就可以大大减小导柱与滑块之间的摩擦。所以没有必要对其进行表面淬火，最终热处理定为：淬火+高温回火，即调质。

2）工作部分。工作部分尺寸为：$\phi 16-0.3-0.5$ mm，表面粗糙度 $Ra1.6$ μm，要保证这样的质量要求，可以通过精磨来保证。所以确定外圆柱面的最终加工方法为：热处理后精磨。

3）安装部分。安装部分尺寸为：$\phi 16+0.023+0.012$ mm，表面粗糙度 $Ra1.6$ μm，尺寸精度为IT6。要保证这样的质量要求，可以通过精磨来保证。精加工放在热处理之后，最终加工方法为：热处理后精磨。

4）装夹方式。对于这样的轴类零件，一般的装夹方法有三种

① 双顶尖装夹。这种装夹方法快捷方便，加工同轴度高，加工大零件可以，加工小零件容易在双顶尖的顶力作用下弯曲变形。还有，用此方法精加工应先研磨中心孔，保证中心孔和顶尖接触良好，否则会出现加工误差。

② 三爪卡+顶尖加工。三爪卡夹住轴一端，另一端用顶尖顶好，打表校验圆跳动，然后夹紧。用这种方法夹持小型零件不容易变形，但是在精加工之前也要注意研磨中心孔，保证中心孔与顶尖接触良好。

③ 三爪卡盘装夹。三爪卡夹住轴一端，另一端悬臂。这样的装夹最简单，中心孔也不用打，但零件容易在车刀或砂轮的作用下向下弯曲，不易保证加工的尺寸精度、同轴度和圆柱度要求。所以只能适用于短粗零件的加工。

参考以上三种装夹方法，三爪卡+单边顶尖是最为理想的选择。对于导柱加工，外圆柱面的车削和磨削以两端的中心孔定位，使设计基准与工艺基准重合，这样符合精基准的选用原则。

（2）毛坯的选择

45 钢的供货状态为钢板和圆钢。导柱的结构为圆柱回转面，所以选择毛坯状态为 45 号圆钢供货。

(3) 加工阶段的划分

通过以上的零件分析，可以初步确定零件的加工过程的四个阶段，即备料、粗加工、热处理、精加工。

1）备料。选择45 圆钢作为毛坯。

2）粗加工。零件形状为回转圆柱体，采用车削加工，该零件尺寸较小，加工过程不会存在受力变形而车出喇叭形零件的情况。另外，在车削加工之前要先在两端面加工中心孔，用来做精加工的定位基准，这样就符合了精加工基准选用原则的基准统一原则。

3）热处理。产品的最终热处理为淬火 + 回火。

4）精加工。由于该零件的质量要求比较高，精加工采用精车实现，对于 $\phi16$ mm 那段圆柱，属于重要的工作表面，则必须采用外圆磨加工。导柱上的两个小平面，是为了减少接触面，减小摩擦而加工的，没有特殊要求，所以和右面的斜面直接磨成。精加工时注意保证零件各部分尺寸的精度和表面粗糙度。

(4) 确定加工工艺方案

斜导柱结构比较简单，且工序大都在车床上进行。故采用以下加工工艺方案：下料→热处理（退火）→粗车→半精车→精车→热处理→磨削。

斜导柱的加工工艺路线，见表 6－9。

表 6－9　斜导柱的加工工艺路线

工序号	工序名称	工序内容	设备
1	下料	按尺寸 $\phi20$ mm × 45 mm 切断	锯床
2	车端面钻中心孔	车端面保证长度 212.5 mm 钻中心孔 调头车端面保证 210 mm 钻中心孔	卧式车床
3	车外圆	车外圆至 $\phi32.4$ mm 切 10 mm × 0.5 mm 槽到尺寸 车端部 调头车外圆至 $\phi32.4$ mm 车端部	卧式车床
4	检验		
5	热处理	按热处理工艺进行，保证渗碳层深度 0.8～1.2 mm，表面硬度 58～62HRC	
6	研中心孔	研中心孔 调头研另一端中心孔	卧式车床
7	磨外圆	磨 $\phi32h6$ 外圆留研磨量 0.01 mm 调头磨 $\phi32r4$ 外圆到尺寸	外圆磨
8	研磨	研磨外圆 $\phi32h6$ 达要求 抛光圆角	卧式车床
9	检验		

斜导柱的机械加工工艺过程卡，见表 6－10。

表 6-10 斜导柱机械加工工艺过程卡片

××××公司	机械加工工艺过程卡片	产品型号	××	零(部)件型号	××××	共×页
		产品名称	注射模	零(部)件名称	斜导柱	第×页

材料牌号	45 钢	毛坯种类	锻件	毛坯外型尺寸	$\phi25\times75$	每毛坯件数	1	每台件数	1	每坯质量	××

	工序号	工序名称	工序内容	车间	工段	设备	工艺装备	工时 准终	工时 单件
	1	下料	下料 $\phi25\times75$ mm	准备	准备	锯床	锯条		
	2	热处理	退火	热处理	热处理	高频炉			
	3	车	精车外圆 $\phi20$ mm 成，精车 $\phi16$ mm 留 0.2 余量 车退刀槽达设计要求						
			车 2×1 的退刀槽、倒角	车	车	普通车床	三爪卡盘、百分表		
	4	热处理	淬火＋回火	热处理	热处理	高频炉			
	5	磨	校磨外圆 $\phi16$ mm 至尺寸	磨	磨	外圆磨床			
描图	6	磨	磨端面、斜导柱磨出小平面、斜面 在砂轮上粗磨再配磨斜度	磨	磨	平面磨床			
×××									
描校									
×××									
底图号									
×××									
装订号									

×××											编制(日期)	审核(日期)	会签(日期)	×××
	标记	处数	更改文件号	签字	日期	标记	处数	更改文件号	签字	日期	×年×月×日	×年×月×日	×年×月×日	

6.2.4 侧型芯滑块零件机械加工工艺规程的编制

侧型芯滑块零件机械加工工艺规程的编制实训任务书，见表 6－11。

表 6－11 侧型芯滑块机械加工工艺规程的编制实训任务书

系别________专业________班级________学号________姓名________

侧型芯滑块零件图：

件号	24	名称	滑块	件数	1	材料	45
工装编号	051-J02041	比例	1:1	淬火	HRC28-32		

Ra 1.6 (√)

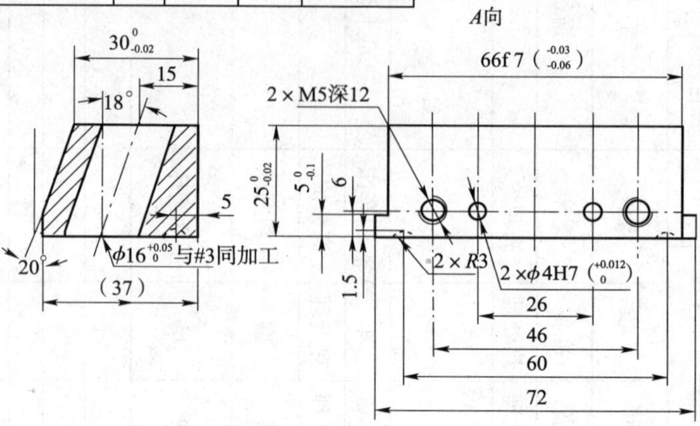

材料：45 钢

热处理：28～32HRC。

1. 实训课题

小组同学共同完成如零件图所示塑料模具的非标准件零件——侧型芯滑块加工工艺规程的编制。尽可能达到低成本、短周期制造高质量的模具零件的要求。

2. 实训任务

（1）侧型芯滑块零件的工艺分析；

（2）侧型芯滑块零件的安装及定位基准的选择；

（3）工艺路线的拟定；

（4）加工余量及毛坯尺寸的确定；

（5）工序尺寸及其公差的确定；

（6）侧型芯滑块零件工艺规程的制定；

（7）编写侧型芯滑块零件加工工艺卡。

3. 零件工艺规程编制

（1）侧型芯滑块的机械加工工艺路线

当注射成型带有侧凹或侧孔的塑料制品时，模具必须带有侧向分型或侧向抽芯机构。在侧型芯滑块上装有侧向型芯或成型镶块。侧型芯滑块与滑槽可采用不同的结构组合。侧型芯滑块是侧向抽芯机构的重要组成零件，注射成型和抽芯的可靠性需要它的运动精度保证。

1）零件结构工艺与技术要求

由滑块零件图，从外形上看它是一个 T 型体，左右两个高 5 mm 的小凸台与动模型腔板的 T 型槽配合，使得滑块来回滑移。滑块与滑槽的配合特性常选用 H8/g7 或 H8/h8，其余部分应留有较大的间隙，两者配合面的粗糙度 $Ra<0.63\sim1.25\ \mu m$。侧型芯滑块上的斜面部分是起到锁紧的目的。另外，侧滑块上的斜孔是斜导柱的导向孔。斜导柱的上下往复运动在斜孔中导向使得侧滑块沿着 T 型槽左右或者前后滑移。工件表面的粗糙度 Ra 为 1.6 um，我们可以按其加工要求分析如下：

材料及热处理。由于侧型芯滑块不属于注射模的成型部分零件，它的作用就是在斜导柱的导向作用下使得侧型芯往复滑动，因此对材料的要求不高，为此我们可以对滑块材料采用 45 钢调质料。此材料硬度相对较低（淬火硬度 HRC28 ~ 32）。它是化学成分为 0.30% ~ 0.52% 的优质碳素结构钢，为了获取材料综合机械性能为目的而采取淬火加高温回火而得到均匀细致的索氏体组织。其综合力学性能最好，即强度、塑性、韧性都比较好。加工完不需要采取热处理。

工作部分。工作部分的尺寸主要有三个，与动模板滑配的尺寸为$66_{-0.06}^{-0.03}$ mm 和$25_{-0.02}^{\ 0}$ mm，与斜导柱配合的斜孔尺寸为 $\phi16_{\ 0}^{+0.05}$ mm。表面粗糙度值均为 $Ra1.6\ \mu m$，其中$66_{-0.06}^{-0.03}$ mm 的尺寸精度是 IT7。要保证这样的质量要求，可以通过精磨精加工来保证。

安装部分。是滑块侧面的两个 $\phi4_{\ 0}^{+0.012}$ mm 的孔，尺寸精度是 IT7。可以用镗床镗削加工来保证。

零件的装夹方式，对于平面的加工采用的是平口钳装夹。对于侧滑块上的斜孔，可以在正弦工作台上进行装夹进行钻孔。

2）毛坯的选择

前面所述，侧型芯滑块的材料我们选用的是 45 调制钢，这样可以省去退火处理和最终的热处理。综合考虑滑块的形状，我们采取锻件作为零件加工的毛坯。

3）加工阶段的划分

通过以上的零件分析，可以初步确定零件的加工过程的四个阶段：即备料、粗加工、精加工、镗孔。

备料。选择 45 调制钢锻造成毛坯。

粗加工。由于零件是 T 型多面体，所以粗加工采用铣床和磨床将大多数余量去掉。

精加工。由于零件质量要求比较高，精加工采用磨削的方法得到。

镗孔。镗斜导柱孔 $\phi16$、$2\times\phi4H7$。

4）加工工艺方案比较分析

根据上面的分析，根据加工设备的不同，可以初步拟定出下面两种加工工艺方案：

方案一：下料→锻造→粗铣→粗磨→划线（钻攻螺纹孔）→精铣→精磨→镗孔。

方案二：下料→锻造→粗铣→粗磨→划线（钻攻螺纹孔）→精铣→线切割→镗孔。

比较上面两种加工工艺方案，前面工序是一样的，到了精铣完之后，第一种方案采用的是传统的加工方法，将滑块的 T 型部分和锁紧斜面部分采用磨削的方法加工得到。方案二则是用线切割机床进行线切割得到外形，尺寸精度较高，但是线切割一般是用于加工普通机加工不容易加工到得窄小细长的槽或者小孔，且加工成本相对较高。

方案一、二的机械加工工艺过程卡如表 6－12、表 6－13。

综合考虑，采用方案一可以用经济的方法达到图纸规定的尺寸及精度要求。

表 6－12　侧型芯滑块机械加工工艺过程卡片(方案一)

××××公司	机械加工工艺过程卡片	产品型号	××	零(部)件型号	××××	共×页
		产品名称	注射模	零(部)件名称	侧型芯滑块	第×页

材料牌号	45 调质	毛坯种类	锻件	毛坯外型尺寸	$\phi45\times95$	每毛坯件数	1	每台件数	1	每坯质量	××

	工序号	工序名称	工序内容	车间	工段	设备	工艺装备	工时 准终	工时 单件
	1	下料	下料 $\phi45\times95$ mm	准备	准备	锯床	锯条		
	2	锻	锻造保证 82×50×35	锻	锻	锻锤	砧子		
	3	铣	粗铣六面,单边留 1～2 mm	铣	铣	普通铣床			
	4	磨	磨六面,留磨削余量 0.2～0.3 mm,保证垂直度和平行度	磨	磨	平面磨床	平口钳		
	5	钳工	划线,钻攻 2×M5 深 12	钳	钳	工作台			
	6	铣	铣出外形(含斜面)至尺寸、外形放磨、去毛刺	铣	铣	铣床			
描图	7	线切割	线切割全部外形至尺寸	电	电	线切割机床			
×××	8	镗	与模配校镗斜导柱孔 $\phi16$、$2\times\phi4H7$	镗	镗	镗床			
描校	9	检验	检验各尺寸精度、表面粗糙度是否符合要求	检验	检验	检测仪	检验台、游标卡、百分表		
×××									
底图号									
×××									
装订号									

										编制(日期)	审核(日期)	会签(日期)	
×××													×××
	标记	处数	更改文件号	签字	日期	标记	处数	更改文件号	签字	日期	×年×月×日	×年×月×日	×年×月×日

表 6－13　侧型芯滑块机械加工工艺过程卡片（方案二）

××××公司	机械加工工艺过程卡片	产品型号	××	零(部)件型号	××××	共×页
		产品名称	注射模	零(部)件名称	侧型芯滑块	第×页

材料牌号	45 调质	毛坯种类	锻件	毛坯外型尺寸	ϕ45×95	每毛坯件数	1	每台件数	1	每坯质量	××

	工序号	工序名称	工序内容	车间	工段	设备	工艺装备	工时 准终	工时 单件
	1	下料	下料 ϕ45×95 mm	准备	准备	锯床	锯条		
	2	锻	锻造保证 82×50×35	锻	锻	锻锤	砧子		
	3	铣	粗铣六面，单边留 1～2 mm	铣	铣	普通铣床			
	4	磨	磨六面，留磨削余量 0.2～0.3 mm，保证垂直度和平行度	磨	磨	平面磨床	平口钳		
	5	钳工	划线，钻攻 2×M5 深 12	钳	钳	工作台			
	6	铣	铣出外形（含斜面）至尺寸、外形放磨、去毛刺	铣	铣	铣床			
描图	7	磨	配磨全部外形至尺寸	磨	磨	磨床			
×××	8	镗	与模配校镗斜导柱孔 ϕ16、2×ϕ4H7	镗	镗	镗床			
描校	9	检验	检验各尺寸精度、表面粗糙度是否符合要求	检验	检验	检测仪	检验台、游标卡、百分表		
×××									
底图号									
×××									
装订号									
×××									

										编制(日期)	审核(日期)	会签(日期)	×××
标记	处数	更改文件号	签字	日期	标记	处数	更改文件号	签字	日期	×年×月×日	×年×月×日	×年×月×日	

(2) 毛坯尺寸

1) 锻坯尺寸的确定

侧滑块的长度为 72 mm，左右边各留 5 mm 的加工余量，取 82 mm。宽度为 37 mm，宽向取 50 mm，高度为 25 mm，上下各留 5 mm 的加工余量，取 35 mm。因此凸凹模毛坯的尺寸取：$82\times50\times35\ \mathrm{mm}^3$

2) 圆棒料长度和直径的确定

根据经验公式，六面体毛坯体积与圆钢棒料的换算：$a\times b\times c\times1.05=\pi d^2\quad h/4$（1.05 是保险系数）

$$82\times50\times35\times1.05=\pi d^2\quad h/4$$

一般 $h/d\leqslant2.5$，我们取 $h/d=2$

通过计算取得近似值，我们可以取 $\phi45\times95$ mm 的 45 调制钢棒料锻造作为该零件的毛坯。

3) 工序余量及其公差的计算（略）

4) 凸凹模《机械加工工序卡》的填写（略）

6.2.5 拉深凹模零件机械加工工艺规程的编制

拉深凹模零件机械加工工艺规程的编制实训任务，见表 6－14。

表 6－14 拉深凹模零件机械加工工艺规程的编制实训任务书

系别________专业________班级________学号________姓名________

拉深凹模零件图：

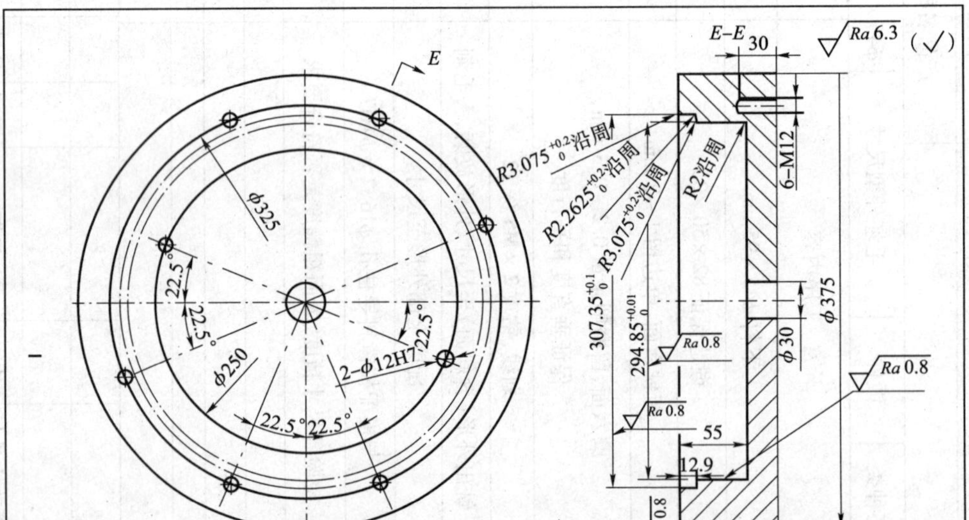

1. 实训课题

小组同学共同完成如上零件图所示冲压模具的非标准件零件——拉深凹模加工工艺规程

的编制。尽可能达到低成本、短周期制造高质量的模具零件的要求。

2. 任务

（1）拉深凹模零件的工艺分析；

（2）拉深凹模零件的安装及定位基准的选择；

（3）工艺路线的拟定；

（4）加工余量及毛坯尺寸的确定；

（5）工序尺寸及其公差的确定；

（6）拉深凹模零件工艺规程的制定；

（7）编写拉深凹模零件加工工艺卡。

3. 零件工艺规程编制

拉深凹模机械加工工艺路线，见表 6－15。

表 6－15 拉深凹模机械加工工艺路线

序号	工序名	工序内容
1	下料	ϕ380 × 85
2	粗车	按图车成，上下面单边留余量 0.5 mm 内形单边留余量 0.5 mm，打中心孔，车 ϕ30 孔成
3	划线	划各孔线
7	钻	钻 6 × M12 底孔 ϕ10.5 钻销孔 2 × ϕ12，留铰刀余量 0.1 mm
9	热处理	热处理工艺，达到 HRC 50 ~ 55
10	磨	平磨上下面至尺寸
11	内圆磨	圆内形成
12	钳工	钳工装配（配钻各孔）

6.2.6 浇口套零件机械加工工艺规程的编制

浇口套零件机械加工工艺规程的编制实训任务，见表 6－16。

表 6－16 浇口套机械加工工艺规程的编制实训任务书

系别________专业________班级________学号________姓名________

浇口套零件图：

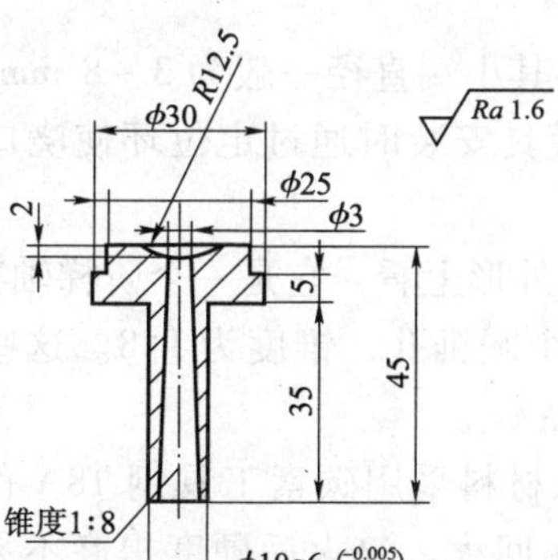

材料：T8A 热处理：57HRC

1. 实训课题

小组同学共同完成如上零件图所示塑料模具零件——浇口套加工工艺规程的编制。尽可能达到低成本、短周期制造高质量的模具零件的要求。

2. 任务

（1）浇口套零件的工艺分析；

（2）浇口套零件的安装及定位基准的选择；

（3）工艺路线的拟定；

（4）加工余量及毛坯尺寸的确定；

（5）工序尺寸及其公差的确定；

（6）浇口套零件工艺规程的制定；

（7）编写浇口套零件加工工艺卡。

3. 零件工艺规程编制

（1）浇口套的机械加工工艺路线

1）零件结构工艺与技术要求

常见的浇口套有两种类型，如图 6-1 所示的 *A* 型和 *B* 型。但是现在一般采用 *B* 型。对于一些大型的企业，浇口套已经作为一种标准件直接外购，企业本身不进行加工。对于材料的选取，浇口套一般采用碳素工具钢（如 T8A、T10A 等材料）制造，局部热处理，硬度 HRC53-57 左右。

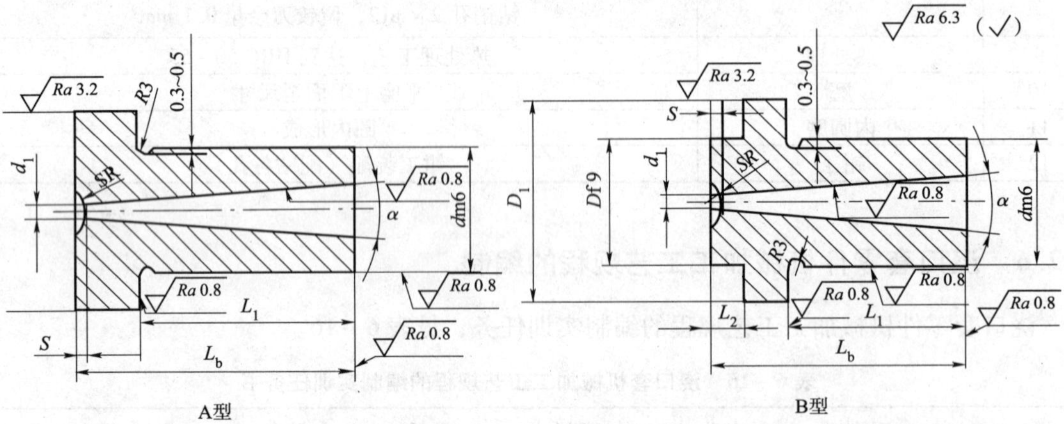

图 6-1 浇口套

与一般套类零件相比，浇口套锥孔小（其小端直径一般为 3~8 mm），加工较难，同时还应保证浇口套锥孔与外圆同轴，以便在模具安装时通过定位环使浇口套与注射机的喷嘴对准。

现在我们看要加工的浇口套零件图。从外形上看，它是一个阶梯轴类零件，浇口套顶部有一个 *SR*12.5 的球面凹坑，零件内部是一个圆锥孔，锥度为 1∶8。这些表面都可以用车床进行车削来完成。现按其加工要求分析如下：

因为浇口套不属于重要工作零件，所以材料采用碳素工具钢 T8A 作为毛坯，热处理要求 57HRC，由此断定最终热处理为：淬火 + 回火。淬火后硬度提高不易加工，所以只能在热处理淬火之前加工的最好优先考虑在淬火之前加工好。

工作部分。由零件图可以看出工件外形尺寸较小，$\phi 30 \times 45$ mm。工件表面的所有粗糙度要求均为 $Ra1.6$ μm。查相关手册可以知道精车完可以达到此粗糙度值要求。但是长35的外圆柱直径要求精度较高，要求的精度等级为IT6，精车后只能达到IT9，所以对这一部分要进行磨削加工才能达到图纸要求。

精加工必须放在热处理之后。如果精加工后再热处理，热处理引起的变形和表面氧化将无法达到精度要求。

2）毛坯的选择

T8A是一种优质碳素工具钢，属于共析钢。主要成分C0.75%～0.8%；Mn0.4%；Si0.4%；淬火温度：780℃～800℃；冷却介质：水。最终热处理硬度HRC56～62。

淬火加热时容易过热，变形也大，塑性和强度比较低，不宜制造承受较大冲击的工具，但经热处理后有较高的硬度和耐磨性。用于制造切削刃口在工作时不变热的工具和简单模具等。

3）加工阶段的划分

通过以上的零件分析，可以初步确定零件的加工过程的四个阶段，即备料、粗加工、热处理、精加工。

备料。选择圆钢T8A作为毛坯。

粗加工。零件形状为回转圆柱体，采用车削加工，该零件尺寸较小，加工过程不会存在受力变形而车出喇叭形零件的情况。另外，在车削加工之前要先在两端面加工中心孔，用来做精加工的定位基准，这样就符合了精加工基准选用原则的基准统一原则。

热处理。产品的最终热处理为淬火+回火。

精加工。由于该零件的质量要求比较高，精加工采用精车实现，对于长度为35的那段圆柱，则采用外圆磨加工。精加工时注意保证零件各部分尺寸的精度和表面粗糙度。

4）加工工艺方案分析

浇口套结构比较简单，且工序大都在车床上进行。故采用以下加工工艺方案：下料→热处理（退火）→粗车→半精车→热处理→磨削。机械加工工艺过程卡，见表6-17。

（2）毛坯尺寸

1）圆棒料长度和直径的确定

由零件图的外观尺寸 $\phi 30 \times 45$ mm，为了保证直径和长度方向上有足够的加工余量，单边留5 mm余量，初步定毛坯尺寸 $\phi 40 \times 55$ mm。但是由图看出，浇口套凸肩部分长度只有5 mm，这么短不能可靠夹持，所以应将毛坯长度适当加长，故选择毛坯尺寸为 $\phi 40 \times 65$ mm。

2）工序余量及其公差的计算（略）。

（3）浇口套《机械加工工序卡》的填写

浇口套加工时，关键是车削工序。浇口套车削工序《机械加工工序卡》，见表6-18。

工序卡的具体填写过程如下：

加工设备的基本技术参数

CA6140型卧式车床的部分主要技术参数如下：

表 6-17　浇口套机械加工工艺过程卡片

××××公司	机械加工工艺过程卡片	产品型号	××	零(部)件型号	××××	共×页
		产品名称	注射模	零(部)件名称	浇口套	第×页

材料牌号	T8A	毛坯种类	棒料	毛坯外型尺寸	$\phi40\times65$	每毛坯件数	1	每台件数	1	每坯质量	××

	工序号	工序名称	工序内容	车间	工段	设备	工艺装备	工时 准终	工时 单件
	1	下料	下料 $\phi40\times65$ mm	准备	准备	锯床	锯条		
	2	热处理	退火	热处理	热处理	高频炉			
	3	车	车外圆 $\phi10$ mm 留 0.10 作为磨削余量，钻孔，加工锥孔车退刀槽达设计要求	车	车	普通车床	三爪卡盘、百分表		
	4	车	调头车外圆达设计要求，车端面，球面凹坑	车	车	普通车床	三爪卡盘、百分表		
	5	热处理	淬火＋回火　达到 HRC 57	热处理	热处理	高频炉	淬火池、回火炉		
	6	检验	检验热处理是否达到要求	检验	检验	硬度计	检验台		
描图	7	研磨中心孔	研磨两段中心孔	车	车	普通车床	三爪卡盘、顶尖、百分表、研磨顶尖		
×××	8	磨	以锥孔定位磨外圆 $\phi10$ 达设计要求	磨	磨	普通磨床	三爪卡盘、磨针机、百分表		
描校		检验	检验各尺寸精度、表面粗糙度是否符合要求	检验	检验	检测仪	检验台、游标卡尺、百分表		
×××									
底图号									
×××									
装订号									

											编制(日期)	审核(日期)	会签(日期)	
×××														×××
	标记	处数	更改文件号	签字	日期	标记	处数	更改文件号	签字	日期	×年×月×日	×年×月×日	×年×月×日	

表 6－18 浇口套机械加工工序卡片

××××公司	浇口套加工工序卡	产品型号	××	零(部)件型号	××××	共×页
		产品名称	注射模	零(部)件名称	浇口套	第×页

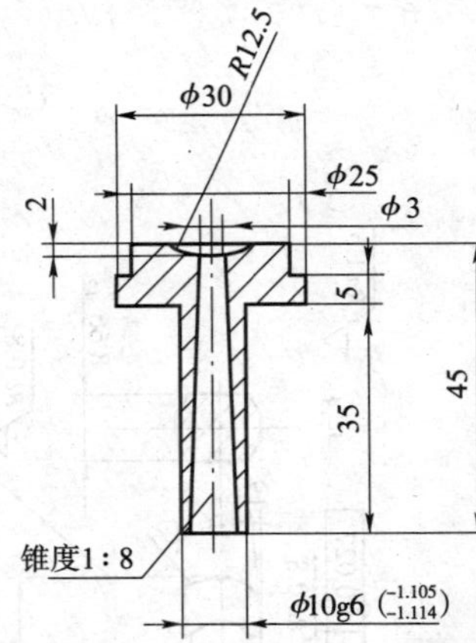

工序号	工序名称		
3	车		
车间	工段	材料牌号	
车	车	T8A	
毛坯种类	毛坯外形尺寸	每坯件数	每台件数
棒料	ϕ40×65mm	1	1
设备名称	设备型号	设备编号	同时加工件数
普通车床	CA6140	××××	

夹具编号	夹具名称	切削液	
××××	三爪卡盘		
××××	尾座顶尖	工时定额	
		准终	单件

	工步号	工步内容	工艺装备	主轴转速/(r·mm^{-1})	切削速度/(m·min^{-1})	进给量/(mm·r^{-1})	背吃刀量/mm	进给次数	工时定额 机动	工时定额 辅助
描图	1	车 ϕ10 外圆及端面留磨削余量	硬质合金外圆车刀							
	2	钻孔	硬质合金外圆车刀							
	3	加工锥孔达设计要求	硬质合金外圆车刀							
×××	4	调头车外圆达设计要求，车球面凹坑	硬质合金外圆车刀							
底图号	5	车端面保证尺寸 45	硬质合金外圆车刀							
装订号										

										编制	审核	会签
标记	处数	更改文件号	签字	日期	标记	处数	更改文件号	签字	日期	×年×月×日	×年×月×日	×年×月×日

床身最大工件回转直径（主参数） 400 mm

刀架上最大工件回转直径 210 mm

最大棒料直径 47 mm

最大工件长度（第二主参数，mm）750，1 000，1 500，2 000

最大加工长度/mm 650，900，1 400，1 900

主轴转速范围/（$r \cdot min^{-1}$） 正转 10 ~ 1 400（24 级）

反转 14 ~ 1580（12 级）

进给量范围/（$mm \cdot r^{-1}$） 纵向 0. 028 ~ 6. 33（共 64 级）

横向 0. 014 ~ 3. 16（共 64 级）

标准螺纹加工范围 公制 t = 1 ~ 192 mm（44 种）；

英制 a = 2 ~ 24 牙/in（20 种）；

模数制 m = 0. 25 ~ 48 mm（39 种）；

径节制 DP = 1 ~ 96 牙/in（37 种）

初选进给量并根据机床确定进给量。

初选切削速度，并根据机床确定机床主轴转速和切削速度（略）。

6. 3 综合实训参考题例

1. 综合实训参考题例一

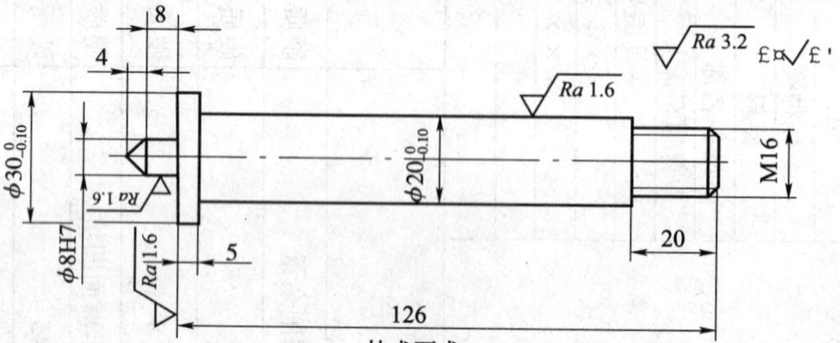

技术要求

1.材料：45钢。

图 6-2 拉深模顶杆

2. 综合实训参考题例二

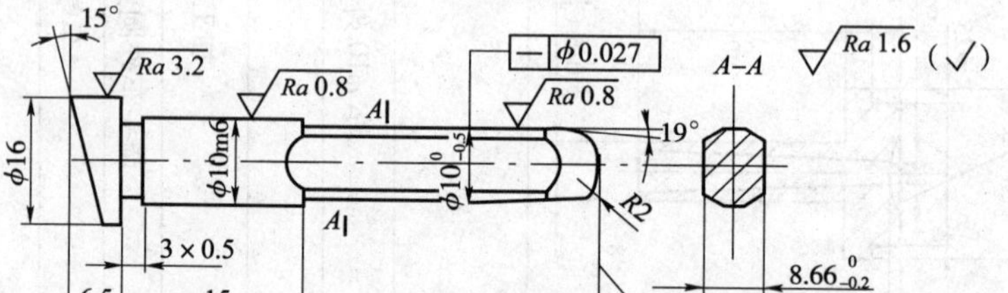

技术要求

1. 斜销零件材料：T10A。

2. 热处理：54~58HRC。

3. 顶端斜面装配后与定模板上表面磨为同一平面。

图 6-3 斜导柱

3. 综合实训参考题例三

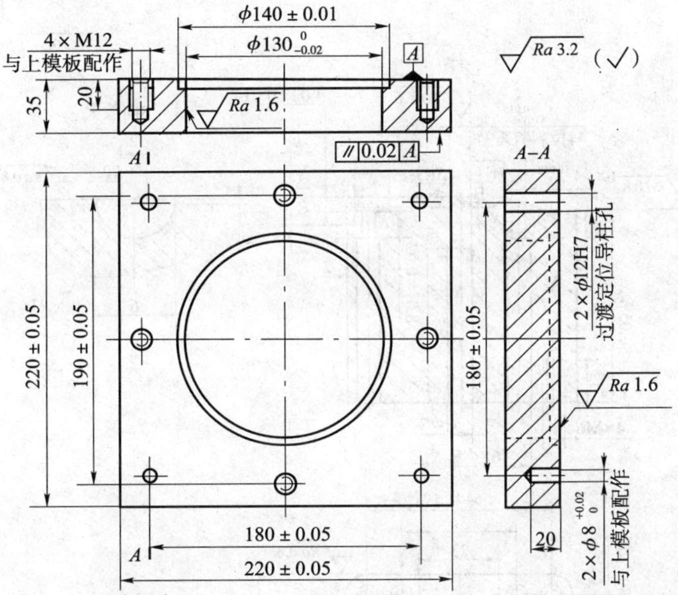

技术要求
1. 材料：45钢。
2. 上表面与装配后凸模上表面磨为同一平面。
3. 锐边修钝。

图 6－4 凸模固定板

4. 综合实训参考题例四

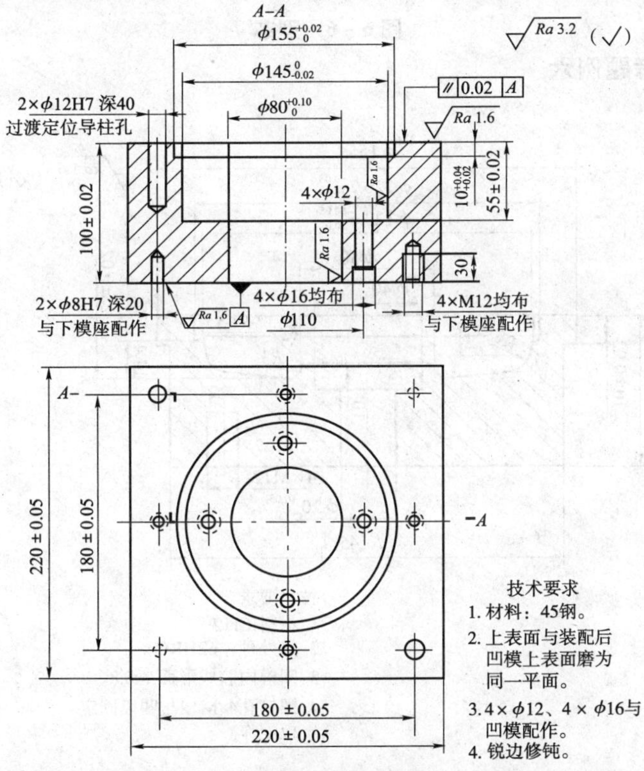

技术要求
1. 材料：45钢。
2. 上表面与装配后凹模上表面磨为同一平面。
3. 4×ϕ12、4×ϕ16与凹模配作。
4. 锐边修钝。

图 6－5 凹模固定板

5. 综合实训参考题例五

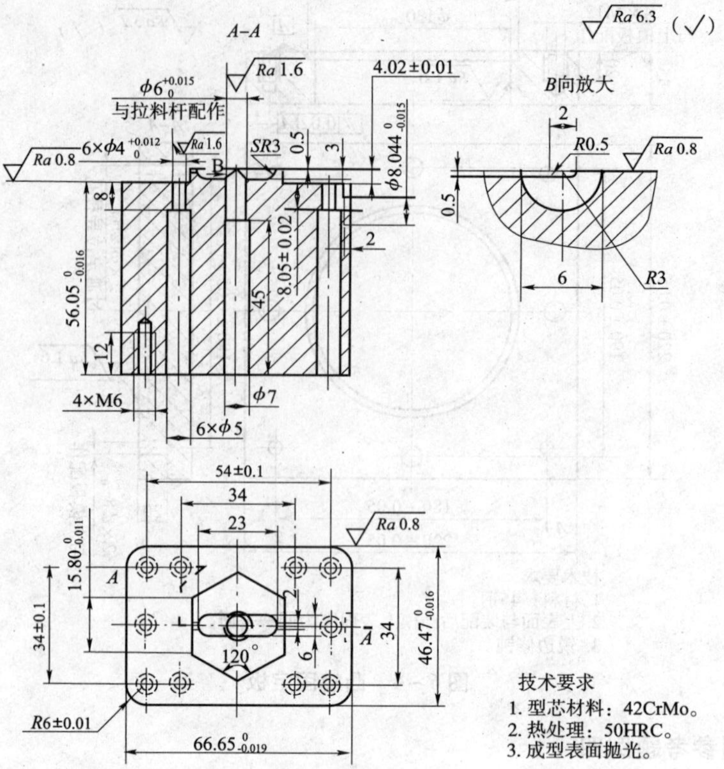

技术要求
1. 型芯材料：42CrMo。
2. 热处理：50HRC。
3. 成型表面抛光。

图 6－6　型芯

6. 综合实训参考题例六

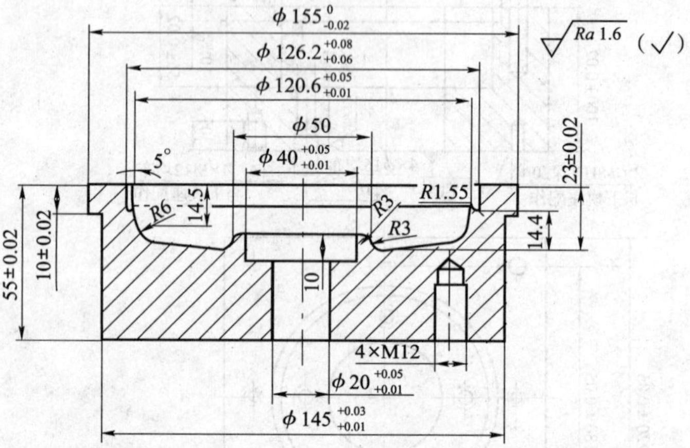

技术要求
1. 材料:Cr12
2. 热处理：62HRC
3. 凹模内腔成形面Ra0.8。
4. 螺钉孔4×M12与凹模固定板配作。

图 6－7　凹模

7. 综合实训参考题例七

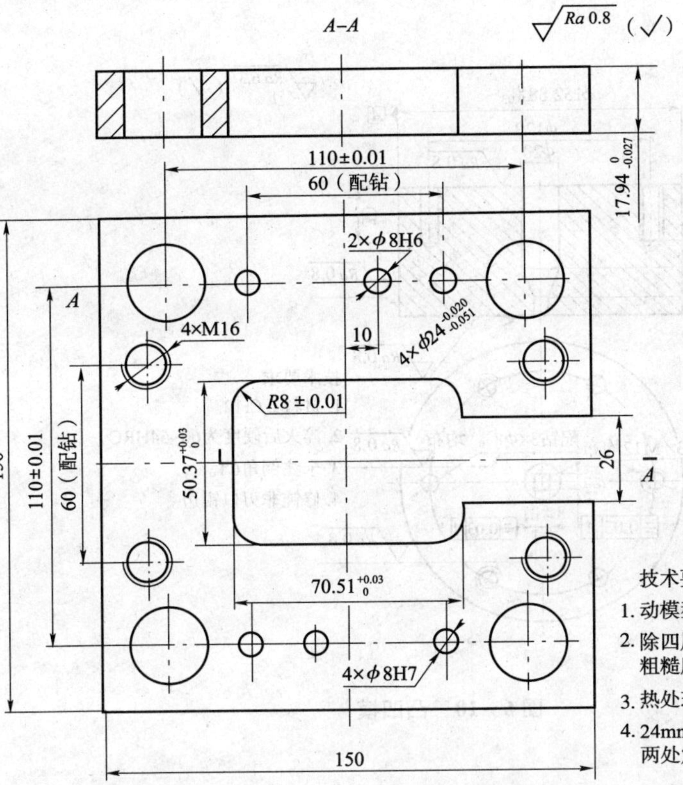

技术要求

1. 动模型腔零件材料：42CrMo。
2. 除四周表面和螺孔，其余表面粗糙度达*Ra*0.8
3. 热处理：50HRC。
4. 24mm导柱孔、26mm滑块槽、两处定位销孔要求配合。

图6-8　动模型腔

8. 综合实训参考题例八

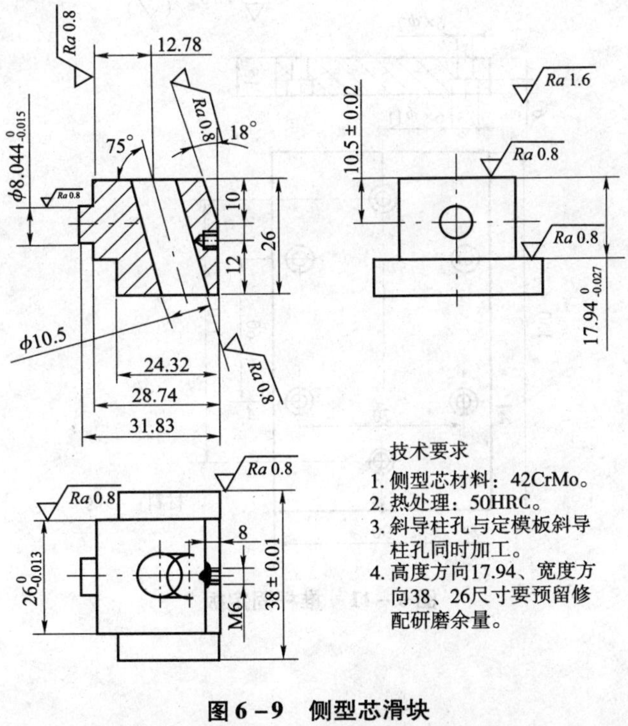

技术要求

1. 侧型芯材料：42CrMo。
2. 热处理：50HRC。
3. 斜导柱孔与定模板斜导柱孔同时加工。
4. 高度方向17.94、宽度方向38、26尺寸要预留修配研磨余量。

图6-9　侧型芯滑块

9. 综合实训参考题例九

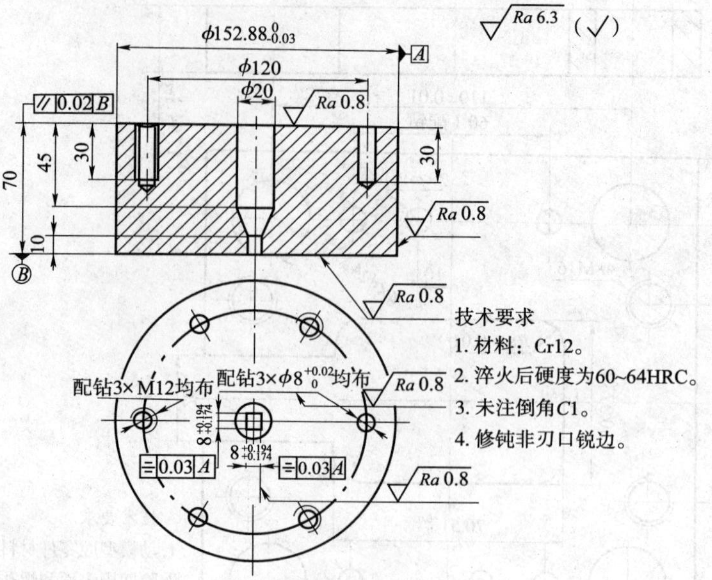

图 6－10　凸凹模

10. 综合实训参考题例十

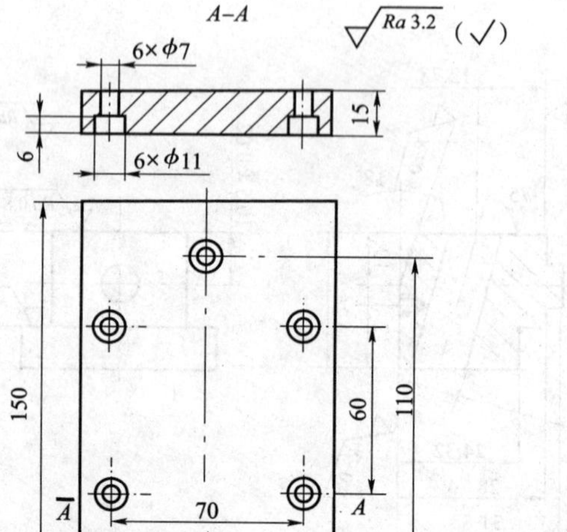

图 6－11　推杆固定板

11. 综合实训参考题例十一

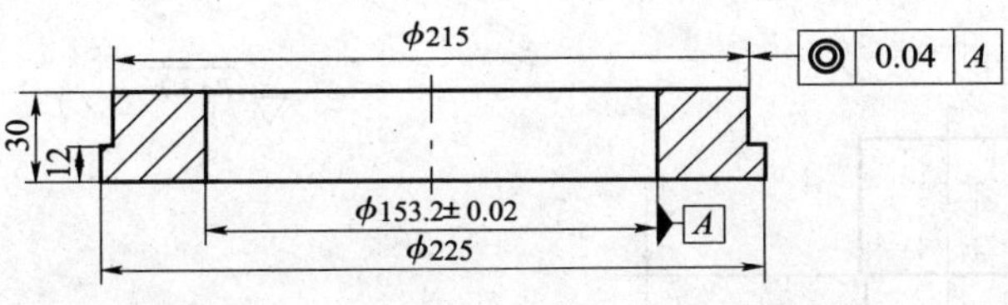

Ra 1.6（√）

技术要求

1. 材料：45钢。
2. 热处理：40~45HRC。
3. 修钝锐边。

图 6－12　卸料套

12. 综合实训参考题例十二

Ra 3.2（√）

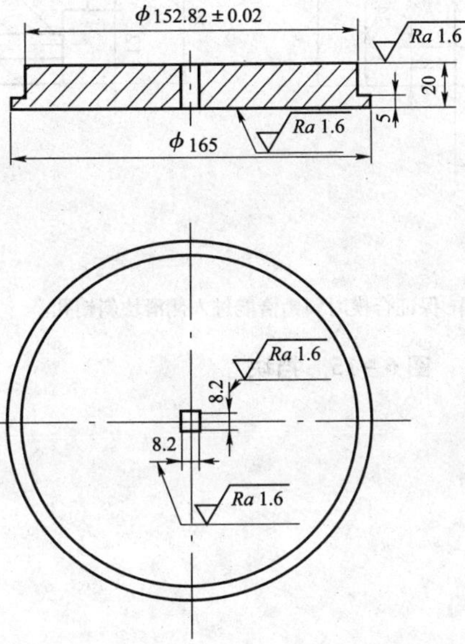

技术要求

1. 材料：45钢。
2. 热处理：40~48HRC。
3. 修钝锐边。

图 6－13　推料板

13. 综合实训参考题例十三

Ra 3.2（√）

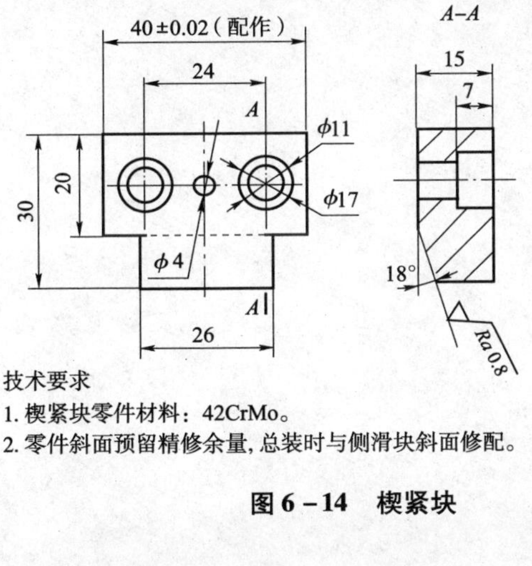

技术要求

1. 楔紧块零件材料：42CrMo。
2. 零件斜面预留精修余量，总装时与侧滑块斜面修配。

图 6－14　楔紧块

14. 综合实训参考题例十四

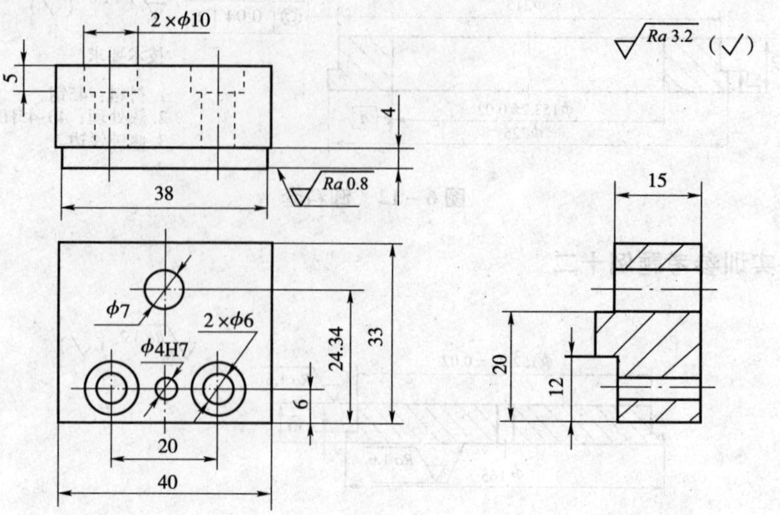

技术要求

1. 挡块零件材料：45钢。
2. ϕ4零定位销孔配作。
3. 4mm凸块尺寸与侧滑块配作，保证合模时斜销恰能进入侧滑块斜销孔。

图 6－15　挡块

参 考 文 献

[1] 熊建武．模具零件的工艺设计与实施［M］．北京：机械工业出版社，2009.
[2] 熊建武．模具制造工艺项目教程［M］．上海：上海交通大学出版社 2010.
[3] 李益民．机械制造工艺设计简明手册［M］．北京：机械工业出版社 1993.
[4] 熊建武，何冰强．塑料成型工艺与注射模具设计［M］．大连：大连理工大学出版社，2011.
[5] 熊建武，高汉华．注射模具设计指导与资料汇编［M］．大连：大连理工大学出版社，2011.
[6] 支伟．冲压模具制造工［M］．北京：化学工业出版社，2008.
[7] 支伟．塑料模具制造工［M］．北京：化学工业出版社，2008.
[8] 许发樾．实用模具设计与制造手册［M］．北京：机械工业出版社 2001.
[9] 许鹤峰，闫光荣．数字化模具制造技术［M］．北京：化学工业出版社．2001.
[10] 张铮．模具设计与制造实训指导［M］．北京：电子工业出版社，2000.
[11] 齐卫东．塑料模具设计与制造［M］．北京：高等教育出版社，2004.
[12] 周斌兴．塑料模具设计与制造实训教程［M］．北京：国防工业出版社，2006.
[13] 章飞．型腔模具设计与制造［M］．北京：化学工业出版社，2003.
[14] 薛啓翔，等．冲压模具设计制造难点与窍门［M］．北京：机械工业出版社，2004.
[15] 徐政坤．冲压模具设计与制造［M］．北京：化学工业出版社，2003.
[16] 中国模具工业协会标准件委员会．中国模具标准件手册［M］．上海：上海科学普及出版社，1989.
[17] 王先逵．精密加工技术实用手册［M］．北京：机械工业出版社，2003.
[18]《模具制造手册》编写组．模具制造手册［M］．北京：机械工业出版社，2002.
[19] 郑凤琴．互换性及测量技术［M］．北京：东南大学出版社，2000.
[20] 刘杰华，任昭蓉．金属切削与刀具实用技术［M］．北京：国防工业出版社，2006.
[21] 陆建中，周志明．金属切削原理与刀具［M］．北京：机械工业出版社，2006.
[22] 张鲁阳．模具失效与防护［M］．北京：机械工业出版社，1998.
[23]《冲模设计手册》编写组．冲模设计手册［M］．北京：机械工业出版社 1988.
[24]《塑料模设计手册》编写组．塑料模设计手册［M］．北京：机械工业出版社 2005.
[25] 韩森．模具钳工训练［M］．北京：高等教育出版社．2005.
[26] 刘航．模具价格估算［M］．北京：机械工业出版社，2006.
[27] 梁旭坤，焦建雄．机械制造基础（1）［M］．长沙：中南大学出版社，2006.
[28] 陈立德．机械设计基础（第二版）［M］．北京：高等教育出版社，2004.
[29] 张秀玲，黄红辉．塑料成型工艺与模具设计［M］．长沙：中南大学出版社，2006.
[30] 齐卫东．塑料模具设计与制造［M］．北京：高等教育出版社，2004.

[31] 王贵成，王树林，董广强．高速切削加工工具系统［M］．北京：国防工业出版社，2005.
[32] 刘战强，黄传真、郭培全．先进切削加工技术及应用［M］．北京：机械工业出版社，2005.
[33] 陆剑中，孙家宁．金属切削原理与刀具（第4版）［M］．北京：机械工业出版社，2006.
[34] 孙延明，赖朝安．现代制造信息系统［M］．北京：机械工业出版社，2005.
[35] 侯维芝，杨金凤．模具制造工艺与工装［M］．北京：高等教育出版社，2005.
[36] 曾淑畅．机械制造工艺及计算机辅助工艺设计［M］．北京：高等教育出版社，2003.
[37] 钱祥生，陈万领，袁慧敏，等．开目CAPP软件自学教程［M］．北京：机械工业出版社，2006.
[38] 吴兆祥．模具材料及表面处理［M］．北京：机械工业出版社，2005.
[39] 曾珊琪，丁毅．模具寿命与失效［M］．北京：化学工业出版社，2005.
[40] 刘晋春，赵家齐，赵万生．特种加工［M］．北京：机械工业出版社，2004.
[41] 孙凤勤．冲压与塑压设备［M］．北京：机械工业出版社，2003.
[42] 肖继德，陈宁平．机床夹具设计［M］．北京：机械工业出版社，2003.
[43] 李云程．模具制造工艺学［M］．北京：机械工业出版社．2005.
[44] 谭海林，陈勇．模具制造工艺学［M］．长沙：中南大学出版社，2006.
[45] 熊建武，熊昱洲．模具零件的手工制作与检测［M］．北京：北京理工大学出版社，2011.
[46] 熊建武，张华．机械零件的公差配合与测量［M］．大连：大连理工大学出版社，2010.
[47] 熊建武，熊昱洲．模具零件的公差配合与选用［M］．北京：化学工业出版社，2011.
[48] 熊建武．模具零件的手工制作［M］．北京：机械工业出版社，2009.
[49] 熊建武．模具零件材料与热处理的选用［M］．北京：化学工业出版社，2011.
[50] 熊建武，杨辉．互换性与测量技术［M］．南京：南京大学出版社，2011.
[51] 艾兴，肖诗纲．切削用量简明手册［M］．北京：机械工业出版社，2002.
[52] 郑修本．机械制造工艺学［M］．北京：机械工业出版社，2005.
[53] 吴国华．金属切削机床［M］．北京：机械工业出版社，1999.
[54] 陈宏钧．金属切削速查速算手册［M］．北京：机械工业出版社，1999.
[55]《国际通用标准件丛书》编写委员会．国内外五金工具及器件手册［M］．南京：江苏科学技术出版社，2010.